现场总线与工业以太网及其应用技术

第 2 版

李正军　李潇然　编著

U0179466

机械工业出版社

本书从科研、教学和工程实际应用出发，理论联系实际，全面系统地介绍了现场总线、工业以太网技术及其应用系统设计，力求所讲内容具有较强的可移植性、先进性、系统性、应用性、资料开放性，起到举一反三的作用。

全书共分 10 章，主要内容包括：现场总线与工业以太网概述、控制网络基础、通用串行通信接口技术、PROFIBUS-DP 现场总线、PROFIBUS-DP 从站的系统设计、DeviceNet 现场总线、工业以太网、TCP/IP、SERCOS 工业以太网和时间敏感网络。全书内容丰富、体系先进、结构合理，理论与实践相结合，尤其注重工程应用技术。

本书是在编者教学与科研实践经验的基础上，结合现场总线和工业以太网技术 30 多年的发展编写而成的，书中详细地介绍了编者在现场总线与工业以太网应用领域的最新科研成果，并给出了应用设计实例。

本书适用于从事现场总线与工业以太网控制系统设计的工程技术人员，也可作为高等院校各类自动化、机器人、自动检测、机电一体化、人工智能、电子与电气工程、计算机应用、信息工程等专业的本科教材，同时可以作为相关专业的研究生教材。

为配合教学，本书配有教学用 PPT、课程教学大纲、习题参考答案等教学资源。需要的教师可登录机工教育服务网（www.cmpedu.com），免费注册、审核通过后下载，或联系编辑索取（微信：13146070618，电话：010-88379739）。

图书在版编目（CIP）数据

现场总线与工业以太网及其应用技术 / 李正军，李潇然编著. —2 版. —北京：机械工业出版社，2023.4（2025.2 重印）

ISBN 978-7-111-72678-4

Ⅰ. ①现… Ⅱ. ①李… ②李… Ⅲ. ①总线-技术 ②工业企业-以太网 Ⅳ. ①TP336 ②TP393.18

中国国家版本馆 CIP 数据核字（2023）第 030648 号

机械工业出版社（北京市百万庄大街 22 号 邮政编码 100037）
策划编辑：李馨馨　　　　　　　责任编辑：李馨馨　秦　菲
责任校对：张亚楠　解　芳　　　责任印制：郜　敏
中煤（北京）印务有限公司印刷
2025 年 2 月第 2 版第 4 次印刷
184mm×260mm · 19.75 印张 · 490 千字
标准书号：ISBN 978-7-111-72678-4
定价：79.80 元

电话服务　　　　　　　　　　　网络服务
客服电话：010-88361066　　　机 工 官 网：www.cmpbook.com
　　　　　010-88379833　　　机 工 官 博：weibo.com/cmp1952
　　　　　010-68326294　　　金 书 网：www.golden-book.com
封底无防伪标均为盗版　　机工教育服务网：www.cmpedu.com

前　　言

本书在《现场总线与工业以太网及其应用技术》的基础上修订而成。

经过 30 多年的发展，现场总线与工业以太网已经成为工业控制系统中重要的通信网络，并在不同的领域和行业得到了广泛的应用。近几年，无论是在工业、电力、交通，还是在工业机器人等运动控制领域，工业以太网都得到了迅速发展和应用。

本次修订删除了第 1 版中较为烦琐或过时的内容，如：netX 网络控制器、从站通信控制器 VPC3、PROFIBUS-DP 开发包 4、基于嵌入式通信模块 COM-C 的 PROFIBUS-DP 主站系统设计、TCP/IP 与以太网控制器中的 RTL8019AS 和 DM9000A 全双工以太网控制器、基于 RTL8019AS 的工业以太网应用系统设计。对 PROFIBUS-DP 现场总线重新进行了编写，将原来的三章精炼为两章，对第 1～3 章也重新进行了编写，增加了工业以太网、SERCOS 工业以太网和时间敏感网络三章。总之，第 2 版与第 1 版相比，架构和内容均有全面的更新，尤其是增加的工业以太网相关章节，与现有技术完全同步。

本书共分 10 章。第 1 章介绍了现场总线与工业以太网的相关概念及国内外流行的现场总线与工业以太网；第 2 章讲述了控制网络的基础知识，包括数据通信基础、现场控制网络、网络硬件、网络互联、网络互联设备和通信参考模型；第 3 章介绍了串行通信基础、RS-232C 和 RS-485 串行通信接口、USB接口、Modbus 通信协议及 Modbus 的具体编程方法，最后以 PMM2000 电力网络仪表为例，详细讲述了Modbus-RTU 通信协议及其应用；第 4 章详述了 PROFIBUS 通信协议、PROFIBUS 通信控制器 SPC3 和主站通信网络接口卡 CP5611；第 5 章以 PMM2000 电力网络仪表为例，详述了 PROFIBUS-DP 通信模块的硬件电路设计、PROFIBUS-DP 通信模块从站软件的开发、从站的 GSD 文件编写和 PMM2000 电力网络仪表在数字化变电站中的应用，最后介绍了 PROFIBUS-DP 从站的测试方法；第 6 章详述了 DeviceNet现场总线，包括 DeviceNet 的概述、DeviceNet 的物理层和通信协议、DeviceNet 的通信对象和设备描述、DeviceNet 节点的开发；第 7 章讲述了 EtherCAT、PROFInet、Ethernet POWERLINK 和 EPA 工业以太网；第 8 章讲述了 TCP/IP 的体系结构、IP、ICMP、ARP、端到端通信和端口号、TCP 和 UDP；第 9 章讲述了 SERCOS 工业以太网，包括开放式机床数控系统及接口技术、SERCOS 概述、基于 SERCOS 总线的通信接口、SERCOS 通信协议、SERCOS 在数控系统中的应用、SERCOS 接口控制器 SERCON816、主站 SERCOS 接口电路设计、系统软件设计与实现和基于 SERCOS 接口的开放式数控体系模块结构；第 10 章讲述了时间敏感网络（TSN），包括 TSN 概述、TSN 核心技术与应用研究、国内外研究现状、工程应用面临的挑战、时间敏感网络协议、精确时钟同步与延时计算、TSN 设备时间同步、网络传输过程、流控制相关标准、TSN 网络配置标准 IEEE 802.1Qcc、TSN 时间同步系统运行流程、TSN 交换机平台结构设计、TSN 应用前景、TSN 技术发展趋势和 CC-Link 现场网络。

本书数字资源丰富，配有电子课件 PPT、教学大纲和习题答案，读者可以到机械工业出版社教育服务网（http://www.cmpedu.com）下载。

本书是编者科研实践和教学的总结，许多实例均是取自编者近 30 年来的现场总线与工业以太网科研攻关课题。对本书中所引用的参考文献的作者，在此一并向他们表示真诚的感谢。由于编者水平有限，加上时间仓促，书中错误和不妥之处在所难免，敬请广大读者不吝指正。

编　者

目　录

第1章 现场总线与工业以太网概述

现场总线技术经过 30 多年的发展，现在已进入稳定发展期。近几年，工业以太网技术的研究与应用得到了迅速的发展，以其应用广泛、通信速率高、成本低廉等优势进入工业控制领域，成为新的热点。本章首先对现场总线与工业以太网进行了概述，讲述了现场总线的产生、现场总线的本质、现场总线的特点、现场总线标准的制定、现场总线的现状和现场总线网络的实现。同时讲述了工业以太网技术及其通信模型、实时以太网和实时工业以太网模型分析、企业网络信息集成系统。然后介绍了比较流行的现场总线 FF、CAN 和 CAN FD、DeviceNet、LonWorks、PROFIBUS、CC-Link、ControlNet、As-i、P-Net，同时对常用的工业以太网 EtherCAT、SERCOS、POWERLINK、PROFINet 和 EPA 进行了介绍。最后讲述了现场总线设备。

1.1 现场总线概述

现场总线（Fieldbus）自产生以来，一直是自动化领域技术发展的热点之一，被誉为自动化领域的计算机局域网，各自动化厂商纷纷推出自己的现场总线产品，并在不同的领域和行业得到了越来越广泛的应用，现在已处于稳定发展期。近几年，无线传感网络与物联网（IoT）技术也融入工业测控系统中。

按照国际电工委员会（International Electrical Commision，IEC）对现场总线一词的定义，现场总线是一种应用于生产现场，在现场设备之间、现场设备与控制装置之间实行双向、串行、多节点数字通信的技术。这是由国际电工委员会负责工业过程测量和控制的第 65 标准化技术委员会 IEC/TC65 负责测量和控制系统数据通信部分国际标准化工作的 SC65/WG6 工作组定义的。它作为工业数据通信网络的基础，沟通了生产过程现场级控制设备之间及其与更高控制管理层之间的联系。它不仅是一个基层网络，而且还是一种开放式、新型的全分布式控制系统。这项以智能传感、控制、计算机、数据通信为主要内容的综合技术，已受到世界范围的关注而成为自动化技术发展的热点，并将导致自动化系统结构与设备的深刻变革。

1.1.1 现场总线的产生

在过程控制领域中，从 20 世纪 50 年代至今一直都在使用着一种信号标准，那就是 4~20mA 的模拟信号标准。20 世纪 70 年代，数字式计算机引入测控系统中，而此时的计算机提供的是集中式控制处理。20 世纪 80 年代微处理器在控制领域得到应用，微处理器被嵌入各种仪器设备中，形成了分布式控制系统。在分布式控制系统中，各微处理器被指定一组特定任务，通信则由一个带有附属"网关"的专有网络提供，网关的程序大部分是由用户编写的。

随着微处理器的发展和广泛应用，产生了以 IC 代替常规电子线路，以微处理器为核心，实施信息采集、显示、处理、传输及优化控制等任务的智能设备。一些具有专家辅助推断分析与决策能力的数字式智能化仪表产品，其本身具备了诸如自动量程转换、自动调零、自校正、自诊断等功能，还能提供故障诊断、历史信息报告、状态报告、趋势图等功能。通信技术的发展，促使传送数字化信息的网络技术开始广泛应用。与此同时，基于质量分析的维护管理、与安全相关系统的测试记录、环境监视需求的增加，都要求仪表能在当地处理信息，并在必要时允许被管理和访问，这些也使现场仪表与上级控制系统的通信量大增。另外，从实际应用的角度，控制界也不断在控制精度、可操作性、可维

1

护性、可移植性等方面提出新需求。由此，导致了现场总线的产生。

现场总线就是用于现场智能化装置与控制室自动化系统之间的一个标准化的数字式通信链路，可进行全数字化、双向、多站总线式的信息数字通信，实现相互操作以及数据共享。现场总线的主要目的是用于控制、报警和事件报告等工作。现场总线通信协议的基本要求是响应速度和操作可预测性的最优化。现场总线是一个低层次的网络协议，在其之上还允许有上级的监控和管理网络，负责文件传送等工作。现场总线为引入智能现场仪表提供了一个开放平台，基于现场总线的控制系统（Fieldbus Control System，FCS），将是继分布式控制系统（Distributed Control System，DCS）后的又一代控制系统。

1.1.2　现场总线的本质

由于标准实质上并未统一，所以对现场总线也有不同的定义。但现场总线的本质含义主要表现在以下6个方面。

（1）现场通信网络

用于过程以及制造自动化的现场设备或现场仪表互连的通信网络。

（2）现场设备互连

现场设备或现场仪表是指传感器、变送器和执行器等，这些设备通过一对传输线互连，传输线可以使用双绞线、同轴电缆、光纤和电源线等，并可根据需要因地制宜地选择不同类型的传输介质。

（3）互操作性

现场设备或现场仪表种类繁多，没有任何一家制造商可以提供一个工厂所需的全部现场设备，所以，互相连接不同制造商的产品是不可避免的。用户不希望为选用不同的产品而在硬件或软件上花很大气力，而希望选用各制造商性能价格比最优的产品，并将其集成在一起，实现"即接即用"；用户希望对不同品牌的现场设备统一组态，构成其所需要的控制回路。这些就是现场总线设备互操作性的含义。现场设备互连是基本的要求，只有实现互操作性，用户才能自由地集成FCS。

（4）分散功能块

FCS废弃了DCS的输入/输出单元和控制站，把DCS控制站的功能块分散地分配给现场仪表，从而构成虚拟控制站。例如，流量变送器不仅具有流量信号变换、补偿和累加输入模块，而且有PID控制和运算功能块。调节阀的基本功能是信号驱动和执行，还内含输出特性补偿模块，也可以有PID控制和运算模块，甚至有阀门特性自检验和自诊断功能。由于功能块分散在多台现场仪表中，并可统一组态，供用户灵活选用各种功能块，构成所需的控制系统，实现彻底的分散控制。

（5）通信线供电

通信线供电方式允许现场仪表直接从通信线上摄取能量，对于要求本征安全的低功耗现场仪表，可采用这种供电方式。众所周知，化工、炼油等企业的生产现场有可燃性物质，所有现场设备都必须严格遵循安全防爆标准。现场总线设备也不例外。

（6）开放式互连网络

现场总线为开放式互连网络，它既可与同层网络互连，也可与不同层网络互连，还可以实现网络数据库的共享。不同制造商的网络互连十分简便，用户不必在硬件或软件上花太多气力。通过网络对现场设备和功能块统一组态，把不同厂商的网络及设备融为一体，构成统一的FCS。

1.1.3　现场总线的特点和优点

1. 现场总线的结构特点

现场总线打破了传统控制系统的结构形式。

　　传统模拟控制系统采用一对一的设备连线，按控制回路分别进行连接。位于现场的测量变送器与位于控制室的控制器之间，控制器与位于现场的执行器、开关、电动机之间均为一对一的物理连接。

　　现场总线控制系统由于采用了智能现场设备，能够把原先 DCS 中处于控制室的控制模块、各输入/输出模块置入现场设备，加上现场设备具有通信能力，现场的测量变送仪表可以与阀门等执行机构直接传送信号，因而控制系统功能能够不依赖控制室的计算机或控制仪表，直接在现场完成，实现了彻底的分散控制。现场总线控制系统（FCS）与传统控制系统（如 DCS）结构对比如图 1-1 所示。

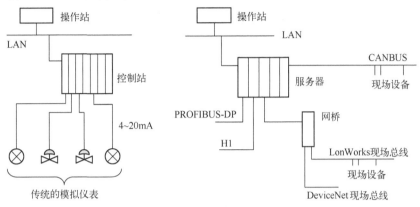

图 1-1　FCS 与 DCS 结构对比

　　由于采用数字信号替代模拟信号，因而可实现一对电线上传输多个信号，如运行参数值、多个设备状态、故障信息等，同时又为多个设备提供电源，现场设备以外不再需要模拟/数字、数字/模拟转换器件。这样就为简化系统结构、节约硬件设备、节约连接电缆与各种安装、维护费用创造了条件。表 1-1 为 FCS 与 DCS 的详细对比。

表 1-1　FCS 和 DCS 的详细对比

	FCS	DCS
结构	一对多：一对传输线接多台仪表，双向传输多个信号	一对一：一对传输线接一台仪表，单向传输一个信号
可靠性	可靠性好：数字信号传输抗干扰能力强，精度高	可靠性差：模拟信号传输不仅精度低，而且容易受干扰
失控状态	操作员在控制室既可以了解现场设备或现场仪表的工作状况，也能对设备进行参数调整，还可以预测或寻找故障，始终处于操作员的远程监视与可控状态之中	操作员在控制室既不了解模拟仪表的工作状况，也不能对其进行参数调整，更不能预测故障，导致操作员对仪表处于"失控"状态
互换性	用户可以自由选择不同制造商提供的性能价格比最优的现场设备和仪表，并将不同品牌的仪表互连。即使某台仪表故障，换上其他品牌的同类仪表照样工作，实现"即接即用"	尽管模拟仪表统一了信号标准（4~20）mA DC，可是大部分技术参数仍由制造厂自定，致使不同品牌的仪表无法互换
仪表	智能仪表除了具有模拟仪表的检测、变换、补偿等功能外，还具有数字通信能力，并且具有控制和运算的能力	模拟仪表只具有检测、变换、补偿等功能
控制	控制功能分散在各个智能仪表中	所有的控制功能集中在控制站中

2. 现场总线的技术特点

（1）系统的开放性

　　开放系统是指通信协议公开，各不同厂家的设备之间可进行互连并实现信息交换，现场总线开发者就是要致力于建立统一的工厂底层网络的开放系统。这里的开放是指对相关标准的一致性、公开性，强调对标准的共识与遵从。一个开放系统，它可以与任何遵守相同标准的其他设备或系统相连。一个具有总线功能的现场总线网络系统必须是开放的，开放系统把系统集成的权利交给了用户，用户可按自己的需要和对象把来自不同供应商的产品组成大小随意的系统。

（2）可互操作性与互用性

这里的可互操作性，是指实现互连设备间、系统间的信息传送与沟通，可实行点对点、一点对多点的数字通信；而互用性则意味着不同生产厂家的性能类似的设备可进行互换而实现互用。

（3）现场设备的智能化与功能自治性

它将传感测量、补偿计算、工程量处理与控制等功能分散到现场设备中完成，仅靠现场设备即可完成自动控制的基本功能，并可随时诊断设备的运行状态。

（4）系统结构的高度分散性

由于现场设备本身已可完成自动控制的基本功能，使得现场总线已构成一种新的全分布式控制系统的体系结构。从根本上改变了现有 DCS 集中与分散相结合的集散控制系统体系，简化了系统结构，提高了可靠性。

（5）对现场环境的适应性

工作在现场设备前端，作为工厂网络底层的现场总线，是专为在现场环境工作而设计的，它可支持双绞线、同轴电缆、光缆、射频、红外线、电力线等，具有较强的抗干扰能力，能采用两线制实现送电与通信，并可满足本质安全防爆要求等。

3. 现场总线的优点

由于现场总线的以上特点，特别是现场总线系统结构的简化，使控制系统从设计、安装、投运到正常生产运行及检修维护，都体现出优越性。

（1）节省硬件数量与投资

由于现场总线系统中分散在设备前端的智能设备能直接执行多种传感、控制、报警和计算功能，因而可减少变送器的数量，不再需要单独的控制器、计算单元等，也不再需要 DCS 的信号调理、转换、隔离技术等功能单元及其复杂接线，还可以用工控 PC 作为操作站，从而节省了一大笔硬件投资，由于控制设备的减少，还可减少控制室的占地面积。

（2）节省安装费用

现场总线系统的接线十分简单，由于一对双绞线或一条电缆上通常可挂接多个设备，因而电缆、端子、槽盒、桥架的用量大大减少，连线设计与接头校对的工作量也大大减少。当需要增加现场控制设备时，无须增设新的电缆，可就近连接在原有的电缆上，既节省了投资，也减少了设计、安装的工作量。据有关典型试验工程的测算资料，可节约安装费用 60% 以上。

（3）节约维护开销

由于现场控制设备具有自诊断与简单故障处理的能力，并通过数字通信将相关的诊断维护信息送往控制室，用户可以查询所有设备的运行，诊断维护信息，以便早期分析故障原因并快速排除，缩短了维护停工时间，同时由于系统结构简化、连线简单而减少了维护工作量。

（4）用户具有高度的系统集成主动权

用户可以自由选择不同厂商所提供的设备来集成系统。避免因选择了某一品牌的产品而限制了设备的选择范围，不会为系统集成中不兼容的协议、接口而一筹莫展，使系统集成过程中的主动权完全掌握在用户手中。

（5）提高了系统的准确性与可靠性

由于现场总线设备的智能化、数字化，与模拟信号相比，它从根本上提高了测量与控制的准确度，减少了传送误差。同时，由于系统的结构简化，设备与连线减少，现场仪表内部功能加强；减少了信号的往返传输，提高了系统的工作可靠性。

此外，由于它的设备标准化和功能模块化，因而还具有设计简单、易于重构等优点。

1.1.4　现场总线标准的制定

　　数字技术的发展完全不同于模拟技术，数字技术标准的制定往往早于产品的开发，标准决定着新兴产业的健康发展。国际电工技术委员会/国际标准协会（IEC/ISA）自 1984 年起着手现场总线标准工作，但统一的标准至今仍未完成。

　　IEC/TC65 于 1999 年年底通过的 8 种类型的现场总线是 IEC 61158 最早的国际标准。

　　最新的 IEC 61158 Ed.4 标准于 2007 年 7 月出版。

　　IEC 61158 第 4 版由多个部分组成，主要包括以下内容。

- IEC 61158–1　总论与导则。
- IEC 61158–2　物理层服务定义与协议规范。
- IEC 61158–300　数据链路层服务定义。
- IEC 61158–400　数据链路层协议规范。
- IEC 61158–500　应用层服务定义。
- IEC 61158–600　应用层协议规范。

　　IEC61158 Ed.4 标准包括的现场总线类型如下。

- Type 1　　　IEC 61158（FF 的 H1）
- Type 2　　　CIP 现场总线
- Type 3　　　PROFIBUS 现场总线
- Type 4　　　P-Net 现场总线
- Type 5　　　FF HSE 现场总线
- Type 6　　　SwiftNet 被撤销
- Type 7　　　WorldFIP 现场总线
- Type 8　　　INTERBUS 现场总线
- Type 9　　　FF H1　以太网
- Type 10　　PROFInet 实时以太网
- Type 11　　TCnet 实时以太网
- Type 12　　EtherCAT 实时以太网
- Type 13　　Ethernet POWERLINK　实时以太网
- Type 14　　EPA 实时以太网
- Type 15　　Modbus-RTPS 实时以太网
- Type 16　　SERCOS Ⅰ、Ⅱ现场总线
- Type 17　　VNET/IP 实时以太网
- Type 18　　CC-Link 现场总线
- Type 19　　SERCOS Ⅲ 现场总线
- Type 20　　HART 现场总线

　　每种总线都有其产生的背景和应用领域。总线是为了满足自动化发展的需求而产生的，由于不同领域的自动化需求各有其特点，因此在某个领域中产生的总线技术一般对这一特定领域的满足度高一些，应用多一些，适用性好一些。

　　工业以太网的引入成为新的热点。工业以太网正在工业自动化和过程控制市场上迅速增长，几乎所有远程 I/O 接口技术的供应商均提供一个支持 TCP/IP 的以太网接口，如 Siemens、Rockwell、GE Fanuc

等，它们销售各自的 PLC 产品，但同时提供与远程 I/O 和基于 PC 的控制系统相连接的接口。

1.1.5 现场总线的现状

国际电工技术委员会/国际标准协会（IEC/ISA）自 1984 年起着手现场总线标准工作，但统一的标准至今仍未完成。同时，世界上许多公司也推出了自己的现场总线技术。但太多存在差异的标准和协议，会给实践带来复杂性和不便，影响开放性和可互操作性。因而在最近几年里开始标准统一工作，减少现场总线协议的数量，以达到单一标准协议的目标。各种协议标准合并的目的是为了达到国际上统一的总线标准，以实现各家产品的互操作性。

1. 多种总线共存

现场总线国际标准 IEC 61158 中采用了 8 种协议类型，以及其他一些现场总线。每种总线都有其产生的背景和应用领域。总线是为了满足自动化发展的需求而产生的，由于不同领域的自动化需求各有其特点，因此在某个领域中产生的总线技术一般对这一特定的领域的满足度高一些、应用多一些、适用性好一些。随着时间的推移，占有市场 80%左右的总线将只有六七种，而且其应用领域比较明确，如，FF、PROFIBUS-PA 适用于冶金、石油、化工、医药等流程行业的过程控制领域，PROFIBUS-DP、DeviceNet 适用于加工制造业，LonWorks、PROFIBUS-FMS、DeviceNet 适用于楼宇、交通运输、农业。但这种划分又不是绝对的，相互之间又互有渗透。

2. 每种总线各有其应用领域

每种总线都力图拓展其应用领域，以扩张其势力范围。在一定应用领域中已取得良好业绩的总线，往往会进一步根据需要向其他领域发展。如 PROFIBUS 在 DP 的基础上又开发出 PA，以适用于流程工业。

3. 每种总线各有其国际组织

大多数总线都成立了相应的国际组织，力图在制造商和用户中创造影响，以取得更多方面的支持，同时也想显示出其技术是开放的。如 WorldFIP 国际用户组织、FF 基金会、PROFIBUS 国际用户组织、P-Net 国际用户组织及 ControlNet 国际用户组织等。

4. 每种总线均有其支持背景

每种总线都以一个或几个大型跨国公司为背景，公司的利益与总线的发展息息相关，如 PROFIBUS 以 Siemens 公司为主要支持，ControlNet 以 Rockwell 公司为主要背景，WorldFIP 以 Alstom 公司为主要后台。

5. 设备制造商参加多个总线组织

大多数设备制造商都积极参加不止一个总线组织，有些公司甚至参加 2～4 个总线组织。道理很简单，装置是要挂在系统上的。

6. 多种总线均作为国家和地区标准

每种总线大多将自己作为国家或地区标准，以加强竞争地位。现在的情况是：P-Net 已成为丹麦标准，PROFIBUS 已成为德国标准，WorldFIP 已成为法国标准。上述 3 种总线于 1994 年成为并列的欧洲标准 EN50170，其他总线也都形成了各组织的技术规范。

7. 协调共存

在激烈的竞争中出现了协调共存的前景。这种现象在欧洲标准制定时就出现过，欧洲标准 EN50170 在制定时，将德国、法国、丹麦 3 个标准并列于一卷之中，形成了欧洲的多总线的标准体系，后又将 ControlNet 和 FF 加入欧洲标准的体系。各重要企业，除了力推自己的总线产品之外，也都力图开发接口技术，将自己的总线产品与其他总线相连接，如施耐德公司开发的设备能与多种总线相连接。在国际标准中，也出现了协调共存的局面。

8. 工业以太网引入工业领域

工业以太网的引入成为新的热点。工业以太网正在工业自动化和过程控制市场上迅速增长，几乎所有远程 I/O 接口技术的供应商均提供一个支持 TCP/IP 的以太网接口，如 Siemens、Rockwell、GE Fanuc 等，它们销售各自的 PLC 产品，但同时提供与远程 I/O 和基于 PC 的控制系统相连接的接口。

1.1.6　现场总线网络的实现

现场总线的基础是数字通信，通信就必须有协议，从这个意义上讲，现场总线就是一个定义了硬件接口和通信协议的标准。国际标准化组织（ISO）的开放系统互联（OSI）协议，是为计算机互联网而制定的七层参考模型，它对任何网络都是适用的，只要网络中所要处理的要素是通过共同的路径进行通信。目前，各个公司生产的现场总线产品没有一个统一的协议标准，但是各公司在制定自己的通信协议时，都参考 OSI 七层协议标准，且大都采用了其中的第 1 层、第 2 层和第 7 层，即物理层、数据链路层和应用层，并增设了第 8 层即用户层。

1. 物理层

物理层定义了信号的编码与传送方式、传送介质、接口的电气及机械特性、信号传输速率等。现场总线有两种编码方式：Manchester 和 NRZ，前者同步性好，但频带利用率低，后者刚好相反。Manchester 编码采用基带传输，而 NRZ 编码采用频带传输。调制方式主要有 CPFSK 和 COFSK。现场总线传输介质主要有有线电缆、光纤和无线介质。

2. 数据链路层

数据链路层又分为两个子层，即介质访问控制层（MAC）和逻辑链路控制层（LLC）。MAC 功能是对传输介质传送的信号进行发送和接收控制，而 LLC 层则是对数据链进行控制，保证数据传送到指定的设备上。现场总线网络中的设备可以是主站，也可以是从站，主站有控制收发数据的权利，而从站则只有响应主站访问的权利。

关于 MAC 层，目前有三种协议。

1）集中式轮询协议：其基本原理是网络中有主站，主站周期性地轮询各个节点，被轮循的节点允许与其他节点通信。

2）令牌总线协议：这是一种多主站协议，主站之间以令牌传送协议进行工作，持有令牌的站可以轮询其他站。

3）总线仲裁协议：其机理类似于多机系统中并行总线的管理机制。

3. 应用层

应用层可以分为两个子层，上面子层是应用服务层（FMS 层），它为用户提供服务；下面子层是现场总线存取层（FAS 层），它实现数据链路层的连接。

应用层的功能是进行现场设备数据的传送及现场总线变量的访问。它为用户应用提供接口，定义了如何应用读、写、中断和操作信息及命令，同时定义了信息、句法（包括请求、执行及响应信息）的格式和内容。应用层的管理功能在初始化期间初始化网络，指定标记和地址。同时按计划配置应用层，也对网络进行控制，统计失败和检测新加入或退出网络的装置。

4. 用户层

用户层是现场总线标准在 OSI 模型之外新增加的一层，是实现现场总线控制系统开放和可互操作性的关键。

用户层定义了从现场装置中读、写信息和向网络中其他装置分派信息的方法，即规定了供用户组态的标准"功能模块"。事实上，各厂家生产的产品实现功能块的程序可能完全不同，但对功能块特性描述、参数设定及相互连接的方法是公开统一的。信息在功能块内经过处理后输出，用户对功能块的工作就是选择"设定特征"及"设定参数"，并将其连接起来。功能块除了输入输出信号外，还输出表征该信号状态的信号。

1.2 工业以太网概述

1.2.1 以太网技术

20 世纪 70 年代早期，国际上公认的第一个以太网系统出现于 Xerox 公司的 PARC（Palo Alto Research Center），它以无源电缆作为总线来传送数据，在 1000m 的电缆上连接了 100 多台计算机，并以曾经在历史上表示传播电磁波的以太（Ether）来命名，这就是如今以太网的鼻祖。以太网发展的历史如表 1-2 所示。

表 1-2 以太网的发展简表

标准及重大事件	时间（速度），标志内容
Xerox 公司开始研发	1972 年
首次展示初始以太网	1976 年（2.94Mbit/s）
标准 DIX V1.0 发布	1980 年（10Mbit/s）
IEEE 802.3 标准发布	1983 年，基于 CSMA/CD 访问控制
10 Base-T	1990 年，双绞线
交换技术	1993 年，网络交换机
100 Base-T	1995 年，快速以太网（100Mbit/s）
千兆以太网	1998 年
万兆以太网	2002 年

IEEE 802 代表 OSI 开放式系统互联七层参考模型中一个 IEEE 802.n 标准系列，IEEE 802 介绍了此系列标准协议情况。主要描述了此 LAN/MAN（局域网/城域网）系列标准协议概况与结构安排。IEEE 802.n 标准系列已被接纳为国际标准化组织（ISO）的标准，其编号命名为 ISO 8802。以太网的主要标准如表 1-3 所示。

表 1-3 以太网的主要标准

标　　准	内　容　描　述
IEEE 802.1	体系结构与网络互联、管理
IEEE 802.2	逻辑链路控制
IEEE 802.3	CSMA/CD 媒体访问控制方法与物理层规范
IEEE 802.3i	10 Base-T 基带双绞线访问控制方法与物理层规范
IEEE 802.3j	10 Base-F 光纤访问控制方法与物理层规范
IEEE 802.3u	100 Base-T、FX、TX、T4 快速以太网
IEEE 802.3x	全双工
IEEE 802.3z	千兆以太网
IEEE 802.3ae	10Gbit/s 以太网标准
IEEE 802.3af	以太网供电
IEEE 802.11	无线局域网访问控制方法与物理层规范
IEEE 802.3az	100Gbit/s 的以太网技术规范

1.2.2　工业以太网技术

人们习惯将用于工业控制系统的以太网统称为工业以太网。如果仔细划分，按照国际电工委员会 SC65C 的定义，工业以太网是用于工业自动化环境、符合 IEEE 802.3 标准、按照 IEEE 802.1D "媒体访问控制（MAC）网桥"规范和 IEEE 802.1Q "局域网虚拟网桥"规范、对其没有进行任何实时扩展（Extension）而实现的以太网。通过采用减轻以太网负荷、提高网络速度、采用交换式以太网和全双工通信、采用信息优先级和流量控制以及虚拟局域网等技术，到目前为止可以将工业以太网的实时响应时间做到 5～10ms，相当于现有的现场总线。采用工业以太网，由于具有相同的通信协议，能实现办公自动化网络和工业控制网络的无缝连接。

以太网与工业以太网比较如表 1-4 所示。

表 1-4　以太网与工业以太网的比较

项　　目	工业以太网设备	商用以太网设备
元器件	工业级	商用级
接插件	耐腐蚀、防尘、防水，如加固型 RJ45、DB-9、航空插头等	一般 RJ45
工作电压	DC 24V	AC 220V
电源冗余	双电源	一般没有
安装方式	DIN 导轨和其他固定安装	桌面、机架等
工作温度	–40～85℃或-20～70℃	5～40℃
电磁兼容性标准	EN 50081-2（工业级 EMC） EN 50082-2（工业级 EMC）	办公室用 EMC
MTBF 值	至少 10 年	3～5 年

工业以太网即应用于工业控制领域的以太网技术，它在技术上与商用以太网兼容，但又必须满足工业控制网络通信的需求。在产品设计时，在材质的选用、产品的强度、可靠性、抗干扰能力、实时性等方面满足工业现场环境的应用。一般而言，工业控制网络应满足以下要求。

1）具有较好的响应实时性：工业控制网络不仅要求传输速度快，而且在工业自动化控制中还要求响应快，即响应实时性好。

2）可靠性和容错性要求：既能安装在工业控制现场，且能够长时间连续稳定运行，在网络局部链路出现故障的情况下，能在很短的时间内重新建立新的网络链路。

3）力求简洁：减小软硬件开销，从而降低设备成本，同时也可以提高系统的健壮性。

4）环境适应性要求：包括机械环境适应性（如抗振动、抗冲击）、气候环境适应性（工作温度要求为-40～85℃，至少为-20～70℃，并要耐腐蚀、防尘、防水）、电磁环境适应性或电磁兼容性 EMC 应符合 EN50081-2/EN50082-2 标准。

5）开放性好：由于以太网技术被大多数的设备制造商所支持，并且具有标准的接口，系统集成和扩展更加容易。

6）安全性要求：在易爆可燃的场合，工业以太网产品还需要具有防爆要求，包括隔爆、本质安全。

7）总线供电要求：即要求现场设备网络不仅能传输通信信息，而且要能够为现场设备提供工作电源。这主要是从线缆铺设和维护方便考虑，同时总线供电还能减少线缆，降低成本。IEEE 802.3af 标准对总线供电进行了规范。

8）安装方便：适应工业环境的安装要求，如采用 DIN 导轨安装。

1.2.3　工业以太网通信模型

工业以太网协议在本质上仍基于以太网技术，在物理层和数据链路层均采用了 IEEE 802.3 标准，在网络层和传输层则采用被称为以太网"事实上的标准"的 TCP/IP 协议簇（包括 UDP、TCP、IP、ICMP、IGMP 等协议），它们构成了工业以太网的低四层。在高层协议上，工业以太网协议通常都省略了会话层、表示层，而定义了应用层，有的工业以太网协议还定义了用户层（如 HSE）。工业以太网的通信模型如图 1-2 所示。

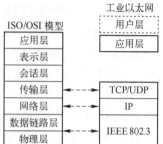

工业以太网与商用以太网相比，具有以下特征。

（1）通信实时性

在工业以太网中，提高通信实时性的措施主要包括采用交换式集线器、使用全双工（Full-Duplex）通信模式、采用虚拟局域网（VLAN）技术、提高质量服务（QoS）、有效地应用任务的调度等。

（2）环境适应性和安全性

图 1-2　工业以太网的通信模型

首先，针对工业现场的振动、粉尘、高温和低温、高湿度等恶劣环境，对设备的可靠性提出了更高的要求。工业以太网产品针对机械环境、气候环境、电磁环境等需求，对线缆、接口、屏蔽等方面做出专门的设计，符合工业环境的要求。

在易燃易爆的场合，工业以太网产品通过包括隔爆和本质安全两种方式来提高设备的生产安全性。

在信息安全方面，利用网关构建系统的有效屏障，对经过它的数据包进行过滤。同时随着加密解密技术与工业以太网的进一步融合，工业以太网的信息安全性也得到了进一步的保障。

（3）产品可靠性设计

工业控制的高可靠性通常包含三个方面内容。

1）可使用性好，网络自身不易发生故障。

2）容错能力强，网络系统局部单元出现故障，不影响整个系统的正常工作。

3）可维护性高，故障发生后能及时发现和及时处理，通过维修使网络及时恢复。

（4）网络可用性

在工业以太网系统中，通常采用冗余技术以提高网络的可用性，主要有端口冗余、链路冗余、设备冗余和环网冗余。

1.2.4　工业以太网的优势

从技术方面来看，与现场总线相比，工业以太网具有以下优势。

1）应用广泛。以太网是目前应用最为广泛的计算机网络技术，受到广泛的技术支持。几乎所有的编程语言都支持以太网的应用开发，如 Java、Visual C++、Visual Basic 等。这些编程语言由于使用广泛，并受到软件开发商的高度重视，具有很好的发展前景。因此，如果采用以太网作为现场总线，可以保证有多种开发工具和开发环境供选择。

2）成本低廉。由于以太网的应用广泛，受到硬件开发与生产厂商的高度重视与广泛支持，有多种硬件产品供用户选择，硬件价格也相对低廉。

3）通信速率高。目前以太网的通信速率为 10Mbit/s、100Mbit/s、1000Mbit/s、10Gbit/s，其速率比目前的现场总线快得多，以太网可以满足对带宽有更高要求的需要。

4）开放性和兼容性好，易于信息集成。工业以太网因为采用由 IEEE 802.3 所定义的数据传输协议，它是一个开放的标准，所以为 PLC 和 DCS 厂家广泛接受。

5）控制算法简单。以太网没有优先权控制意味着访问控制算法可以很简单。它不需要管理网络上当前的优先权访问级。还有一个好处是：没有优先权的网络访问是公平的，任何站点访问网络的可能性都与其他站相同，没有哪个站可以阻碍其他站的工作。

6）软硬件资源丰富。大量的软件资源和设计经验可以显著降低系统的开发和培训费用，从而可以显著降低系统的整体成本，并大大加快系统的开发和推广速度。

7）不需要中央控制站。令牌环网采用了"动态监控"的思想，需要有一个站负责管理网络的各种家务。传统令牌环网如果没有动态监测是无法运行的。以太网不需要中央控制站，它不需要动态监测。

8）可持续发展潜力大。由于以太网的广泛使用，它的发展一直得到广泛的重视和大量的技术投入，由此保证了以太网技术不断地持续向前发展。

9）易于与 Internet 连接。能实现办公自动化网络与工业控制网络的信息无缝集成。

1.2.5　实时以太网

工业以太网一般应用于通信实时性要求不高的场合。对于响应时间小于 5ms 的应用，工业以太网已不能胜任。为了满足高实时性能应用的需要，各大公司和标准组织纷纷提出各种提升工业以太网实时性的技术解决方案。这些方案建立在 IEEE 802.3 标准的基础上，通过对其和相关标准的实时扩展提高实时性，并且做到与标准以太网的无缝连接，这就是实时以太网（Realtime Ethernet，RTE）。

根据 IEC 61784-2-2010 标准定义，所谓实时以太网，就是根据工业数据通信的要求和特点，在 ISO/IEC 8802-3 协议基础上，通过增加一些必要的措施，使之具有实时通信能力。

1）网络通信在时间上的确定性，即在时间上，任务的行为可以预测。

2）实时响应适应外部环境的变化，包括任务的变化、网络节点的增/减、网络失效诊断等。

3）减少通信处理延迟，使现场设备间的信息交互在极小的通信延迟时间内完成。

2007 年出版的 IEC 61158 现场总线国际标准和 IEC 61784-2 实时以太网应用国际标准收录了以下 10 种实时以太网技术和协议，如表 1-5 所示。

表 1-5　IEC 国际标准收录的工业以太网技术

技 术 名 称	技 术 来 源	应 用 领 域
Ethernet/IP	美国 Rockwell 公司	过程控制
PROFInet	德国 Siemens 公司	过程控制、运动控制
P-NET	丹麦 Process-Data A/S 公司	过程控制
Vnet/IP	日本 Yokogawa 横河	过程控制
TC-net	东芝公司	过程控制
EtherCAT	德国 Beckhoff 公司	运动控制
Ethernet Powerlink	奥地利 B&R 公司	运动控制
EPA	浙江大学、浙江中控公司等	过程控制、运动控制
Modbus/TCP	法国 Schneider-electric 公司	过程控制
SERCOS-III	德国 Hilscher 公司	运动控制

1.2.6　实时工业以太网模型分析

实时工业以太网采用不同的实时策略来提高实时性能，根据其提高实时性策略的不同，实现模型可分为 3 种。实时工业以太网实现模型如图 1-3 所示。

图 1-3a 所示模型基于 TCP/IP 实现，在应用层上做修改。此类模型通常采用调度法、数据帧优先级机制或使用交换式以太网来滤除商用以太网中的不确定因素。这一类工业以太网的代表有 Modbus/TCP 和 Ethernet/IP。此类模型适用于实时性要求不高的应用。

图 1-3b 所示模型基于标准以太网实现，在网络层和传输层上进行修改。此类模型将采用不同机制

进行数据交换，对于过程数据采用专门的协议进行传输，TCP/IP 用于访问商用网络时的数据交换。常用的方法有时间片机制。采用此模型的典型协议包含 Ethernet POWERLINK、EPA 和 PROFINET RT。

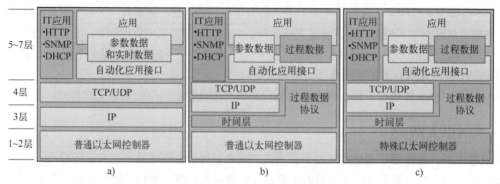

图 1-3　实时工业以太网实现模型

a) TCP/IP　b) 标准以太网　c) 修改的以太网

图 1-3c 所示模型基于修改的以太网实现，其在标准的以太网物理层基础上对数据链路层进行了修改。此类模型一般采用专门硬件来处理数据，实现高实时性。通过不同的帧类型来提高确定性。基于此结构实现的以太网协议有 EtherCAT、SERCOS Ⅲ 和 PROFInet IRT。

对于实时以太网的选取应根据应用场合的实时性要求。工业以太网的三种实现如表 1-6 所示。

表 1-6　工业以太网的三种实现

序　号	技 术 特 点	说　　明	应 用 实 例
1	基于 TCP/IP 实现	特殊部分在应用层	Modbus/TCP Ethernet/IP
2	基于标准以太网实现	不仅实现了应用层，而且在网络层和传输层做了修改	Ethernet POWERLINK PROFInet RT
3	基于修改以太网实现	不仅在网络层和传输层做了修改，而且改进了底下两层，需要特殊的网络控制器	EtherCAT SERCOS Ⅲ PROFInet IRT

1.2.7　几种实时工业以太网的比较

几种实时工业以太网的对比如表 1-7 所示。

表 1-7　几种实时工业以太网的对比

实时工业以太网	EtherCAT	SERCOS Ⅲ	PROFInet IRT	POWERLINK	EPA	Ethernet/IP
管理组织	ETG	IGS	PNO	EPG	EPA 俱乐部	ODVA
通信机构	主/从	主/从	主/从	主/从	C/S	C/S
传输模式	全双工	全双工	半双工	半双工	全双工	全双工
实时特性	100 轴，响应时间 100μs	8 个轴，响应时间 32.5μs	100 轴，响应时间 1ms	100 轴，响应时间 1ms	同步精度为 μs 级，通信周期为 ms 级	1～5ms
拓扑结构	星形、线形、环形、树形、总线型	线形、环形	星形、线形	星形、树形、总线型	树形、星形	星形、树形
同步方法	时间片+IEEE 1588	主节点+循环周期	时间槽调度+IEEE 1588	时间片+IEEE 1588	IEEE 1588	IEEE 1588
同步精度	100ns	<1μs	1μs	1μs	500ns	1μs

几个实时工业以太网数据传输速率对比如图 1-4 所示。实验中有 40 个轴（每个轴 20B 输入和输出数据），50 个 I/O 站（总计 560 个 EtherCAT 总线端子模块），2000 个数字量，200 个模拟量，总线

长度为 500m。结果测试得到 EtherCAT 网络循环时间是 276μs，总线负载为 44%，报文长度为 122μs，性能远远高于 SERCOS Ⅲ、PROFInet IRT 和 POWERLINK。

根据对比分析可以得出，EtherCAT 实时工业以太网各方面性能都很突出。EtherCAT 极小的循环时间、高速、高同步性、易用性和低成本使其在机器人控制、机床应用、CNC 功能、包装机械、测量应用、超高

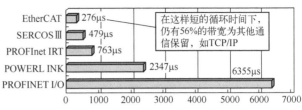

图 1-4　几个实时工业以太网数据传输速率对比

速金属切割、汽车工业自动化、机器内部通信、焊接机器、嵌入式系统、变频器、编码器等领域获得广泛的应用。

同时因拓扑的灵活，无需交换机或集线器、网络结构没有限制、可自动连接检测等特点，使其在大桥减振系统、印刷机械、液压/电动冲压机、木材交工设备等领域具有很高的应用价值。

国外很多企业对 EtherCAT 的技术研究已经比较深入，而且已经开发出了比较成熟的产品。如德国 BECKHOFF、美国 Kollmorgen（科尔摩根）、意大利 Phase、美国 NI、SEW、TrioMotion、MKS、Omron、CopleyControls 等自动化设备公司都推出了一系列支持 EtherCAT 的驱动设备。国内对 EtherCAT 技术的研究尚处于起步阶段，而且国内的 EtherCAT 市场基本都被国外的企业所占领。

1.3　企业网络信息集成系统

1.3.1　企业网络信息集成系统的层次结构

现场总线本质上是一种控制网络，因此网络技术是现场总线的重要基础。现场总线网络和 Internet、Intranet 等类型的信息网络不同，控制网络直接面向生产过程，因此要求有很高的实时性、可靠性、数据完整性和可用性。为满足这些特性，现场总线对标准的网络协议做了简化，一般只包括 ISO/OSI 7 层模型中的 3 层：物理层、数据链路层和应用层。此外，现场总线还要完成与上层工厂信息系统的数据交换和传递。综合自动化是现代工业自动化的发展方向，在完整的企业网架构中，企业网络信息集成系统应涉及从底层现场设备网络到上层信息网络的数据传输过程。

基于上述考虑，统一的企业网络信息集成系统应具有 3 层结构，企业网络信息集成系统的层次结构如图 1-5 所示，从底向上依次为：过程控制层（Process Control System，PCS）、制造执行层（Manufacture Execute System，MES）、企业资源规划层（Enterprise Resource Planning，ERP）。

1. 过程控制层

现场总线是将自动化最底层的现场控制器和现场智能仪表设备互连的实时控制通信网络，遵循 ISO 的 OSI 开放系统互连参考模型的全部或部分通信协议。现场总线控制系统则是用开放的现场总线控制通信网络将自动化最底层的现

图 1-5　企业网络信息集成系统的层次结构

场控制器和现场智能仪表设备互连的实时网络控制系统。

依照现场总线的协议标准，智能设备采用功能块的结构，通过组态设计，完成数据采集、A/D 转换、数字滤波、温度压力补偿、PID 控制等各种功能。智能转换器对传统检测仪表电流电压进行数字转换和补偿。此外，总线上应有 PLC 接口，便于连接原有的系统。

现场设备以网络节点的形式挂接在现场总线网络上，为保证节点之间实时、可靠的数据传输，现场总线控制网络必须采用合理的拓扑结构。常见的现场总线网络拓扑结构有以下几种。

（1）环形网

其特点是时延确定性好、重载时网络效率高，但轻载时等待令牌产生不必要的时延，传输效率下降。

（2）总线网

其特点是节点接入方便、成本低。轻载时时延小，但网络通信负荷较重时时延加大，网络效率下降。此外传输时延不确定。

（3）树形网

其特点是可扩展性好、频带较宽，但节点间通信不便。

（4）令牌总线网

其特点是结合环形网和总线网的优点，即物理上是总线网，逻辑上是令牌网。这样，网络传输时延确定无冲突，同时节点接入方便，可靠性好。

过程控制层通信介质不受限制，可用双绞线、同轴电缆、光纤、电力线、无线、红外线等各种形式。

2．制造执行层

这一层从现场设备中获取数据，完成各种控制、运行参数的监测、报警和趋势分析等功能，另外还包括控制组态的设计和下装。制造执行层的功能一般由上位计算机完成，它通过扩展槽中网络接口板与现场总线相连，协调网络节点之间的数据通信，或者通过专门的现场总线接口（转换器）实现现场总线网段与以太网段的连接，这种方式使系统配置更加灵活。这一层处于以太网中，因此其关键技术是以太网与底层现场设备网络间的接口，主要负责现场总线协议与以太网协议的转换，保证数据包的正确解释和传输。制造执行层除上述功能外，还为实现先进控制和远程操作优化提供支撑环境，如实时数据库、工艺流程监控、先进控制以及设备管理等。

3．企业资源规划层

其主要目的是在分布式网络环境下构建一个安全的远程监控系统。首先要将中间监控层的数据库中的信息转入上层的关系数据库中，这样远程用户就能随时通过浏览器查询网络运行状态以及现场设备的工况，对生产过程进行实时的远程监控。赋予一定的权限后，还可以在线修改各种设备参数和运行参数，从而在广域网范围内实现底层测控信息的实时传递。这样，企业各个实体将能够不受地域的限制监视与控制工厂局域网里的各种数据，并对这些数据进行进一步的分析和整理，为相关的各种管理、经营决策提供支持，实现管控一体化。目前，远程监控实现的途径就是通过 Internet，主要方式是租用企业专线或者利用公众数据网。由于涉及实际的生产过程，必须保证网络安全，可以采用的技术包括防火墙、用户身份认证以及密钥管理等。

在整个现场总线控制网络模型中，现场设备层是整个网络模型的核心，只有确保总线设备之间可靠、准确、完整的数据传输，上层网络才能获取信息以及实现监控功能。当前对现场总线的讨论大多停留在底层的现场智能设备网段，但从完整的现场总线控制网络模型出发，应更多地考虑现场设备层与中间监控层、Internet 应用层之间的数据传输与交互问题，以及实现控制网络与信息网络的紧密集成。

4．现场总线与局域网的区别

现场总线与数据网络相比，主要有以下特点。

1）现场总线主要用于对生产、生活设备的控制，对生产过程的状态检测、监视与控制，或实现"家庭自动化"等；数据网络则主要用于通信、办公，提供如文字、声音和图像等数据信息。

2）现场总线和数据网络具有各自的技术特点：控制网络信息/控制网络最底层，要求具备高度的实时性、安全性和可靠性，网络接口尽可能简单，成本尽量降低，数据传输量一般较小；数据网络则需要适应大批量数据的传输与处理。

3）现场总线采用全数字式通信，具有开放式、全分布、互操作性（Interoperability）等特点。

4）在现代生产和社会生活中，这两种网络将具有越来越紧密的联系。两者的不同特点决定了它们的需求互补以及它们之间需要信息交换。控制网络信息与数据网络信息的结合，沟通了生产过程现场控制设备之间及其与更高控制管理层网络之间的联系，可以更好地调度和优化生产过程，提高产品的产量和质量，为实现控制、管理、经营一体化创造了条件。现场总线与管理信息网络特性比较如表 1-8 所示。

表 1-8   现场总线与管理信息网络特性比较

特　　性	现 场 总 线	管理信息网络
监视与控制能力	强	弱
可靠性与故障容限	高	高
实时响应	快	中
信息报文长度	短	长
OSI 相容性	低	中、高
体系结构与协议复杂性	低	中、高
通信功能级别	中级	大范围
通信速率	低、中	高
抗干扰能力	强	中

国际标准化组织（ISO）提出的 OSI 参考模型是一种 7 层通信协议，该协议每层采用国际标准，其中，第 1 层是物理介质层，第 2 层是数据链路层，第 3 层是网络层，第 4 层是数据传输层，第 5 层是会话层，第 6 层是表示层，第 7 层是应用层。现场总线体系结构是一种实时开放系统，从通信角度看，一般是由 OSI 参考模型的物理介质层、数据链路层、应用层 3 层模式体系结构和通信媒质构成的，如 Bitbus、CAN、WorldFIP 和 FF 现场总线等。另外，也有采用在前 3 层基础上再加数据传输层的 4 层模式体系结构，如 PROFIBUS 等。但 LonWorks 现场总线却比较独特，它是采用包括全部 OSI 协议在内的 7 层模式体系结构。

现场总线作为低带宽的底层控制网络，可与 Internet 及 Intranet 相连，它作为网络系统的最显著的特征是具有开放统一的通信协议。由于现场总线的开放性，不同设备制造商提供的遵从相同通信协议的各种测量控制设备可以互连，共同组成一个控制系统，使得信息可以在更大范围内共享。

1.3.2　现场总线的作用

现场总线控制网络处于企业网络的底层，或者说，它是构成企业网络的基础。而生产过程的控制参数与设备状态等信息是企业信息的重要组成部分。企业网络各功能层次的网络类型如图 1-6 所示。从图中可以看出，除现场的控制网络外，上面的 ERP 和 MES 都采用以太网。

企业网络系统早期的结构复杂，功能层次较多，包括从过程控制、监控、调度、计划、管理到经营决策等。随着互联网的发展和以太网技术的普及，企业网络早期的 TOP/MAP 式多层分布式子网的结构逐渐被以太网、FDDI 主干网所取代。企业网络系统的结构层次趋于扁平化，同时对功能层次的划分也更为简化。最底层为控制网络所处的现场控制层（FCS），最上层为企业资源规划层（ERP），而将传统概念上的监控、计划、管理、调度等多项控制管理功能交错的部分，都包罗在中间的制造执行层（MES）中。图中的 ERP 与 MES 功能层大多采用以太网技术构成数据网络，网络节点多为各种计算机及外设。随着互联网技术的发展与普及，在 ERP 与 MES 层的网络集成与信息交互问题得到了较好的解决。它们与外界互联网之间的信息交互也相对比较容易。

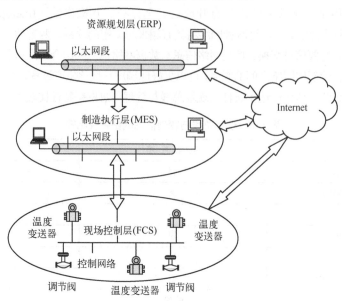

图 1-6　企业网络各功能层次的网络类型

　　控制网络的主要作用是为自动化系统传递数字信息。它所传输的信息内容主要是生产装置运行参数的测量值、控制量、阀门的工作位置、开关状态、报警状态、设备的资源与维护信息、系统组态、参数修改、零点量程调校信息等。企业的管理控制一体化系统需要这些控制信息的参与，优化调度等也需要集成不同装置的生产数据，并能实现装置间的数据交换。这些都需要在现场控制层内部，在 FCS 与 MES、ERP 各层之间，方便地实现数据传输与信息共享。

　　目前，现场控制层所采用的控制网络种类繁多，本层网络内部的通信一致性很差，个异性强，有形形色色的现场总线，再加上 DCS、PLC、SCADA 等。控制网络从通信协议到网络节点类型都与数据网络存在较大差异。这些差异使得控制网络之间、控制网络与外部互联网之间实现信息交换的难度加大，实现互连和互操作存在较多障碍。因此，需要从通信一致性、数据交换技术等方面入手，改善控制网络的数据集成与交换能力。

1.3.3　现场总线与上层网络的互联

　　由于现场总线所处的特殊环境及所承担的实时控制任务是普通局域网和以太网技术难以取代的，因而现场总线至今依然保持着它在现场控制层的地位和作用。但现场总线需要同上层与外界实现信息交换。

　　目前，现场总线与上层网络的连接方式一般有以下三种：一是采用专用网关完成不同通信协议的转换，把现场总线网段或 DCS 连接到以太网上。图 1-7 示出了通过网关连接现场总线网段与上层网络的示意图。二是将现场总线网卡和以太网卡都置入工业 PC 的 PCI 插槽内，在 PC 内完成数据交换。在图 1-8 中采用现场总线的 PCI 卡，实现现场总线网段与上层网络的连接。三是将 Web 服务器直接置入PLC 或现场控制设备内，借助 Web 服务器和通用浏览工具实现数据信息的动态交互。这是近年来互联网技术在生产现场直接应用的结果，但它需要有一直延伸到工厂底层的以太网支持。正是因为控制设备内嵌 Web 服务器，所以现场总线的设备有条件直接通向互联网，与外界直接沟通信息。而在这之前，现场总线设备是不能直接与外界沟通信息的。

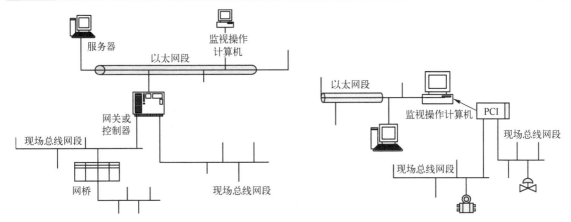

图 1-7　通过网关连接现场总线网段与上层网络　　图 1-8　采用 PCI 卡连接现场总线网段与上层网络

现场总线与互联网的结合拓宽了测量控制系统的范围和视野，为实现跨地区的远程控制与远程故障诊断创造了条件。人们可以在千里之外查看生产现场的运行状态，方便地实现偏远地段生产设备的无人值守，远程诊断生产过程或设备的故障，在办公室查询并操作家中的各类电器等设备。

1.4　国内外流行的现场总线简介

由于技术和利益的原因，目前国际上存在着几十种现场总线标准，比较流行的主要有 FF、CAN、DeviceNet、LonWorks、PROFIBUS、HART、INTERBUS、CC-Link、ControlNet、WorldFIP、P-Net、SwiftNet 等现场总线。

1.4.1　FF

基金会现场总线（Foundation Fieldbus，FF）是在过程自动化领域得到广泛支持和具有良好发展前景的技术。以美国 Fisher-Rousemount 公司为首，联合 Foxboro、横河、ABB、西门子等 80 家公司制定了 ISP；以 Honeywell 公司为首、联合欧洲等地的 150 家公司制订了 WorldFIP。1994 年 9 月，制定上述两种协议的多家公司成立了现场总线基金会（FF），致力于开发出国际上统一的现场总线协议。它以 ISO/OSI 开放系统互连模型为基础，取其物理层、数据链路层、应用层为 FF 通信模型的相应层次，并在应用层上增加了用户层。

基金会现场总线分低速 H1 和高速 H2 两种通信速率。H1 的传输速率为 31.25kbit/s，通信距离可达 1900m（可加中继器延长），可支持总线供电，支持本质安全防爆环境。H2 的传输速率为 1Mbit/s 和 2.5Mbit/s 两种，其通信距离为 750m 和 500m。物理传输介质可支持双绞线、光缆和无线发射，协议符合 IEC1158-2 标准。

其物理媒介的传输信号采用曼彻斯特编码，每位发送数据的中心位置或是正跳变，或是负跳变。正跳变代表 0，负跳变代表 1，从而使串行数据位流中具有足够的定位信息，以保持发送双方的时间同步。接收方既可根据跳变的极性来判断数据的"1""0"状态，也可根据数据的中心位置精确定位。

为满足用户需要，Honeywell、Ronan 等公司已开发出可完成物理层和部分数据链路层协议的专用芯片，许多仪表公司已开发出符合 FF 协议的产品，H1 总线已通过 α 测试和 β 测试，完成了由 13 个不同厂商提供设备而组成的 FF 现场总线工厂试验系统。H2 总线标准也已形成。1996 年 10 月，在芝加哥举行的 ISA96 展览会上，由现场总线基金会组织实施，向世界展示了来自 40 多家厂商的 70 多种符合 FF 协议的产品，并将这些分布在不同楼层展览大厅不同展台上的 FF 展品，用醒目的橙红色电缆，互连为七段现场总线演示系统，各展台现场设备之间可实地进行现场互操作，展现了基金会现场总线的成就与技术实力。

1.4.2 CAN 和 CAN FD

CAN 是控制器局域网 Controller Area Network 的简称，最早由德国 BOSCH 公司提出，用于汽车内部测量与执行部件之间的数据通信，其总线规范现已被 ISO 国际标准组织制定为国际标准，得到了 Motorola、Intel、Philips、Siemens、NEC 等公司的支持，已广泛应用在离散控制领域。

CAN 协议也是建立在国际标准组织的开放系统互连模型基础上的，不过，其模型结构只有 3 层，只取 OSI 的物理层、数据链路层和应用层。其信号传输介质为双绞线，在 40m 的距离时，通信速率最高可达 1Mbit/s；在通信速率为 5kbit/s 时，直接传输距离最远可达 10km，可挂接设备最多可达 110 个。

CAN 的信号传输采用短帧结构，每一帧的有效字节数为 8 个，因而传输时间短，受干扰的概率低。当节点严重错误时，具有自动关闭的功能以切断该节点与总线的联系，使总线上的其他节点及其通信不受影响，具有较强的抗干扰能力。

CAN 支持多主方式工作，网络上任何节点均可在任意时刻主动向其他节点发送信息，支持点对点、一点对多点和全局广播方式接收/发送数据。它采用总线仲裁技术，当出现几个节点同时在网络上传输信息时，优先级高的节点可继续传输数据，而优先级低的节点则主动停止发送，从而避免了总线冲突。

已有多家公司开发生产了符合 CAN 协议的通信控制器，如 NXP 公司的 SJA1000、Mirochip 公司的 MCP2515、内嵌 CAN 通信控制器的 ARM 和 DSP 等。还有插在 PC 上的 CAN 总线适配器，具有接口简单、编程方便、开发系统价格便宜等优点。

在汽车领域，随着人们对数据传输带宽要求的增加，传统的 CAN 总线由于带宽的限制难以满足这种增加的需求。

当今社会，汽车已经成为生活中不可缺少的一部分，人们希望汽车不仅仅是一种代步工具，更希望汽车是生活及工作范围的一种延伸。在汽车上就像待在自己的办公室和家里一样，可以打电话、上网、娱乐和工作。

因此，汽车制造商为了提高产品竞争力，将越来越多的功能集成到了汽车上。ECU（电子控制单元）的大量增加使总线负载率急剧增大，传统的 CAN 总线越来越显得力不从心。

此外为了缩小 CAN 网络（最大 1Mbit/s）与 FlexRay（最大 10Mbit/s）网络的带宽差距，BOSCH 公司 2011 年推出了 CAN FD（CAN with Flexible Data-Rate）方案。

1.4.3 DeviceNet

在现代控制系统中，不仅要求现场设备完成本地的控制、监视、诊断等任务，还要能通过网络与其他控制设备及 PLC 进行对等通信，因此现场设备多设计成内置智能式。基于这样的现状，美国 Rockwell Automation 公司于 1994 年推出了 DeviceNet 网络，实现低成本高性能的工业设备的网络互连。

DeviceNet 是一种低成本的通信连接，它将工业设备连接到网络，从而免去了昂贵的硬接线。DeviceNet 又是一种简单的网络解决方案，在提供多供货商同类部件间的可互换性的同时，减少了配线和安装工业自动化设备的成本和时间。DeviceNet 的直接互连性不仅改善了设备间的通信，而且同时提供了相当重要的设备级诊断功能，这是通过硬接线 I/O 接口很难实现的。

DeviceNet 是一个开放式网络标准。规范和协议都是开放的，厂商将设备连接到系统时，无须购买硬件、软件或许可权。任何人都能以少量的复制成本从开放式设备网络供货商协会（Open DeviceNet Vendor Association，ODVA）获得 DeviceNet 规范。任何制造 DeviceNet 产品的公司都可以加入 ODVA，并加入对 DeviceNet 规范进行增补的技术工作组。

DeviceNet 规范的购买者将得到一份不受限制的、真正免费的开发 DeviceNet 产品的许可。寻求开发帮助的公司可以通过任何渠道购买使其工作简易化的样本源代码、开发工具包和各种开发服务。关键的硬件可以从世界上最大的半导体供货商那里获得。

DeviceNet 具有如下特点。

1）DeviceNet 基于 CAN 总线技术，它可连接开关、光电传感器、阀组、电动机起动器、过程传感器、变频调速设备、固态过载保护装置、条形码阅读器、I/O 和人机界面等，传输速率为 125～500kbit/s，每个网络的最大节点数是 64 个，干线长度为 100～500m。

2）DeviceNet 使用的通信模式是：生产者/客户（Producer/Consumer）。该模式允许网络上的所有节点同时存取同一源数据，网络通信效率更高；采用多信道广播信息发送方式，各个客户可在同一时间接收到生产者所发送的数据，网络利用率更高。生产者/客户模式与传统的"源/目的"通信模式相比，前者采用多信道广播式，网络节点同步化，网络效率高；后者采用应答式，如果要向多个设备传送信息，则需要对这些设备分别进行"呼""应"通信，即使是同一信息，也需要制造多个信息包，这样，增加了网络的通信量，网络响应速度受限制，难以满足高速的、对时间苛求的实时控制。

3）设备可互换性。各个销售商所生产的符合 DeviceNet 网络和行规标准的简单装置（如按钮、电动机起动器、光电传感器、限位开关等）都可以互换，为用户提供灵活性和可选择性。

4）DeviceNet 网络上的设备可以随时连接或断开，而不会影响网上其他设备的运行，方便维护和减少维修费用，也便于系统的扩充和改造。

5）DeviceNet 网络上的设备安装比传统的 I/O 布线更加节省费用，尤其是当设备分布在几百米范围内时，更有利于降低布线安装成本。

6）利用 RS Network for DeviceNet 软件可方便地对网络上的设备进行配置、测试和管理。网络上的设备以图形方式显示工作状态，一目了然。

现场总线技术具有网络化、系统化、开放性的特点，需要多个企业相互支持、相互补充来构成整个网络系统。为便于技术发展和企业之间的协调，统一宣传推广技术和产品，通常每一种现场总线都有一个组织来统一协调。DeviceNet 总线的组织机构是"开放式设备网络供货商协会"，它是一个独立组织，管理 DeviceNet 技术规范，促进 DeviceNet 在全球的推广与应用。

ODVA 实行会员制，会员分供货商会员（Vendor Member）和分销商会员（Distributor Member）。ODVA 现有供货商会员 310 个，其中包括 ABB、Rockwell、Phoenix Contact、Omron、Hitachi、Cutler-Hammer 等几乎所有世界著名的电器和自动化元件生产商。

ODVA 的作用是帮助供货商会员向 DeviceNet 产品开发者提供技术培训、产品一致性试验工具和试验，支持成员单位对 DeviceNet 协议规范进行改进；出版符合 DeviceNet 协议规范的产品目录，组织研讨会和其他推广活动，帮助用户了解掌握 DeviceNet 技术；帮助分销商开展 DeviceNet 用户培训和 DeviceNet 专家认证培训，提供设计工具，解决 DeviceNet 系统问题。

DeviceNet 是一个比较年轻的，也是较晚进入中国的现场总线。但 DeviceNet 价格低、效率高，特别适用于制造业、工业控制、电力系统等行业的自动化，适合于制造系统的信息化。

2000 年 2 月上海电器科学研究所与 ODVA 签署合作协议，共同筹建 ODVA China，目的是把 DeviceNet 这一先进技术引入中国，促进我国自动化和现场总线技术的发展。

2002 年 10 月 8 日，DeviceNet 现场总线被批准为国家标准。DeviceNet 中国国家标准编号为 GB/T18858.3-2002，名称为《低压开关设备和控制设备　控制器—设备接口（CDI）第 3 部分：DeviceNet》。该标准于 2003 年 4 月 1 日开始实施。

1.4.4 LonWorks

美国 Echelon 公司于 1992 年成功推出了 LonWorks 智能控制网络。LON(Local Operating Networks)总线是该公司推出的局部操作网络，Echelon 公司开发了 LonWorks 技术，为 LON 总线设计和成品化提供了一套完整的开发平台。其通信协议 LonTalk 支持 OSI/RM 的所有七层模型，这是 LON 总线最突出的特点。LonTalk 协议通过神经元芯片（Neuron Chip）上的硬件和固件（Firmware）实现，提供介质存取、事务确认和点对点通信服务；还有一些如认证、优先级传输、单一/广播/组播消息发送等高级服务。网络拓扑结构可以是总线型、星形、环形和混合型，可实现自由组合。另外，通信介质支持双绞线、同轴电缆、光纤、射频、红外线和电力线等。应用程序采用面向对象的设计方法，通过网络变量把网络通信的设计简化为参数设置，大大缩短了产品开发周期。

LonWorks 控制网络技术可用于各主要工业领域，如工厂厂房自动化、生产过程控制、楼宇及家庭自动化、农业、医疗和运输业等，为实现智能控制网络提供完整的解决方案。如中央电视塔美丽夜景的灯光秀是由 LonWorks 控制的，T21/T22 次京沪豪华列车是基于 LonWorks 的列车监控系统控制着整个列车的空调暖通、照明、车门及消防报警等系统。Echelon 公司有四个主要市场——商用楼宇（包括暖通空调、照明、安防、门禁和电梯等子系统）、工业、交通运输系统和家庭领域。

高可靠性、安全性、易于实现和互操作性，使得 LonWorks 产品应用非常广泛。它广泛应用于过程控制、电梯控制、能源管理、环境监视、污水处理、火灾报警、采暖通风和空调控制、交通管理、家庭网络自动化等。LON 总线已成为当前最流行的现场总线之一。

LonWorks 网络协议已成为诸多组织、行业的标准。消费电子制造商协会（CEMA）将 LonWorks 协议作为家庭网络自动化的标准（EIA-709）。1999 年 10 月，ANSI 接纳 LonWorks 网络的基础协议作为一个开放工业标准，包含在 ANSI/EIA709.1 中。国际半导体原料协会（SEMI）明确采纳 LonWorks 网络技术作为其行业标准，还有许多国际行业协会采纳 LonWorks 协议标准，这将巩固 LonWorks 产品在诸行业领域的应用地位，推动 LonWorks 技术的发展。

LonWorks 使用的开放式通信协议 LonTalk 为设备之间交换控制状态信息建立了一种通用的标准。在 LonTalk 协议的协调下，以往那些相应的系统和产品融为一体，形成了一个网络控制系统。LonTalk 协议最大的特点是对 OSI 七层协议的支持，是直接面向对象的网络协议，这是其他的现场总线所不支持的。具体实现就是网络变量这一形式。网络变量使节点之间的数据传递只是通过各个网络变量的绑定便可完成。又由于硬件芯片的支持，实现了实时性和接口的直观、简洁的现场总线应用要求。Neuron 芯片是 LonWorks 技术的核心，它不仅是 LON 总线的通信处理器，同时也是作为采集和控制的通用处理器，LonWorks 技术中所有关于网络的操作实际上都是通过它来完成的。按照 LonWorks 标准网络变量来定义数据结构，也可以解决和不同厂家产品的互操作性问题。为了更好地推广 LonWorks 技术，1994 年 5 月，由全球许多大公司，如 ABB、Honeywell、Motorola、IBM、TOSHIBA、HP 等，组成了一个独立的行业协会 LonMark，负责定义、发布、确认产品的互操作性标准。LonMark 是与 Echelon 公司无关的 LonWorks 用户标准化组织，按照 LonMark 规范设计的 LonWorks 产品，均可以非常容易地集成在一起，用户不必为网络日后的维护和扩展费用担心。LonMark 协会的成立，对于 LonWorks 技术的推广和发展起到了极大的推动作用。许多公司在其产品上采纳了 LonWorks 技术，如 Honeywell 将 LonWorks 技术用于其楼宇自控系统，因此，LON 总线成为现场总线的主流之一。

2005 年之前，LonWorks 技术的核心是神经元芯片（Neuron Chip）。神经元芯片主要有 3120 和 3150 两大系列，生产厂家最早的有 Motorola 公司和 TOSHIBA 公司，后来生产神经元芯片的厂家是 TOSHIBA 公司和美国的 Cypress 公司。TOSHIBA 公司生产的神经元芯片有 TMPN3120 和 TMPN3150 两个系列。

TMPN3120 不支持外部存储器，它本身带有 EEPROM；TMPN3150 支持外部存储器，适合功能较为复杂的应用场合。Cypress 公司生产的神经元芯片有 CY7C53120 和 CY7C53150 两个系列。

目前，国内教科书上讲述的 LonWorks 技术仍然采用 TMPN3120 和 TMPN3150 神经元芯片。2005 年之后，上述神经元芯片不再给用户供货，Echelon 公司主推 FT 智能收发器和 Neuron 处理器。2018 年 9 月，总部位于美国加州的 Adesto Technologies（阿德斯托技术）公司收购了 Echelon 公司。

Adesto 公司是创新的、特定应用的半导体和嵌入式系统的领先供应商，这些半导体和嵌入式系统构成了物联网边缘设备在全球网络上运行的基本组成部分。半导体和嵌入式技术组合优化了连接物联网设备，用于工业、消费、通信和医疗应用。

通过专家设计、无与伦比的系统专业知识和专有知识产权，Adesto 公司使客户能够在对物联网最重要的地方区分他们的系统：更高的效率、更高的可靠性和安全性、集成的智能和更低的成本。广泛的产品组合涵盖从物联网边缘服务器、路由器、节点和通信模块到模拟、数字和非易失性存储器（None-Volatile Memory，NVM）技术，这些技术以标准产品、专用集成电路（Application Specific Integrated Circuit，ASIC）和 IP 核的形式交付给用户。

Adesto 公司成功推出的 FT 6050 智能收发器和 Neuron 6050 处理器是用于现代化和整合智能控制网络的片上系统。

1.4.5　PROFIBUS

PROFIBUS 是作为德国国家标准 DIN19245 和欧洲标准 EN50170 的现场总线，ISO/OSI 模型也是它的参考模型。由 PROFIBUS-DP、PROFIBUS-FMS、PROFIBUS-PA 组成了 PROFIBUS 系列。

DP 型用于分散外设间的高速传输，适合于加工自动化领域的应用。FMS 意为现场信息规范，适用于纺织、楼宇自动化、可编程控制器、低压开关等一般自动化，而 PA 型则是用于过程自动化的总线类型，它遵从 IEC1158-2 标准。该项技术是由以西门子公司为主的十几家德国公司、研究所共同推出的。它采用了 OSI 模型的物理层、数据链路层，由这两部分形成了其标准第一部分的子集，DP 型隐去了 3～7 层，而增加了直接数据连接拟合作为用户接口，FMS 型只隐去第 3～6 层，采用了应用层作为标准的第二部分。PA 型的标准目前还处于制订过程之中，其传输技术遵从 IEC 1158-2（H1）标准，可实现总线供电与本质安全防爆。

PROFIBUS 支持主-从系统、纯主站系统、多主多从混合系统等几种传输方式。主站具有对总线的控制权，可主动发送信息。对多主站系统来说，主站之间采用令牌方式传递信息，得到令牌的站点可在一个事先规定的时间内拥有总线控制权，并事先规定好令牌在各主站中循环一周的最长时间。按 PROFIBUS 的通信规范，令牌在主站之间按地址编号顺序，沿上行方向进行传递。主站在得到控制权时，可以按主-从方式，向从站发送或索取信息，实现点对点通信。主站可采取对所有站点广播（不要求应答），或有选择地向一组站点广播。

PROFIBUS 的传输速率为 9.6kbit/s～12Mbit/s，最大传输距离在 9.6kbit/s 时为 1200m，1.5Mbit/s 时为 200m，可用中继器延长至 10km。其传输介质可以是双绞线，也可以是光缆，最多可挂接 127 个站点。

1.4.6　CC-Link

在 1996 年 11 月，以三菱电机为主导的多家公司以"多厂家设备环境、高性能、省配线"理念开发、公布和开放了现场总线 CC-Link，第一次正式向市场推出了 CC-Link 这一全新的多厂商、高性能、省配线的现场网络。并于 1997 年获得日本电机工业会（JEMA）颁发的杰出技术成就奖。

CC-Link 是 Control & Communication Link（控制与通信链路系统）的简称，即：在工控系统中，

可以将控制和信息数据同时以 10Mbit/s 高速传输的现场网络。CC-Link 具有性能卓越、应用广泛、使用简单、节省成本等突出优点。作为开放式现场总线，CC-Link 是唯一起源于亚洲地区的总线系统，CC-Link 的技术特点尤其适合亚洲人的思维习惯。

1998 年，汽车行业的马自达、五十铃、雅马哈、通用、铃木等也成为 CC-Link 的用户，而且 CC-Link 迅速进入中国市场。

为了使用户能更方便地选择和配置自己的 CC-Link 系统，2000 年 11 月，CC-Link 协会（CC-Link Partner Association，CLPA）在日本成立。主要负责 CC-Link 在全球的普及和推进工作。为了全球化的推广能够统一进行，CLPA（CC-Link 协会）在全球设立了众多的驻点，分布在美国、欧洲、中国、新加坡、韩国等国家和地区，负责在不同地区各个方面推广和支持 CC-Link 用户和成员的工作。

CLPA 由 "Woodhead" "Contec" "Digital" "NEC" "松下电工" 和 "三菱电机" 6 个常务理事会员发起。到 2002 年 3 月底，CLPA 在全球拥有 252 家会员公司，其中包括浙大中控、中科软大等几家中国大陆地区的会员公司。

CC-Link 是一个技术先进、性能卓越、应用广泛、使用简单、成本较低的开放式现场总线，其在中国的技术发展和应用有着广阔的前景。

1. CC-Link 现场网络的组成与特点

CC-Link 现场总线由 CC-Link、CC-Link/LT、CC-Link Safety、CC-Link IE Control、CC-Link IE Field、SLMP 组成。

CC-Link 协议已经获得许多国际和国家标准认可，如：

● 国际化标准组织 ISO 15745（应用集成框架）。

● IEC 国际组织 61784/61158（工业现场总线协议的规定）。

● SEMIE54.12。

● 中国国家标准 GB/T 19780。

● 韩国工业标准 KSB ISO 15745-5。

CC-Link 网络层次结构如图 1-9 所示。

（1）CC-Link 是基于 RS485 的现场网络。CC-Link 提供高速、稳定的输入/输出响应，并具有优越的灵活扩展潜能。

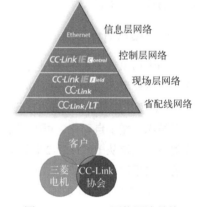

图 1-9　CC-Link 网络层次结构

1）丰富的兼容产品，超过 1500 多个品种。

2）轻松、低成本开发网络兼容产品。

3）CC-Link Ver.2 提供高容量的循环通信。

（2）CC-Link/LT 是基于 RS485 高性能、高可靠性、省配线的开放式网络。

它解决了安装现场复杂的电缆配线或不正确的电缆连接。继承了 CC-Link 诸如开放性、高速和抗噪声等优点，通过简单设置和方便的安装步骤来降低工时，适用于小型 I/O 应用场合的低成本型网络。

1）能轻松、低成本地开发主站和从站。

2）适合于节省控制柜和现场设备内的配线。

3）使用专用接口，能通过简单的操作连接或断开通信电缆。

（3）CC-Link Safety 专门基于满足严苛的安全网络要求打造而成。

（4）CC-Link IE Control 是基于以太网的千兆控制层网络，采用双工传输路径，稳定可靠。其核心网络打破了各个现场网络或运动控制网络的界限，通过千兆大容量数据传输，实现控制层网络的分布式控制。凭借新增的安全通信功能，可以在各个控制器之间实现安全数据共享。作为工厂内使用的主干网，实现在大规模分布式控制器系统和独立的现场网络之间协调管理。

1）采用千兆以太网技术，实现超高速、大容量的网络型共享内存通信。

2）冗余传输路径（双回路通信），实现高度可靠的通信。

3）强大的网络诊断功能。

（5）CC-Link IE Field 是基于以太网的千兆现场层网络。针对智能制造系统设计，它能够在连有多个网络的情况下，以千兆传输速度实现对 I/O 的"实时控制+分布式控制"。为简化系统配置，增加了安全通信功能和运动通信功能。在一个开放的、无缝的网络环境，它集高速 I/O 控制、分布式控制系统于一个网络中，可以随着设备的布局灵活敷设电缆。

1）千兆传输能力和实时性，使控制数据和信息数据之间的沟通畅通无阻。

2）网络拓扑的选择范围广泛。

3）强大的网络诊断功能。

（6）SLMP 可使用标准帧格式跨网络进行无缝通信，使用 SLMP 实现轻松连接，若与 CSP+ 相结合，可以延伸至生产管理和预测维护领域。

CC-Link 是高速的现场网络，它能够同时处理控制和信息数据。在高达 10Mbit/s 的通信速率时，CC-Link 可以达到 100m 的传输距离并能连接 64 个逻辑站。CC-Link 的特点如下。

1）高速和高确定性的输入/输出响应：除了能以 10Mbit/s 的高速通信外，CC-Link 还具有高确定性和实时性等通信优势，方便设计者构建稳定的控制系统。

2）CC-Link 对众多厂商产品提供兼容性：CLPA 提供"存储器映射规则"，为每一类型产品定义数据。该定义包括控制信号和数据分布。众多厂商按照这个规则开发 CC-Link 兼容产品。用户不需要改变链接或控制程序，很容易将该处产品从一种品牌换成另一种品牌。

3）传输距离容易扩展：通信速率为 10Mbit/s 时，最大传输距离为 100m。通信速率为 156kbit/s 时，传输距离可以达到 1.2km。使用电缆中继器和光中继器可扩展传输距离。CC-Link 支持大规模的应用并减少了配线和设备安装所需的时间。

4）省配线：CC-Link 显著地减少了复杂生产线上所需的控制线缆和电源线缆的数量。它减少了配线和安装的费用，使完成配线所需的工作量减少并极大改善了维护工作。

5）依靠 RAS 功能实现高可能性：RAS 功能的可靠性、可使用性、可维护性是 CC-Link 另外一个特点，该功能包括备用主站、从站脱离、自动恢复、测试和监控，它提供了高可靠性的网络系统并使网络瘫痪的时间最小化。

6）CC-Link V2.0 提供更多功能和更优异的性能：通过 2 倍、4 倍、8 倍等扩展循环设置，最大可以达到 RX、RY 各 8192 点和 RWw、RWr 各 2048 字。每台最多可链接点数（占用 4 个逻辑站时）从 128 位、32 字扩展到 896 位、256 字。CC-Link V2.0 与 CC-Link Ver.1.10 相比，通信容量最大增加到 8 倍。

CC-Link 在包括汽车制造、半导体制造、传送系统和食品生产等各种自动化领域提供简单安装和省配线的优秀产品，除了这些传统的优点外，CC-Link Ver.2.0 能够满足如半导体制造过程中的"In-Situ"监视和"APC（先进的过程控制）"、仪表和控制中的"多路模拟-数字数据通信"等需要大容量和稳定的数据通信领域的要求，增加了开放的 CC-Link 网络在全球的吸引力。新版本 Ver.2.0 的主站可以兼容新版本 Ver.2.0 从站和 Ver.1.10 的从站。

CC-Link 工业网络结构如图 1-10 所示。

2. CC-Link Safety 系统构成与特点

CC-Link Safety 构筑最优化的工厂安全系统取得 GB/Z 29496.1.2.3-2013 控制与通信网络 CC-Link Safety 规范。国际标准的制定，呼吁安全网络的重要性，帮助制造业构筑工厂生产线的安全系统、实现安全系统的节省配线、提高生产效率，并且与控制系统紧密结合的安全网络。

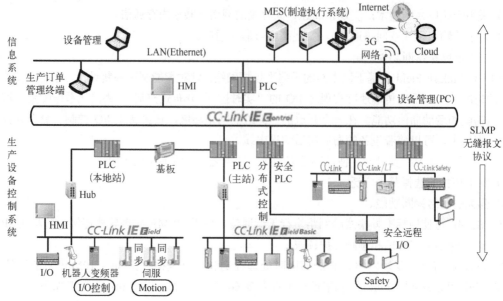

图 1-10　CC-Link 工业网络结构

CC-Link Safety 系统构成如图 1-11 所示。

图 1-11　CC-Link Safety 系统构成

CC-Link Safety 的特点如下。

1）高速通信的实现：实现 10Mbit/s 的安全通信速度，凭借与 CC-Link 同样的高速通信，可构筑具有高度响应性能的安全系统。

2）通信异常的检测：能实现可靠紧急停止的安全网络，具备检测通信延迟或缺损等所有通信出错的安全通信功能，发生异常时能可靠停止系统。

3）原有资源的有效利用：可继续利用原有的网络资源，可使用 CC-Link 专用通信电缆，在连接报警灯等设备时，可使用原有的 CC-Link 远程站。

4）RAS 功能：集中管理网络故障及异常信息，安全从站的动作状态和出错代码传送至主站管理，还可通过安全从站、网络的实时监视，解决前期故障。

5）兼容产品开发的效率化：Safety 兼容产品开发更加简单，CC-Link Safety 技术已通过安全审查机构审查，可缩短兼容产品的安全审查时间。

1.4.7　ControlNet

1. ControlNet 的历史与发展

工业现场控制网络的许多应用不仅要求在控制器和工业器件之间的紧耦合，还应有确定性和可重复性。在 ControlNet 出现以前，没有一个网络在设备或信息层能有效实现这样的功能要求。

ControlNet 是由在北美（包括美国、加拿大等）地区的工业自动化领域中技术和市场占有率稳居第一位的美国罗克韦尔自动化（Rockwell Automation）公司于 1997 年推出的一种新的面向控制层的实时性现场总线网络。

ControlNet 是一种最现代化的开放网络，它提供如下功能。

1）在同一链路上同时支持 I/O 信息，控制器实时互锁以及对等通信报文传送和编程操作。

2）对于离散和连续过程控制应用场合，均具有确定性和可重复性。

ControlNet 采用了开放网络技术的一种全新的解决方案——生产者/消费者（Producer/Consumer）模型，它具有精确同步化的功能。ControlNet 是目前世界上增长最快的工业控制网络之一（网络节点数年均以 180%的速度增长）。

近年来，ControlNet 广泛应用于交通运输、汽车制造、冶金、矿山、电力、食品、造纸、石油、化工、娱乐及很多其他领域的工厂自动化和过程自动化。世界上许多知名的大公司，包括福特汽车公司、通用汽车公司、巴斯夫公司、柯达公司、现代集团公司等以及美国宇航局等政府机关都是 ControlNet 的用户。

2. ControlNet International 简介

为了促进 ControlNet 技术的发展、推广和应用，1997 年 7 月由罗克韦尔等 22 家公司联合发起成立了控制网国际组织（ControlNet International，CI）。同时，罗克韦尔自动化将 ControlNet 技术转让给了 CI。CI 是一个为用户和供货厂商服务的非营利性的独立组织，它负责 ControlNet 技术规范的管理和发展，并通过开发测试软件提供产品的一致性测试，出版 ControlNet 产品目录，进行 ControlNet 技术培训等，促进世界范围内 ControlNet 技术的推广和应用。因而，ControlNet 是开放的现场总线。CI 在全世界范围内拥有包括 Rockwell Automation、ABB、Honeywell、Toshiba 等 70 家著名厂商组成的成员单位。

CI 的成员可以加入 ControlNet 特别兴趣小组（Special Interest Group），它们由两个或多个对某类产品有共同兴趣的供货商组成。它们的任务是开发设备行规（Device Profile），目的是让加入 ControlNet 的所有成员对 ControlNet 某类产品的基本标准达成一致意见，从而使得同类的产品可以具有互换性和互操作性。SIG 开发的成果经过同行们审查再提交 CI 的技术审查委员会，经过批准，其设备行规将成为 ControlNet 技术规范的一部分。

3. ControlNet 简介

ControlNet 是一个高速的工业控制网络，在同一电缆上同时支持 I/O 信息和报文信息（包括程序、组态、诊断等信息），集中体现了控制网络对控制（Control）、组态（Configuration）、采集（Collect）等信息的完全支持，ControlNet 基于生产者/消费者这一先进的网络模型，该模型为网络提供更高的有效性、一致性和柔韧性。

从专用网络到公用标准网络，工业网络开发商给用户带来了许多好处，但是不幸的是，同时也带来了许多互不相容的网络，如果将网络的扁平体系和高性能的需要加以考虑就会发现，为了增强网络的性能，有必要在自动化和控制网络这一层引进一种包含市场上所有网络优良性能的一种全新的网络，另外还应考虑到的是数据的传输时间是可预测的，以及保证传输时间不受设备加入或离开网络的影响。所有的这些现实问题推动了 ControlNet 的开发和发展，它正是满足不同需要的一种实时的控制层的网络。

ControlNet 协议的制定参照了 OSI 7 层协议模型，并参照了其中的 1、2、3、4、7 层。既考虑到网络的效率和实现的复杂程度，没有像 LonWorks 一样采用完整的 7 层；又兼顾到协议技术的向前兼容性和功能完整性，与一般现场总线相比增加了网络层和传输层。这对和异种网络的互连和网络的桥接功能提供了支持，更有利于大范围的组网。

ControlNet 中网络和传输层的任务是建立和维护连接。这一部分协议主要定义了 UCMM（未连接报文管理）、报文路由（Message Router）对象和连接管理（Connection Management）对象及相应的连接管理服务。以下将对 UCMM、报文路由等分别进行介绍。

ControlNet 上可连接以下典型的设备。

● 逻辑控制器（如可编程序逻辑控制器、软控制器等）。

● I/O 机架和其他 I/O 设备。

● 人机界面设备。

● 操作员界面设备。

● 电动机控制设备。

● 变频器。

● 机器人。

● 气动阀门。

● 过程控制设备。

● 网桥/网关等。

关于具体设备的性能及其生产商，用户可以向 CI 索取 ControlNet 产品目录（Product Catalog）。
ControlNet 网络上可以连接多种设备

● 同一网络支持多个控制器。

● 每个控制器拥有自己的 I/O 设备。

● I/O 机架的输入量支持多点传送（Multicast）。

ControlNet 提供了市场上任何单一网络不能提供的性能，具体如下：

1）高速（5Mbit/s）的控制和 I/O 网络，增强的 I/O 性能和点对点通信能力，多主机支持,同时支持编程和 I/O 通信的网络，可以从任何一个节点，甚至是适配器访问整个网络。

2）柔性的安装选择。使用可用的多种标准的低价的电缆，可选的媒介冗余，每个子网可支持最多 99 个节点，并且可放在主干网的任何地方。

3）先进的网络模型，对 I/O 信息实现确定和可重复的传送，媒介访问算法确保传送时间的准确性，生产者/消费者模型最大限度优化了带宽的利用率，支持多主机、多点传送和点对点的应用关系。

4）使用软件进行设备组态和编程，并且使用同一网络。

ControlNet 物理媒介可以使用电缆和光纤，电缆使用 RG-6/U 同轴电缆（和有线电视电缆相同），其特点是廉价、抗干扰能力强、安装简单，使用标准 BNC 连接器和无源分接器（Tap），分接器允许节点放置在网络的任何地方，每个网段可延伸到 1000m，并且可用中继器（Repeater）进行扩展。在户外、危险及高电磁干扰环境下可使用光纤，当与同轴电缆混接时可延伸到 25km，其距离仅受光纤的质量所限制。

媒质访问控制使用时间片算法（Time Slice）保证每个节点之间的同步带宽的分配。根据实时数据的特性，带宽预先保留或预订（Scheduled）用来支持实时数据的传送，余下的带宽用于非实时或未预订（Unscheduled）数据的传送，实时数据包括 I/O 信息和控制器之间对等信息的互锁（Interlocking），而非实时数据则包括显性报文（Explicit Messaging）和连接的建立。

传统的网络支持两类产品（如主机和从机），ControlNet 支持 3 类产品。

1）设备供电：设备采用外部供电。

2）网络模型：生产者/消费者。

3）连接器：标准同轴电缆 BNC。

4）物理层介质：RG6 同轴电缆、光纤。

5）网络节点数：99 个最大可编址节点，不带中继器的网段最多 48 个节点。

6）带中继器最大拓扑：（同轴电缆）5000m，（光纤）30km。

7）应用层设计：面向对象设计，包括设备对象模型、类/实例/属性、设备行规（Profile）。

8）I/O 数据触发方式：包括轮询（Poll）、周期性发送（Cyclic）/状态改变发送（Change Of State）。

9）网络刷新时间：可组态 2～100ms。

10）I/O 数据点数：无限多个。

11）数据分组大小：可变长 0～510B。

12）网络和系统特性：可带电插拔、具有确定性和可重复性、可选本征安全、网络重复节点检测、报文分段传送（块传送）。

1.4.8　AS-i

AS-i（Actuator-Sensor interface）是执行器–传感器接口的英文缩写。它是一种用来在控制器（主站、Master）和传感器/执行器（从站、Slave）之间双向交换信息、主从结构的总线网络，它属于现场总线下面设备级的底层通信网络。

一个 AS-i 总线中的主站最多可以带 31 个从站，从站的地址为 5 位，可以有 32 个地址，但"0"地址留作地址自动分配时的特殊用途。一个 AS-i 的主站又可以通过网关（Gateway）和 PROFIBUS-DP 现场总线连接，作为它的一个从站。

AS-i 总线用于具有开关量特征的传感器/执行器中，也可用于各种开关电器中。AS-i 是总线供电，即两条传输线既传输信号，又向主站和从站提供电源。AS-i 主站由带有 AS-i 主机电路板的可编程序控制器（PLC）或工业计算机（IPC）组成，它是 AS-i 总线的核心。AS-i 从站一般可分为两种，一种是智能型开关装置，它本身就带有从机专用芯片和配套电路，形成一体化从站，这种智能化传感器/执行器或其他开关电器就可以直接和 AS-i 网线连接；第二种使用专门设计的 AS-i 接口"用户模块"，在这种"用户模块"中带有从机专用芯片和配套电路，它除了有通信接口外，一般还带有 8 个 I/O 口，这样它就可以和 8 个普通的开关元件相连接构成分离型从站。AS-i 总线主站和从站之间的通信采用非屏蔽、非绞线的双芯电缆。其中一种是普通的圆柱形电缆，另一种为专用的扁平电缆，由于采用一种特殊的穿刺安装方法把线压在连接件上，所以安装和拆卸都很方便。

AS-i 总线的发展是由 11 家公司联合资助和规划的，并得到德国科技部的支持，现已成立了 AS-i 国际协会（AS-international Association），它的任务是规划 AS-i 部件的开发和系统的定义，进行有关标准化的工作，组织产品的标准测试和软件认证，以保证 AS-i 产品的开放性和互操作性。

1.4.9　P-Net

P-Net 现场总线由丹麦 Process-Data A/S 公司提出，1984 年开发出第一个多主控器现场总线的产品，主要应用于农业、水产、饲养、林业、食品等行业，现已成为欧洲标准 EN 50170 的第一部分、IEC 61158 类型 4。P-Net 采用了 ISO/OSI 模型的物理层、数据链路层、网络层、服务器和应用层。

P-Net 是一种多主控器主从式总线（每段最多可容纳 32 个主控器），使用屏蔽双绞线电缆，传输距离为 1.2km，采用 NRZ 编码异步传输，数据传输速率为 76.8kbit/s。

P-Net 总线只提供了一种传输速率，它可以同时应用在工厂自动化系统的几个层次上，而各层次的运输速率保持一致。这样构成的多网络结构使各层次之间的通信不需要特殊的耦合器，几个总线分段之间可实现直接寻址，它又称为多网络结构。

P-Net 总线访问采用一种"虚拟令牌传递"的方式，总线访问权通过虚拟令牌在主站之间循环传递，即通过主站中的访问计数器和空闲总线位周期计数器，确定令牌的持有者和持有令牌的时间。这种基于时间的循环机制，不同于采用实报文传递令牌的方式，节省了主控制器的处理时间，提高了总线的传输效率，而且它不需要任何总线仲裁的功能。

P-Net 不采用专用芯片，它对从站的通信程序仅需几千字节的编码，因此它结构简单，易于开发和转化。

1.5　国内外流行的工业以太网简介

1.5.1　EtherCAT

EtherCAT 是由德国 BECKHOFF 公司开发的，并且在 2003 年年底成立了 ETG(Ethernet Technology Group)。EtherCAT 是一个可用于现场级的超高速 I/O 网络，它使用标准的以太网物理层和常规的以太网卡，介质可为双绞线或光纤。

1.　以太网的实时能力

目前，有许多方案力求实现以太网的实时能力。例如，CSMA/CD 介质存取过程方案，即禁止高层协议访问过程，而由时间片或轮询方式所取代的一种解决方案。另一种解决方案则是通过专用交换机精确控制时间的方式来分配以太网包。

这些方案虽然可以在某种程度上快速准确地将数据包传送给所连接的以太网节点，但是，输出或驱动控制器重定向所需要的时间以及读取输入数据所需要的时间都要受制于具体的实现方式。

如果将单个以太网帧用于每个设备，从理论上讲，其可用数据率非常低。例如，最短的以太网帧为 84B（包括内部的包间隔 IPG）。如果一个驱动器周期性地发送 4B 的实际值和状态信息，并相应地同时接收 4B 的命令值和控制字信息，那么，即便是总线负荷为 100%时，其可用数据率也只能达到 4.8%。如果按照 10μs 的平均响应时间估计，则速率将下降到 1.9%。对所有发送以太网帧到每个设备（或期望帧来自每个设备）的实时以太网方式而言，都存在这些限制，但以太网帧内部所使用的协议则是例外。

一般常规的工业以太网的传输方法都采用先接收通信帧，进行分析后作为数据送入网络中各个模块的通信方式，而 EtherCAT 的以太网协议帧中已经包含了网络中各个模块的数据。

数据的传输采用移位同步的方法进行，即在网络的模块中得到其相应地址数据的同时，数据帧可以传送到下一个设备，相当于数据帧通过一个模块时输出相应的数据后，立即转入下一个模块。由于这种数据帧的传送从一个设备到另一个设备延迟时间仅为微秒级，所以以与其他以太网解决方法相比，性能比得到了提高。在网络段的最后一个模块结束了整个数据传输的工作，形成了一个逻辑和物理环形结构。所有传输数据与以太网的协议相兼容，同时采用双工传输，提高了传输的效率。

2.　EtherCAT 的运行原理

EtherCAT 技术突破了其他以太网解决方案的系统限制：通过该项技术，无须接收以太网数据包，将其解码，之后再将过程数据复制到各个设备。EtherCAT 从站设备在报文经过其节点时读取相应的编址数据，同样，输入数据也是在报文经过时插入至报文中。整个过程中，报文只有几纳秒的时间延迟。

由于发送和接收的以太网帧压缩了大量的设备数据，所以有效数据率可达 90%以上。100Mbit/s TX 的全双工特性完全得以利用，因此，有效数据率可大于 100Mbit/s。

符合 IEEE 802.3 标准的以太网协议无须附加任何总线即可访问各个设备。耦合设备中的物理层可以将双绞线或光纤转换为 LVDS，以满足电子端子块等模块化设备的需求。这样，就可以非常经济地对模块化设备进行扩展。

EtherCAT 的通信协议模型如图 1-12 所示。EtherCAT 通过协议内部可区别传输数据的优先权（Process Data），组态数据或参数的传输是在一个确定的时间中通过一个专用的服务通道进行（Acyclic Data），EtherCAT 系统的以太网功能与传输的 IP 兼容。

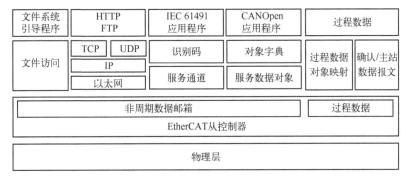

图 1-12　EtherCAT 通信协议模型

3．EtherCAT 的技术特征

EtherCAT 是用于过程数据的优化协议，凭借特殊的以太网类型，它可以在以太网帧内直接传送。EtherCAT 帧可包括几个 EtherCAT 报文，每个报文都服务于一块逻辑过程映像区的特定内存区域，该区域最大可达 4GB。数据顺序不依赖于网络中以太网端子的物理顺序，可任意编址。从站之间的广播、多播和通信均得以实现。当需要实现最佳性能，且要求 EtherCAT 组件和控制器在同一子网操作时，则直接采用以太网帧传输。

然而，EtherCAT 不仅限于单个子网的应用。EtherCAT UDP 将 EtherCAT 协议封装为 UDP/IP 数据报文，这意味着任何以太网协议栈的控制均可编址到 EtherCAT 系统之中，甚至通信还可以通过路由器跨接到其他子网中。显然，在这种变体结构中，系统性能取决于控制的实时特性和以太网协议的实现方式。因为 UDP 数据报文仅在第一个站才完成解包，所以 EtherCAT 网络自身的响应时间基本不受影响。

另外，根据主/从数据交换原理，EtherCAT 也非常适合控制器之间（主/从）的通信。自由编址的网络变量可用于过程数据以及参数、诊断、编程和各种远程控制服务，满足广泛的应用需求。主站/从站与主站/主站之间的数据通信接口也相同。

从站到从站的通信则有两种机制以供选择。

一种机制是，上游设备和下游设备可以在同一周期内实现通信，速度非常快。由于这种方法与拓扑结构相关，因此适用于由设备架构设计所决定的从站到从站的通信，如打印或包装应用等。

而对于自由配置的从站到从站的通信，则可以采用第二种机制：数据通过主站进行中继。这种机制需要两个周期才能完成，但由于 EtherCAT 的性能非常卓越，因此该过程耗时仍然快于采用其他方法所耗费的时间。

EtherCAT 仅使用标准的以太网帧，无任何压缩。因此，EtherCAT 以太网帧可以通过任何以太网 MAC 发送，并可以使用标准工具。

EtherCAT 使网络性能达到了一个新境界。借助于从站硬件集成和网络控制器主站的直接内存存取，整个协议的处理过程都在硬件中得以实现，因此，完全独立于协议栈的实时运行系统、CPU 性能或软件实现方式。

超高性能的 EtherCAT 技术可以实现传统的现场总线系统难以实现的控制理念。EtherCAT 使通信技术和现代工业 PC 所具有的超强计算能力相适应，总线系统不再是控制理念的瓶颈，分布式 I/O 可能比大多数本地 I/O 接口运行速度更快。EtherCAT 技术原理具有可塑性，并不束缚于 100 Mbit/s 的通信速率，甚至有可能扩展为 1000 Mbit/s 的以太网。

现场总线系统的实际应用经验表明，有效性和试运行时间关键取决于诊断能力。只有快速而准确地检测出故障，并明确标明其所在位置，才能快速排除故障。因此，在 EtherCAT 的研发过程中，特别注重强化诊断特征。

试运行期间，驱动或 I/O 端子等节点的实际配置需要与指定的配置进行匹配性检查，拓扑结构也需要与配置相匹配。由于整合的拓扑识别过程已延伸至各个端子，因此，这种检查不仅可以在系统启动期间进行，也可以在网络自动读取时进行。

可以通过评估 CRC 校验，有效检测出数据传送期间的位故障。除断线检测和定位之外，EtherCAT 系统的协议、物理层和拓扑结构还可以对各个传输段分别进行品质监视，与错误计数器关联的自动评估还可以对关键的网络段进行精确定位。此外，对于电磁干扰、连接器破损或电缆损坏等一些渐变或突变的错误源而言，即便它们尚未过度应变到网络自恢复能力的范围，也可对其进行检测与定位。

选择冗余电缆可以满足快速增长的系统可靠性需求，以保证设备更换时不会导致网络瘫痪。可以很经济地增加冗余特性，仅需在主站设备端增加使用一个标准的以太网端口，无需专用网卡或接口，并将单一的电缆从总线型拓扑结构转变为环形拓扑结构即可。当设备或电缆发生故障时，也仅需一个周期即可完成切换。因此，即使是针对运动控制要求的应用，电缆出现故障时也不会有任何问题。EtherCAT 也支持热备份的主站冗余。由于在环路中断时 EtherCAT 从站控制器将立刻自动返回数据帧，一个设备的失败不会导致整个网络的瘫痪。

为了实现 EtherCAT 安全数据通信，EtherCAT 安全通信协议已经在 ETG 组织内部公开。EtherCAT 被用作传输安全和非安全数据的单一通道。传输介质被认为是"黑色通道"而不被包括在安全协议中。EtherCAT 过程数据中的安全数据报文包括安全过程数据和所要求的数据备份。这个"容器"在设备的应用层被安全地解析。通信仍然是单一通道的，这符合 IEC 61784-3 附件中的模型 A。

EtherCAT 安全协议已经由德国技术监督局（TÜV）评估为满足 IEC 61508 定义的 SIL3 等级的安全设备之间传输过程数据的通信协议。设备上实施 EtherCAT 安全协议必须满足安全目标的需求。

4. EtherCAT 的实施

由于 EtherCAT 无需集线器和交换机，因此，在环境条件允许的情况下，可以节省电源、安装费用等设备方面的投资，只需使用标准的以太网电缆和价格低廉的标准连接器即可。如果环境条件有特殊要求，则可以依照 IEC 标准，使用增强密封保护等级的连接器。

EtherCAT 技术是面向经济的设备而开发的，如 I/O 端子、传感器和嵌入式控制器等。EtherCAT 使用遵循 IEEE 802.3 标准的以太网帧。这些帧由主站设备发送，从站设备只是在以太网帧经过其所在位置时才提取和/或插入数据。因此，EtherCAT 使用标准的以太网 MAC，这正是其在主站设备方面智能化的表现。同样，EtherCAT 从站控制器采用 ASIC 芯片，在硬件中处理过程数据协议，确保提供最佳实时性能。

EtherCAT 接线非常简单，并对其他协议开放。传统的现场总线系统已达到了极限，而 EtherCAT 则突破建立了新的技术标准。可选择双绞线或光纤，并利用以太网和因特网技术实现垂直优化集成。使用 EtherCAT 技术，可以用简单的线型拓扑结构替代昂贵的星形以太网拓扑结构，无需昂贵的基础组件。EtherCAT 还可以使用传统的交换机连接方式，以集成其他的以太网设备。其他的实时以太网方案需要与控制器进行特殊连接，而 EtherCAT 只需要价格低廉的标准以太网卡（NIC）便可实现。

EtherCAT 拥有多种机制，支持主站到从站、从站到从站以及主站到主站之间的通信。它实现了安全功能，采用技术可行且经济实用的方法，使以太网技术可以向下延伸至 I/O 级。EtherCAT 功能优越，可以完全兼容以太网,可将因特网技术嵌入简单设备中,并最大化地利用了以太网所提供的巨大带宽,是一种实时性能优越且成本低廉的网络技术。

5．EtherCAT 的应用

EtherCAT 广泛适用于:

- 机器人。
- 机床。
- 包装机械。
- 印刷机。
- 塑料制造机器。
- 冲压机。
- 半导体制造机器。
- 试验台。
- 测试系统。
- 抓取机器。
- 电厂。
- 变电站。
- 材料处理应用。
- 行李运送系统。
- 舞台控制系统。
- 自动化装配系统。
- 纸浆和造纸机。
- 隧道控制系统。
- 焊接机。
- 起重机和升降机。
- 农场机械。
- 海岸应用。
- 锯木厂。
- 窗户生产设备。
- 楼宇控制系统。
- 钢铁厂。
- 风机。
- 家具生产设备。
- 铣床。
- 自动引导车。
- 娱乐自动化。
- 制药设备。
- 木材加工机器。
- 平板玻璃生产设备。
- 称重系统。

1.5.2　SERCOS

SERCOS（Serial Real-time Communication Specification，串行实时通信协议）是一种用于工业机械电气设备的控制单元和数字伺服装置之间高速串行实时通信的数字交换协议。

1986年，德国电力电子协会与德国机床协会联合召集了欧洲一些机床、驱动系统和CNC设备的主要制造商（Bosch、ABB、AMK、Banmuller、Indramat、Siemens、Pacific Scientific等）组成了一个联合小组。该小组旨在开发出一种用于数字控制器与智能驱动器之间的开放性通信接口，以实现CNC技术与伺服驱动技术的分离，从而使整个数控系统能够模块化、可重构与可扩展，达到低成本、高效率、强适应性地生产数控机床的目的。经过多年的努力，此技术终于在1989年德国汉诺国际机床博览会上展出，这标志着SERCOS总线正式诞生。1995年，国际电工委员会把SERCOS接口采纳为标准IEC 61491，1998年，SERCOS接口被确定为欧洲标准EN61491。2005年基于以太网的SERCOSⅢ面世，并于2007年成为国际标准IEC 61158/61784。迄今为止，SERCOS已发展了三代，SERCOS接口协议成为当今唯一专门用于开放式运动控制的国际标准，得到了国际大多数数控设备供应商的认可。到今天已有200多万个SERCOS站点在工业实际中使用，超过50个控制器和30个驱动器制造厂推出了基于SERCOS的产品。

SERCOS接口技术是构建SERCOS通信的关键技术，经SERCOS协会组织和协调，推出了一系列SERCOS接口控制器，通过它们便能方便地在数控设备之间建立起SERCOS通信。

SERCOS目前已经发展到了SERCOSⅢ，继承了SERCOS协议在驱动控制领域的优良实时和同步特性，是基于以太网的驱动总线，物理传输介质也从仅仅支持光纤扩展到了以太网线CAT5e，拓扑结构也支持线性结构。借助于新一代的通信控制芯片netX，使用标准的以太网硬件将运行速率提高到100Mbit/s。在第一、二代时，SERCOS只有实时通道，通信智能在主从（Master and Slaver MS）之间进行。SERCOSⅢ扩展了非实时的IP通道，在进行实时通信的同时可以传递普通的IP报文，主站和主站、从站和从站之间可以直接通信，在保持服务通道的同时，还增加了SERCOS消息协议（SERCOS Messaging Protocol，SMP）。

自SERCOS接口成为国际标准以来，已经得到了广泛应用。至今全世界有多家公司拥有SERCOS接口产品（包括数字伺服驱动器、控制器、输入输出组件、接口组件、控制软件等）及技术咨询和产品设计服务。SERCOS接口已经广泛应用于机床、印刷机、食品加工和包装、机器人、自动装配等领域。2000年ST公司开发出了SERCON816 ASIC控制器，把传输速率提高到了16Mbit/s，大大提高了SERCOS接口能力。

SERCOS总线的众多优点，使得它在数控加工中心、数控机床、精密齿轮加工机械、印刷机械、装配线和装配机器人等运动控制系统中获得了广泛应用。目前，很多厂商如西门子、伦茨等公司的伺服系统都具有SERCOS总线接口。国内SERCOS接口用户有多家，其中包括清华大学、沈阳第一机床厂、华中数控集团、北京航空航天大学、上海大众汽车厂、上海通用汽车厂等单位。

1. SERCOS总线的技术特性

SERCOS接口规范使控制器和驱动器间数据交换的格式及从站数量等进行组态配置。在初始化阶段，接口的操作根据控制器和驱动器的性能特点来具体确定。所以，控制器和驱动器都可以执行速度、位置或转矩控制方式。灵活的数据格式使得SERCOS接口能用于多种控制结构和操作模式，控制器可以通过指令值和反馈值的周期性数据交换来达到与环上所有驱动器精确同步，其通信周期可在62.5μs、125μs、250μs及250μs的整数倍间进行选择。在SERCOS接口中，控制器与驱动器之间的数据传送分为周期性数据传送和非周期性数据传送（服务通道数据传送）两种，周期性数据交换主要用于传送指令值和反馈值，在每个通信周期数据传送一次。非周期数据传送则是用于自控制器和驱动器之间交互的参数（IDN），独立于任何制造厂商。它提供了高级的运动控制能力，内含用于 I/O 控制的功能，使机器制造商不需要使用单独的 I/O 总线。

SERCOS 技术发展到了第三代基于实时以太网技术，将其应用从工业现场扩展到了管理办公环境，并且由于采用了以太网技术，不仅降低了组网成本还增加了系统柔性，在缩短最少循环时间（31.25μs）的同时，还采用了新的同步机制提高了同步精度（小于 20ns），并且实现了网上各个站点的直接通信。

SERCOS 采用环形结构，使用光纤作为传输介质，是一种高速、高确定性的总线，16Mbit/s 的接口实际数据通信速度已接近于以太网。采用普通光纤为介质时的环传输距离可达 40m，可最多连接 254 个节点。实际连接的驱动器数目取决于通信周期时间、通信数据量和速率。系统确定性由 SERCOS 的机械和电气结构特性保证，与传输速率无关，系统可以保证毫秒精确度的同步。

SERCOS 总线协议具有如下技术特性。

（1）标准性

SERCOS 标准是唯一的有关运动控制的国际通信标准。其所有的底层操作、通信、调度等，都按照国际标准的规定设计，具有统一的硬件接口、通信协议、命令码 IDN 等。其提供给用户的开发接口、应用接口、调试接口等都符合 SERCOS 国际通信标准 IEC 61491。

（2）开放性

SERCOS 技术是由国际上很多知名的研究运动控制技术的厂家和组织共同开发的，SERCOS 的体系结构、技术细节等都是向世界公开的，SERCOS 标准的制定是 SERCOS 开放性的一个重要方面。

（3）兼容性

因为所有的 SERCOS 接口都是按照国际标准设计，支持不同厂家的应用程序，也支持用户自己开发的应用程序。接口的功能与具体操作系统、硬件平台无关，不同的接口之间可以相互替代，移植花费的代价很小。

（4）实时性

SERCOS 接口的国际标准中规定 SERCOS 总线采用光纤作为传输环路，支持 2/4/8/16Mbit/s 的传输速率。

（5）扩展性

每一个 SERCOS 接口可以连接 8 个节点，如果需要更多的节点则可以通过 SERCOS 接口的级联方式扩展。通过级联，每一个光纤环路上可以最多有 254 个节点。

另外 SERCOS 总线接口还具有抗干扰性能好、即插即用等其他优点。

2．SERCOS Ⅲ 总线

（1）SERCOS Ⅲ 总线概述

由于 SERCOS Ⅲ 是 SERCOS Ⅱ 技术的一个变革，与以太网结合以后，SERCOS 技术已经从专用的伺服接口向广泛的实时以太网转变。原来的优良的实时特性仍然保持，新的协议内容和功能扩展了 SERCOS 在工业领域的应用范围。

在数据传输上，硬件连接既可以应用光缆也可以用 CAT5e 电缆；报文结构方面，为了应用以太网的硬实时的环境，SERCOS Ⅲ 增加了一个与非实时通道同时运行的实时通道。该通道用来传输 SERCOS Ⅲ 报文，也就是传输命令值和反馈值；参数化的非实时通道与实时通道一起传输以太网信息和基于 IP 的信息，包括 TCP/IP 和 UDP/IP。数据采用标准的以太网帧来传输，这样实时通道和非实时通道可以根据实际情况进行配置。

SERCOS Ⅲ系统是基于环状拓扑结构的。支持全双工以太网的环状拓扑结构可以处理冗余；线状拓扑结构的系统则不能处理冗余，但在较大的系统中能节省很多电缆。由于是全双工数据传输，当在环上的一处电缆发生故障时，通信不被中断，此时利用诊断功能可以确定故障地点；并且能够在不影响其他设备正常工作的情况下得到维护。SERCOS Ⅲ不使用星状的以太网结构，数据不经过路由器或转换器，从而可以使传输延时减少到最小。安装 SERCOS Ⅲ网络不需要特殊的网络参数。在 SERCOS Ⅲ系统领域内，连接标准的以太网的设备和其他第三方部件的以太网端口可以交换使用，如 P1 与 P2。Ethernet 协议或者 IP 内容皆可以进入设备并且不影响实时通信。

SERCOS Ⅲ协议是建立在已被工业实际验证的 SERCOS 协议之上，它继承了 SERCOS 在伺服驱动领域的高性能、高可靠性，同时将 SERCOS 协议搭载到以太网的通信协议 IEEE 802.3 之上，使SERCOS Ⅲ迅速成为基于实时以太网的应用于驱动领域的总线。相较于前两代，SERCOS Ⅲ的主要特点表现在以下几个方面。

1）高的传输速率，达到全双工 100Mbit/s。

2）采用时间槽技术避免了以太网的报文冲突，提高了报文的利用率。

3）向下兼容，兼容以前 SERCOS 总线的所有协议。

4）降低了硬件的成本。

5）集成了 IP。

6）使从站之间可以交叉通信 CC（Cross Communication）。

7）支持多个运动控制器的同步 C2C（Control to Control）。

8）扩展了对 I/O 等控制的支持。

9）支持与安全相关的数据的传输。

10）增加了通信冗余、容错能力和热插拔功能。

（2）SERCOS Ⅲ系统特性

SERCOS Ⅲ系统具有如下特性。

1）实时通道的实时数据的循环传输。在 SERCOS 主站和从站或从站之间，可以利用服务通道进行通信设置、参数和诊断数据的交换。为了保持兼容性，服务通道在 SERCOS Ⅰ～Ⅱ中仍旧存在。在实时通道和非实时通道之间，循环通信和 100Mbit/s 的带宽能够满足各种用户的需求。所以这就为SERCOS Ⅲ的应用提供了更广阔的空间。

2）为集中式和分布式驱动控制提供了很好的方案。SERCOS Ⅲ的传输数据率为 100Mbit/s，最小循环时间是 31.25μs，对应 8 轴与 6B。当循环时间为 1ms 时，对应 254 轴 12B，可见在一定的条件下支持的轴数足够多，这就为分布式控制提供了良好的环境。分布式控制中在驱动控制单元所有的控制环都是封闭的；集中式控制中仅仅在当前驱动单元中的控制环是封闭的，中心控制器用来控制各个轴对应的控制环。

3）从站与从站（CC）或主站与主站（C2C）之间皆可以通信。在前两代 SERCOS 技术中，由于光纤连接的传输单向性，站与站之间不能够直接进行数据交换。SERCOS Ⅲ中数据传输采用的是全双工的以太网结构，不但从站之间可以直接通信而且主站和主站之间也可以直接进行通信，通信的数据包括参数、轴的命令值和实际值，保证了在硬件实时系统层的控制器同步。

4）SERCOS 安全。在工厂的生产中，为了减少人机的损害，SERCOS Ⅲ增加了系统安全功能，在 2005 年 11 月，SERCOS 安全方案通过了 TUV Rheinland 认证，并达到了 IEC 61508 中的 SL3标准，带有安全功能的系统将于 2007 年年底面世。安全相关的数据与实时数据或其他标准的以太网协议数据在同一个物理层媒介上传输。在传输过程中最多可以有 64 位安全数据植入 SERCOS Ⅲ

数据报文中，同时安全数据也可以在从站与从站之间进行通信。由于安全功能独立于传输层，除了 SERCOSⅢ外，其他的物理层媒介也可以应用，这种传输特性为系统向安全等级低一层的网络扩展提供了便利条件。

5）IP 通道。利用 IP 通信时，可以无控制系统和 SERCOSⅢ系统的通信，这对于调试前对设备的参数设置相当方便。IP 通道为以下操作提供了灵活和透明的大容量数据传输：设备操作、调试和诊断、远程维护、程序下载和上传以及度量来自传感器等的记录数据和数据质量。

6）SERCOSⅢ硬件模式和 I/O。随着 SERCOSⅢ系统的面世，新的硬件在满足该系统的条件下，开始支持更多的驱动和控制装置以及 I/O 模块，这些装置将逐步被定义和标准化。

为了使 SERCOSⅢ系统的功能在工程中得到很好的应用，欧洲很多自动化生产商已经开始对系统的主站卡和从站卡进行了开发，各项功能得到了不断的完善。一种方案是采用了 FPGA（现场可编程门阵列）技术，目前产品有 Spartan-3 和 Cyclone Ⅱ。另一种是 SERCOSⅢ控制器集成在一个可以支持大量协议的标准的通用控制器（General Purpose Controller，GPC）上，目前投入试用的是 netX 的芯片。其他的产品也将逐步面世。SERCOSⅢ的数据结构和系统特性表明该系统更好地实现了伺服驱动单元和 I/O 单元的实时性、开放性，以及很高的经济价值、实用价值和潜在的竞争价值。可以确信基于 SERCOSⅢ的系统将在未来的工业领域中占有十分重要地位。

1.5.3　POWERLINK

POWERLINK 是由奥地利 B&R 公司开发的，2002 年 4 月公布了 Ethernet POWERLINK 标准，其主攻方面是同步驱动和特殊设备的驱动要求。POWERLINK 通信协议模型如图 1-13 所示。

POWERLINK 协议对第 3 和第 4 层的 TCP（UDP）/IP 栈进行了实时扩展，增加的基于 TCP/IP 的 Async 中间件用于异步数据传输，ISOchron 等时中间件用于快速、周期地传输数据。POWERLINK 栈控制着网络上的数据流量。POWERLINK 避免网络上数据冲突的方法是采用时间片网络通信管理机制（Slot Communication Network Management，SCNM）。SCNM 能够做到无冲突数据传输，专用的时间

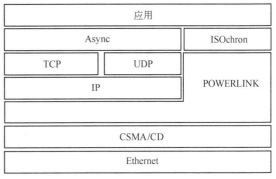

图 1-13　POWERLINK 通信协议模型

片用于调度等时同步传输的实时数据；共享的时间片用于异步的数据传输。在网络上，只能指定一个站为管理站，它为所有网络上的其他站建立一个配置表和分配的时间片，只有管理站能接收和发送数据，其他站只有在管理站授权下才能发送数据，因此，POWERLINK 需要采用基于 IEEE 1588 的时间同步。

1. POWERLINK 通信模型

POWERLINK 是 IEC 国际标准，同时也是中国的国家标准（GB/T-27960）。

如图 1-14 所示，POWERLINK 是一个 3 层的通信网络，它规定了物理层、数据链路层和应用层，这 3 层包含了 OSI 模型中规定的 7 层协议。

如图 1-15 所示，具有 3 层协议的 POWERLINK 在应用层上可以连接各种设备，例如 I/O、阀门、驱动器等。在物理层之下连接了 Ethernet 控制器，用来收发数据。由于以太网控制器的种类很多，不同的以太网控制器需要不同的驱动程序，因此在 "Ethernet 控制器" 和 "POWERLINK 传输" 之间有

一层"Ethernet 驱动器"。

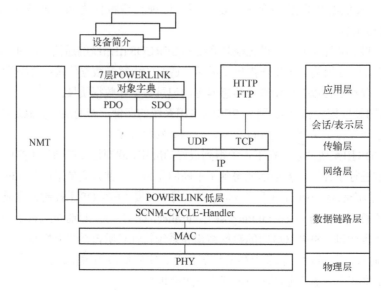

图 1-14　POWERLINK 的 OSI 模型

图 1-15　POWERLINK 通信模型的层次

2. POWERLINK 网络拓扑结构

由于 POWERLINK 的物理层采用标准的以太网，因此以太网支持的所有拓扑结构它都支持。而且可以使用 HUB 和 Switch 等标准的网络设备，这使得用户可以非常灵活地组网，如：菊花链、树形、星形、环形和其他任意组合。

因为逻辑与物理无关，所以用户在编写程序时无须考虑拓扑结构。网路中的每个节点都有一个节点号，POWERLINK 通过节点号来寻址节点，而不是通过节点的物理位置来寻址，因此逻辑与物理无关。

由于协议独立的拓扑配置功能，POWERLINK 的网络拓扑与机器的功能无关。因此 POWERLINK 的用户无须考虑任何网络相关的需求，只需专注满足设备制造的需求。

3. POWERLINK 的功能和特点

（1）一"网"到底

POWERLINK 物理层采用普通以太网的物理层，因此可以使用工厂中现有的以太网布线，从机器设备的基本单元到整台设备、生产线，再到办公室，都可以使用以太网，从而实现一"网"到底。

1）多路复用。网络中不同的节点具有不同的通信周期，兼顾快速设备和慢速设备，使网络设备达到最优。

一个 POWERLINK 周期中既包含同步通信阶段，也包括异步通信阶段。同步通信阶段即周期性通信，用于周期性传输通信数据；异步通信阶段即非周期性通信，用于传输非周期性的数据。

因此 POWERLINK 网络可以适用于各种设备，如图 1-16 所示。

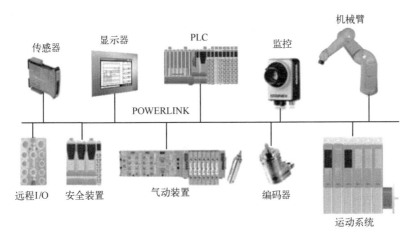

图 1-16　POWERLINK 网络系统

2）大数据量通信。POWERLINK 每个节点的发送和接收分别采用独立的数据帧，每个数据帧最大为 1490B，与一些采用集束帧的协议相比，通信量提高数百倍。在集束帧协议里，网络中的所有节点的发送和接收共用一个数据帧，这种机制无法满足大数据量传输的场合。

在过程控制中，网络的节点数多，每个节点传输的数据量大，因而 POWERLINK 很受欢迎。

3）故障诊断。组建一个网络，网络启动后，可能会由于网络中的某些节点配置错误或者节点号冲突等，导致网络异常。需要有一些手段来诊断网络的通信状况，找出故障的原因和故障点，从而修复网络异常。

POWERLINK 的诊断有两种工具：Wireshark 和 Omnipeak。

诊断的方法是将待诊断的计算机接入 POWERLINK 网络中，由 Wireshark 或 Omnipeak 自动抓取通信数据包，分析并诊断网络的通信状况及时序。这种诊断不占用任何宽带，并且是标准的以太网诊断工具，只需要一台带有以太网接口的计算机即可。

4）网络配置。POWERLINK 使用开源的网络配置工具 openCONFIGURATOR，用户可以单独使用该工具，也可以将该工具的代码集成到自己的软件中，成为软件的一部分。使用该软件可以方便地组建、配置 POWERLINK 网络。

（2）节点的寻址

POWERLINKMAC 的寻址遵循 IEEE 802.3，每个设备的地址都是唯一的，称为节点 ID。因此新增一个设备就意味着引入一个新地址。节点 ID 可以通过设备上的拨码开关手动设置，也可以通过软件设置，拨码 FF 默认为软件配置地址。此外还有三个可选方法，POWERLINK 也可以支持标准 IP 地址。因此，POWERLINK 设备可以通过万维网随时随地被寻址。

（3）热插拔

POWERLINK 支持热插拔，而且不会影响整个网络的实时性。根据这个属性，可以实现网络的动态配置，即可以动态地增加或减少网络中的节点。

实时总线上，热插拔能力带给用户两个重要的好处：当模块增加或替换时，无须重新配置；在运行的网络中替换或激活一个新模块不会导致网络瘫痪，系统会继续工作，不管是不断的扩展还是本地的替换，其实时能力不受影响。在某些场合中系统不能断电，如果不支持热插拔，这会造成即使小机器一部分被替换，都不可避免地导致系统停机。

配置管理是 POWERLINK 系统中最重要的一部分。它能本地保存自己和系统中所有其他设备的配置数据，并在系统启动时加载。这个特性可以实现即插即用，这使得初始安装和设备替换非常简单。

POWERLINK 允许无限制地即插即用，因为该系统集成了 CANopen 机制。新设备只需插入就可立即工作。

（4）冗余

POWERLINK 的冗余包括 3 种：双网冗余、环网冗余和多主冗余。

1.5.4　PROFInet

PROFInet 是由 PROFIBUS 国际组织（PROFIBUS International，PI）提出的基于实时以太网技术的自动化总线标准，将工厂自动化和企业信息管理层 IT 技术有机地融为一体，同时又完全保留了 PROFIBUS 现有的开放性。

PROFInet 支持除星形、总线型和环形之外的拓扑结构。为了减少布线费用，并保证高度的可用性和灵活性，PROFInet 提供了大量的工具帮助用户方便地实现 PROFInet 的安装。特别设计的工业电缆和耐用连接器满足 EMC 和温度要求，并且在 PROFInet 框架内形成标准化，保证了不同制造商设备之间的兼容性。

PROFInet 满足了实时通信的要求，可应用于运动控制。它具有 PROFIBUS 和 IT 标准的开放透明通信，支持从现场级到工厂管理层通信的连续性，从而增加了生产过程的透明度，优化了公司的系统运作。作为开放和透明的概念，PROFInet 亦适用于 Ethernet 和任何其他现场总线系统之间的通信，可实现与其他现场总线的无缝集成。PROFInet 同时实现了分布式自动化系统，提供了独立于制造商的通信、自动化和工程模型，将通信系统、以太网转换为适用于工业应用的系统。

PROFInet 提供标准化的独立于制造商的工程接口。它能够方便地把各个制造商的设备和组件集成到单一系统中。设备之间的通信链接以图形形式组态，无须编程。最早建立自动化工程系统与微软操作系统及其软件的接口标准，使得自动化行业的工程应用能够被 Windows NT/2000 所接收，将工程系统、实时系统以及 Windows 操作系统结合为一个整体，PROFInet 的系统结构如图 1-17 所示。

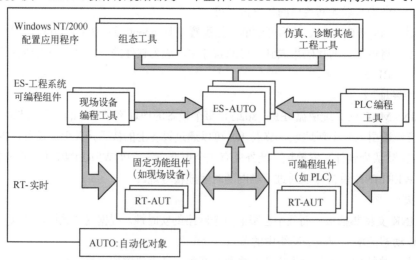

图 1-17　PROFInet 的系统结构

PROFInet 为自动化通信领域提供了一个完整的网络解决方案，包括诸如实时以太网、运动控制、分布式自动化、故障安全以及网络安全等当前自动化领域的热点问题。PROFInet 包括八大主要模块，分别为实时通信、分布式现场设备、运动控制、分布式自动化、网络安装、IT 标准集成与信息安全、故障安全和过程自动化。同时 PROFInet 也实现了从现场级到管理层的纵向通信集成，一方面，方便管理层获取现场级的数据，另一方面，原本在管理层存在的数据安全性问题也延伸到了现场级。为了保证现场网络控制数据的安全，PROFInet 提供了特有的安全机制，通过使用专用的安全模块，可以保护自动化控制系统，使自动化通信网络的安全风险最小化。

PROFInet 是一个整体的解决方案，PROFInet 的通信模型如图 1-18 所示。

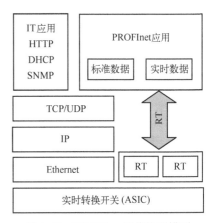

图 1-18　PROFInet 通信协议模型

RT 实时通道能够实现高性能传输循环数据和时间控制信号、报警信号；IRT 同步实时通道实现等时同步方式下的数据高性能传输。PROFInet 使用了 TCP/IP 和 IT 标准，并符合基于工业以太网的实时自动化体系，覆盖了自动化技术的所有要求，能够实现与现场总线的无缝集成。更重要的是 PROFInet 所有的事情都在一条总线电缆中完成，IT 服务和 TCP/IP 开放性没有任何限制。

1.5.5　EPA

2004 年 5 月，由浙江大学牵头，重庆邮电大学作为第 4 核心成员制定的新一代现场总线标准——《用于工业测量与控制系统的 EPA 通信标准》（简称 EPA 标准）成为我国第一个拥有自主知识产权并被 IEC 认可的工业自动化领域国际标准（IEC/PAS 62409）。

EPA（Ethernet for Plant Automation）系统是一种分布式系统，它是利用 ISO/IEC 8802-3、IEEE 802.11、IEEE 802.15 等协议定义的网络，将分布在现场的若干个设备、小系统以及控制、监视设备连接起来，使所有设备一起运作，共同完成工业生产过程和操作过程中的测量和控制。EPA 系统可以用于工业自动化控制环境。

EPA 标准定义了基于 ISO/IEC 8802-3、IEEE 802.11、IEEE 802.15 以及 RFC 791、RFC 768 和 RFC 793 等协议的 EPA 系统结构、数据链路层协议、应用层服务定义与协议规范以及基于 XML 的设备描述规范。

1. EPA 技术与标准

EPA 根据 IEC 61784-2 的定义，在 ISO/IEC 8802-3 协议基础上，进行了针对通信确定性和实时性的技术改造，其通信协议模型如图 1-19 所示。

除了 ISO/IEC 8802-3/IEEE 802.11/IEEE 802.15、TCP(UDP)/IP 以及 IT 应用协议等组件外，EPA 通信协议还包括 EPA 实时性通信进程、EPA 快速实时性通信进程、EPA 应用实体和 EPA 通信调度管理实体。针对不同的应用需求，EPA 确定性通信协议簇中包含了以下几个部分。

（1）非实时性通信协议（N-Real-Time，NRT）

非实时通信是指基于 HTTP、FTP 以及其他 IT 应用协议的通信方式，如 HTTP 服务应用进程、电子邮件应用进程、FTP 应用进程等进程运行时进行的通信。在实际 EPA 应用中，非实时通信部分应与实时性通信部分利用网桥进行隔离。

（2）实时性通信协议（Real-Time，RT）

实时性通信是指满足普通工业领域实时性需求的通信方式，一般针对流程控制领域。利用

39

EPA_CSME 通信调度管理实体,对各设备进行周期数据的分时调度,以及非周期数据按优先级进行调度。

图 1-19 EPA 通信协议模型

（3）快速实时性通信协议（Fast Real-Time，FRT）

快速实时性通信是指满足强实时控制领域实时性需求的通信方式,一般针对运动控制领域。FRT 快速实时性通信协议部分在 RT 实时性通信协议上进行了修改,包括协议栈的精简和数据复合传输,以此满足如运动控制领域等强实时性控制领域的通信需求。

（4）块状数据实时性通信协议（Block Real-Time，BRT）

块状数据实时性通信是指对于部分大数据量类型的成块数据进行传输,以满足其实时性需求的通信方式,一般指流媒体（如音频流、视频流等）数据。在 EPA 协议栈中针对此类数据的通信需求定义了 BRT 块状数据实时性通信协议及块状数据的传输服务。

EPA 标准体系包括 EPA 国际标准和 EPA 国家标准两部分。

EPA 国际标准包括一个核心技术国际标准和四个 EPA 应用技术标准。以 EPA 为核心的系列国际标准为新一代控制系统提供了高性能现场总线完整解决方案,可广泛应用于过程自动化、工厂自动化（包括数控系统、机器人系统运动控制等）、汽车电子等,可将工业企业综合自动化系统网络平台统一到开放的以太网技术上来。

基于 EPA 的 IEC 国际标准体系有如下协议。

1）EPA 现场总线协议（IEC 61158/Type14）在不改变以太网结构的前提下,定义了专利的确定性通信协议,避免工业以太网通信的报文碰撞,确保了通信的确定性,同时也保证了通信过程中不丢包,它是 EPA 标准体系的核心协议,该标准于 2007 年 12 月 14 日正式发布。

2）EPA 分布式冗余协议（Distributed Redundancy Protocol，DRP）（IEC 62439-6-14）针对工业控制以及网络的高可用性要求,DRP 采用专利的设备并行数据传输管理和环网链路并行主动故障探测与恢复技术,实现了故障的快速定位与快速恢复,保证了网络的高可靠性。

3）EPA 功能安全通信协议 EPASafety（IEC 61784-3-14）针对工业数据通信中存在的数据破坏、重传、丢失、插入、乱序、伪装、超时、寻址错误等风险,采用专利的工业数据加解密方法、工业数据传输多重风险综合评估与复合控制技术,将通信系统的安全完整性水平提高到 SIL3 等级,并通过德国莱茵 TuV 的认证。

4）EPA 实时以太网应用技术协议（IEC 61784-2/CPF 14）定义了三个应用技术行规,即 EPA-RT、EPA-FRT 和 EPA-nonRT。其中 EPA-RT 用于过程自动化,EPA-FRT 用于工业自动化,EPA-nonRT 用于一般工业场合。

5）EPA 线缆与安装标准（IEC 61784-5-14）定义了基于 EPA 的工业控制系统在设计、安装和工程施工中的要求。从安装计划，网络规模设计，线缆和连接器的选择、存储、运输、保护、路由以及具体安装的实施等各个方面提出了明确的要求和指导。

EPA 国家标准则包括《用于测量与控制系统的 EPA 系统结构与通信规范》《EPA 一致性测试规范》《EPA 互可操作测试规范》《EPA 功能块应用规范》《EPA 实时性能测试规范》《EPA 网络安全通用技术条件》等。

2. EPA 确定性通信机制

为提高工业以太网通信的实时性，一般采用以下措施。

1）提高通信速率。

2）减少系统规模，控制网络负荷。

3）采用以太网的全双工交换技术。

4）采用基于 IEEE 802.3p 的优先级技术。

采用上述措施可以使其不确定性问题得到相当程度的缓解，但不能从根本上解决以太网通信不确定性的问题。

EPA 采用分布式网络结构，并在原有以太网协议栈中的数据链路层增加了通信调度子层——EPA 通信调度管理实体（EPA_CSME），定义了宏周期，并将工业数据划分为周期数据和非周期数据，对各设备的通信时段（包括发送数据的起始时刻、发送数据所占用的时间片）和通信顺序进行了严格的划分，以此实现分时调度。通过 EPA_CSME 实现的分时调度确保了各网段内各设备的发送时间内无碰撞发生的可能，以此达到了确定性通信的要求。

3. EPA-FRT 强实时通信技术

EPA-RT 标准是根据流程控制需求制定的，其性能完全满足流程控制对实时、确定性通信的需求，但没有考虑到其他控制领域的需求，如运动控制、飞行器姿态控制等强实时性领域，在这些领域方面，提出了比流程控制领域更为精确的时钟同步要求和实时性要求，且其报文特征更为明显。

相比于流程控制领域，运动控制系统对数据通信的强实时性和高同步精度提出了更高的要求。

1）高同步精度的要求。由于一个控制系统中存在多个伺服和多个时钟基准，为了保证所有伺服运动的协调一致，必须保证运动指令在各个伺服中同时执行。因此高性能运动控制系统必须有精确的同步机制，一般要求同步偏差小于 $1\mu s$。

2）强实时性的要求。在带有多个离散控制器的运动控制系统中，伺服驱动器的控制频率取决于通信周期。高性能运动控制系统中，一般要求通信周期小于 1ms，周期抖动小于 $1\mu s$。

EPA-RT 系统的同步精度为微秒级，通信周期为毫秒，虽然可以满足大多数工业环境的应用需求，但对高性能运动控制领域的应用却有所不足，而 EPA-FRT 系统的技术指标必须满足高性能运动控制领域的需求。

针对这些领域需求，对其报文特点进行分析，EPA 给出了对通信实时性的性能提高方法，其中最重要的两个方面为协议栈的精简和对数据的传输，以此解决特殊应用领域的实时性要求。如在运动控制领域中，EPA 就针对其报文周期短、数据量小但交互频繁的特点提出了 EPA-FRT 扩展协议，满足了运动控制领域的需求。

4. EPA 的技术特点

EPA 具有以下技术特点。

（1）确定性通信

以太网由于采用 CSMA/CD（载波侦听多路访问/冲突检测）介质访问控制机制，因此具有通信"不确定性"的特点，并成为其应用于工业数据通信网络的主要障碍。虽然以太网交换技术、全双工通信技术以及 IEEE 802.1P&Q 规定的优先级技术在一定程度上避免了碰撞，但也存在着一定的局限性。

（2）"E"网到底

EPA 是应用于工业现场设备间通信的开放网络技术，采用分段化系统结构和确定性通信调度控制策略，解决了以太网通信的不确定性问题，使以太网、无线局域网、蓝牙等广泛应用于工业/企业管理层、过程监控层网络的 COTS（Commercial Off-The-Shelf）技术直接应用于变送器、执行机构、远程 I/O、现场控制器等现场设备间的通信。采用 EPA 网络，可以实现工业/企业综合自动化智能工厂系统中从底层的现场设备层到上层的控制层、管理层的通信网络平台基于以太网技术的统一，即所谓的"'E（Ethernet）'网到底"。

（3）互操作性

除了解决实时通信问题外，EPA 还为用户层应用程序定义了应用层服务与协议规范，包括系统管理服务、域上载/下载服务、变量访问服务、事件管理服务等。至于 ISO/OSI 通信模型中的会话层、表示层等中间层次，为降低设备的通信处理负荷，可以省略，而在应用层直接定义与 TCP/IP 协议的接口。

为支持来自不同厂商的 EPA 设备之间的可互操作，《EPA 标准》采用可扩展标记语言（Extensible Markup Language，XML）为 EPA 设备描述语言，规定了设备资源、功能块及其参数接口的描述方法。用户可采用 Microsoft 提供的通用 DOM 技术对 EPA 设备描述文件进行解释，而无需专用的设备描述文件编译和解释工具。

（4）开放性

EPA 完全兼容 IEEE 802.3、IEEE 802.1P&Q、IEEE 802.1D、IEEE 802.11、IEEE 802.15 以及 UDP（TCP）/IP 等协议，采用 UDP 传输 EPA 协议报文，以减少协议处理时间，提高报文传输的实时性。

（5）分层的安全策略

对于采用以太网等技术所带来的网络安全问题，《EPA 标准》规定了企业信息管理层、过程监控层和现场设备层三个层次，采用分层化的网络安全管理措施。

（6）冗余

EPA 支持网络冗余、链路冗余和设备冗余，并规定了相应的故障检测和故障恢复措施，例如，设备冗余信息的发布、冗余状态的管理、备份的自动切换等。

1.6　习题

1. 什么是现场总线？
2. 什么是工业以太网？它有哪些优势？
3. 现场总线有什么优点？
4. 简述企业网络的体系统结构。
5. 简述 CAN 现场总线的特点。
6. 工业以太网的主要标准有哪些？
7. 画出工业以太网的通信模型。工业以太网与商用以太网相比，具有哪些特征？
8. 画出实时工业以太网实现模型，并对实现模型做说明。

第2章 控制网络基础

现场总线是当今自动化领域技术发展的热点之一，被誉为自动化领域的计算机局域网。它作为工业数据通信网络的基础，沟通了生产过程现场级控制设备之间及其与更高控制管理层之间的联系。由于现场总线属于局域网的范畴，因此需要网络与通信的知识作为基础。

本章首先讲述了数据通信基础，然后讲述了现场控制网络、网络硬件、网络互联、网络互联设备和通信参考模型。

2.1 数据通信基础

2.1.1 基本概念

1. 总线的基本术语

（1）总线与总线段

从广义来说，总线就是传输信号或信息的公共路径，是遵循同一技术规范的连接与操作方式。一组设备通过总线连在一起称为"总线段"（Bus Segment）。可以通过总线段相互连接，把多个总线段连接成一个网络系统。

（2）总线主设备

可在总线上发起信息传输的设备叫作"总线主设备"（Bus Master）。也就是说，主设备具备在总线上主动发起通信的能力，又称命令者。

（3）总线从设备

不能在总线上主动发起通信，只能挂接在总线上，对总线信息进行接收查询的设备称为总线从设备（Bus Slaver），也称基本设备。

在总线上可能有多个主设备，这些主设备都可主动发起信息传输。某一设备既可以是主设备，也可以是从设备，但不能同时既是主设备又是从设备。被总线主设备连上的从设备称为"响应者"（Responder），它参与命令者发起的数据传送。

（4）控制信号

总线上的控制信号通常有三种类型。一类控制连在总线上的设备，让它进行所规定的操作，如设备清零、初始化、启动和停止等。另一类是用于改变总线操作的方式，如改变数据流的方向，选择数据字段的宽度和字节等。还有一些控制信号表明地址和数据的含义，如对于地址，可用于指定某一地址空间，或表示出现了广播操作；对于数据，可用于指定它能否转译成辅助地址或命令。

（5）总线协议

管理主、从设备使用总线的一套规则称为"总线协议"（Bus Protocol）。这是一套事先规定的、必须共同遵守的规约。

2. 总线操作的基本内容

（1）总线操作

总线上命令者与响应者之间的连接→数据传送→脱开这一操作序列称为一次总线"交易"（Transaction），或者叫作一次总线操作。"脱开"（Disconnect）是指完成数据传送操作以后，命令者断开与响应者的连接。命令者可以在做完一次或多次总线操作后放弃总线占有权。

（2）总线传送

一旦某一命令者与一个或多个响应者连接上以后，就可以开始数据的读写操作规程。"读"（Read）数据操作是读来自响应者的数据；"写"（Write）数据操作是向响应者写数据。读写数据都需要在命令者和响应者之间传递数据。为了提高数据传送操作的速度，有些总线系统采用了块传送和管线方式，加快了长距离的数据传送速度。

（3）通信请求

通信请求是由总线上某一设备向另一设备发出的请求信号，要求后者给予注意并进行某种服务。它们有可能要求传送数据，也有可能要求完成某种动作。

（4）寻址

寻址过程是命令者与一个或多个从设备建立起联系的一种总线操作。通常有以下三种寻址方式。

物理寻址：用于选择某一总线段上某一特定位置的从设备作为响应者。由于大多数从设备都包含多个寄存器，因此物理寻址常常有辅助寻址，以选择响应者的特定寄存器或某一功能。

逻辑寻址：用于指定存储单元的某一个通用区，而并不顾及这些存储单元在设备中的物理分布。某一设备监测到总线上的地址信号，看其是否与分配给它的逻辑地址相符，如果相符，它就成为响应者。物理寻址与逻辑寻址的区别在于前者是选择与位置有关的设备，而后者是选择与位置无关的设备。

广播寻址：广播寻址用于选择多个响应者。命令者把地址信息放在总线上，从设备将总线上的地址信息与其内部的有效地址进行比较，如果相符，则该从设备被"连上"（Connect）。能使多个从设备连上的地址称为"广播地址"（Broadcast Addresses）。命令者为了确保所选的全部从设备都能响应，系统需要有适应这种操作的定时机构。

每一种寻址方法都有其优点和使用范围。逻辑寻址一般用于系统总线，而现场总线则较多采用物理寻址和广播寻址。不过，现在有一些新的系统总线常常具备上述两种，甚至三种寻址方式。

（5）总线仲裁

总线在传送信息的操作过程中有可能会发生"冲突"（Contention）。为解决这种冲突，就需进行总线占有权的"仲裁"（Arbitration）。总线仲裁是用于裁决哪一个主设备是下一个占有总线的设备。某一时刻只允许某一主设备占有总线，等到它完成总线操作，释放总线占有权后才允许其他总线主设备使用总线。当前的总线主设备叫作"命令者"（Commander）。总线主设备为获得总线占有权而等待仲裁的时间叫作"访问等待时间"（Access Latency），而命令者占有总线的时间叫作"总线占有期"（Bus Tenancy）。命令者发起的数据传送操作，可以在叫作"听者"（Listener）和"说者"（Talker）的设备之间进行，而更常见的是在命令者和一个或多个"从设备"之间进行。

（6）总线定时

总线操作用"定时"（Timing）信号进行同步。定时信号用于指明总线上的数据和地址在什么时刻是有效的。大多数总线标准都规定命令者可置起"控制"（Control）信号，用来指定操作的类型，还规定响应者要回送"从设备状态响应"（Slave Status Response）信号。

主设备获得总线控制权以后，就进入总线操作，即进行命令者和响应者之间的信息交换。这种信息可以是地址和数据。定时信号就是用于指明这些信息何时有效。定时信号有异步和同步两种。

（7）出错检测

在总线上传送信息时会因噪声和串扰而出错，因此在高性能的总线中一般设有出错码产生和校验机构，以实现传送过程的出错检测。传送地址时的奇偶出错会使要连接的从设备连不上；传送数据时如果有奇偶错，通常是再发送一次。也有一些总线由于出错率很低而不设检错机构。

（8）容错

设备在总线上传送信息出错时，如何减少故障对系统的影响，提高系统的重配置能力是十分重要的。故障对分布式仲裁的影响就比菊花链式仲裁小。后者在设备出故障时，会直接影响它后面设备的工作。总线系统应能支持软件利用一些新技术，如动态重新分配地址，把故障隔离开来，关闭或更换故障单元。

2.1.2　通信系统的组成

通信系统是传递信息所需的一切技术设备的总和。它一般由信息源和信息接收者、发送、接收设备、传输介质几部分组成。单向数字通信系统的组成如图 2-1 所示。

1．信息源与接收者

信息源和信息接收者是信息的产生者和使用者。在数字通信系统中传输的信息是数据，是数字化了的信息。这些信息可能是原始数据，也可能是经计算机处理后的结果，还可能是某些指令或标志。

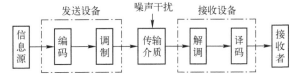

图 2-1　单向数字通信系统的组成

信息源可根据输出信号的性质不同分为模拟信息源和离散信息源。模拟信息源（如电话机、电视摄像机）输出幅度连续变化的信号；离散信息源（如计算机）输出离散的符号序列或文字。模拟信息源可通过抽样和量化变换为离散信息源。随着计算机和数字通信技术的发展，离散信息源的种类和数量越来越多。

2．发送设备

发送设备的基本功能是将信息源和传输介质匹配起来，即将信息源产生的消息信号经过编码，并变换为便于传送的信号形式，送往传输媒介。

对于数字通信系统来说，发送设备的编码常常又可分为信道编码与信源编码两部分。信源编码是把连续消息变换为数字信号；而信道编码则是使数字信号与传输介质匹配，提高传输的可靠性或有效性。变换方式是多种多样的，调制是最常见的变换方式之一。

发送设备还要包括为达到某些特殊要求所进行的各种处理，如多路复用、保密处理、纠错编码处理等。

3．传输介质

传输介质指发送设备到接收设备之间信号传递所经媒介。它可以是无线的，也可以是有线的。有线和无线均有多种传输媒介，如电磁波、红外线为无线传输介质，各种电缆、光缆、双绞线等为有线传输介质。

介质在传输过程中必然会引入某些干扰，如热噪声、脉冲干扰、衰减等。媒介的固有特性和干扰特性直接关系到变换方式的选取。

4．接收设备

接收设备的基本功能是完成发送设备的反变换，即进行解调、译码、解密等。它的任务是从带有干扰的信号中正确恢复出原始信息来，对于多路复用信号，还包括解除多路复用，实现正确分路。

2.1.3　数据编码

计算机网络系统的通信任务是传送数据或数据化的信息。这些数据通常以离散的二进制 0，1 序列的方式表示。码元是所传输数据的基本单位。在计算机网络通信中所传输的大多为二元码，它的每一位只能在 1 或 0 两个状态中取一个，这每一位就是一个码元。

数据编码是指通信系统中以何种物理信号的形式来表达数据。分别用模拟信号的不同幅度、不同频率、不同相位来表达数据的 0，1 状态的，称为模拟数据编码。用高低电平的矩形脉冲信号来表达数据的 0，1 状态的，称为数字数据编码。

采用数字数据编码，在基本不改变数据信号频率的情况下，直接传输数据信号的传输方式，称为基带传输。基带传输可以达到较高的数据传输速率，是目前广泛应用的数据通信方式。

1. 单极性码

单极性码是指信号电平是单极性的，如逻辑 1 用高电平，逻辑 0 用零电平的信号表达方式，如图 2-2 和图 2-3 所示。

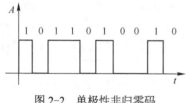

图 2-2 单极性非归零码

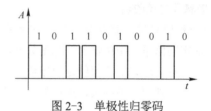

图 2-3 单极性归零码

2. 双极性码

双极性码的信号电平为正、负两种极性的。如逻辑 1 用正电平，逻辑 0 用负电平的信号表达方式，如图 2-4 和图 2-5 所示。

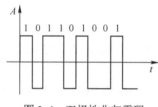

图 2-4 双极性非归零码

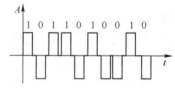

图 2-5 双极性归零码

3. 归零码（RZ）

归零码是指在每一位二进制信息传输之后均返回到零电平的编码。例如其逻辑 1 只在该码元时间中的某段（如码元时间的一半）维持高电平后就恢复到低电平，如图 2-3 和图 2-5 所示。

4. 非归零码（NRZ）

在整个码元时间内维持有效电平，如图 2-2 和图 2-4 所示。

5. 差分码

用电平的变化与否来代表逻辑"1"和"0"，电平变化代表"1"，不变化代表"0"，按此规定的码称为信号差分码。根据初始状态为高电平或低电平，差分码有两种波形（相位恰好相反）。显然，差分码不可能是归零码，其波形如图 2-6 所示。

差分码可以通过一个 JK 触发器来实现。当计算机输出为"1"时，JK 端均为"1"，时钟脉冲使触发器翻转；当计算机输出为"0"时，JK 端均为"0"，触发器状态不变，实现了差分码。

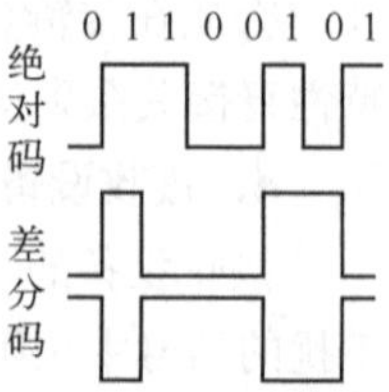

根据信息传输方式，还可分为平衡传输和非平衡传输。平均传输指无论"0"或"1"都是传输格式的一部分；而非平衡传输中，只有"1"被传输，"0"则以在指定的时刻没有脉冲来表示。

图 2-6 差分码

6. 曼彻斯特编码（**Manchester Encoding**）

这是一种常用的基带信号编码。它具有内在的时钟信息，因而能使网络上的每一个系统保持同步。在曼彻斯特编码中，时间被划分为等间隔的小段，其中每小段代表一个比特。每一小段时间本身又分为两半，前半个时间段所传信号是该时间段传送比特值的反码，后半个时间段传送的是比特值本身。可见在一个时间段内，其中间点总有一次信号电平的变化。因此携带有信号传送的同步信息而不需另外传送同步信号。

曼彻斯特编码过程与波形如图 2-7 所示。从频谱分析理论知道，理想的方波信号包含从零到无限高的频率成分，由于传输线中不可避免地存在分布电容，故允许传输的带宽是有限的，所以要求波形完全不失真传输是不可能的。为了与线路传输特性匹配，除很近距离传输外，一般可用低通滤波器将图 2-7 中的矩形波整形为变换点比较圆滑的基带信号，而在接收端，则在每个码元的最大值（中心点）取样复原。

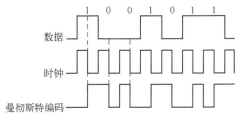

图 2-7　曼彻斯特编码过程与波形

7. 模拟数据编码

模拟数据编码采用模拟信号来表达数据的 0、1 状态。幅度、频率、相位是描述模拟信号的参数，可以通过改变这三个参数，实现模拟数据编码。幅度键控（Amplitude-Shift Keying, ASK）、频移键控（Frequency-Shift Keying, FSK）、相移键控（Phase-Shift Keying, PSK）是模拟数据编码的三种编码方法。

2.1.4　通信系统的性能指标

通信系统的任务是传递信息，因而信息传输的有效性和可靠性是通信系统最主要的质量指标。有效性是指所传输信息的内容有多少；而可靠性是指接收信息的可靠程度。通信有效性实际上反映了通信系统资源的利用率。通信过程中用于传输有用报文的时间比例越高越有效。同样，真正要传输的数据信息位在所传报文中占的比例越高也说明有效性越好。

1. 有效性指标

（1）数据传输速率

数据传输速率是单位时间内传送的数据量。它是衡量数字通信系统有效性的指标之一。当信道一定时，信息传输的速率越高，有效性越好。

传输速率由下式求得

$$S_b = \frac{1}{T} \text{lb} n \tag{2-1}$$

式中，T 为发送一位代码所需要的最小单位时间；n 为信号的有效状态；lb 为以 2 为底的对数。例如对串行传输而言，如果某一个脉冲只包含两种状态，则 $n = 2$，$S_b = \frac{1}{T}$ bit/s。工业数据通信中常用的标准数据信号速率为 9600bit/s、31.25kbit/s、500kbit/s、1Mbit/s、2.5Mbit/s、10Mbit/s 以及 100Mbit/s 等。

1）比特率。比特（bit）是数据信号的最小单位。通信系统中的字符或者字节一般由多个二进制位即多个比特来表示。例如一个字节往往是 8 位或 16 位。通信系统每秒传输数据的二进制位数被定义为比特率，记作 bit/s。

2）波特率。波特（baud）是指信号大小方向变化的一个波形。把每秒传输信号的个数，即每秒传输信号波形的变化次数定义为波特率。单位为波特（baud）。比特率和波特率较易混淆，但它们是有区别的。每个信号波形可以包含一个或多个二进制位。若单比特信号的传输速率为9600bit/s，则其波特率为9600baud，它意味着每秒可传输9600个二进制脉冲。如果信号波形由2个二进制位组成，当传输速率为9600bit/s时，则其波特率只有4800baud。

在讨论信道特性，特别是传输频带宽度时，通常采用波特率；在涉及系统实际的数据传送能力时，则使用比特率。

（2）频带利用率

频带利用率是指单位频带内的传输速度。它是衡量数据传输系统有效性的重要指标。单位为bit/（s·Hz），即每赫兹带宽所能实现的比特率。由于传输系统的带宽通常不同，因而通信系统的有效性仅仅看比特率是不够的，还要看其占用带宽的大小。

（3）协议效率

协议效率是衡量通信系统软件有效性的指标之一。协议效率是指所传输的数据包中的有效数据位与整个数据包长度的比值。一般是用百分比表示，它是对通信帧中附加量的量度。不同的通信协议通常具有不同的协议效率。协议效率越高，其通信有效性越好。在通信参考模型的每个分层，都会有相应的层管理和协议控制的加码。从提高协议编码效率的角度来看，减少层次可以提高编码效率。

（4）通信效率

通信效率被定义为数据帧的传输时间同用于发送报文的所有时间之比。其中数据帧的传输时间取决于数据帧的长度、传输的比特率，以及要传输数据的两个节点之间的距离。这里用于发送报文的所有时间包括竞用总线或等待令牌的排队时间、数据帧的传输时间，以及用于发送维护帧等的时间之和。通信效率为1，就意味着所有时间都有效地用于传输数据帧。通信效率为0，就意味着总线被报文的碰撞、冲突所充斥。

2. 可靠性指标

数字通信系统的可靠性可以用误码率来衡量。误码率是衡量数字通信系统可靠性的指标。它是二进制码元在数据传输系统中被传错的概率，数值上近似为

$$P_e \approx N_e / N$$

其中，N 为传输的二进制码元总数；N_e 为被传输错的码元数，理论上应有 $N \to \infty$。实际使用中，N 应足够大，才能把 P_e 近似为误码率。理解误码率定义时应注意以下几个问题。

1）误码率应该是衡量数据传输系统正常工作状态下传输可靠性的参数。

2）对于一个实际的数据传输系统，不能笼统地说误码率越低越好，要根据实际传输要求提出误码率要求。在数据传输速率确定后，误码率越低，数据传输系统设备越复杂，造价越高。

3）对于实际数据传输系统，如果传输的不是二进制码元，则要折合成二进制码元来计算。差错的出现具有随机性，在实际测量一个数据传输系统时，被测量的传输二进制码元数越大，越接近于真正的误码率值。在实际的数据传输系统中，人们需要对一种通信信道进行大量、重复的测试，求出该信道的平均误码率，或者给出某些特殊情况下的平均误码率。根据测试，目前当电话线路的传输速率为300~2400bit/s时，平均误码率在 $10^{-4} \sim 10^{-6}$ 之间；当传输速率为4800~9600bit/s时，平均误码率在 $10^{-2} \sim 10^{-4}$ 之间。而计算机通信的平均误码率要求低于 10^{-9}。因此，普通通信信道若不采取差错控制，则不能满足计算机通信的要求。

通信系统的有效性与可靠性两者之间是相互联系、相互制约的。

3. 通信信道的频率特性

频率特性是描述通信信道在不同频率的信号通过以后，其波形发生变化的特性。

频率特性分为幅频特性和相频特性。幅频特性指不同频率信号通过信道后，其幅值受到不同衰减的特性；相频特性指不同频率的信号通过信道后，其相角发生不同程度改变的特性。理想信道的频率特性应该是对不同频率产生均匀的幅频特性和线性相频特性，而实际信道的频率特性并非理想。因此，通过信道后的波形会产生畸变。如果信号的频率在信道带宽范围内，则传输的信号基本上不失真，否则，信号的失真将较严重。

信道频率特性不理想是由于传输线路并非理想线路。实际的传输线路存在电阻、电感、电容，由它们组成分布参数系统。由于电感、电容的阻抗随频率而变，故信号的各次谐波的幅值衰减不同，其相角变化也不尽相同。当然，信道的频率特性不仅与介质相关，而且和中间通信设备的电气特性有关。

4. 介质带宽

通信系统中所传输的数字信号可以分解成无穷多个频率、幅度、相位各不相同的正弦波。这就意味着传输数字信号相当于传送无数多个简单的正弦信号。信号所含频率分量的集合称为频谱。频谱所占的频率宽度称为带宽。发送端所发出的数字信号的所有频率分量都必须通过通信介质到达接收端，接收端才能再现该数字信号的精确复制。如果其中一部分频率分量在传输过程中被严重衰减，就会导致接收端信号变形。如果能接收到具有主要振幅的那部分分量，则仍可以按适当的精度复制出发送端所发出的数字信号。

以一定的幅度门限为依据，将在接收端能收到的那部分主要信号的频谱从原来的无穷大频谱中划分出来，便形成该信号的有效频谱。有效频谱的频带宽度称为有效带宽。有效频谱与有效带宽的示意图如图 2-8 所示。

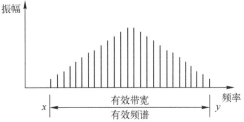

图 2-8　有效频谱与有效带宽

实际传输介质的带宽是有限的，它只能传输某些频率范围内的信号。一种介质只能传输有效带宽在介质带宽范围内的信号。如果介质带宽小于信号的有效带宽，信号就可能产生失真而使接收端难以正确辨认。介质带宽与信号畸变如图 2-9 所示。

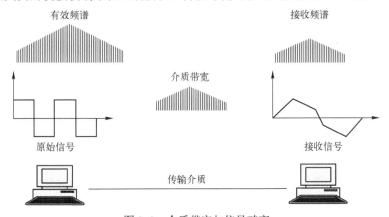

图 2-9　介质带宽与信号畸变

当传输速率升高时，信号的有效带宽会随之增加，因而需要传输介质具有更大的介质带宽。换句话说，传输介质的带宽会限制传输速率的增高。

5. 信道容量

信道容量是指在某种传输介质中单位时间内可能传送的最大比特数，即该传输介质容许的最大数据传输速率。

设信号的传输速率为 x（单位为 bit/s），传送一个 8 位字符所需时间 T 为 8/xs，因此其第一次谐波

频率为 $x/8$Hz。一般电话线的截止频率约为 3000Hz。这个限制意味着该线路能通过的最高谐波数为 $24000/x$。如果试图在电话线路上以 9600bit/s 的数据传输速率传送信号，则此时该线路能通过的最高谐波数仅为 2，接收到的信号无疑将产生畸变，即不能正确接收原来的信号。在电话线路上即使传输设施完全无噪声，当数据速率高于 38.4kbit/s 时，能通过的最高谐波数只能为 0，说明信号的传输已不可能。所以传输介质的带宽限制了信道的数据传输速率。或者说，数据的传输速率应该在信道容量容许的范围之内。只要信号速率低于信道容量，总可以找到一个编码方式，实现低误码率传输。若实际传输速率超过信道容量，则即使只超过一点，其传输也不能正确进行。

6. 信噪比对信道容量的影响

在有噪声存在的情况下，由于传递出现差错的概率更大，因而会降低信道容量。而噪声大小一般由信噪比来衡量。信噪比是指信号功率 S 与噪声功率 N 的比值。信噪比一般用 $10\lg(S/N)$ 来表示，单位为分贝（dB）。

信道容量 C、信道带宽 W 和信噪比 S/N 之间的香农计算公式为

$$C = W\mathrm{lb}\left(1 + \frac{S}{N}\right) \tag{2-2}$$

其单位为 bit/s。

由香农公式可以看到，提高信噪比能增加信道容量。在信道容量一定时，带宽与信噪比之间可以相互弥补。

如果介质带宽 W 为 3000Hz，当信噪比为 10dB（$S/N=10$）时，其信道容量为

$$C = 3000\mathrm{lb}(1+10) = 10380\mathrm{bit/s} \tag{2-3}$$

如果信噪比提高为 20dB，即 $S/N=100$，则

$$C = 3000\mathrm{lb}(1+100) = 19980\mathrm{bit/s} \tag{2-4}$$

可见信道容量随信噪比的提高增加了许多。

由于噪声功率 $N = Wn_0$（n_0 为噪声的单边功率谱密度），因而随着带宽 W 的增大，噪声功率 N 也会增大。所以，增加带宽 W 并不能无限制地使信道容量增大。

2.1.5 信号的传输模式

1. 基带传输

基带传输就是在基本不改变数据信号频率的情况下，在数字通信中直接传送数据的基带信号，即按数据波的原样进行传输，不采用任何调制措施。它是目前广泛应用的最基本的数据传输方式。

目前大部分计算机局域网，包括控制局域网，都采用基带传输方式。其特点如下：信号按数据位流的基本形式传输，整个系统不用调制解调器，这使得系统价格低廉。系统可采用双绞线或同轴电缆作为传输介质，也可采用光缆作为传输介质。与宽带网相比，基带网的传输介质比较便宜，可以达到较高的数据传输速率（一般为 1～10Mbit/s），但其传输距离一般不超过 25km，传输距离加长，传输质量会降低。基带网的线路工作方式一般只能为半双工方式或单工方式。

2. 载波传输

载波传输是先用数字信号对载波进行调制，然后进行传输的传输模式。最基本的调制方式有幅值键控（ASK）、频移键控（FSK）和相移键控（PSK）3 种。

在载波传输中，发送设备首先要产生某个频率的信号作为基波来承载信息信号，这个基波就称为载波信号，基波频率就称为载波频率；然后按幅值键控、频移键控、相移键控等不同方式改变载波信号的幅值、频率、相位，形成调制信号后发送。

3．宽带传输

由于基带网不适于传输语言、图像等信息，随着多媒体技术的发展，计算机网络传输数据、文字、语音、图像等多种信号的任务越来越重，因此提出了宽带传输的要求。

宽带传输与基带传输的主要区别：一是数据传输速率不同，基带网的数据传输速率范围为 0～10Mbit/s，宽带网可达 0～400Mbit/s；二是宽带网可划分为多条基带信道，能提供良好的通信路径。一般宽带局域网可与有线电视系统共建，以节省投资。

4．异步转移模式 ATM

ATM（Asynchronous Transfer Mode）是一种新的传输与交换数字信息的技术，也是实现高速网络的主要技术，被规定为宽带综合业务数字网（B-ISDN）的传输模式。这里的转移包含传输与交换两方面的内容。ATM 是一种在用户接入、传输和交换级综合处理各种通信问题的技术。它支持多媒体通信，包括数据、语音和视频信号，按需分配频带，具有低延迟特性，速度可达 155Mbit/s～2.4Gbit/s，也有 25Mbit/s 和 50Mbit/s 的 ATM 技术。

在 ATM 网络中，所有报文以固定长度的数据单元发送。分报文头（Header）和有效信息域（Payload）两部分。数据单元长度为 53B，报文头为 5B，其余 48B 为有效信息域。有效信息域采用透明传输，不执行差错控制。数据流采用异步时分多路复用。

2.1.6 局域网及其拓扑结构

1．计算机网络和网络拓扑

由于计算机的广泛使用，为用户提供了分散而有效的数据处理与计算能力。计算机和以计算机为基础的智能设备一般除了处理本身业务之外，还要求与其他计算机彼此沟通信息，共享资源，协同工作，于是，出现了用通信线路将各计算机连接起来的计算机群，以实现资源共享和作业分布处理，这就是计算机网络。Internet 就是当今世界上最大的非集中式的计算机网络的集合，是全球范围成千上万个网连接起来的互联网，并已成为当代信息社会的重要基础设施——信息高速公路。

计算机网络的种类繁多，分类方法各异。按地域范围可分为远程网和局域网。远程网的跨越范围可从几十千米到几万千米，其传输线造价很高。考虑到信道上的传输衰减，其传输速度不能太高，一般小于 100kbit/s。若要提高传输速率，就要大大增加通信费用，或采用通信卫星、微波通信技术等。局域网络的距离只限于几十米到 25km，一般为 10km 以内。其传输速率较高，在 0.1～100Mbit/s 间，误码率很低，为 10^{-11}～10^{-8}。具有多样化的通信媒体，如同轴电缆、光缆、双绞线、电话线等。

网络拓扑结构、信号方式、访问控制方式、传输介质是影响网络性能的主要因素。网络的拓扑结构是指网络中节点的互连形式。

2．星形拓扑

星形拓扑结构如图 2-10 所示。在星形拓扑中，每个站通过点-点连接到中央节点，任何两站之间通信都通过中央节点进行。一个站要传送数据，首先向中央节点发出请求，要求与目的站建立连接。连接建立后，该站才向目的站发送数据。这种拓扑采用集中式通信控制策略，所有通信均由中央节点控制，中央节点必须建立和维持许多并行数据通路，因此中央节点的结构显得非常复杂，而每个站的通信处理负担很小，只需满足点-点链路简单通信要求，结构很简单。

3．环形拓扑

在环形拓扑中，网络中有许多中继器进行点-点链路连接，构成一个封闭的环路。中继器接收前站发来的数据，然后按原来速度一位一位地从另一条链路发送出去。链路是单向的，数据沿一个方向（顺时针或逆时针）在网上环行。每个工作站通过中继器再连至网络。一个站发送数据，按分组进行，数据拆成分组加上控制信息插入环上，通过其他中继器到达目的站。由于多个工作站要共享环路，需有某种访问控制方式，确定每个站何时能向环上插入分组。它们一般采用分布控制，每个站有存取逻辑和收发控制。

如图 2-11 所示，环形拓扑正好与星形拓扑相反。星形拓扑的网络设备需有较复杂的网络处理功能，而工作站负担最小，环形拓扑的网络设备只是很简单的中继器，而工作站则需提供拆包和存取控制逻辑较复杂功能。环形网络的中继器之间可使用高速链路（如光纤），因此环形网络与其他拓扑相比，可提供更大的吞吐量，适用于工业环境，但在网络设备数量、数据类型、可靠性方面存在某些局限。

图 2-10　星形拓扑结构

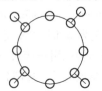
图 2-11　环形拓扑结构

4．总线型拓扑

在总线型拓扑中，传输介质是一条总线，工作站通过相应硬件接口接至总线上，一个站发送数据，所有其他站都能接收。树形拓扑是总线拓扑的扩展形式，传输介质是不封闭的分支电缆。它和总线拓扑一样，一个站发送数据，其他都能接收。因此，总线和树形拓扑的传输介质称作多点式或广播式。因为所有节点共享一条传输链路，一次只允许一个站发送信息，需有某种存取控制方式，确定下一个可以发送的站。信息也是按分组发送，达到目的站后，经过地址识别，将信息复制下来。总线型拓扑结构如图 2-12 所示。

5．树形拓扑

树形拓扑的适应性很强，可适用于很宽范围，如对网络设备的数量、数据率和数据类型等没有太多限制，可达到很高的带宽。树形结构在单个局域网系统中采用不多，如果把多个总线型或星形网连在一起，或连到另一个大型机或一个环形网上，就形成了树形拓扑结构，这在实际应用环境中是非常有用的。树形结构适合于分主次、分等级的层次型管理系统。树形拓扑结构如图 2-13 所示。

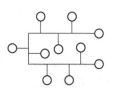
图 2-12　总线型拓扑结构

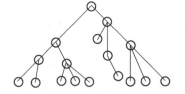
图 2-13　树形拓扑结构

2.1.7　网络传输介质

传输介质是网络中连接收发双方的物理通路，也是通信中实际传送信息的载体。网络中常用的传输介质有电话线、同轴电缆、双绞线、光缆、无线与卫星通信。传输介质的特性对网络中数据通信质量影响很大，主要特性如下。

1）物理特性：传输介质物理结构的描述。

2）传输特性：传输介质允许传送数字或模拟信号以及调制技术、传输容量、传输的频率范围。

3）连通特性：允许点-点或多点连接。

4）地理范围：传输介质最大传输距离。

5）抗干扰性：传输介质防止噪声与电磁干扰对传输数据影响的能力。

1．双绞线的主要特性

无论对于模拟数据还是对于数字数据，双绞线都是最通用的传输介质。电话线路就是一种双绞线。

（1）物理特性

双绞线由按规则螺旋结构排列的两根或四根绝缘线组成。一对线可以作为一条通信线路，各个线对螺旋排列的目的是使各线对之间的电磁干扰最小。

（2）传输特性

双绞线最普遍的应用是语音信号的模拟传输。在一条双绞线上使用频分多路复用技术可以进行多个音频通道的多路复用。如每个通道占用 4kHz 带宽，并在相邻通道之间保留适当的隔离频带，双绞线使用的带宽可达 268kHz，可以复用 24 条音频通道的传输。

使用双绞线或调制解调器传输模拟数据信号时，数据传输速率可达 9600bit/s，24 条音频通道总的数据传输速率可达 230kbit/s。

（3）连通性

双绞线可以用于点-点连接，也可用于多点连接。

（4）地理范围

双绞线用作远程中继线时，最大距离可达 15km；用于 10Mbit/s 局域网时，与集线器的距离最大为 100m。

（5）抗干扰性

双绞线的抗干扰性取决于一束线中相邻线对的扭曲长度及适当的屏蔽。在低频传输时，其抗干扰能力相当于同轴电缆。在 10～100kHz 时，其抗干扰能力低于同轴电缆。

2．同轴电缆的主要特性

同轴电缆是网络中应用十分广泛的传输介质之一。

（1）物理特性

它由内导体、外屏蔽层、绝缘层及外部保护层组成。同轴介质的特性参数由内、外导体及绝缘层的电参数和机械尺寸决定。

（2）传输特性

根据同轴电缆通频带，同轴电缆可以分为基带同轴电缆和宽带同轴电缆两类。基带同轴电缆一般仅用于数字数据信号传输。宽带同轴电缆可以使用频分多路复用方法，将一条宽带同轴电缆的频带划分成多条通信信道，使用各种调制方案，支持多路传输。宽带同轴电缆也可以只用于一条通信信道的高速数字通信，此时称之为单通道宽带。

（3）连通性

同轴电缆支持点-点连接，也支持多点连接。宽带同轴电缆可支持数千台设备的连接；基带同轴电缆可支持数百台设备的连接。

（4）地理范围

基带同轴电缆最大距离限制在几千米范围内，而宽带同轴电缆最大距离可达几十千米。

（5）抗干扰性

同轴电缆的结构使得它的抗干扰能力较强。

3．光缆的主要特性

光缆是网络传输介质中性能最好、应用最广泛的一种。

（1）物理特性

光纤是一种直径为 50～100μm 的柔软、能传导光波的介质，各种玻璃和塑料可以用来制造光纤，其中用超高纯度石英玻璃纤维制作的光纤可以得到最低的传输损耗。在折射率较高的单根光纤外面用折射率较低的包层包裹起来，就可以构成一条光纤通道，多条光纤组成一束就构成光纤电缆。

（2）传输特性

光纤通过内部的全反射来传输一束经过编码的光信号。由于光纤的折射系数高于外部包层的折射系数，因此可以形成光波在光纤与包层界面上的全反射。光纤可以看作频率从 $10^{14}\sim10^{15}$Hz 的光波导线，这一范围覆盖了可见光谱与部分红外光谱。以小角度进入的光波沿光纤按全反射方式向前传播。

光纤传输分为单模与多模两类。所谓单模光纤是指光纤的光信号仅与光纤轴成单个可分辨角度的单光纤传输。而多模光纤的光信号与光纤轴成多个可分辨角度的多光纤传输。单模光纤性能优于多模光纤。

（3）连通性

光纤最普遍的连接方法是点-点方式，在某些实验系统中也可采用多点连接方式。

（4）地理范围

光纤信号衰减极小，它可以在 6～8km 距离内不使用中继器，实现高速率数据传输。

（5）抗干扰性

光纤不受外界电磁干扰与噪声的影响，能在长距离、高速度传输中保持低误码率。双绞线典型的误码率在 $10^{-5}\sim10^{-6}$ 之间，基带同轴电缆为 10^{-7}，宽带同轴电缆为 10^{-9}，而光纤误码率可以低于 10^{-10}。光纤传输的安全性与保密性极好。

2.1.8 介质访问控制方式

如前所述，在总线和环形拓扑中，网上设备必须共享传输线路。为解决在同一时间有几个设备同时争用传输介质，需有某种介质访问控制方式，以便协调各设备访问介质的顺序，在设备之间交换数据。

通信中对介质的访问可以是随机的，即各工作站可在任何时刻，任意地点访问介质；也可以是受控的，即各工作站可用一定的算法调整各站访问介质顺序和时间。在随机访问方式中，常用的争用总线技术为 CSMA/CD。在控制访问方式中则常用令牌总线、令牌环，或称之为标记总线、标记环。

1. CSMA/CD（载波监听多路访问/冲突检测）

这种控制方式对任何工作站都没有预约发送时间。工作站的发送是随机的，必须在网络上争用传输介质，故称之为争用技术。若同一时刻有多个工作站向传输线路发送信息，则这些信息会在传输线上相互混淆而遭破坏，称为"冲突"。为尽量避免由于竞争引起的冲突，每个工作站在发送信息之前，都要监听传输线上是否有信息在发送，这就是"载波监听"。

载波监听 CSMA 的控制方案是先听再讲。一个站要发送，首先需监听总线，以决定介质上是否存在其他站的发送信号。如果介质是空闲的，则可以发送。如果介质是忙的，则等待一定间隔后重试。当监听总线状态后，可采用以下三种 CSMA 坚持退避算法。

第一种为不坚持 CSMA。假如介质是空闲的，则发送。假如介质是忙的，则等待一段随机时间，重复第一步。

第二种为 1—坚持 CSMA。假如介质是空闲的，则发送。假如介质是忙的，继续监听，直到介质空闲，立即发送。假如冲突发生，则等待一段随机时间，重复第一步。

第三种为 P—坚持 CSMA。假如介质是空闲的，则以 P 的概率发送，或以（$1-P$）的概率延迟一个时间单位后重复处理，该时间单位等于最大的传输延迟。假如介质是忙的，继续监听，直到介质空闲，重复第一步。

由于传输线上不可避免地有传输延迟，有可能多个站同时监听到线上空闲并开始发送，从而导致冲突。故每个工作站发送信息之后，还要继续监听线路，判定是否有其他站正与本站同时向传输线发送。一旦发现，便中止当前发送，这就是"冲突检测"。

载波监听多路访问/冲突检测的协议，简写为 CSMA/CD，已广泛应用于局域网中。每个站在发送帧期间，同时有检测冲突的能力，即所谓边讲边听。一旦检测到冲突，就立即停止发送，并向总线上发一串阻塞信号，通知总线上各站冲突已发生，这样，通道的容量不致因白白传送已损坏的帧而浪费。

2. 令牌（标记）访问控制方式

CSMA 的访问存在发报冲突问题，产生冲突的原因是由于各站点发报是随机的。为了解决冲突问题，可采用有控制的发报方式，令牌方式是一种按一定顺序在各站点传递令牌（Token）的方法。谁得到令牌，谁才有发报权。令牌访问原理可用于环形网络，构成令牌环形网；也可用于总线网，构成令牌总线网络。

（1）令牌环（Token-Ring）方式

令牌环是环形结构局域网采用的一种访问控制方式。由于在环形结构网络上，某一瞬间可以允许发送报文的站点只有一个，令牌在网络环路上不断地传送，只有拥有此令牌的站点，才有权向环路上发送报文，而其他站点仅允许接收报文。站点在发送完毕后，便将令牌交给网上下一个站点，如果该站点没有报文需要发送，便把令牌顺次传给下一个站点。因此，表示发送权的令牌在环形信道上不断循环。环上每个相应站点都可获得发报权，而任何时刻只会有一个站点利用环路传送报文，因而在环路上保证不会发生访问冲突。

（2）令牌传递总线（Token-Passing Bus）方式

这种方式和 CSMA/CD 方式一样，采用总线网络拓扑，但不同的是在网上各工作站按一定顺序形成一个逻辑环。每个工作站在环中均有一个指定的逻辑位置，末站的后站就是首站，即首尾相连。每站都了解先行站（PS）和后继站（NS）的地址，总线上各站的物理位置与逻辑位置无关。

2.1.9　CRC 校验

1. CRC 校验的工作原理

CRC 校验方法是将要发送的数据比特序列当作一个多项式 $f(x)$ 的系数，在发送方用收发双方预先约定的生成多项式 $G(x)$ 去除，求得一个余数多项式。将余数多项式加到数据多项式之后发送到接收端。接收端用同样的生成多项式 $G(x)$ 去除接收数据多项式 $f(x)$，得到计算余数多项式。如果计算余数多项式与接收余数多项式相同，则表示传输无差错；如果计算余数多项式不等于接收余数多项式，则表示传输有差错，由发送方重发数据，直至正确为止。CRC 码检错能力强，实现容易，是目前应用最广泛的校验方法之一，CRC 校验基本工作原理如图 2-14 所示。

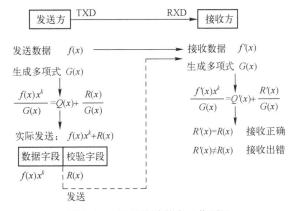

图 2-14　CRC 校验基本工作原理

2. CRC 校验的工作过程

1）在发送端，将发送数据多项式 $f(x)x^k$，

其中 k 为生成多项式的最高幂值，例如 CRC-12 的最高幂值为 12，则发送 $f(x)x^{12}$；对于二进制乘法来说，$f(x)x^{12}$ 的意义是将发送数据比特序列左移 12 位，用来存入余数。

2）将 $f(x)x^k$ 除以生成多项式 $G(x)$，得

$$\frac{f(x)x^k}{G(x)} = Q(x) + \frac{R(x)}{G(x)}$$

式中，$R(x)$ 为余数多项式。

3）将 $f(x)x^k + R(x)$ 作为整体，从发送端通过通信信道传送到接收端。

4）接收端对接收数据多项式 $f'(x)$ 采用同样的运算，即

$$\frac{f'(x)x^k}{G(x)} = Q(x) + \frac{R'(x)}{G(x)}$$

求得计算余数多项式。

5）接收端根据计算余数多项式 $R'(x)$ 是否等于接收余数多项式 $R(x)$ 来判断是否出现传输错误。实际的 CRC 校验码生成是采用二进制模二算法，即减法不借位，加法不进位，这是一种异或操作。

3. CRC 生成多项式

CRC 生成多项式由协议规定，列入国际标准的生成多项式有

CRC-12　　　　$G(x) = x^{12} + x^{11} + x^3 + x^2 + x + 1$

CRC-16　　　　$G(x) = x^{16} + x^{15} + x^2 + 1$

CRC-CCITT　　$G(x) = x^{16} + x^{12} + x^5 + 1$

CRC-32　　$G(x) = x^{32} + x^{26} + x^{23} + x^{22} + x^{16} + x^{12} + x^{11} + x^{10} + x^8 + x^7 + x^5 + x^4 + x^2 + x + 1$

生成多项式的结构及检错效果是经过严格的数学分析与实验后确定的。

4. CRC 校验实例

假设发送数据位序列为 111011，生成多项式位序列为 11001。将发送位序列 111011（$f(x)$）乘以 2^4 得 1110110000（$f(x)x^k$），然后除生成多项式位序列 11001（$G(x)$），不考虑借位，按模 2 运算，得余数位序列为：1110（$R(x)$）。

2.2　现场控制网络

现场总线又称现场控制网络，它属于一种特殊类型的计算机网络，是用于完成自动化任务的网络系统。从现场控制网络节点的设备类型、传输信息的种类、网络所执行的任务、网络所处的工作环境等方面，现场控制网络都有别于由普通 PC 或其他计算机构成的数据网络。这些测控设备的智能节点可能分布在工厂的生产装置、装配流水线、发电厂、变电站、智能交通、楼宇自控、环境监测、智能家居等地区或领域。

2.2.1　现场控制网络的节点

作为普通计算机网络节点的 PC 或其他种类的计算机、工作站，当然也可以成为现场控制网络的一员。现场控制网络的节点大都是具有计算与通信能力的测量控制设备。它们可能具有嵌入式 CPU，但功能比较单一，其计算或其他能力也许远不及普通 PC，也没有键盘、显示等人机交互接口，甚至不带有 CPU、单片机，只带有简单的通信接口。具有通信能力的以下现场设备都可以成为现场控制网络的节点一员。

- 限位开关、感应开关等各类开关。
- 条形码阅读器。
- 光电传感器。

- 温度、压力、流量、物位等各种传感器、变送器。
- 可编程逻辑控制器 PLC。
- PID 等数字控制器。
- 各种数据采集装置。
- 作为监视操作设备的监控计算机、工作站及其外设。
- 各种调节阀。
- 电动机控制设备。
- 变频器。
- 机器人。
- 作为现场控制网络连接设备的中继器、网桥、网关等。

受制造成本和传统因素的影响，作为现场控制网络节点的上述现场设备，其计算能力等方面一般比不上普通计算机。

把这些单个分散的有通信能力的测量控制设备作为网络节点，连接成如图 2-15 所示的网络系统，使它们之间可以相互沟通信息，由它们共同完成自控任务，这就是现场控制网络。

图 2-15　现场控制网络节点示意图

2.2.2　现场控制网络的任务

现场控制网络以具有通信能力的传感器、执行器、测控仪表为网络节点，并将其连接成开放式、数字化，实现多节点通信，完成测量控制任务的网络系统。现场控制网络要将现场运行的各种信息传送到远离现场的控制室，在把生产现场设备的运行参数、状态以及故障信息等送往控制室的同时，又将各种控制、维护、组态命令等送往位于现场的测量控制现场设备中，起着现场级控制设备之间数据联系与沟通的作用。同时现场控制网络还要在与操作终端、上层管理网络的数据连接和信息共享中发挥作用。近年来，随着互联网技术的发展，已经开始对现场设备提出了参数的网络浏览和远程监控的要求。在有些应用场合，需要借助网络传输介质为现场设备提供工作电源。

与工作在办公室的普通计算机网络不同，现场控制网络要面临工业生产的强电磁干扰、各种机械振动和严寒酷暑的野外工作环境，因此要求现场控制网络能适应此类恶劣的工作环境。另外，自控设备千差万别，实现控制网络的互联与互操作往往十分困难，这也是控制网络面对的必须解决的问题。

现场控制网络肩负的特殊任务和工作环境，使它具有许多不同于普通计算机网络的特点。现场控制网络的数据传输量相对较小，传输速率相对较低，多为短帧传送，但它要求通信传输的实时性强，可靠性高。

网络的拓扑结构、传输介质的种类与特性、介质访问控制方式、信号传输方式、网络与系统管理等，都是影响控制网络性能的重要因素。为适应完成自控任务的需要，人们在开发控制网络技术时，注意力往往集中在满足控制的实时性要求、工业环境下的抗干扰、总线供电等现场控制网络的特定需求上。

2.2.3　现场控制网络的实时性

计算机网络普遍采用以太网技术，采用带冲突检测的载波监听多路访问的媒体访问控制方式。一条总线上挂接多个节点，采用平等竞争的方式争用总线。节点要求发送数据时，先监听总线是否空闲，如果空闲就发送数据；如果总线忙就只能以某种方式继续监听，等总线空闲后再发送数据。即使如此也还会有几个节点同时发送而发生冲突的可能性，因而称之为非确定性（Nondeterministic）网络。计算机网络传输的文件、数据在时间上没有严格的要求，一次连接失败之后还可继续要求连接。因此，这种非确定性不至于造成后果。

可以说，现场控制网络不同于普通数据网络的最大特点在于，它必须满足对现场控制的实时性要求。实时控制往往要求对某些变量的数据准确定时刷新。这种对动作时间有实时要求的系统称为实时系统。

实时系统的运行不仅要求系统动作在逻辑上的正确性，同时要求满足时限性。实时系统又可分为硬实时和软实时两类。硬实时系统要求实时任务必须在规定的时限完成，否则会产生严重的后果；而软实时系统中的实时任务在超过了截止期后的一定时限内，系统仍可以执行处理。

由现场控制网络组成的实时系统一般为分布式实时系统。其实时任务通常是在不同节点上周期性执行的，任务的实时调度要求通信网络系统具有确定性（Deterministic）。例如一个现场控制网络由几个网络节点的 PLC 构成，每个 PLC 连接着各自下属的电气开关或阀门，由这些 PLC 共同控制管理着一个生产装置的不同部件的动作时序与时限。而且它们的动作通常需要严格互锁。对这个分布式实时系统来说，它应该满足实时性的要求。

现场控制网络中传输的信息内容通常有生产装置运行参数的测量值、控制量、开关阀门的工作位置、报警状态、系统配置组态、参数修改、零点量程调校、设备资源与维护信息等。其中，一部分参数的传输有实时性的要求，例如控制信息；一部分参数要求周期性刷新，例如参数的测量值与开关状态。而像系统组态、参数修改、趋势报告、调校信息等则对时间没有严格要求。要根据各自的情况分别采取措施，从而让现有的网络资源能充分发挥作用，满足各方面的应用需求。

2.3　网络硬件

2.3.1　网络传输技术

1．广播式网络

广播式网络（Broadcast Network）仅有一条通信信道，由网络上的所有机器共享。短的消息，即按某种语法组织的分组或包（Packet），可以被任何机器发送并被其他所有的机器接收。分组的地址字段指明此分组应被哪台机器接收。一旦收到分组，各机器将检查它的地址字段。如果是发送给它的，则处理该分组，否则将它丢弃。

广播系统通常也允许在地址字段中使用一段特殊代码，以便将分组发送到所有目标。使用此代码的分组发出以后，网络上的每一台机器都会接收和处理它。这种操作被称作广播（Broadcasting）。某些广播系统还支持向机器的一个子集发送的功能，即多点播送（Multicasting）。一种常见的方案是保留地址字段的某一位来指示多点播送。而剩下的 $n-1$ 位地址字段存放组号。每台机器可以注册到任意组或所有的组。当某一分组被发送给某个组时，它被发送到所有注册到该组的机器。

2．点到点网络

点到点网络（Point-to-Point Network）由一对对机器之间的多条连接构成。为了能从源头到达目的地，这种网络上的分组可能必须通过一台或多台中间机器。通常是多条路径，并且可能长度不一样，因此在点到点网络中路由算法十分重要。一般来讲（当然也有例外），小的、地理上处于本地的网络采用广播方式，而大的网络则采用点到点方式。

另一个网络分类的标准是它的连接距离。图 2-16 列出了按连接距离分类的多处理器系统。最上面的是数据流机器（Data Flow Machine），它是高度并行的计算机，具有多个处理单元为同一程序服务。接下来是多计算机（Multicomputers），即在非常短、速度很快的总线上发送消息进行通信的机器。多计算机之后，就是在很长的电缆上进行通信而实现交换消息的网络。它又可分为局域网、城域网和广域网。最后，两个或更多网络的连接被称为互联网。世界范围的因特网就是互联网的著名例子。距离是重要的分类尺度，因为在不同的连接距离下所使用的技术是不一样的。下面将简要介绍网络硬件。

处理器间的距离	多个处理器的位置	例子
0.1m	同一电路板	数据流机器
1m	同一系统	多计算机
10m	同一房间	局域网
100m	同一建筑物	
1km	同一园区	
10km	同一城市	城域网
100km	同一国家	广域网
1000km	同一洲内	
10000km	同一行星上	互联网

图 2-16　按连接距离分类的多处理器系统

2.3.2　局域网

局域网（Local Area Network，LAN）是处于同一建筑、同一大学或方圆几公里远地域内的专用网络。局域网常被用于连接公司办公室或工厂里的个人计算机和工作站，以便共享资源（如打印机）和交换信息。LAN 有和其他网络不同的三个特征：范围、传输技术和拓扑结构。

LAN 的覆盖范围比较小，这意味着即使是在最坏情况下其传输时间也是有限的，并且可以预先知道传输时间。知道了传输的最大时间，就可以使用某些设计方法，而在其他情况下是不能这样做的。这同样也简化了网络的管理。

LAN 通常使用这样一种传输技术，即用一条电缆连接所有的机器。这有点像电话公司曾经在乡村使用的公用线。传统的 LAN 速度为 10～100Mbit/s，传输延迟低（几十个毫秒），并且出错率低。新的 LAN 运行速度更快，可达到每秒数百兆位。

广播式 LAN 可以有多种拓扑结构，图 2-17 给出了其中的两种。在总线型（如线性电缆）网络中，任一时刻只有一台机器是主站并可进行发送。而其他机器则不能发送。当两台或更多机器都想发送信息时，需要一种仲裁机制来解决冲突。该机制可以是集中式的，也可是分布式的。IEEE 802.3，即通常所说的以太网（Ethernet），就是一种基于总线的广播式网络，它使用分布式控制，速度为 10Mbit/s 或 100Mbit/s。以太网上的计算机在任意时刻都可以发送信息，如果两个或更多的分组发生冲突，计算机就等待一段时间，然后再次试图发送。

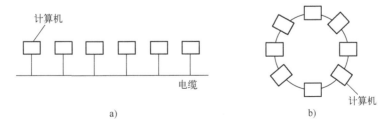

图 2-17　两种广播式网络

a) 总线型　b) 环形

第二种广播式系统是环网。在环中，每个比特独自在网内传播而不必等待它所在分组里的其他比特。典型地，每个比特环绕一周的时间仅相当于发出几个比特的时间，常常还来不及发送整个分组。和其他所有广播系统一样，也需要某种机制来仲裁对环网的同时访问。

根据信道的分配方式，广播式网络还可以进一步划分为静态和动态两类。典型的静态分配方法是把时间分为离散的区间，采用循环算法，每台机器只能在自己的时段到来时才能进行广播。在不需要发送时，静态分配算法就会浪费信道的容量。因此，有些系统试图动态分配信道。

公共信道的动态分配算法既可以是集中式的也可以是分散式的。在集中式信道分配算法中存在一个独立的实体，例如总线仲裁单元，由它决定下一个发送者是谁。仲裁单元可根据某种内部算法接受申请和做出决定。在分散式信道分配算法中，没有这样的中央实体，每台机器必须自己决定是否发送。

还有使用点到点电缆组建的 LAN。每一条电缆连接某两台特定的机器。这种 LAN 实际上是微缩的广域网。

2.3.3 城域网

城域网（Metropolitan Area Network，MAN）基本上是一种大型的 LAN，通常使用与 LAN 相似的技术。它可能覆盖一组邻近的公司办公室和一个城市，既可能是私有的也可能是公用的。MAN 可以支持数据和声音，并且可能涉及当地的有线电视网。MAN 仅使用一条或两条电缆，并且不包含交换单元，即把分组分流到几条可能的引出电缆的设备。这样做可以简化设计。

2.3.4 广域网

广域网（Wide Area Network，WAN）是一种跨越大的地域的网络，通常包含一个国家或州。它包含想要运行用户（即应用）程序的机器的集合。

2.3.5 无线网

移动计算机，例如笔记本电脑和个人数字助理（Personal Digital Assistant，PDA），是计算机工业增长最快的一部分。许多拥有这种计算机的人在他们的办公室里都有连接到 LAN 上的桌面计算机，并且希望当他们不在办公室或在路途中时，仍然能连接到自己的大本营。显然在汽车或飞机中不可能使用有线连接，这时，无线网络可满足用户的需要。

实际上，数据无线通信并不是什么新的思想。早在 1901 年，意大利物理学家 Guglielmo Marconi 就演示了使用 Morse（莫尔斯）电码从轮船上向海岸发送无线电报（莫尔斯电码用点和划表示字母，实际上它也是二进制）。现代数字无线系统的性能更好，但是基本思路是一样的。

无线网络有很多用处。较常见的一种是移动式办公室。旅途中的人通常希望使用他们的便携式电子设备来发送和接收电话、传真和电子邮件，阅读远程文件，登录到远程计算机上等，并且不论是在陆地、海上和天空中都可以工作。

无线网络对于卡车、出租车、公共汽车和维修人员与基地保持联系极其有用。

2.3.6 互联网

世界上有许多网络，而且常常使用不同的硬件和软件。在一个网络上的用户经常需要和另一个网络上的用户通信。这就需要连接不同的，而且往往是不兼容的网络。有时候使用被称作网关（Gateway）的机器来完成连接，并提供硬件和软件的转换。互联的网络集合就称为互联网（Internetwork 或 Internet）。

常见的互联网是通过 WAN 连接起来的 LAN 集合。

2.4　网络互联

2.4.1　基本概念

网络互联是将分布在不同地理位置的网络、网络设备连接起来，构成更大规模的网络系统，以实现网络的数据资源共享。相互连接的网络可以是同种类型的网络，也可以是运行不同网络协议的异型系统。网络互联是计算机网络和通信技术迅速发展的结果，也是网络系统应用范围不断扩大的自然要求。网络互联要求不改变原有子网内的网络协议、通信速率、硬件和软件配置等，通过网络互联技术使原先不能相互通信和共享资源的网络间有条件实现相互通信和信息共享。此外还要求将因连接对原有网络的影响减至最小。

在相互连接的网络中，每个子网成为网络的一个组成部分，每个子网的网络资源都应该成为整个网络的共享资源，可以为网上任何一个节点所享用。同时，又应该屏蔽各子网在网络协议、服务类型、网络管理等方面的差异。网络互联技术能实现更大规模、更大范围的网络连接，使网络、网络设备、网络资源、网络服务成为一个整体。

2.4.2　网络互联规范

网络互联必须遵循一定的规范，随着计算机和计算机网络的发展，以及应用对局域网络互联的需求，IEEE 于 1980 年 2 月成立了局域网标准委员会（IEEE 802 委员会），建立了 802 课题，制定了开放式系统互联（OSI）模型的物理层、数据链路层的局域网标准。已经发布了 IEEE 802.1～IEEE 802.11 标准，其主要文件所涉及的内容如图 2-18 所示。其中 IEEE 802.1～IEEE 802.6 已经成为国际标准化组织（ISO）的国际标准 ISO 8802-1～ISO 8802-6。

图 2-18　IEEE 802 标准的内容

2.4.3　网络互联操作系统

局域网操作系统是实现计算机与网络连接的重要软件。局域网操作系统通过网卡驱动程序与网卡通信实现介质访问控制和物理层协议。对不同传输介质、不同拓扑结构、不同介质访问控制协议的异型网，要求计算机操作系统能很好地解决异型网络互联的问题。Netware、Windows NT Server、LAN Manager 都是局域网操作系统的范例。

LAN Manager 局域网操作系统是微软公司推出的，是一种开放式局域网操作系统，采用网络驱动接口规范（NDIS），支持 EtherNet，Token-ring，ARCnet 等不同协议的网卡、多种拓扑结构和传输介质。它是基于 Client/Server 结构的服务器操作系统，具有优越的局域网操作系统性能。它可提供丰富的实现进程间通信的工具，支持用户机的图形用户接口。它采用以域为管理实体的管理方式，对服务器、用户机、应用程序、网络资源与安全等实行集中式网络管理。通过加密口令控制用户访问，进行身份鉴定，保障网络的安全性。

2.4.4 现场控制网络互联

现场控制网络通过网络互联实现不同网段之间的网络连接与数据交换，包括在不同传输介质、不同速率、不同通信协议的网络之间实现互联。

现场控制网络的相关规范对一条总线段上容许挂接的自控设备节点数有严格的限制。一般同种总线的网段采用中继器或网桥实现连接与扩展。例如 CAN、PROFIBUS 等都拥有高速和低速网段。其高速网段与低速网段之间采用网桥连接。

不同类型的现场总线网段之间采用网关，在当前多种现场总线标准共存、难以统一的情况下，应采用专用接口方式，即一对一的总线互联"网关"，实现不同类型现场总线网段的互联。基金会现场总线 FF 的低速网络称为 H1，传输速度为 31.25kbit/s，采用主从令牌式调度方式，FF 的高速网络称为 HSE（High Speed Ethernet），传输速度可达 100Mbit/s。H1 可借助中继器延长其网段长度，而 H1 与 HSE 之间可采用网关互联，使网桥一侧的 H1 网段与网桥另一侧的 HSE 网段交换信息。通过控制器母板连接多种总线标准的接口是实现不同类型的现场总线网段集成的又一形式，可由控制器进行协调调度，以实现多种现场总线的数据集成。

采用中继器、网桥、网关、路由器等将不同网段、子网连接成企业应用系统。

2.5 网络互联设备

网络互联从通信参考模型的角度可分为几个层次：在物理层使用中继器（Repeater），通过复制位信号延伸网段长度；在数据链路层使用网桥（Bridge），在局域网之间存储或转发数据帧；在网络层使用路由器（Router）在不同网络间存储转发分组信号；在传输层及传输层以上，使用网关进行协议转换，提供更高层次的接口。因此中继器、网桥、路由器和网关是不同层次的网络互联设备。

2.5.1 中继器

中继器又称重发器。由于网络节点间存在一定的传输距离，网络中携带信息的信号在通过一个固定长度的距离后，会因衰减或噪声干扰而影响数据的完整性，影响接收节点正确的接收和辨认，因而经常需要运用中继器。中继器接收一个线路中的报文信号，将其进行整形放大、重新复制，并将新生成的复制信号转发至下一网段或转发到其他介质段。这个新生成的信号将具有良好的波形。

中继器一般用于方波信号的传输。有电信号中继器和光信号中继器。它们对所通过的数据不做处理，主要作用在于延长电缆和光缆的传输距离。

每种网络都规定了一个网段所容许的最大长度。安装在线路上的中继器要在信号变得太弱或损坏之前将接收到的信号还原，重新生成原来的信号，并将更新过的信号放回到线路上，使信号在更靠近目的地的地方开始二次传输，以延长信号的传输距离。安装中继器可使节点间的传输距离加长。中继器两端的数据速率、协议（数据链路层）和地址空间相同。

中继器仅在网络的物理层起作用，它不以任何方式改变网络的功能。

中继器不同于放大器，放大器从输入端读入旧信号，然后输出一个形状相同、放大的新信号。放大器的特点是实时实形地放大信号，它包括输入信号的所有失真，而且把失真也放大了。也就是说，放大器不能分辨需要的信号和噪声，它将输入的所有信号都进行放大。而中继器则不同，它并不是放大信号，而是重新生成它。当接收到一个微弱或损坏的信号时，它将按照信号的原始长度一位一位地复制信号。因而中继器是一个再生器，而不是一个放大器。

中继器放置在传输线路上的位置是很重要的。一般来说，小的噪声可以改变信号电压的准确值，但是不会影响对某一位是 0 还是 1 的辨认。如果让衰减了的信号传输得更远，则积累的噪声将会影响到对某位的 0 和 1 的辨认，从而有可能完全改变信号的含义。这时原来的信号将出现无法纠正的差错。因而在传输线路上，中继器应放置在信号失去可读性之前。即在仍然可以辨认出信号原有含义的地方放置中继器，利用它重新生成原来的信号，恢复信号的本来面目。

中继器使得网络可以跨越一个较大的距离。在中继器的两端，其数据速率、协议（数据链路层）和地址空间都相同。

2.5.2 网桥

网桥是存储转发设备，用来连接同一类型的局域网。网桥将数据帧送到数据链路层进行差错校验，再送到物理层，通过物理传输介质送到另一个子网或网段。它具有寻址与路径选择的功能，在接收到帧之后，要决定正确的路径将帧送到相应的目的站点。

网桥能够互联两个采用不同数据链路层协议、不同传输速率、不同传输介质的网络。它要求两个互联网络在数据链路层以上采用相同或兼容的协议。

网桥同时作用在物理层和数据链路层。它们用于网段之间的连接，也可以在两个相同类型的网段之间进行帧中继。网桥可以访问所有连接节点的物理地址。有选择性地过滤通过它的报文。当在一个网段中生成的报文要传到另外一个网段中时，网桥开始苏醒，转发信号；而当一个报文在本身的网段中传输时，网桥处于睡眠状态。

当一个帧到达网桥时，网桥不仅重新生成信号，而且检查目的地址，将新生成的原信号复制件仅仅发送到这个地址所属的网段。每当网桥收到一个帧时，它读出帧中所包含的地址，同时将这个地址同包含所有节点的地址表相比较。当发现一个匹配的地址时，网桥将查找出这个节点属于哪个网段，然后将这个包传送到那个网段。

网桥在两个或两个以上的网段之间存储或转发数据帧，它所连接的不同网段之间在介质、电气接口和数据速率上可以存在差异。网桥两端的协议和地址空间保持一致。

网桥比中继器多了一点智能。中继器不处理报文，它没有理解报文中任何东西的智能，它们只是简单地复制报文。而网桥有一些小小的智能，它可以知道两个相邻网段的地址。

网桥与中继器的区别在于：网桥具有使不同网段之间的通信相互隔离的逻辑，或者说网桥是一种聪明的中继器。它只对包含预期接收者网段的信号包进行中继。这样，网桥起到了过滤信号包的作用，利用它可以控制网络拥塞，同时隔离出现了问题的链路。但网桥在任何情况下都不修改包的结构或包的内容，因此只可以将网桥应用在使用相同协议的网段之间。

为了在网段之间进行传输选择，网桥需要一个包含与它连接的所有节点地址的查找表，这个表指出各个节点属于哪个段。这个表是如何生成的以及有多少个段连接到一个网桥上决定了网桥的类型和费用。

2.5.3 网关

网关又被称为网间协议变换器，用以实现不同通信协议的网络之间、使用不同网络操作系统的网络之间的互联。由于它在技术上与它所连接的两个网络的具体协议有关，因而用于不同网络间转换连接的网关是不相同的。

一个普通的网关可用于连接两个不同的总线或网络。由网关进行协议转换，提供更高层次的接口。网关允许在具有不同协议和报文组的两个网络之间传输数据。在报文从一个网段到另一个网段的传送中，网关提供了一种把报文重新封装形成新的报文组的方式。

网关需要完成报文的接收、翻译与发送。它使用两个微处理器和两套各自独立的芯片组。每个微处理器都知道自己本地的总线语言，在两个微处理器之间设置一个基本的翻译器。I/O 数据通过微处理器，在网段之间来回传递数据。在工业数据通信中网关最显著的应用就是把一个现场设备的信号送往另一类不同协议或更高一层的网络。例如把 ASI 网段的数据通过网关送往 PROFIBUS-DP 网段。

2.5.4　路由器

路由器工作在物理层、数据链路层和网络层。它比中继器和网桥更加复杂。在路由器所包含的地址之间，可能存在若干路径，路由器可以为某次特定的传输选择一条最好的路径。

报文传送的目的地网络和目的地址一般存在于报文的某个位置。当报文进入时，路由器读取报文中的目的地址，然后把这个报文转发到对应的网段中。它会取消没有目的地的报文传输，对存在多个子网络或网段的网络系统，路由器是很重要的部分。

路由器可以在多个互联设备之间中继数据包。它们对来自某个网络的数据包确定路线，发送到互联网络中任何可能的目的网络中。

路由器如同网络中的一个节点那样工作。但是大多数节点仅仅是一个网络的成员。而路由器同时连接到两个或更多的网络中，并同时拥有它们所有的地址。路由器从所连接的节点上接收包，同时将它们传送到第二个连接的网络中。当一个接收包的目标节点位于这个路由器所不连接的网络中时，路由器有能力决定哪一个连接网络是这个包最好的下一个中继点。一旦路由器识别出一个包所走的最佳路径，它将通过合适的网络把数据包传递给下一个路由器。下一个路由器再检查目标地址，找出它所认为的最佳路由，然后将该数据包送往目的地址，或送往所选路径上的下一个路由器。

路由器是在具有独立地址空间、数据速率和介质的网段间存储转发信号的设备。路由器连接的所有网段，其协议是保持一致的。

2.6　通信参考模型

2.6.1　OSI 参考模型

为了实现不同厂家生产的设备之间的互联操作与数据交换，国际标准化组织 ISO/TC97 于 1978 年建立了"开放系统互联"分技术委员会，起草了开放系统互联（Open System Interconnection，OSI）参考模型的建议草案，并于 1983 年成为正式的国际标准 ISO 7498，1986 年又对该标准进行了进一步的完善和补充，形成了为实现开放系统互联所建立的分层模型，简称 OSI 参考模型。这是为异种计算机互联提供的一个共同基础和标准框架，并为保持相关标准的一致性和兼容性提供了共同的参考。"开放"并不是指对特定系统实现具体的互联技术或手段，而是对标准的认同。一个系统是开放系统，是指它可以与世界上任一遵守相同标准的其他系统互联通信。

OSI 参考模型是在博采众长的基础上形成的系统互联技术。它促进了数据通信与计算机网络的发展。OSI 参考模型提供了概念性和功能性结构，将开放系统的通信功能划分为 7 个层次。各层的协议细节由各层独立进行。这样一旦引入新技术或提出新的业务要求，就可以把因功能扩充、变更所带来的影响限制在直接有关的层内，而不必改动全部协议。OSI 参考模型分层的原则是将相似的功能集中在同一层内，功能差别较大时分层处理，每层只对相邻的上下层定义接口。

OSI 参考模型把开放系统的通信功能划分为 7 个层次。从连接物理介质的层次开始，分别赋予 1，2，…，7 层的顺序编号，相应地称之为物理层、数据链路层、网络层、传输层、会话层、表示层和应用层。OSI 参考模型如图 2-19 所示。

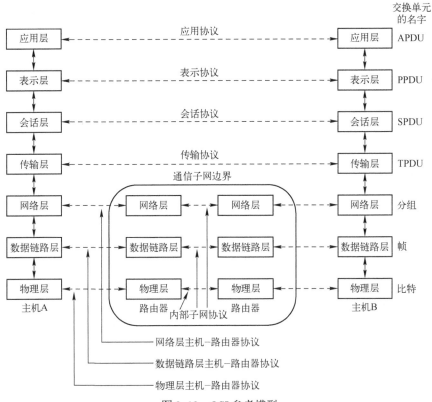

图 2-19　OSI 参考模型

OSI 模型有 7 层，其分层原则如下。

1）根据不同层次的抽象分层。

2）每层应当实现一个定义明确的功能。

3）每层功能的选择应该有助于制定网络协议的国际标准。

4）各层边界的选择应尽量减少跨过接口的通信量。

5）层次应足够多，以避免不同的功能混杂在同一层中，但也不能太多，否则体系结构会过于庞大。

下面将从最下层开始，依次讨论 OSI 参考模型的各层。请注意 OSI 模型本身不是网络体系结构的全部内容，这是因为它并未确切地描述用于各层的协议和服务，它仅仅告诉我们每一层应该做什么。不过，ISO 已经为各层制定了标准，但它们并不是参考模型的一部分，它们是作为独立的国际标准公布的。

1. 物理层

物理层（Physical Layer）涉及通信在信道上传输的原始比特流。设计上必须保证一方发出二进制"1"时，另一方收到的也是"1"而不是"0"。这里的典型问题是用多少伏特电压表示"1"，多少伏特电压表示"0"；一个比特持续多少微秒；传输是否在两个方向上同时进行；最初的连接如何建立和完成通信后连接如何终止；网络接插件有多少针以及各针的用途。这里的设计主要是处理机械的、电气的和过程的接口，以及物理层下的物理传输介质等问题。

2. 数据链路层

数据链路层（Data Link Layer）的主要任务是加强物理层传输原始比特的功能，使之对网络层显现为一条无错线路。发送方把输入数据分装在数据帧（Data Frame）里（典型的帧为几百字节或几千字节），按顺序传送各帧，并处理接收方回送的确认帧（Acknowledgement Frame）。因为物理层仅仅接收和传送比特流，并不关心它的意义和结构，所以只能依赖各链路层来产生和识别帧边界。可以通过在帧的前面和后面附加上特殊的二进制编码模式来达到这一目的。如果这些二进制编码偶然在数据中出现，则必须采取特殊措施以避免混淆。

传输线路上突发的噪声干扰可能把帧完全破坏掉。在这种情况下，发送方机器上的数据链路软件必须重传该帧。然而，相同帧的多次重传也可能使接收方收到重复帧，比如接收方给发送方的确认丢失以后，就可能收到重复帧。数据链路层要解决由于帧的破坏、丢失和重复所出现的问题。数据链路层可能向网络层提供几类不同的服务，每一类都有不同的服务质量和价格。

数据链路层要解决的另一个问题（在大多数层上也存在）是防止高速的发送方的数据把低速的接收方"淹没"。因此需要有某种流量调节机制，使发送方知道当前接收方还有多少缓存空间。通常流量调节和出错处理同时完成。

如果线路能用于双向传输数据，数据链路软件还必须解决新的麻烦，即从 A 到 B 数据帧的确认帧将同从 B 到 A 的数据帧竞争线路的使用权。借道（Piggybacking）就是一种巧妙的方法，之后再对其进行讨论。

广播式网络在数据链路层还要处理新的问题，即如何控制对共享信道的访问。数据链路层的一个特殊的子层——介质访问子层，就是专门处理这个问题的。

3. 网络层

网络层（Network Layer）关系到子网的运行控制，其中一个关键问题是确定分组从源端到目的端如何选择路由。路由既可以选用网络中固定的静态路由表，几乎保持不变，也可以在每一次会话开始时决定（如通过终端对话决定），还可以根据当前网络的负载状况，高度灵活地为每一个分组决定路由。

如果在子网中同时出现过多的分组，它们将相互阻塞通路，形成瓶颈。此类拥塞控制也属于网络层的范围。

因为拥有子网的人总是希望他们提供的子网服务能得到报酬，所以网络层常常设有记账功能。软件必须对每一个顾客究竟发送了多少分组、多少字符或多少比特进行记数，以便于生成账单。当分组跨越国界时，由于双方税率可能不同，记账则更加复杂。

当分组不得不跨越一个网络以到达目的地时，新的问题又会产生。第二个网络的寻址方法可能和第一个网络完全不同；第二个网络可能由于分组太长而无法接收；两个网络使用的协议也可能不同等。网络层必须解决这些问题，以便异种网络能够互联。

在广播网络中，选择路由问题很简单。因此网络层很弱，甚至不存在。

4. 传输层

传输层（Transport Layer）的基本功能是从会话层接收数据，并且在必要时把它分成较小的单元，传递给网络层，并确保到达对方的各段信息正确无误，而且，这些任务都必须高效率地完成。从某种意义上讲，传输层使会话层不受硬件技术变化的影响。

通常，会话层每请求建立一个传输连接，传输层就为其创建一个独立的网络连接。如果传输连接需要较高的信息吞吐量，传输层也可以为之创建多个网络连接，让数据在这些网络连接上分流，以提高吞吐量。另一方面，如果创建或维持一个网络连接不合算，传输层可以将几个传输连接复用到一个网络连接上，以降低费用。在任何情况下，都要求传输层能使多路复用对会话层透明。

传输层也要决定向会话层，以及最终向网络用户提供什么样的服务。最流行的传输连接是一条无错的、按发送顺序传输报文或字节的点到点的信道。但是，还有的传输服务不能保证传输次序的独立报文传输和多目标报文广播。采用哪种服务是在建立连接时确定的。

传输层是真正的从源到目标"端到端"的层。也就是说，源端机上的某程序，利用报文头和控制报文与目标机上的类似程序进行对话。在传输层以下的各层中，协议是每台机器与和它直接相邻的机器间的协议，而不是最终的源端机与目标机之间的协议，在它们中间可能还有多个路由器。图 2-19 说明了这种区别，1 层~3 层是链接起来的，4 层~7 层是端到端的。

很多主机有多道程序在运行，这意味着这些主机有多条连接进出，因此需要有某种方式来区别报文属于哪条连接。识别这些连接的信息可以放入传输层的报文头。

除了将几个报文流多路复用到一条通道上，传输层还必须解决跨网络连接的建立和拆除。这需要某种命名机制，使机器内的进程可以讲明它希望与谁对话。另外，还需要一种机制以调节通信量，使高速主机不会发生过快地向低速主机传输数据的现象。这样的机制称为流量控制（Flow Control），在传输层（同样在其他层）中扮演着关键角色。主机之间的流量控制和路由器之间的流量控制不同，尽管稍后我们将看到类似的原理对二者都适用。

5. 会话层

会话层（Session Layer）允许不同机器上的用户建立会话（Session）关系。会话层允许进行类似传输层的普通数据的传输，并提供了对某些应用有用的增强服务会话，也可被用于远程登录到分时系统或在两台机器间传递文件。

会话层服务之一是管理对话。会话层允许信息同时双向传输，或任一时刻只能单向传输。若属于后者，则类似于单线铁路，会话层将记录此时该轮到哪一方了。

一种与会话有关的服务是令牌管理（Token Management）。有些协议保证双方不能同时进行同样的操作，这一点很重要。为了管理这些活动，会话层提供了令牌。令牌可以在会话双方之间交换，只有持有令牌的一方可以执行某种关键操作。

另一种会话服务是同步（Synchronization）。如果网络平均每小时出现一次大故障，而两台计算机之间要进行长达两小时的文件传输时该怎么办呢？每一次传输中途失败后，都不得不重新传输这个文件。而当网络再次出现故障时，又可能半途而废了。为了解决这个问题，会话层提供了一种方法，即在数据流中插入检查点。每次网络崩溃后，仅需要重传最后一个检查点以后的数据。

6. 表示层

表示层（Presentation Layer）完成某些特定的功能，由于这些功能常被请求，因此人们希望找到通用的解决办法，而不是让每个用户来实现。值得一提的是，表示层以下的各层只关心可靠地传输比特流，而表示层关心的是所传输的信息的语法和语义。

表示层服务的一个典型例子是用一种大家一致同意的标准方法对数据编码。大多数用户程序之间并不是交换随机的比特流，而是诸如人名、日期、货币数量和发票之类的信息。这些对象是用字符串、整型、浮点数的形式，以及由几种简单类型组成的数据结构来表示的。不同的机器有不同的代码来表示字符串（如 ASCII 和 Unicode）、整型（如二进制反码和二进制补码）等。为了让采用不同表示法的计算机之间能进行通信，交换中使用的数据结构可以用抽象的方式来定义，并且使用标准的编码方式。表示层管理这些抽象数据结构，并且在计算机内部表示法和网络的标准表示法之间进行转换。

7. 应用层

应用层（Application Layer）包含大量人们普遍需要的协议。例如，世界上有成百种不兼容的终端型号。如果希望一个全屏幕编辑程序能工作在网络中许多不同的终端类型上，每个终端都有不同的屏幕格式、插入和删除文本的换码序列、光标移动等，其困难可想而知。

解决这一问题的方法之一是定义一个抽象的网络虚拟终端（Network Virtual Terminal），编辑程序和其他所有程序都面向该虚拟终端。而对每一种终端类型，都写一段软件程序来把网络虚拟终端映射到实际的终端。例如，当把虚拟终端的光标移到屏幕左上角时，该软件必须发出适当的命令使真正的终端的光标移动到同一位置。所有虚拟终端软件都位于应用层。

应用层的另一个功能是文件传输。不同的文件系统有不同的文件命名原则，文本行有不同的表示方式等。不同的系统之间传输文件所需处理的各种不兼容问题，也同样属于应用层的工作。此外还有电子邮件、远程作业输入、名录查询和其他各种通用和专用的功能。

2.6.2　TCP/IP 参考模型

现在从 OSI 参考模型转向计算机网络的祖父 ARPANET 和其后继的因特网使用的参考模型。后面将简要介绍 ARPANET 的历史，现在只介绍它的一些很有用的关键之处。ARPANET 是由美国国防部 DoD（U.S.Department of Defense）赞助的研究网络。逐渐地，它通过租用的电话线连接了数百所大学和政府部门。当卫星和无线网络出现以后，现有的协议在和它们互联时出现了问题，所以需要一种新的参考体系结构，因此能无缝隙地连接多个网络的能力是从一开始就确定的主要设计目标。这个体系结构在它的两个主要协议出现以后，被称为 TCP/IP 参考模型（TCP/IP Reference Model）。

由于美国国防部担心它们一些珍贵的主机、路由器和互联网关可能会突然崩溃，所以网络必须实现的另一个主要的目标是网络不受子网硬件损失的影响，已经建立的会话不会被取消。换句话说，美国国防部希望只要源端和目的端机器都在工作，连接就能保持住，即使某些中间机器或传输线路突然失去控制。而且，整个体系结构必须相当灵活，因为已经看到了各种各样从文件传输到实时声音传输的需求。

1. 互联网层

所有的这些需求导致了基于无连接互联网络层的分组交换网络。这一层被称作互联网层（Internet Layer），它是整个体系结构的关键部分。它的功能是使主机可以把分组发往任何网络并使分组独立地传向目标（可能经由不同的网络）。这些分组到达的顺序和发送的顺序可能不同，因此如果需要按顺序发送及接收时，高层必须对分组排序。必须注意到这里使用的"互联网"是基于一般意义的，虽然因特网中确实存在互联网层。

这里不妨把它和（缓慢的）邮政系统做个对比。某个国家的一个人把一些国际邮件投入邮箱，一般情况下，这些邮件大都会被投递到正确的地址。这些邮件可能会经过几个国际邮件通道，但这对用户是透明的。而且，每个国家（每个网络）都有自己的邮戳，要求的信封大小也不同，而用户是不知道投递规则的。

互联网层定义了正式的分组格式和协议，即 IP（Internet Protocol）。互联网层的功能就是把 IP 分组发送到应该去的地方。分组路由和避免阻塞是这里主要的设计问题。由于这些原因，可以说 TCP/IP 互联网层和 OSI 网络层在功能上非常相似。图 2-20 显示了它们的对应关系。

图 2-20　TCP/IP 参考模型

2. 传输层

在 TCP/IP 模型中，位于互联网层之上的那一层，现在通常被称为传输层（Transport Layer）。它的功能是使源端和目标端主机上的对等实体可以进行会话，和 OSI 的传输层一样。这里定义了两个端到端的协议。第一个是传输控制协议（Transmission Control Protocol，TCP）。它是一个面向连接的协议，允许从一台机器发出的字节流无差错地发往互联网上的其他机器。它把输入的字节流分成报文段并传给互联网层。在接收端，TCP 接收进程把收到的报文再组装成输出流。TCP 还要处理流量控制，以避免快速发送方向低速接收方发送过多报文而使接收方无法处理。

第二个协议是用户数据报协议（User Datagram Protocol，UDP）。它是一个不可靠的、无连接协议，用于对通信可靠性要求不太高的场合，如音视频信息。它也被广泛地应用于只有一次的、客户-服务器模式的请求-应答查询，以及快速递交比准确递交更重要的应用程序，如传输语音或影像。IP、TCP 和 UDP 的关系如图 2-21 所示。自从这个模型出现以来，IP 已经在很多其他网络上实现了。

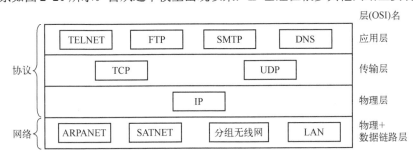

图 2-21 TCP/IP 模型中的协议与网络

3. 应用层

TCP/IP 模型没有会话层和表示层。由于没有需要，所以把它们排除在外。来自 OSI 模型的经验已经证明，它们对大多数应用程序都没有用处。

传输层的上面是应用层。它包含所有的高层协议。最早引入的是虚拟终端协议（TELNET）、文件传输协议（FTP）和电子邮件协议（SMTP），如图 2-19 所示。虚拟终端协议允许一台机器上的用户登录到远程机器上并且进行工作。文件传输协议提供了有效地把数据从一台机器移动到另一台机器的方法。电子邮件协议最初仅是一种文件传输，但是后来为它提出了专门的协议。这些年来又增加了不少的协议，例如域名系统服务 DNS（Domain Name Service）用于把主机名映射到网络地址；NNTP 协议，用于传递新闻文章；还有 HTTP 协议，用于在万维网（WWW）上获取主页等。

4. 主机至网络层

互联网层的下面什么都没有，TCP/IP 参考模型没有真正描述这一部分，只是指出主机必须使用某种协议与网络连接，以便能在其上传递 IP 分组。这个协议未被定义，并且随主机和网络的不同而不同。

2.6.3 OSI 参考模型和 TCP/IP 参考模型的比较

OSI 参考模型和 TCP/IP 参考模型有很多相似之处。它们都是基于独立的协议栈的概念。而且，层的功能也大体相似。例如，在两个模型中，传输层及传输层以上的层都为希望通信的进程提供端到端的、与网络无关的传输服务。这些层形成了传输提供者。同样，在两个模型中，传输层以上的层都是传输服务的由应用主导的用户。

OSI 模型有三个主要概念：服务、接口、协议。

可能 OSI 模型的最大贡献就是使这三个概念之间的区别明确化了。每一层都为它上面的层提供一些服务。服务定义该层做些什么，而不管上面的层如何访问它或该层如何工作。

某一层的接口告诉上面的进程如何访问它。它定义需要什么参数以及预期结果是什么样的。同样，它也和该层如何工作无关。

最后，某一层中使用的对等协议是该层的内部事务。它可以使用任何协议，只要能完成工作（如提供承诺的服务）。也可以改变使用的协议而不会影响到它上面的层。

这些思想和现代的面向对象的编程技术非常吻合。一个对象（像一个层一样）有一组方法（操作），该对象外部的进程可以使用它们。这些方法的语义定义该对象提供的服务。方法的参数和结果就是对象的接口。对象内部的代码即是它的协议，在该对象外部是不可见的。

TCP/IP 参考模型最初没有明确区分服务、接口和协议，虽然后来人们试图改进它以便接近于 OSI。例如，互联网层提供的真正服务只是发送 IP 分组和接收 IP 分组。

因此，OSI 模型中的协议比 TCP/IP 参考模型的协议具有更好的隐藏性，在技术发生变化时能相对比较容易地替换掉。最初把协议分层的主要目的之一就是能做这样的替换。

OSI 参考模型产生在协议发表之前。这意味着该模型没有偏向于任何特定的协议，因此非常通用。但不利的方面是设计者在协议方面没有太多的经验，因此不知道该把哪些功能放到哪一层最好。

例如，数据链路层最初只处理点到点的网络。当广播式网络出现以后，就不得不在该模型中再加上一个子层。当人们开始用 OSI 模型和现存的协议组建真正的网络时，才发现它们不符合要求的服务规范，因此不得不在模型上增加子层以弥补不足。最后，委员会本来期望每个国家有一个网络，由政府运行并使用 OSI 的协议，因此没有人考虑互联网。总而言之，事情并不像预计的那样顺利。

而 TCP/IP 却正好相反。首先出现的是协议，模型实际上是对已有协议的描述。因此，不会出现协议不能匹配模型的情况，它们配合得相当好。唯一的问题是该模型不适合于任何其他协议栈。因此，它对于描述其他非 TCP/IP 网络并不特别有用。

现在我们从一般问题转向更具体一些，两个模型间明显的差别是层的数量：OSI 模型有 7 层，而 TCP/IP 模型只有 4 层。它们都有（互联）网络层、传输层和应用层，但其他层并不相同。

另一个差别是面向连接的和无连接的通信。OSI 模型在网络层支持无连接和面向连接的通信，但在传输层仅有面向连接的通信，这是它所依赖的（因为传输服务对用户是可见的）。然而 TCP/IP 模型在网络层仅有一种通信模式，但在传输层支持两种模式，给了用户选择的机会。这种选择对简单的请求-应答协议是十分重要的。

2.6.4　现场总线的通信模型

具有 7 层结构的 OSI 参考模型可支持的通信功能是相当强大的。作为一个通用参考模型，需要解决各方面可能遇到的问题，需要具备丰富的功能。作为工业数据通信的底层控制网络，要构成开放互联系统，应该如何制定和选择通信模型，7 层 OSI 参考模型是否适应工业现场的通信环境，简化型是否更适合于控制网络的应用需要，这是应该考虑的重要问题。

在工业生产现场存在大量的传感器、控制器、执行器等，它们通常相当零散地分布在一个较大范围内。对由它们组成的控制网络，其单个节点面向控制的信息量不大，信息传输的任务相对也比较简单，但对实时性、快速性的要求较高。如果按照 7 层模式的参考模型，由于层间操作与转换的复杂性，网络接口的造价与时间开销显得过高。为满足实时性要求，也为了实现工业网络的低成本，现场总线采用的通信模型大都在 OSI 模型的基础上进行了不同程度的简化。

几种典型现场总线的通信参考模型与 OSI 模型的对照如图 2-22 所示。可以看到，它们与 OSI 模型不完全保持一致，在 OSI 模型的基础上分别进行了不同程度的简化，不过控制网络的通信参考模型仍然以 OSI 模型为基础。图 2-22 中的这几种控制网络还在 OSI 模型的基础上增加了用户层，用户层是根据行业的应用需要，再施加某些特殊规定后形成的标准。

OSI模型		H1	HSE	PROFIBUS	
应用层	7	用户层	用户层	应用过程	
		总线报文规范子层FMS 总线访问子层FAS	FMS/FDA	报文规范底层接口	CIP(控制与信息协议)
	6				
	5				
表示层	4		TCP/UDP		网络和传输层
会话层	3		IP		
传输层	2	H1数据链路层	数据链路层	数据链路层	数据链路层
网络层	1	H1物理层	以太网物理层	物理层(485)	物理层
数据链路层					
物理层					

图 2-22　OSI 模型与部分现场总线通信参考模型的对应关系

图 2-22 中的 H1 指 IEC 标准中的 61158。它采用了 OSI 模型中的 3 层，即物理层、数据链路层和应用层，隐去了第 3 层至第 6 层。应用层有两个子层：总线访问子层 FAS 和总线报文规范子层 FMS。此外，还将从数据链路到 FAS、FMS 的全部功能集成为通信栈。

在 OSI 模型基础上增加的用户层规定了标准的功能模块、对象字典和设备描述，供用户组成所需要的应用程序，并实现网络管理和系统管理。在网络管理中，设置了网络管理代理和网络管理信息库，提供组态管理、性能管理和差错管理的功能。在系统管理中，设置了系统管理内核、系统管理内核协议和系统管理信息库，实现设备管理、功能管理、时钟管理和安全管理等功能。

HSE 即高速以太网，是 H1 的高速网段，也属于 IEC 的标准子集之一。它从物理层到传输层的分层模型跟计算机网络中常用的以太网相同。应用层和用户层的设置跟 H1 基本相当。图中应用层的 FDA 指现场设备访问，是 HSE 的专有部分。

PROFIBUS 也是 IEC 的标准子集之一，也作为德国国家标准 DIN19245 和欧洲标准 EN50170。它采用了 OSI 模型的物理层、数据链路层。其 DP 型标准隐去了第 3 层至第 7 层，而 FMS 型标准则只隐去第 3 层至第 6 层，采用了应用层。此外，增加用户层作为应用过程的用户接口。

图 2-23 是 OSI 模型与另两种现场总线的通信参考模型的分层比较。其中 LonWorks 采用了 OSI 模型的全部 7 层通信协议，被誉为通用控制网络。图 2-23 中还表示了它各分层的作用。

OSI模型		LonWorks		CAN
	7	应用层	应用程序	
	6	表示层	数据解释	
应用层	5	会话层	请求或响应、确认	
表示层	4	传输层	端端传输	
会话层	3	网络层	报文传递导址	
传输层	2	数据链路层	介质访问与成帧	数据链路层
网络层	1	物理层	物理电气连接	物理层
数据链路层				
物理层				

图 2-23　OSI 模型与 LonWorks 和 CAN 的分层比较

图 2-23 中作为 ISO 11898 标准的 CAN 只采用了 OSI 模型的下面两层，即物理层和数据链路层。这是一种应用广泛、可以封装在集成电路芯片中的协议。要用它实际组成一个控制网络，还需要增添应用层或用户层以及其他约定。

2.7　习题

1. 什么是总线与总线段？
2. 什么是总线操作？
3. 什么是总线仲裁？
4. 画出单向数字通信系统的组成图。
5. 什么是码元？
6. 什么是数字数据编码？
7. 什么是差分码？
8. 什么是曼彻斯特编码？
9. 常用的网络拓扑结构有哪几种？
10. 什么是 CSMA/CD（载波监听多路访问/冲突检测）？
11. 现场控制网络的节点有哪些？
12. 网络互连设备主要有哪些？
13. 什么是 OSI 参考模型？它有几层？
14. 现场总线的通信模型有什么特点？

第3章　通用串行通信接口技术

IBM-PC 及其兼容机是目前应用较广泛的一种计算机，通常用它作为分布式测控系统的上位机，而单片微处理器和单片微控制器软硬件资源丰富、价格低，适合于作下位机。

上位机与下位机一般采用串行通信技术，常用的有 RS-232C 接口及 RS-422 和 RS-485 接口，并采用 Modbus-RTU 通信协议进行通信。

本章首先讲述了串行通信基础，然后讲述了 RS-232C 串行通信接口、RS-485 串行通信接口和 USB 接口，最后讲述了 Modbus 通信协议以及在 PMM2000 电力网络仪表中的应用。

3.1　串行通信基础

在串行通信中，参与通信的两台或多台设备通常共享一条物理通路。发送者依次逐位发送一串数据信号，按一定的约定规则为接收者所接收。由于串行端口通常只是规定了物理层的接口规范，所以为确保每次传送的数据报文能准确到达目的地，使每一个接收者能够接收到所有发向它的数据，必须在通信连接上采取相应的措施。

由于借助串行端口所连接的设备在功能、型号上往往互不相同，其中大多数设备除了等待接收数据之外还会有其他任务。例如，一个数据采集单元需要周期性地收集和存储数据；一个控制器需要负责控制计算或向其他设备发送报文；一台设备可能会在接收方正在进行其他任务时向它发送信息。必须有能应对多种不同工作状态的一系列规则来保证通信的有效性。这里所讲的保证串行通信有效性的方法包括：使用轮询或者中断来检测、接收信息；设置通信帧的起始、停止位；建立连接握手；实行对接收数据的确认、数据缓存以及错误检查等。

3.1.1　串行异步通信数据格式

无论是 RS-232 还是 RS-485，均可采用串行异步收发数据格式。

在串行端口的异步传输中，接收方一般事先并不知道数据会在什么时候到达。在它检测到数据并做出响应之前，第一个数据位就已经过去了。因此每次异步传输都应该在发送的数据之前设置至少一个起始位，以通知接收方有数据到达，给接收方一个准备接收数据、缓存数据和做出其他响应所需要的时间。而在传输过程结束时，则应由一个停止位通知接收方本次传输过程已终止，以便接收方正常终止本次通信而转入其他工作程序。

串行异步收发（UART）通信的数据格式如图 3-1 所示。

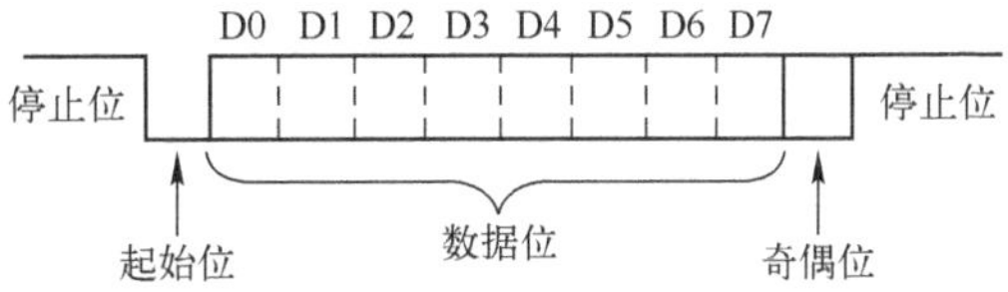

若通信线上无数据发送，该线路应处于逻辑 1 状态（高电平）。当计算机向外发送一个字符数据时，应

图 3-1　串行异步收发（UART）通信的数据格式

先送出起始位（逻辑 0，低电平），随后紧跟着数据位，这些数据构成要发送的字符信息。有效数据位的个数可以规定为 5、6、7 或 8。奇偶校验位视需要设定，紧跟其后的是停止位（逻辑 1，高电平），其位数可在 1、1.5、2 中选择其一。

3.1.2　连接握手

通信帧的起始位可以引起接收方的注意，但发送方并不知道，也不能确认接收方是否已经做好了接收数据的准备。利用连接握手可以使收发双方确认已经建立了连接关系，接收方已经做好准备，可以进入数据收发状态。

连接握手过程是指发送者在发送一个数据块之前使用一个特定的握手信号来引起接收者的注意，表明要发送数据，接收者则通过握手信号回应发送者，说明它已经做好了接收数据的准备。

连接握手可以通过软件，也可以通过硬件来实现。在软件连接握手中，发送者通过发送一个字节表明它想要发送数据。接收者看到这个字节时，也发送一个编码来声明自己可以接收数据，当发送者看到这个信息时，便知道它可以发送数据了。接收者还可以通过另一个编码来告诉发送者停止发送。

在普通的硬件握手方式中，接收者在准备好了接收数据时将相应的导线带入高电平，然后开始全神贯注地监视它的串行输入端口的允许发送端。这个允许发送端与接收者的已准备好接收数据的信号端相连，发送者在发送数据之前一直在等待这个信号的变化。一旦得到信号说明接收者已处于准备好接收数据的状态，便开始发送数据。接收者可以在任何时候将这根导线带入低电平，即便是在接收一个数据块的过程中间也可以把这根导线带入低电平。当发送者检测到这个低电平信号时，就应该停止发送。而在完成本次传输之前，发送者还会继续等待这根导线再次回到高电平，以继续被中止的数据传输。

3.1.3　确认

接收者为表明数据已经收到而向发送者回复信息的过程称为确认。有的传输过程可能会收到报文而不需要向相关节点回复确认信息。但是在许多情况下，需要通过确认告知发送者数据已经收到。有的发送者需要根据是否收到确认信息来采取相应的措施，因而确认对某些通信过程是必需的和有意义的。即便接收者没有其他信息要告诉发送者，也要为此单独发一个确认数据已经收到的信息。

确认报文可以是一个特别定义过的字节，例如一个标识接收者的数值。发送者收到确认报文就可以认为数据传输过程正常结束。如果发送者没有收到所希望回复的确认报文，它就认为通信出现了问题，然后将采取重发或者其他行动。

3.1.4　中断

中断是一个信号，它通知 CPU 有需要立即响应的任务。每个中断请求对应一个连接到中断源和中断控制器的信号。通过自动检测端口事件发现中断并转入中断处理。

许多串行端口采用硬件中断。在串口发生硬件中断，或者一个软件缓存的计数器到达一个触发值时，表明某个事件已经发生，需要执行相应的中断响应程序，并对该事件做出及时的反应。这种过程也称为事件驱动。

采用硬件中断就应该提供中断服务程序，以便在中断发生时让它执行所期望的操作。很多微控制器为满足这种应用需求而设置了硬件中断。在一个事件发生时，应用程序会自动对端口的变化做出响应，跳转到中断服务程序。例如发送数据、接收数据、握手信号变化、接收到错误报文等，都可能成为串行端口的不同工作状态，或称为通信中发生了不同事件，需要根据状态变化停止执行现行程序而转向与状态变化相适应的应用程序。

外部事件驱动可以在任何时间插入并且使得程序转向执行一个专门的应用程序。

3.1.5　轮询

通过周期性地获取特征或信号来读取数据或发现是否有事件发生的工作过程称为轮询。它需要足够频繁地轮询端口，以便不遗失任何数据或者事件。轮询的频率取决于对事件快速反应的需求以及缓存区的大小。

轮询通常用于计算机与 I/O 端口之间较短数据或字符组的传输。由于轮询端口不需要硬件中断，因此可以在一个没有分配中断的端口运行此类程序。很多轮询使用系统计时器来确定周期性读取端口的操作时间。

3.1.6　差错检验

数据通信中的接收者可以通过差错检验来判断所接收的数据是否正确。冗余数据校验、奇偶校验、校验和、循环冗余校验等都是串行通信中常用的差错检验方法。

1．冗余数据校验

发送冗余数据是实行差错检验的一种简单办法。发送者对每条报文都发送两次，由接收者根据这两次收到的数据是否一致来判断本次通信的有效性。当然，采用这种方法意味着每条报文都要花两倍的时间进行传输。在传送短报文时经常会用到它。许多红外线控制器就使用这种方法进行差错检验。

2．奇偶校验

串行通信中经常采用奇偶校验来进行错误检查。校验位可以按奇数位校验，也可以按偶数位校验。许多串口支持 5~8 个数据位再加上奇偶校验位的工作方式。按数据位加上校验位共有偶数个 0 的规则填写校验位的方式称为偶校验；而按数据位加上校验位共有奇数个 0 的规则填写校验位的方式称为奇校验。

接收方检验接收到的数据，如果接收到的数据违背了事先约定的奇偶校验的规则，不是所期望的数值，说明出现了传输错误，则向发送方发送出错通知。

3．校验和

另一种差错检验的方法是在通信数据中加入一个差错检验字节。对一条报文中的所有字节进行数学或者逻辑运算，计算出校验和。将校验和形成的差错检验字节作为该报文的组成部分。接收端对收到的数据重复这样的计算，如果得到了一个不同的结果，就判定通信过程发生了差错，说明它接收到的数据与发送数据不一致。

一个典型的计算校验和的方法是将这条报文中所有字节的值相加，然后用结果的最低字节作为校验和。校验和通常只有一个字节，因而不会对通信量有明显的影响。适合在长报文的情况下使用。但这种方法并不是绝对安全的，会存在很小概率的判断失误。那就是即便在数据并不完全吻合的情况下有可能出现得到的校验和一致，将有差错的通信过程判断为没有发生差错。

CRC 循环冗余校验也是串行通信中常用的检错方法，它采用比校验和更为复杂的数学计算，其校验结果也更加可靠。

4．出错的简单处理

当一个节点检测到通信中出现的差错或者接收到一条无法理解的报文时，应该尽量通知发送报文的节点，要求它重新发送或者采取别的措施来纠正。

经过多次重发，如果发送者仍不能纠正这个差错，发送者应该跳过对这个节点的发送，发布一条出错消息，通过报警或者其他操作来通知操作人员发生了通信差错，并尽可能继续执行其他任务。

接收者如果发现一条报文比期望的报文要短，应该能最终停止连接，并让主计算机知道出现了问题，而不能无休止地等待一个报文结束。主计算机可以决定让该报文继续发送、重发或者停发。不应因发现问题而让网络处于无休止的等待状态。

3.2　RS-232C 串行通信接口

3.2.1　RS-232C 端子

RS-232C 的连接插头用 25 针或 9 针的 EIA 连接插头座，其主要端子分配如表 3-1 所示。

表 3-1　RS-232C 主要端子

端 脚		方　向	符　号	功　能
25 针	9 针			
2	3	输出	TXD	发送数据
3	2	输入	RXD	接收数据
4	7	输出	RTS	请求发送
5	8	输入	CTS	为发送清零
6	6	输入	DSR	数据设备准备好
7	5	—	GND	信号地
8	1	输入	DCD	数据信号检测
20	4	输出	DTR	数据终端准备好
22	9	输入	RI	振铃指示器

1. 信号含义

（1）从计算机到 MODEM 的信号

DTR——数据终端（DTE）准备好：告诉 MODEM 计算机已接通电源，并准备好。

RTS——请求发送：告诉 MODEM 现在要发送数据。

（2）从 MODEM 到计算机的信号

DSR——数据设备（DCE）准备好：告诉计算机 MODEM 已接通电源，并准备好了。

CTS——为发送清零：告诉计算机 MODEM 已做好了接收数据的准备。

DCD——数据信号检测：告诉计算机 MODEM 已与对端的 MODEM 建立连接了。

RI——振铃指示器：告诉计算机对端电话已在振铃了。

（3）数据信号

TXD——发送数据。

RXD——接收数据。

2. 电气特性

RS-232C 的电气线路连接如图 3-2 所示。

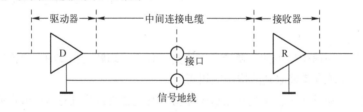

图 3-2　RS-232C 的电气线路连接

接口为非平衡型，每个信号用一根导线，所有信号回路共用一根地线。信号速率限于 20kbit/s 内，电缆长度限于 15m 之内。由于是单线，线间干扰较大。其电性能用±12V 标准脉冲。值得注意的是 RS-232C 采用负逻辑。

在数据线上：传号 Mark=-5～-15V，逻辑"1"电平

空号 Space=+5～+15V，逻辑"0"电平

在控制线上：通 On=+5～+15V，逻辑"0"电平

断 Off=-5～-15V，逻辑"1"电平

RS-232C 的逻辑电平与 TTL 电平不兼容, 为了与 TTL 器件相连必须进行电平转换。

由于 RS-232C 采用电平传输, 在通信速率为 19.2kbit/s 时, 其通信距离只有 15m。若要延长通信距离, 必须以降低通信速率为代价。

3.2.2　通信接口的连接

当两台计算机经 RS-232C 直接通信时, 两台计算机之间的联络线可用图 3-3 和图 3-4 表示。虽然不接 MODEM, 图中仍连接着相关 MODEM 信号线, 这是由于 INT 14H 中断使用这些信号, 假如程序中没有调用 INT 14H, 在自编程序中也没有用到 MODEM 的有关信号, 两台计算机直接通信时, 只连接 2、3、7 (25 针 EIA) 或 3、2、5 (9 针 EIA) 就可以了。

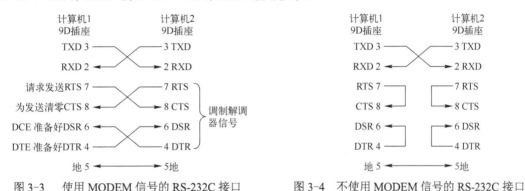

图 3-3　使用 MODEM 信号的 RS-232C 接口　　图 3-4　不使用 MODEM 信号的 RS-232C 接口

3.2.3　RS-232C 电平转换器

为了实现采用+5V 供电的 TTL 和 CMOS 通信接口电路能与 RS-232C 标准接口连接, 必须进行串行口的输入/输出信号的电平转换。

目前常用的电平转换器有 MOTOROLA 公司生产的 MC1488 驱动器、MC1489 接收器, TI 公司的 SN75188 驱动器、SN75189 接收器及美国 MAXIM 公司生产的单一+5V 电源供电、多路 RS-232 驱动器/接收器, 如 MAX232A 等。

MAX232A 内部具有双充电泵电压变换器, 把+5V 变换成±10V, 作为驱动器的电源, 具有两路发送器及两路接收器, 使用相当方便。MAX232A 引脚如图 3-5 所示, 典型应用如图 3-6 所示。

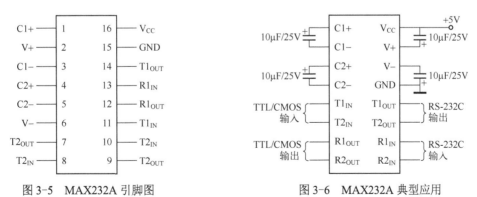

图 3-5　MAX232A 引脚图　　　　图 3-6　MAX232A 典型应用

单一+5V 电源供电的 RS-232C 电平转换器还有 TL232、ICL232 等。

3.3 RS-485 串行通信接口

由于 RS-232C 通信距离较近，当传输距离较远时，可采用 RS-485 串行通信接口。

3.3.1 RS-485 接口标准

RS-485 接口采用二线差分平衡传输，其信号定义如下。

当采用+5V 电源供电时：

若差分电压信号为-2500～-200mV，为逻辑"0"；

若差分电压信号为+200～+2500mV，为逻辑"1"；

若差分电压信号为-200～+200mV，为高阻状态。

RS-485 的差分平衡电路如图 3-7 所示。其一根导线上的电压是另一根导线上的电压值取反。接收器的输入电压为这两根导线电压的差值 $V_A - V_B$。

RS-485 实际上是 RS-422 的变形。RS-422 采用两对差分平衡线路；而 RS-485 只用一对。差分电路的最大优点是抑制噪声。由于在它的两根

图 3-7　RS-485 的差分平衡电路

信号线上传递着大小相同、方向相反的电流，而噪声电压往往在两根导线上同时出现，一根导线上出现的噪声电压会被另一根导线上出现的噪声电压抵消，因而可以极大地削弱噪声对信号的影响。

差分电路的另一个优点是不受节点间接地电平差异的影响。在非差分（即单端）电路中，多个信号共用一根接地线，长距离传输时，不同节点接地线的电平差异可能相差好几伏，甚至会引起信号的误读。差分电路则完全不会受到接地电平差异的影响。

RS-485 价格比较便宜，能够很方便地添加到一个系统中，还支持比 RS-232C 更长的距离、更快的速度以及更多的节点。RS-485、RS-422、RS-232C 之间的主要性能指标的比较如表 3-2 所示。

表 3-2　RS-485、RS-422、RS-232C 的主要技术参数

规范	RS-232C	RS-422	RS-485
最大传输距离	15m	1200m（速率 100kbit/s）	1200m（速率 100kbit/s）
最大传输速度	20kbit/s	10Mbit/s（距离 12m）	10Mbit/s（距离 12m）
驱动器最小输出	±5V	±2V	±1.5V
驱动器最大输出	±15V	±10V	±6V
接收器敏感度	±3V	±0.2V	±0.2V
最大驱动器数量	1	1	32 个单位负载
最大接收器数量	1	10	32 个单位负载
传输方式	单端	差分	差分

可以看到，RS-485 更适用于多台计算机或带微控制器的设备之间的远距离数据通信。

应该指出的是，RS-485 标准没有规定连接器、信号功能和引脚分配。要保持两根信号线相邻，两根差动导线应该位于同一根双绞线内。引脚 A 与引脚 B 不要调换。

3.3.2 RS-485 收发器

RS-485 收发器种类较多，如 MAXIM 公司的 MAX485，TI 公司的 SN75LBC184、SN65LBC184、

高速型 SN65ALS1176 等。它们的引脚是完全兼容的，其中 SN65ALS1176 主要用于高速应用场合，如 PROFIBUS-DP 现场总线等。下面仅介绍 SN75LBC184。

SN75LBC184 为具有瞬变电压抑制的差分收发器，SN75LBC184 为商业级，其工业级产品为 SN65LBC184，引脚如图 3-8 所示。

R：接收端。

$\overline{\text{RE}}$：接收使能，低电平有效。

DE：发送使能，高电平有效。

D：发送端

A：差分正输入端。

B：差分负输入端。

V_{CC}：+5V 电源。

GND：地。

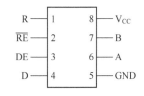

图 3-8　SN75LBC184 引脚图

SN75LBC184 和 SN65LBC184 具有如下特点：

1）具有瞬变电压抑制能力，能防雷电和抗静电放电冲击。

2）限斜率驱动器，使电磁干扰减到最小，并能减少传输线终端不匹配引起的反射。

3）总线上可挂接 64 个收发器。

4）接收器输入端开路故障保护。

5）具有热关断保护。

6）低禁止电源电流，最大 300μA。

7）引脚与 SN75176 兼容。

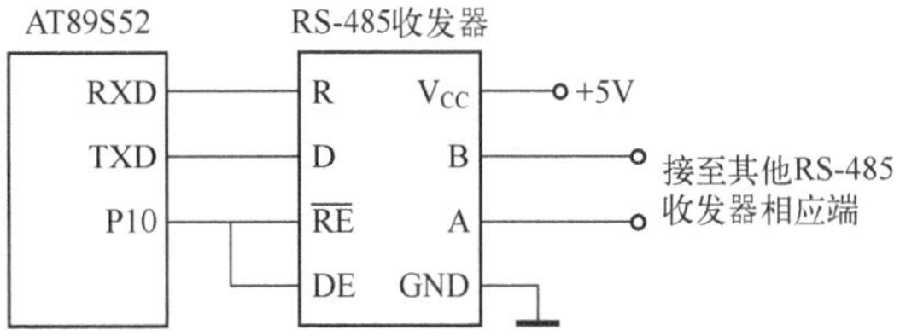

3.3.3　应用电路

RS-485 应用电路如图 3-9 所示。

图 3-9　RS-485 应用电路

在图 3-9 中，RS-485 收发器可为 SN75LBC184、SN65LBC184、MAX485 等。当 P10 为低电平时，接收数据；当 P10 为高电平时，发送数据。

如果采用 RS-485 组成总线拓扑结构的分布式测控系统，在双绞线终端应接 120Ω 的终端电阻。

3.3.4　RS-485 网络互联

利用 RS-485 接口可以使一个或者多个信号发送器与接收器互联，在多台计算机或带微控制器的设备之间实现远距离数据通信，形成分布式测控网络系统。

1. RS-485 的半双工通信方式

在大多数应用条件下，RS-485 的端口连接都采用半双工通信方式，有多个驱动器和接收器共享一条信号通路。图 3-10 为 RS-485 端口半双工连接的电路图。其中 RS-485 差动总线收发器采用 SN75LBC184。

图 3-10 中的两个 120Ω 电阻是作为总线的终端电阻存在的。当终端电阻等于电缆的特征阻抗时，可以削弱甚至消除信号的反射。

特征阻抗是导线的特征参数，它的数值随着导线的直径、在电缆中与其他导线的相对距离以及导线的绝缘类型而变化。特征阻抗值与导线的长度无关，一般双绞线的特征阻抗为 100~150Ω。

RS-485 的驱动器必须能驱动 32 个单位负载加上一个 60Ω 的并联终端电阻，总的负载，包括驱动器、接收器和终端电阻，不低于 54Ω。图中两个 120Ω 电阻的并联值为 60Ω，32 个单位负载中接收器的输入阻抗会使得总负载略微降低；而驱动器的输出与导线的串联阻抗又会使总负载增大。最终需要满足不低于 54Ω 的要求。

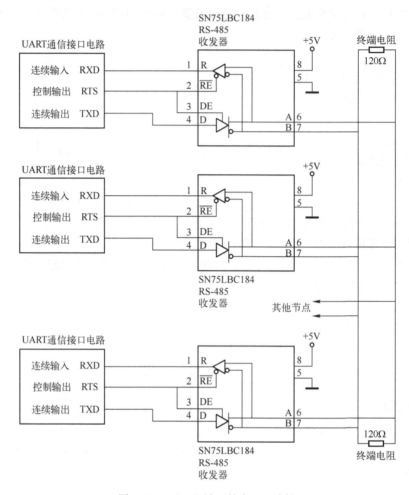

图 3-10　RS-485 端口的半双工连接

　　还应该注意的是，在一个半双工连接中，在同一时间内只能有一个驱动器工作。如果发生两个或多个驱动器同时启用，一个企图使总线上呈现逻辑 1，另一个企图使总线上呈现逻辑 0，则会发生总线竞争，在某些元件上就会产生大电流。因此所有 RS-485 的接口芯片上都必须包括限流和过热关闭功能，以便在发生总线竞争时保护芯片。

2. RS-485 的全双工连接

　　尽管大多数 RS-485 的连接是半双工的，但是也可以形成全双工 RS-485 连接。图 3-11 和图 3-12 分别表示两点和多点之间的全双工 RS-485 连接。在全双工连接中信号的发送和接收方向都有它自己的通路。在全双工、多节点连接中，一个节点可以在一条通路上向所有其他节点发送信息，而在另一条通路上接收来自其他节点的信息。

　　两点之间全双工连接的通信在发送和接收上都不会存在问题。但当多个节点共享信号通路时，需要以某种方式对网络控制权进行管理。这是在全双工、半双工连接中都需要解决的问题。

　　RS-232C 和 RS-485 之间的转换可采用相应的转换模块。

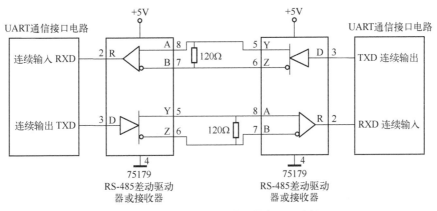

图 3-11 两个 RS-485 端口的全双工连接

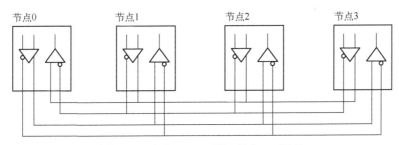

图 3-12 多个 RS-485 端口的全双工连接

3.4 USB 接口

3.4.1 USB 接口的定义

USB（Universal Serial Bus）即通用串行总线，是连接计算机系统与外部设备的一种串口总线标准，也是一种输入/输出接口的技术规范。USB 总线接口从 USB1.0、USB1.1、USB2.0 发展到现在的最新版本 USB4.0，在发展过程中新旧版本都保持着良好的兼容性，这也是 USB 迅速发展成为计算机标准扩展接口的重要原因。目前，Windows 系统自带 USB 驱动程序以识别 USB 外部设备，使用起来非常方便。

USB 不同版本的主要区别在最大传输速率上，目前最常用的是 USB2.0 和超高速 USB3.0。下面以 USB2.0 A 型插头为例，介绍其引脚功能。USB 2.0 A 型插座和插头的示意图如图 3-13 所示。

各引脚功能介绍如下。

VBUS：引脚 1，为 USB 接口的+5V 电源。

D-：引脚 2，为 USB 差分负信号数据线。

D+：引脚 3，为 USB 差分正信号数据线。

GND：引脚 4，为 USB 接口的地线。

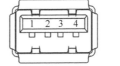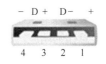

图 3-13 USB 2.0 A 型插座和插头示意图

3.4.2 USB 接口的特点

USB 接口具有以下特点。

1）可热插拔。用户可以在计算机正常工作的情况下任意连接或断开 USB 设备。

2）高速串行数据通信。USB 总线接口通信采用的是串行通信的方式，具有高速传输能力。其中 USB 2.0 采用的是半双工通信方式，而 USB 3.0 采用的是全双工通信方式，大大加快了传输速度。

3）数据传输模式多样。USB 接口支持 4 种传输模式：控制传输、中断传输、同步传输和块传输。不同的 USB 设备可根据自身特点选择不同的传输模式。

4）连接灵活。一个 USB 控制器理论上可以连接多达 127 个外设。

3.4.3　USB 接口的应用

随着计算机技术的不断发展，新的计算机外设大量涌现，USB 接口以其显著的优势迅速在计算机接口领域占据了主导地位。目前 USB 接口已成为台式机、笔记本电脑、平板电脑的标准接口，并且越来越多的外部设备采用了 USB 接口，例如鼠标、键盘、打印机、数字电视、U 盘、移动硬盘、手机、数据采集卡等。

3.5　Modbus 通信协议

3.5.1　概述

Modbus 协议是应用于 PLC 或其他控制器上的一种通用语言。通过此协议，控制器之间、控制器通过网络（如以太网）和其他设备之间可以实现串行通信。该协议已经成为通用工业标准。采用 Modbus 协议，不同厂商生产的控制设备可以互连成工业网络，实现集中监控。

此协议定义了一个控制器能识别使用的消息结构，而不管它们是经过何种网络进行通信的。它描述了控制器请求访问其他设备的过程，例如如何响应来自其他设备的请求，以及怎样侦测错误并记录。它制定了消息域格式和内容的公共格式。

当在 Modbus 网络上通信时，此协议要求每个控制器必须知道它们的设备地址，识别按地址发来的消息，决定要产生何种动作。如果需要响应，控制器将生成反馈信息并用 Modbus 协议发出。在其他网络上，包含了 Modbus 协议的消息转换为在此网络上使用的帧或包结构，这种转换也扩展了根据具体的网络解决节点地址、路由路径及错误检测的方法。

1. Modbus 网络上传输

标准的 Modbus 接口使用 RS-232C 兼容串行接口，它定义了连接器的引脚、电缆、信号位、传输波特率、奇偶校验。控制器能直接或通过调制解调器组网。

控制器通信使用主-从技术，即仅某一设备（主设备）能主动传输（查询），其他设备（从设备）根据主设备查询提供的数据做出响应。典型的主设备有主机和可编程仪表。典型的从设备有可编程控制器。

主设备可单独和从设备通信，也能以广播方式和所有从设备通信。如果单独通信，从设备返回一消息作为响应，如果是以广播方式查询的，则不做任何响应。Modbus 协议建立了主设备查询的格式：设备（或广播）地址、功能代码、所有要发送的数据、一个错误检测域。

从设备响应消息也由 Modbus 协议构成，包括确认要动作的域、任何要返回的数据和一个错误检测域。如果在消息接收过程中发生错误，或从设备不能执行其命令，从设备将建立错误消息并将其作为响应发送出去。

2. 其他类型网络上传输

在其他网络上，控制器使用"对等"技术通信，任何控制器都能初始化和其他控制器的通信。这样在单独的通信过程中，控制器既可作为主设备也可作为从设备。提供的多个内部通道可允许进行同时发生的传输进程。

在消息级，Modbus 协议仍提供了主-从原则，尽管网络通信方法是"对等"的。假设一个控制器发送一消息，它只是作为主设备，并期望从从设备得到响应。同样，当控制器接收到一消息，它将建立一从设备响应格式并返回给发送的控制器。

3. 查询-响应周期

（1）查询

查询消息中的功能代码告知被选中的从设备要执行何种功能。数据段包含了从设备要执行功能的任何附加信息。例如功能代码 03 是要求从设备读保持寄存器并返回它们的内容。数据段必须包含要告知从设备的信息：从何种寄存器开始读及要读的寄存器数量。错误检测域为从设备提供了一种验证消息内容是否正确的方法。

（2）响应

如果从设备产生一正常的响应，在响应消息中的功能代码是在查询消息中的功能代码的响应。数据段包括了从设备收集的数据，像寄存器值或状态。如果有错误发生，功能代码将被修改以用于指出响应消息是错误的，同时数据段包含了描述此错误信息的代码。错误检测域允许主设备确认消息内容是否可用。

3.5.2　两种传输方式

控制器能设置为两种传输模式（ASCII 或 RTU）中的任何一种在标准的 Modbus 网络通信。用户选择想要的模式，包括串口通信参数（波特率、校验方式等），在配置每个控制器的时候，在一个 Modbus 网络上的所有设备都必须选择相同的传输模式和串口参数。

ASCII 模式如图 3-14 所示，RTU 模式如图 3-15 所示。

:	地址	功能代码	数据长度	数据 1	…	数据 n	LRC 高字节	LRC 低字节	回车	换行

图 3-14　ASCII 模式

地址	功能代码	数据长度	数据 1	…	数据 n	CRC 高字节	CRC 低字节

图 3-15　RTU 模式

所选的 ASCII 或 RTU 方式仅适用于标准的 Modbus 网络，它定义了在这些网络上连续传输的消息段的每一位，以及决定怎样将信息打包成消息域和如何解码。

在其他网络上（如 MAP 和 Modbus Plus），Modbus 消息被转成与串行传输无关的帧。

1. ASCII 模式

当控制器设置为在 Modbus 网络上以 ASCII（美国信息交换标准码）模式通信时，消息中的每个 8bit 字节都作为两个 ASCII 字符发送。这种方式的主要优点是字符发送的时间间隔可达到 1s 而不产生错误。

代码系统：十六进制，ASCII 字符 0～9，A～F。

　　　　　　消息中的每个 ASCII 字符都由一个十六进制字符组成。

每个字节的位：1 个起始位。

　　　　　　7 个数据位，最低有效位先发送。

　　　　　　1 个奇偶校验位，无校验则无。

　　　　　　1 个停止位（有校验时），2bit（无校验时）。

错误检测域：LRC（纵向冗余检测）。

2. RTU 模式

当控制器设置为在 Modbus 网络上以 RTU（远程终端单元）模式通信时，消息中的每个 8bit 字节包含两个 4bit 的十六进制字符。这种方式的主要优点是：在同样的波特率下，可比 ASCII 方式传送更多的数据。

代码系统：8 位二进制，十六进制数 0～9，A～F。

消息中的每个 8 位域都由两个十六进制字符组成。

每个字节的位：1 个起始位。

8 个数据位，最低有效位先发送。

1 个奇偶校验位，无校验则无。

1 个停止位（有校验时），2bit（无校验时）。

错误检测域：CRC（循环冗余检测）。

3.5.3　Modbus 消息帧

两种传输模式中（ASCII 或 RTU），传输设备可以将 Modbus 消息转为有起点和终点的帧，这就允许接收的设备在消息起始处开始工作，读地址分配信息，判断哪一个设备被选中（广播方式则传给所有设备），判知何时信息已完成。部分消息也能侦测到并且能将错误设置为返回结果。

1. ASCII 帧

使用 ASCII 模式，消息以冒号“：”字符（ASCII 码 3AH）开始，以回车换行符（ASCII 码 0DH，0AH）结束。

其他域可以使用的传输字符是十六进制的 0～9，A～F。网络上的设备不断侦测“：”字符，当有一个冒号接收到时，每个设备都解码下个域（地址域）来判断是否是发给自己的。

消息中字符间发送的时间间隔最长不能超过 1s，否则接收的设备将认为传输错误。一个典型消息帧如图 3-16 所示。

起始位	设备地址	功能代码	数据	LRC 校验	结束符
1 个字符	2 个字符	2 个字符	n 个字符	2 个字符	2 个字符

图 3-16　ASCII 消息帧

2. RTU 帧

使用 RTU 模式，消息发送至少要以 3.5 个字符时间的停顿间隔开始。在网络波特率下设置多个字符时间（如图 3-15 中的 T1-T2-T3-T4），这是最容易实现的。传输的第一个域是设备地址，可以使用的传输字符是十六进制的 0～9，A～F。网络设备不断侦测网络总线，包括停顿间隔时间。当第一个域（地址域）接收到，每个设备都进行解码以判断是否是发给自己的。在最后一个传输字符之后，一个至少 3.5 个字符时间的停顿标注了消息的结束，一个新的消息可在此停顿后开始。

整个消息帧必须作为一连续的流传输。如果在帧完成之前有超过 1.5 个字符的停顿时间，接收设备将刷新不完整的消息并假定下一字节是一个新消息的地址域。同样地，如果一个新消息在小于 3.5 个字符时间内接着前一消息开始，接收的设备将认为它是前一消息的延续。这将导致一个错误，因为在最后的 CRC 域的值不可能是正确的。一个典型的 RTU 消息帧如图 3-17 所示。

起始位	设备地址	功能代码	数据	CRC 校验	结束符
T1-T2-T3-T4	8bit	8bit	n 个 8bit	16bit	T1-T2-T3-T4

图 3-17　RTU 消息帧

3．地址域

消息帧的地址域包含两个字符（ASCII）或 8bit（RTU）。允许的从设备地址是 0～247（十进制）。单个从设备的地址范围是 1～247。主设备通过将从设备的地址放入消息中的地址域来选通从设备。当从设备发送响应消息时，它把自己的地址放入响应的地址域中，以便主设备知道是哪一个设备做出的响应。

地址 0 是用作广播地址，以使所有的从设备都能识别。当 Modubs 协议用于更高级的网络时，广播可能不允许或以其他方式代替。

4．功能域

消息帧中的功能代码域包含了两个字符（ASCII）或 8bit（RTU）。允许的代码范围是十进制的 1～255。当然，有些代码是适用于所有控制器的，有些只适用于某种控制器，还有些保留以备后用。

当消息从主设备发往从设备时，功能代码域将告知从设备需要执行哪些动作。例如去读取输入的开关状态，读一组寄存器的数据内容，读从设备的诊断状态，允许调入、记录、校验在从设备中的程序等。

当从设备响应时，它使用功能代码域来指示是正常响应（无误）还是有某种错误发生（称作异常响应）。对正常响应，从设备仅响应相应的功能代码。对异常响应，从设备返回一个在正常功能代码的最高位置 1 的代码。

例如：一主设备发往从设备的消息要求读一组保持寄存器，将产生如下功能代码。

0 0 0 0 0 0 1 1　（十六进制 03H）

对正常响应，从设备仅响应同样的功能代码。对异常响应，它返回

1 0 0 0 0 0 1 1　（十六进制 83H）

除功能代码因异常错误做了修改外，从设备将一特殊的代码放到响应消息的数据域中，这能告诉主设备发生了什么错误。

主设备应用程序得到异常的响应后，典型的处理过程是重发消息，或者诊断发给从设备的消息并报告给操作员。

5．数据域

数据域是由两位十六进制数构成的，范围为 00H～FFH。根据网络传输模式，这可以是由一对 ASCII 字符组成或由一 RTU 字符组成。

主设备发给从设备消息的数据域包含附加的信息：从设备必须采用该信息执行由功能代码所定义的动作。这包括了像不连续的寄存器地址，要处理项目的数量，域中实际数据字节数。

例如，如果主设备需要从从设备读取一组保持寄存器（功能代码 03H），数据域指定了起始寄存器以及要读的寄存器数量。如果主设备写一组从设备的寄存器（功能代码 10H），数据域则指明了要写的起始寄存器以及要写的寄存器数量，数据域的数据字节数，要写入寄存器的数据。

如果没有错误发生，从从设备返回的数据域包含请求的数据。如果有错误发生，此域包含一异常代码，主设备应用程序可以用来判断采取的下一步动作。

在某种消息中数据域可以是不存在的（0 长度）。例如，主设备要求从设备响应通信事件记录（功能代码 0BH），从设备不需任何附加的信息。

6．错误检测域

标准的 Modbus 网络有两种错误检测方法，错误检测域的内容与所选的传输模式有关。

（1）ASCII

当选用 ASCII 模式作字符帧，错误检测域包含两个 ASCII 字符。这是使用 LRC（纵向冗余检测）方法对消息内容计算得出的，不包括开始的冒号符及回车换行符。LRC 字符附加在回车换行符前面。

（2）RTU

当选用 RTU 模式作字符帧，错误检测域包含一 16bit 值（用两个 8 位的字符来实现）。错误检测域的内容是通过对消息内容进行循环冗余检测方法得出的。CRC 域附加在消息的最后，添加时先是低字节然后是高字节。故 CRC 的高位字节是发送消息的最后一个字节。

7. 字符的连续传输

当消息在标准的 Modbus 系列网络上传输时，每个字符或字节以如下方式发送（从左到右）：最低有效位…最高有效位。

使用 ASCII 字符帧时，位顺序如图 3-18 所示。

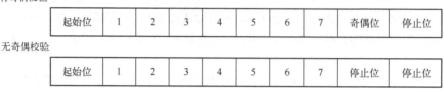

有奇偶校验

起始位	1	2	3	4	5	6	7	奇偶位	停止位

无奇偶校验

起始位	1	2	3	4	5	6	7	停止位	停止位

图 3-18 位顺序（ASCII）

使用 RTU 字符帧时，位顺序如图 3-19 所示。

有奇偶校验

起始位	1	2	3	4	5	6	7	8	奇偶位	停止位

无奇偶校验

起始位	1	2	3	4	5	6	7	8	停止位	停止位

图 3-19 位顺序（RTU）

3.5.4 错误检测方法

标准的 Modbus 串行网络采用两种错误检测方法。奇偶校验对每个字符都可用，帧检测（LRC 或 CRC）应用于整个消息。它们都是在消息发送前由主设备产生的，从设备在接收过程中检测每个字符和整个消息帧。

退出传输前用户要给主设备配置一预先定义的超时时间间隔，这个时间间隔要足够长，以使任何从设备都能作为正常响应。如果从设备检测到一传输错误，消息将不会接收，也不会向主设备做出响应。这样超时事件将触发主设备来处理错误。发往不存在的从设备的消息也会产生超时。

1. 奇偶校验

用户可以配置控制器是奇校验还是偶校验，或无校验。这将决定每个字符中的奇偶校验位是如何设置的。

如果指定了奇校验或偶校验，"1"的位数将算到每个字符的位数中（ASCII 模式为 7 个数据位，RTU 模式为 8 个数据位）。例如 RTU 字符帧中包含以下 8 个数据位：11000101。

帧中"1"的总数是 4 个。如果使用了偶校验，帧的奇偶校验位将是 0，使"1"的个数仍是偶数（4 个）；如果使用了奇校验，帧的奇偶校验位将是 1，使"1"的个数是奇数（5 个）。

如果没有指定奇偶校验，传输时就没有校验位，也不进行校验检测，一附加的停止位填充至要传输的字符帧中。

2. LRC 检测

使用 ASCII 模式，消息包括了一基于 LRC 方法的错误检测域。LRC 域检测消息域中除开始的冒号及结束的回车换行符以外的内容。

LRC 域包含一个 8 位二进制数的字节。LRC 值由传输设备来计算并放到消息帧中，接收设备在接收消息的过程中计算 LRC，并将它和接收的 LRC 域中的值比较，如果两值不相等，说明有错误。

LRC 方法是将消息中的 8bit 的字节连续累加，不考虑进位。

3. CRC 检测

使用 RTU 模式，消息包括了一基于 CRC 方法的错误检测域。CRC 域检测整个消息的内容。

CRC 域是两个字节，包含一个 16 位的二进制数。它由传输设备计算后加入到消息中。接收设备重新计算收到消息的 CRC，并与接收到的 CRC 域中的值比较，如果两值不同，则有错误。

CRC 是先调入一数值是全"1"的 16 位寄存器，然后调用一过程将消息中连续的 8bit 字节和当前寄存器中的值进行处理。仅每个字符中的 8bit 数据对 CRC 有效，起始位和停止位以及奇偶校验位均无效。

CRC 产生过程中，每个 8bit 字符都单独和寄存器内容相或（OR），结果向最低有效位方向移动，最高有效位以 0 填充。LSB 被提取出来检测，如果 LSB 为 1，寄存器单独和预置的值相或，如果 LSB 为 0，则不进行。整个过程要重复 8 次。在最后一位（第 8 位）完成后，下一个 8bit 字节又单独和寄存器的当前值相或。最终寄存器中的值是消息中所有字节都执行之后的 CRC 值。

CRC 添加到消息中时，低字节先加入，然后加入高字节。

CRC 简单函数如下。

```
unsigned short CRC16（puchMsg，usDataLen）
unsigned char *puchMsg; /*要进行 CRC 校验的消息 */
unsigned short usDataLen; /* 消息中字节数 */
{
unsigned char uchCRCHi=0xFF; /* 高 CRC 字节初始化 */
unsigned char uchCRCLo=0xFF; /* 低 CRC 字节初始化 */
unsigned uIndex; /* CRC 循环中的索引 */
while（usDataLen--）/* 传输消息缓冲区 */
{
uIndex=uchCRCHi^*puchMsg++; /* 计算 CRC */
uchCRCHi=uchCRCLo^auchCRCHi[uIndex];
uchCRCLo=auchCRCLo[uIndex];
}
return（uchCRCHi<<8|uchCRCLo）;
}
/* CRC 高位字节值表 */
static unsigned char auchCRCHi[]=
0x00,0xC1,0x81,0x40,0x01,0xC0,0x80,0x41,0x01,0xC0,
0x80,0x41,0x00,0xC1,0x81,0x40,0x01,0xC0,0x80,0x41,
0x00,0xC1,0x81,0x40,0x00,0xC1,0x81,0x40,0x01,0xC0,
0x80,0x41,0x01,0xC0,0x80,0x41,0x00,0xC1,0x81,0x40,
0x00,0xC1,0x81,0x40,0x01,0xC0,0x80,0x41,0x00,0xC1,
0x81,0x40,0x01,0xC0,0x80,0x41,0x01,0xC0,0x80,0x41,
0x00,0xC1,0x81,0x40,0x01,0xC0,0x80,0x41,0x00,0xC1,
0x81,0x40,0x00,0xC1,0x81,0x40,0x01,0xC0,0x80,0x41,
0x00,0xC1,0x81,0x40,0x01,0xC0,0x80,0x41,0x01,0xC0,
0x80,0x41,0x00,0xC1,0x81,0x40,0x00,0xC1,0x81,0x40,
0x01,0xC0,0x80,0x41,0x01,0xC0,0x80,0x41,0x00,0xC1,
0x81,0x40,0x01,0xC0,0x80,0x41,0x00,0xC1,0x81,0x40,
0x00,0xC1,0x81,0x40,0x01,0xC0,0x80,0x41,0x01,0xC0,
0x80,0x41,0x00,0xC1,0x81,0x40,0x00,0xC1,0x81,0x40,
```

```
0x01,0xC0,0x80,0x41,0x00,0xC1,0x81,0x40,0x01,0xC0,
0x80,0x41,0x01,0xC0,0x80,0x41,0x00,0xC1,0x81,0x40,
0x00,0xC1,0x81,0x40,0x01,0xC0,0x80,0x41,0x01,0xC0,
0x80,0x41,0x00,0xC1,0x81,0x40,0x01,0xC0,0x80,0x41,
0x00,0xC1,0x81,0x40,0x00,0xC1,0x81,0x40,0x01,0xC0,
0x80,0x41,0x00,0xC1,0x81,0x40,0x01,0xC0,0x80,0x41,
0x01,0xC0,0x80,0x41,0x00,0xC1,0x81,0x40,0x01,0xC0,
0x80,0x41,0x00,0xC1,0x81,0x40,0x00,0xC1,0x81,0x40,
0x01,0xC0,0x80,0x41,0x01,0xC0,0x80,0x41,0x00,0xC1,
0x81,0x40,0x00,0xC1,0x81,0x40,0x01,0xC0,0x80,0x41,
0x00,0xC1,0x81,0x40,0x01,0xC0,0x80,0x41,0x01,0xC0,
0x80,0x41,0x00,0xC1,0x81,0x40
};
/* CRC 低位字节值表*/
static char auchCRCLo[]=
0x00,0xC0,0xC1,0x01,0xC3,0x03,0x02,0xC2,0xC6,0x06,
0x07,0xC7,0x05,0xC5,0xC4,0x04,0xCC,0x0C,0x0D,0xCD,
0x0F,0xCF,0xCE,0x0E,0x0A,0xCA,0xCB,0x0B,0xC9,0x09,
0x08,0xC8,0xD8,0x18,0x19,0xD9,0x1B,0xDB,0xDA,0x1A,
 0x1E,0xDE,0xDF,0x1F,0xDD,0x1D,0x1C,0xDC,0x14,0xD4,
0xD5,0x15,0xD7,0x17,0x16,0xD6,0xD2,0x12,0x13,0xD3,
0x11,0xD1,0xD0,0x10,0xF0,0x30,0x31,0xF1,0x33,0xF3,
0xF2,0x32,0x36,0xF6,0xF7,0x37,0xF5,0x35,0x34,0xF4,
0x3C,0xFC,0xFD,0x3D,0xFF,0x3F,0x3E,0xFE,0xFA,0x3A,
0x3B,0xFB,0x39,0xF9,0xF8,0x38,0x28,0xE8,0xE9,0x29,
0xEB,0x2B,0x2A,0xEA,0xEE,0x2E,0x2F,0xEF,0x2D,0xED,
0xEC,0x2C,0xE4,0x24,0x25,0xE5,0x27,0xE7,0xE6,0x26,
0x22,0xE2,0xE3,0x23,0xE1,0x21,0x20,0xE0,0xA0,0x60,
0x61,0xA1,0x63,0xA3,0xA2,0x62,0x66,0xA6,0xA7,0x67,
0xA5,0x65,0x64,0xA4,0x6C,0xAC,0xAD,0x6D,0xAF,0x6F,
0x6E,0xAE,0xAA,0x6A,0x6B,0xAB,0x69,0sA9,0xA8,0x68,
0x78,0xB8,0xB9,0x79,0xBB,0x7B,0x7A,0xBA,0xBE,0x7E,
0x7F,0xBF,0x7D,0xBD,0xBC,0x7C,0xB4,0x74,0x75,0xB5,
0x77,0xB7,0xB6,0x76,0x72,0xB2,0xB3,0x73,0xB1,0x71,
0x70,0xB0,0x50,0x90,0x91,0x51,0x93,0x53,0x52,0x92,
0x96,0x56,0x57,0x97,0x55,0x95,0x94,0x54,0x9C,0x5C,
0x5D,0x9D,0x5F,0x9F,0x9E,0x5E,0x5A,0x9A,0x9B,0x5B,
0x99,0x59,0x58,0x98,0x88,0x48,0x49,0x89,0x4B,0x8B,
0x8A,0x4A,0x4E,0x8E,0x8F,0x4F,0x8D,0x4D,0x4C,0x8C
0x44,0x84,0x85,0x45,0x87,0x47,0x46,0x86,0x82,0x42,
0x43,0x83,0x41,0x81,0x80,0x40
};
```

如果采用 MCS-51 汇编语言，则程序设计如下。

```
CRCLO      EQU      30H              ; CRC 低字节
CRCHI      EQU      31H              ; CRC 高字节
COUNT      EQU      32H              ; 校验字节数
BUFFER     EQU      40H              ; 被校验数据首地址
```

主程序：

```
START:     MOV      CRCLO, #0FFH     ; CRC 低字节初始化
           MOV      CRCHI, #0FFH     ; CRC 高字节初始化
           MOV      R0, #BUFFER      ; 被校验数据首地址送 R0
           MOV      R7, COUNT        ; 被校验字节数送 R7
```

```
        LCALL   CRCPR           ；调用 CRCPR 校验子程序
        SJMP    $               ；CRC 校验结果在 CRCLO
                                ；和 CRCHI 单元
```

校验子程序：

入口：被校验数据首地址送 R0，被校验字节数送 R7

出口：CRC 校验结果在 CRCLO 和 CRCHI 单元中

```
CRCPR:  MOV     A, @R0
        ORL     A, CRCLO
        MOV     B, A
        MOV     DPTR, #TCRCHI
        MOVC    A, @A+DPTR
        ORL     A, CRCHI
        MOV     CRCLO,A
        MOV     A, B
        MOV     DPTR, #TCRCLO
        MOVC    A, @A+DPTR
        MOV     CRCHI, A
        MOV     A, CRCLO
        INC     R0
        DJNZ    R7, CRCPR
        RET
```

；TCRCHI 为 CRC 高字节值表

；TCRCLO 为 CRC 低字节值表。

3.5.5　Modbus 的编程方法

由 RTU 模式消息帧格式可以看出，在完整的一帧消息开始传输时，必须和上一帧消息之间至少有 3.5 个字符时间的间隔，这样接收方在接收时才能将该帧作为一个新的数据帧接收。另外，在本数据帧进行传输时，帧中传输的每个字符之间必须不能超过 1.5 个字符时间的间隔，否则，本帧将被视为无效帧，但接收方将继续等待和判断下一次 3.5 个字符的时间间隔之后出现的新一帧并进行相应的处理。

因此，在编程时首先要考虑 1.5 个字符时间和 3.5 个字符时间的设定和判断。

1. 字符时间的设定

在 RTU 模式中，1 个字符时间是指按照用户设定的波特率传输一个字节所需要的时间。

例如，当传输波特率为 2400bit/s 时，1 个字符时间为：$11 \times 1/2400 = 4583 \mu s$。

同样，可得出 1.5 个字符时间和 3.5 个字符时间分别为：$11 \times 1.5/2400 = 6875 \mu s$；$11 \times 3.5/2400 = 16041 \mu s$。

为了节省定时器，在设定这两个时间段时可以使用同一个定时器，定时时间取为 1.5 个字符时间和 3.5 个字符时间的最大公约数，即 0.5 个字符时间，同时设定两个计数器变量为 m 和 n，用户可以在需要开始启动时间判断时将 m 和 n 清零。而在定时器的中断服务程序中，只需要对 m 和 n 分别做加一运算，并判断是否累加到 3 和 7。当 $m=3$ 时，说明 1.5 个字符时间已到，此时可以将 1.5 个字符时间已到标志 T15FLG 置成 01H，并将 m 重新清零；当 $n=7$ 时，说明 3.5 个字符时间已到，此时将 3.5 个字符时间已到标志 T35FLG 置成 01H，并将 n 重新清零。波特率从 1200bit/s 至 19200bit/s，定时器定时时间均采用此方法计算得到。

当波特率为 38400bit/s 时，Modbus 通信协议推荐此时 1 个字符时间为 500μs，即定时器定时时间为 250μs。

2. 数据帧接收的编程方法

在实现 Modbus 通信时，设每个字节的一帧信息需要 11 位，其中 1 位起始位、8 位数据位、2 位停止位、无校验位。通过串行口的中断接收数据，中断服务程序每次只接收并处理一字节数据，并启动定时器实现时序判断。

在接收新一帧数据时，接收完第一个字节之后，置一帧标志 FLAG 为 0AAH，表明当前存在一有效帧正在接收，在接收该帧的过程中，一旦出现时序不对，则将帧标志 FLAG 置成 55H，表明当前存在的帧为无效帧。其后，接收到本帧的剩余字节仍然放入接收缓冲区，但标志 FLAG 不再改变，直至接收到 3.5 字符时间间隔后的新一帧数据的第一个字节，主程序即可根据 FLAG 标志判断当前是否有有效帧需要处理。

Modbus 数据串行口接收中断服务程序如图 3-20 所示。

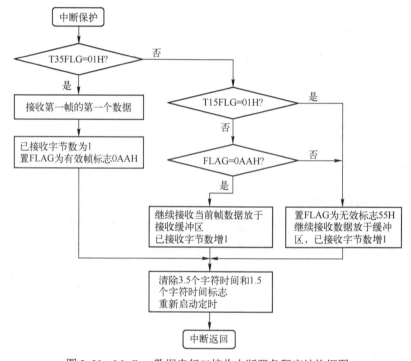

图 3-20　Modbus 数据串行口接收中断服务程序结构框图

3.6　PMM2000 电力网络仪表及其应用

3.6.1　PMM2000 电力网络仪表 Modbus-RTU 通信协议

PMM2000 电力网络仪表 Modbus-RTU 通信协议详细介绍如下。

1. 串口初始化参数

串行通信方式：2 位停止位、8 位数据位、无校验位，RS-485 Modbus RTU。

波特率支持：1200bit/s，2400bit/s，4800bit/s，9600bit/s，19200bit/s，38400bit/s。

默认地址：0x06。

波特率：9600bit/s。

2. 开关量输入

功能号：0x02

（1）发送数据

开关量输入 0x02 命令发送数据格式如表 3-3 所示。

表 3-3　开关量输入 0x02 命令发送数据格式

地址	1B	0x06
功能号	1B	0x02
开始地址	2B	从 0x0000 开始
读取路数	2B	N
校验和	2B	CRC 16

（2）正常响应数据

开关量输入 0x02 命令正常响应数据格式如表 3-4 所示。

表 3-4　开关量输入 0x02 命令正常响应数据格式

地址	1B	0x06
功能号	1B	0x02
字节数	1B	N^*
状态值	$N*$B	—
校验和	2B	CRC 16

注：如果 $N/8$ 余数为 0，则 $N^*=N/8$，否则 $N^*=N/8+1$。

例子：

① 读取当前开关量输入状态（DI1～DI4）共 4 路，其中 DI1="1"，DI4="1"（闭合）；DI2，DI3="0"（断开）。

（读到的数据应为 09H，即"0000 1001"）

主机发送数据：06 02 00 00 00 04 CRC CRC。

从机正常响应数据：06 02 01 09 CRC CRC。

上传数据中：09H 为 DI1～DI4 状态；Bit0～Bit3 对应 DI1～DI4。

② 读取当前开关量输入状态（DI1～DI16）共 16 路，其中 DI1="1"，DI4="1"（闭合）；DI8="1"（闭合）；DI9="1"，DI11="1"（闭合），其余断开。

（读到的数据应为 05H 89H，即"0000 0101 1000 1001"）

主机发送数据：06 02 00 00 00 0C CRC CRC。

从机正常响应数据：06 02 02 05 89 CRC CRC。

上传数据中：89H 为 DI1～DI8 状态；Bit0～Bit7 对应 DI1～DI8；

　　　　　　05H 为 DI9～DI12 状态；Bit0～Bit3 对应 DI9～DI12。

3．继电器控制

继电器地址从 0x0000 开始。

功能号：0x05。

输出值："FF00"为控制继电器"合"；

　　　　"0000"为控制继电器"分"。

（1）发送数据

继电器输出 0x05 命令发送数据格式如表 3-5 所示。

表 3-5　继电器输出 0x05 命令发送数据格式

地址	1B	0x06
功能号	1B	0x05
输出地址	2B	从 0x0000 开始
输出值	2B	0x0000 或 0xFF00
校验和	2B	CRC 16

（2）正常响应数据

继电器输出 0x05 命令正常响应数据格式如表 3-6 所示。

表 3-6　继电器输出 0x05 命令正常响应数据格式

地址	1B	0x06
功能号	1B	0x05
输出地址	2B	从 0x0000 开始
输出值	2B	0x0000 或 0xFF00
校验和	2B	CRC 16

例子：

继电器 2 当前状态为"开"状态，控制继电器 2 输出"合"状态。

主机发送数据：06 05 00 01 FF 00 CRC CRC。

如果控制继电器成功，则返回数据同发送数据。

4. 错误处理

错误响应数据格式如表 3-7 所示。

表 3-7　错误响应数据格式

地址	1B	0x06
错误代码	1B	0x80+功能码
错误值	1B	01 或 02 或 03 或 04
校验和	2B	CRC 16

01：无效的功能码。

02：无效的数据地址。

03：无效的数据值。

04：执行功能码失败。

5. 读取标准电力参数

功能号：0x04。

（1）发送数据

读取标准电力参数 0x04 命令发送数据格式如表 3-8 所示。

表 3-8　读取标准电力参数 0x04 命令发送数据格式

地址	1B	0x06
功能号	1B	0x04
开始地址	2B	从 0x0000 开始
数据长度	2B	N
校验和	2B	CRC 16

（2）正常响应数据

读取标准电力参数 0x04 命令正常响应数据格式如表 3-9 所示。

表 3-9　读取标准电力参数 0x04 命令正常响应数据格式

地址	1B	0x06
功能号	1B	0x04
字节数	1B	$2 \times N$
寄存器值	$N \times 2B$	—
校验和	2B	CRC 16

注：N 为读取寄存器个数。

例子：

所有参数全部上传（三相四线）。

上位机发送数据：06 04 00 00 00 36 CRC CRC。

从机正常响应数据：06 04 6C　　…　　CRC CRC。

PMM2000 电力网络仪表 Modbus-RTU 通信协议寄存器地址表如表 3-10 所示。

表 3-10　PMM2000 电力网络仪表 Modbus-RTU 通信协议寄存器地址表

参　　数	寄存器地址	说　　明	字　节　数
CT 比	0000H	—	2B
VT 比	0001H	—	2B
仪表信息	0002H	仪表信息　SYS_INFO	2B
		设定信息　CFG_INFO	
继电器和总报警状态	0003H	总报警状态　RL_FLG	2B
		继电器状态　RL_STATUS	
报警状态	0004H	报警状态 2　RL_FLG2	2B
		报警状态 1　RL_FLG1	
功率状态	0005H	功率符号　PQ_FLG	2B
		0x00	
A 相电流（整数）	0006H	二次侧值，单位为 0.001A	2B
B 相电流（整数）	0007H	二次侧值，单位为 0.001A	2B
C 相电流（整数）	0008H	二次侧值，单位为 0.001A	2B
中相电流（整数）	0009H	二次侧值，单位为 0.001A	2B
A 相电压（整数）	000AH	一次侧值，单位为 0.1V	2B
B 相电压（整数）	000BH	一次侧值，单位为 0.1V	2B
C 相电压（整数）	000CH	一次侧值，单位为 0.1V	2B
AB 线电压（整数）	000DH	一次侧值，单位为 0.1V	2B
BC 线电压（整数）	000EH	一次侧值，单位为 0.1V	2B
CA 线电压（整数）	000FH	一次侧值，单位为 0.1V	2B
频率	0010H	实际值=上传值/100	2B
功率因数	0011H	一个字节整数，一个字节小数有符号，高位为符号位（0 为正，1 为负）	2B
有功功率（整数高）	0012H	有符号，高位为符号位（0 为正，1 为负）	4B
有功功率（整数低）	0013H		

（续）

参　数	寄存器地址	说　明	字节数
无功功率（整数高）	0014H	有符号，高位为符号位 （0 为正，1 为负）	4B
无功功率（整数低）	0015H		
视在功率（整数高）	0016H	—	4B
视在功率（整数低）	0017H		
总电能	0018H	BCD 码	4B
	0019H		
总无功电能	001AH	BCD 码	4B
	001BH		
A 相电能	001CH	BCD 码	4B
	001DH		
B 相电能	001EH	BCD 码	4B
	001FH		
C 相电能	0020H	BCD 码	4B
	0021H		
A 相电流基波（整数）	0022H	二次侧值，单位为 0.001A	2B
B 相电流基波（整数）	0023H	二次侧值，单位为 0.001A	2B
C 相电流基波（整数）	0024H	二次侧值，单位为 0.001A	2B
A 相电流 THD（整数）	0025H	单位为 0.1%	2B
B 相电流 THD（整数）	0026H	单位为 0.1%	2B
C 相电流 THD（整数）	0027H	单位为 0.1%	2B
A 相电压基波（整数）	0028H	一次侧值，单位为 0.1V	2B
B 相电压基波（整数）	0029H	一次侧值，单位为 0.1V	2B
C 相电压基波（整数）	002AH	一次侧值，单位为 0.1V	2B
A 相电压 THD（整数）	002BH	单位为 0.1%	2B
B 相电压 THD（整数）	002CH	单位为 0.1%	2B
C 相电压 THD（整数）	002DH	单位为 0.1%	2B
DIDO 状态	002EH	DIDO_VALUE1	2B
		DIDO_VALUE2	
RESERVED	002FH	保留寄存器	2B
A 相有功功率（整数高）	0030H	有符号，高位为符号位 （0 为正，1 为负）	4B
A 相有功功率（整数低）	0031H		
B 相有功功率（整数高）	0032H	有符号，高位为符号位 （0 为正，1 为负）	4B
B 相有功功率（整数低）	0033H		
C 相有功功率（整数高）	0034H	有符号，高位为符号位 （0 为正，1 为负）	4B
C 相有功功率（整数低）	0035H		
A 相无功功率（整数高）	0036H	有符号，高位为符号位 （0 为正，1 为负）	4B
A 相无功功率（整数低）	0037H		
B 相无功功率（整数高）	0038H	有符号，高位为符号位 （0 为正，1 为负）	4B
B 相无功功率（整数低）	0039H		
C 相无功功率（整数高）	003AH	有符号，高位为符号位 （0 为正，1 为负）	4B
C 相无功功率（整数低）	003BH		
A 相视在功率（整数高）	003CH	—	4B
A 相视在功率（整数低）	003DH		
B 相视在功率（整数高）	003EH	—	4B
B 相视在功率（整数低）	003FH		

（续）

参　数	寄存器地址	说　明	字　节　数
C 相视在功率（整数高）	0040H	—	4B
C 相视在功率（整数低）	0041H		
A 相功率因数	0042H	一个字节整数，一个字节小数有符号，高位为符号位（0 为正，1 为负）	2B
B 相功率因数	0043H	一个字节整数，一个字节小数有符号，高位为符号位（0 为正，1 为负）	2B
C 相功率因数	0044H	一个字节整数，一个字节小数有符号，高位为符号位（0 为正，1 为负）	2B
A 相总无功电能	0045H	BCD 码	4B
	0046H		
B 相总无功电能	0047H	BCD 码	4B
	0048H		
C 相总无功电能	0049H	BCD 码	4B
	004AH		

3.6.2　PMM2000 电力网络仪表在数字化变电站中的应用

1．应用领域

PMM2000 系列数字式多功能电力网络仪表主要应用领域如下。

- 变电站综合自动化系统。
- 低压智能配电系统。
- 智能小区配电监控系统。
- 智能型箱式变电站监控系统。
- 电信动力电源监控系统。
- 无人值班变电站系统。
- 市政工程泵站监控系统。
- 智能楼宇配电监控系统。
- 远程抄表系统。
- 工矿企业综合电力监控系统。
- 铁路信号电源监控系统。
- 发电机组/电动机远程监控系统。

2．iMeaCon 数字化变电站后台计算机监控网络系统

现场的变电站根据分布情况分成不同的组，组内的现场 I/O 设备通过数据采集器连接到变电站后台计算机监控系统。

若有多个变电站后台计算机监控网络系统，总控室需要采集现场 I/O 设备的数据，现场的变电站后台计算机监控网络系统被定义为"服务器"，总控室后台计算机监控网络系统需要采集现场 I/O 设备的数据，通过访问服务器即可。

iMeaCon 计算机监控网络系统软件基本组成如下。

1）系统图：能显示配电回路的位置及电气连接。

2）实时信息：根据系统图可查看具体回路的测量参数。

3）报表：配出回路有功电能报表（日报表、月报表和配出回路万能报表）。

4）趋势图形：显示配出回路的电流和电压。

5）通信设备诊断：现场设备故障在系统图上提示。

6）报警信息查询：报警信息可查询，报警发生时间、报警恢复时间、报警确认时间、报警信息打印、报警信息删除等。

7）打印：能够打印所有的报表。

8）数据库：有实时数据库、历史数据库。

9）自动运行：计算机开机后自动运行软件。

10）系统管理和远程接口：有密码登录、注销、退出系统等管理权限，防止非法操作。通过局域网 TCP/IP，以 OPCServer 的方式访问。

iMeaCon 计算机监控网络系统的网络拓扑结构如图 3-21 所示。

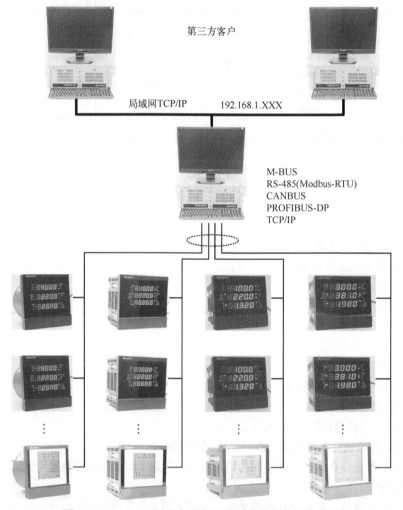

图 3-21 iMeaCon 计算机监控网络系统的网络拓扑结构

3.7 习题

1．画出串行异步收发（UART）通信的数据格式图。

2．RS-232C 和 RS-485 的区别是什么？

3．USB 接口的特点是什么？

4．简述 iMeaCon 计算机监控网络系统软件的基本组成。

第4章 PROFIBUS-DP现场总线

PROFIBUS（Process Fieldbus 的缩写）是一种国际化的、开放的、不依赖于设备生产商的现场总线标准。它广泛应用于制造业自动化、流程工业自动化和楼宇、交通、电力等其他自动化领域。本章首先对 PROFIBUS 进行了概述，然后讲述了 PROFIBUS 的协议结构、PROFIBUS-DP 现场总线系统、PROFIBUS-DP 的通信模型、PROFIBUS-DP 的总线设备类型、数据通信和 PROFIBUS 通信用 ASIC。对应用非常广泛的 PROFIBUS-DP 从站通信控制器 SPC3 进行了详细讲述，同时介绍了主站通信网络接口卡 CP5611。

4.1 PROFIBUS 概述

PROFIBUS 技术的发展经历了如下过程。

1987 年由德国 SIEMENS 公司等 13 家企业和 5 家研究机构联合开发。

1989 年成为德国工业标准 DIN19245。

1996 年成为欧洲标准 EN50170 V.2（PROFIBUS-FMS-DP）。

1998 年 PROFIBUS-PA 被纳入 EN50170V.2。

1999 年 PROFIBUS 成为国际标准 IEC61158 的组成部分（TYPE Ⅲ）。

2001 年成为中国的机械行业标准 JB/T 10308.3—2001。

PROFIBUS 由以下三个兼容部分组成。

（1）PROFIBUS-DP

用于传感器和执行器级的高速数据传输，它以 DIN19245 的第一部分为基础，根据其所需要达到的目标对通信功能加以扩充，DP 的传输速率可达 12Mbit/s，一般构成单主站系统，主站、从站间采用循环数据传输方式工作。

它的设计旨在用于设备一级的高速数据传输。在这一级，中央控制器（如 PLC/PC）通过高速串行线同分散的现场设备（如 I/O、驱动器、阀门等）进行通信，同这些分散的设备进行数据交换多数是周期性的。

（2）PROFIBUS-PA

对于安全性要求较高的场合，制定了 PROFIBUS-PA 协议，这由 DIN19245 的第四部分描述。PA 具有本质安全特性，它实现了 IEC1158-2 规定的通信规程。

PROFIBUS-PA 是 PROFIBUS 的过程自动化解决方案，PA 将自动化系统和过程控制系统与现场设备，如压力、温度和液位变送器等连接起来，代替了 4~20mA 模拟信号传输技术，在现场设备的规划、敷设电缆、调试、投入运行和维修等方面可节约成本 40%之多，并大大提高了系统功能和安全可靠性，因此 PA 尤其适用于石油、化工、冶金等行业的过程自动化控制系统。

（3）PROFIBUS-FMS

它的设计旨在解决车间一级通用性通信任务，FMS 提供大量的通信服务，用以完成以中等传输速率进行的循环和非循环的通信任务。由于它是完成控制器和智能现场设备之间的通信以及控制器之间的信息交换，因此它考虑的主要是系统的功能而不是系统响应时间，应用过程通常要求的是随机的信息交换（如改变设定参数等）。强有力的 FMS 服务向人们提供了广泛的应用范围和更大的灵活性，可用于大范围和复杂的通信系统。

为了满足苛刻的实时要求，PROFIBUS 协议具有如下特点。

1）不支持长信息段>235B（实际最大长度为 255B，数据最大长度 244B，典型长度 120B）。

2）不支持短信息组块功能。由许多短信息组成的长信息包不符合短信息的要求，因此，PROFIBUS 不提供这一功能（实际使用中可通过应用层或用户层的制定或扩展来克服这一约束）。

3）本规范不提供由网络层支持运行的功能。

4）除规定的最小组态外，根据应用需求可以建立任意的服务子集。这对小系统（如传感器等）尤其重要。

5）其他功能是可选的，如口令保护方法等。

6）网络拓扑是总线型，两端带终端器或不带终端器。

7）介质、距离、站点数取决于信号特性，如对屏蔽双绞线，单段长度小于或等于 1.2km，不带中继器，每段 32 个站点。（网络规模：双绞线，最大长度 9.6km；光纤，最大长度 90km；最大站数，127 个）。

8）传输速率取决于网络拓扑和总线长度，从 9.6kbit/s 到 12Mbit/s 不等。

9）可选第二种介质（冗余）。

10）在传输时，使用半双工、异步、滑差（Slipe）保护同步（无位填充）。

11）报文数据的完整性，用海明距离 HD=4，同步滑差检查和特殊序列，以避免数据的丢失和增加。

12）地址定义范围：0～127（对广播和群播而言，127 是全局地址），对区域地址、段地址的服务存取地址（服务存取点 LSAP）的地址扩展，每个 6bit。

13）使用两类站：主站（主动站，具有总线存取控制权）和从站（被动站，没有总线存取控制权）。如果对实时性要求不苛刻，最多可用 32 个主站，总站数可达 127 个。

14）总线存取基于混合、分散、集中三种方式：主站间用令牌传输，主站与从站之间用主—从方式。令牌在由主站组成的逻辑令牌环中循环。如果系统中仅有一主站，则不需要令牌传输。这是一个单主站多从站的系统。最小的系统配置由一个主站和一个从站或两个主站组成。

15）数据传输服务有两类。

① 非循环的：有/无应答要求的数据发送；有应答要求的数据发送和请求。

② 循环的（轮询）：有应答要求的数据发送和请求。

PROFIBUS 广泛应用于制造业自动化、流程工业自动化和楼宇、交通、电力等其他自动化领域，PROFIBUS 的典型应用如图 4-1 所示。

4.2　PROFIBUS 的协议结构

PROFIBUS 的协议结构如图 4-2 所示。

从图 4-2 可以看出，PROFIBUS 协议采用了 ISO/OSI 模型中的第 1 层、第 2 层以及必要时还采用第 7 层。第 1 层和第 2 层的导线和传输协议依据美国标准 EIA RS-485、国际标准 IEC 870-5-1 和欧洲标准 EN 60870-5-1、总线存取程序、数据传输和管理服务基于 DIN 19241 标准的第 1～第 3 部分和 IEC 955 标准。管理功能（FMA7）采用 ISO DIS 7498-4（管理框架）的概念。

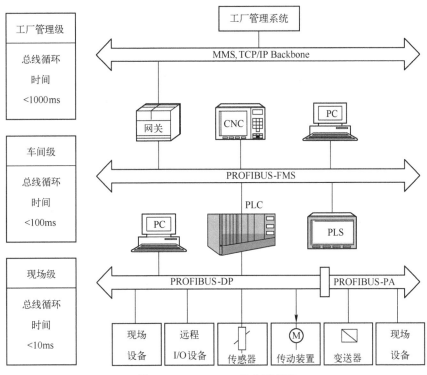

图 4-1 PROFIBUS 的典型应用

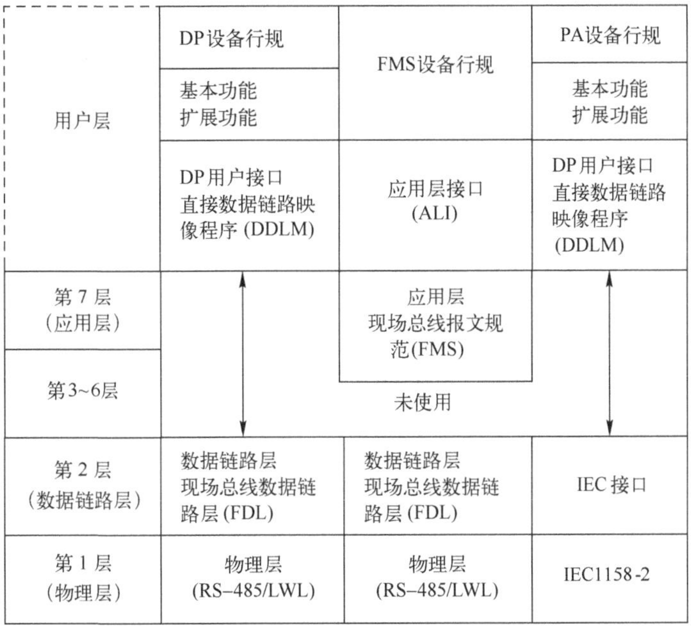

用户层	DP设备行规	FMS设备行规	PA设备行规
	基本功能 扩展功能		基本功能 扩展功能
	DP用户接口 直接数据链路映 像程序 (DDLM)	应用层接口 (ALI)	DP用户接口 直接数据链路 映像程序 (DDLM)
第 7 层 (应用层)		应用层 现场总线报文规 范(FMS)	
第3~6层		未使用	
第 2 层 (数据链路层)	数据链路层 现场总线数据链 路层 (FDL)	数据链路层 现场总线数据链 路层 (FDL)	IEC 接口
第 1 层 (物理层)	物理层 (RS–485/LWL)	物理层 (RS–485/LWL)	IEC1158-2

图 4-2 PROFIBUS 的协议结构

4.2.1 PROFIBUS-DP 的协议结构

PROFIBUS-DP 使用第 1 层、第 2 层和用户接口层，第 3~7 层未用，这种精简的结构确保高速数据传输。物理层采用 RS-485 标准，规定了传输介质、物理连接和电气等特性。PROFIBUS-DP 的数据链路层称为现场总线数据链路层（Fieldbus Data Link layer，FDL），包括与 PROFIBUS-FMS、

PROFIBUS-PA 兼容的总线介质访问控制（MAC）以及现场总线链路控制（Fieldbus Link Control，FLC），FLC 向上层提供服务存取点的管理和数据的缓存。第 1 层和第 2 层的现场总线管理（FMA1/2，FieldBus Management layer 1 and 2）完成第 2 层待定总线参数的设定和第 1 层参数的设定，它还完成这两层出错信息的上传。PROFIBUS-DP 的用户层包括直接数据链路映射（Direct Data Link Mapper，DDLM）、DP 的基本功能、扩展功能以及设备行规。DDLM 提供了方便访问 FDL 的接口，DP 设备行规是对用户数据含义的具体说明，规定了各种应用系统和设备的行为特性。

这种为高速传输用户数据而优化的 PROFIBUS 协议特别适用于可编程控制器与现场级分散 I/O 设备之间的通信。

4.2.2　PROFIBUS-FMS 的协议结构

PROFIBUS-FMS 使用了第 1 层、第 2 层和第 7 层。应用层（第 7 层）包括 FMS（现场总线报文规范）和 LLI（低层接口）。FMS 包含应用协议和提供的通信服务。LLI 建立各种类型的通信关系，并给 FMS 提供不依赖于设备的对第 2 层的访问。

FMS 处理单元级（PLC 和 PC）的数据通信。功能强大的 FMS 服务可在广泛的应用领域内使用，并为解决复杂通信任务提供了很大的灵活性。

PROFIBUS-DP 和 PROFIBUS-FMS 使用相同的传输技术和总线存取协议。因此，它们可以在同一根电缆上同时运行。

4.2.3　PROFIBUS-PA 的协议结构

PROFIBUS-PA 使用扩展的 PROFIBUS-DP 协议进行数据传输。此外，它执行规定现场设备特性的 PA 设备行规。传输技术依据 IEC 1158-2 标准，确保本质安全和通过总线对现场设备供电。使用段耦合器可将 PROFIBUS-PA 设备很容易地集成到 PROFIBUS-DP 网络之中。

PROFIBUS-PA 是为过程自动化工程中的高速、可靠的通信要求而特别设计的。用 PROFIBUS-PA 可以把传感器和执行器连接到通常的现场总线（段）上，即使在防爆区域的传感器和执行器也可如此。

4.3　PROFIBUS-DP 现场总线系统

由于 SIEMENS 公司在离散自动化领域具有较深的影响，并且 PROFIBUS-DP 在国内具有广大的用户，本节以 PROFIBUS-DP 为例介绍 PROFIBUS 现场总线系统。

4.3.1　PROFIBUS-DP 的三个版本

PROFIBUS-DP 经过功能扩展，一共有 DP-V0、DP-V1 和 DP-V2 三个版本，有时将 DP-V1 简写为 DPV1。

1. 基本功能（DP-V0）

（1）总线存取方法

各主站间为令牌传送，主站与从站间为主-从循环传送，支持单主站或多主站系统，总线上最多126 个站。可以采用点对点用户数据通信、广播（控制指令）方式和循环主-从用户数据通信。

（2）循环数据交换

DP-V0 可以实现中央控制器（PLC、PC 或过程控制系统）与分布式现场设备（从站，如 I/O、阀门、变送器和分析仪等）之间的快速循环数据交换，主站发出请求报文，从站收到后返回响应报文。这种循环数据交换是在被称为 MS0 的连接上进行的。

总线循环时间应小于中央控制器的循环时间（约 10ms），DP 的传送时间与网络中站的数量和传输速率有关。每个从站可以传送 224B 的输入或输出。

（3）诊断功能

经过扩展的 PROFIBUS-DP 诊断，能对站级、模块级、通道级这 3 级故障进行诊断和快速定位，诊断信息在总线上传输并由主站采集。

本站诊断操作：对本站设备的一般操作状态的诊断，如温度过高、压力过低。

模块诊断操作：对站点内部某个具体的 I/O 模块的故障定位。

通道诊断操作：对某个输入/输出通道的故障定位。

（4）保护功能

所有信息的传输按海明距离 HD=4 进行。对 DP 从站的输出进行存取保护，DP 主站用监控定时器监视与从站的通信，对每个从站都有独立的监控定时器。在规定的监视时间间隔内，如果没有执行用户数据传送，将会使监控定时器超时，通知用户程序进行处理。如果参数"Auto_Clear"为 1，DPM1将退出运行模式，并将所有有关的从站的输出置于故障安全状态，然后进入清除（Clear）状态。

DP 从站用看门狗（Watchdog Timer，监控定时器）检测与主站的数据传输，如果在设置的时间内没有完成数据通信，从站自动地将输出切换到故障安全状态。

在多主站系统中，从站输出操作的访问保护是必要的。这样可以保证只有授权的主站才能直接访问。其他从站可以读它们输入的映像，但是不能直接访问。

（5）通过网络的组态功能与控制功能

通过网络可以实现下列功能：动态激活或关闭 DP 从站，对 DP 主站（DPM1）进行配置，可以设置站点的数目、DP 从站的地址、输入/输出数据的格式、诊断报文的格式等，以及检查 DP 从站的组态。控制命令可以同时发送给所有的从站或部分从站。

（6）同步与锁定功能

主站可以发送命令给一个从站或同时发给一组从站。接收到主站的同步命令后，从站进入同步模式。这些从站的输出被锁定在当前状态。在这之后的用户数据传输中，输出数据存储在从站，但是它的输出状态保持不变。同步模式用"UNSYNC"命令来解除。

锁定（FREEZE）命令使指定的从站组进入锁定模式，即将各从站的输入数据锁定在当前状态，直到主站发送下一个锁定命令时才可以刷新。用"UNFREEZE"命令来解除锁定模式。

（7）DPM1 和 DP 从站之间的循环数据传输

DPM1 与有关 DP 从站之间的用户数据传输是由 DPM1 按照确定的递归顺序自动进行的。在对总线系统进行组态时，用户定义 DP 从站与 DPM1 的关系，确定哪些 DP 从站被纳入信息交换的循环。

DMP1 和 DP 从站之间的数据传送分为 3 个阶段：参数化、组态和数据交换。在前两个阶段进行检查，每个从站将自己的实际组态数据与从 DPM1 接收到的组态数据进行比较。设备类型、格式、信息长度与输入/输出的个数都应一致，以防止由于组态过程中的错误造成系统的检查错误。

只有系统检查通过后，DP 从站才进入用户数据传输阶段。在自动进行用户数据传输的同时，也可以根据用户的需要向 DP 从站发送用户定义的参数。

（8）DPM1 和系统组态设备间的循环数据传输

PROFIBUS-DP 允许主站之间的数据交换，即 DPM1 和 DPM2 之间的数据交换。该功能使组态和诊断设备通过总线对系统进行组态，改变 DPM1 的操作方式，动态地允许或禁止 DPM1 与某些从站之间交换数据。

2. DP-V1 的扩展功能

（1）非循环数据交换

除了 DP-V0 的功能外，DP-V1 最主要的特征是具有主站与从站之间的非循环数据交换功能，可以用它来进行参数设置、诊断和报警处理。非循环数据交换与循环数据交换是并行执行的，但是优先级较低。

1 类主站 DPM1 可以通过非循环数据通信读/写从站的数据块，数据传输在 DPM1 建立的 MS1 连接上进行，可以用主站来组态从站和设置从站的参数。

在启动非循环数据通信之前，DPM2 用初始化服务建立 MS2 连接。MS2 用于读、写和数据传输服务。一个从站可以同时保持几个激活的 MS2 连接，但是连接的数量受到从站资源的限制。DPM2 与从站建立或中止非循环数据通信连接，读/写从站的数据块。数据传输功能向从站非循环地写指定的数据，如果需要，可以在同一周期读数据。

对数据寻址时，PROFIBUS 假设从站的物理结构是模块化的，即从站由称为"模块"的逻辑功能单元构成。在基本 DP 功能中这种模型也用于数据的循环传送。每一模块的输入/输出字节数为常数，在用户数据报文中按固定的位置来传送。寻址过程基于标识符，用它来表示模块的类型，包括输入、输出或二者的结合，所有标识符的集合产生了从站的配置。在系统启动时由 DPM1 对标识符进行检查。

循环数据通信也是建立在这一模型的基础上的。所有能被读写访问的数据块都被认为属于这些模块，它们可以用槽号和索引来寻址。槽号用来确定模块的地址，索引号用来确定指定给模块的数据块的地址，每个数据块最多 244B。读写服务寻址如图 4-3 所示。

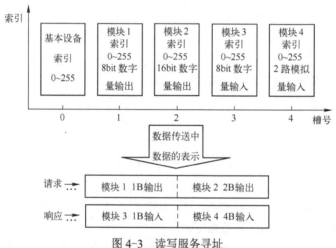

图 4-3　读写服务寻址

对于模块化的设备，模块被指定槽号，从 1 号槽开始，槽号按顺序递增，0 号留给设备本身。紧凑型设备被视为虚拟模块的一个单元，也可以用槽号和索引来寻址。

在读/写请求中通过长度信息可以对数据块的一部分进行读/写。如果读/写数据块成功，DP 从站发送正常的读/写响应。反之将发送否定的响应，并对问题进行分类。

（2）工程内部集成的 EDD 与 FDT

在工业自动化中，由于历史的原因，GSD（电子设备数据）文件使用得较多，它适用于较简单的应用；EDD（Electronic Device Description，电子设备描述）适用于中等复杂程序的应用；FDT/DTM（Field Device Tool/Device Type Manager，现场设备工具/设备类型管理）是独立于现场总线的"万能"接口，适用于复杂的应用场合。

（3）基于 IEC 61131-3 的软件功能块

为了实现与制造商无关的系统行规，应为现存的通信平台提供应用程序接口（API），即标准功能块。PNO（PROFIBUS 用户组织）推出了"基于 IEC 61131-3 的通信与代理（Proxy）功能块"。

（4）故障安全通信（PROFIsafe）

PROFIsafe 定义了与故障安全有关的自动化任务，以及故障-安全设备怎样用故障-安全控制器在 PROFIBUS 上通信。PROFIsafe 考虑了在串行总线通信中可能发生的故障，例如数据的延迟、丢失、重复，不正确的时序、地址和数据的损坏。

PROFIsafe 采取了下列补救措施：输入报文帧的超时及其确认、发送者与接收者之间的标识符（口令）、附加的数据安全措施（CRC 校验）。

（5）扩展的诊断功能

DP 从站通过诊断报文将突发事件（报警信息）传送给主站，主站收到后发送确认报文给从站。从站收到后只能发送新的报警信息，这样可以防止多次重复发送同一报警报文。状态报文由从站发送给主站，不需要主站确认。

3. DP-V2 的扩展功能

（1）从站与从站间的通信

在 2001 年发布的 PROFIBUS 协议功能扩充版本 DP-V2 中，广播式数据交换实现了从站之间的通信，从站作为出版者（Publisher），不经过主站直接将信息发送给作为订户（Subscribers）的从站。这样从站可以直接读入其他从站的数据。这种方式最多可以减少 90% 的总线响应时间。从站与从站的数据交换如图 4-4 所示。

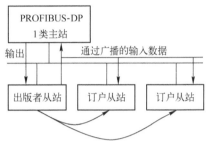

图 4-4　从站与从站的数据交换

（2）同步（Isochronous）模式功能

同步模式功能激活主站与从站之间的同步，误差小于 1ms。通过"全局控制"广播报文，所有有关的设备被周期性地同步到总线主站的循环。

（3）时钟控制与时间标记（Time Stamps）

通过用于时钟同步的新的连接 MS3，实时时间（Real Time）主站将时间标记发送给所有从站，将从站的时钟同步到系统时间，误差小于 1ms。利用这一功能可以实现高精度的事件追踪。在有大量主站的网络中，对于获取定时功能特别有用。主站与从站之间的时钟控制通过 MS3 服务来进行。

（4）HARTonDP

HART 是一种应用较广的现场总线。HART 规范将 HART 的客户-主机-服务器模型映射到 PROFIBUS，HART 规范位于 DP 主站和从站的第 7 层之上。HART-client（客户）功能集成在 PROFIBUS 的主站中，HART 的主站集成在 PROFIBUS 的从站中。为了传送 HART 报文，定义了独立于 MS1 和 MS2 的通信通道。

（5）上载与下载（区域装载）

这一功能允许用少量的命令装载任意现场设备中任意大小的数据区。例如，不需要人工装载就可以更新程序或更换设备。

（6）功能请求（Function Invocation）

功能请求服务用于 DP 从站的程序控制（启动、停止、返回或重新启动）和功能调用。

（7）从站冗余

在很多应用场合，要求现场设备的通信有冗余功能。冗余的从站有两个 PROFIBUS 接口，一个是主接口，一个是备用接口。它们可能是单独的设备，也可能分散在两个设备中。这些设备有两个带有特殊冗余扩展的独立协议堆栈，冗余通信在两个协议堆栈之间进行，可能是在一个设备内部，也可能是在两个设备之间。

在正常情况下，通信只发送给被组态的主要从站，它也发送给后备从站。在主要从站出现故障时，后备从站接管它的功能。可能是后备从站自己检查到故障，或主站请求它这样做。主站监视所有的从站，出现故障时立即发送诊断报文给后备从站。

冗余从站设备可以在一条 PROFIBUS 总线或两条冗余的 PROFIBUS 总线上运行。

4.3.2　PROFIBUS-DP 系统组成和总线访问控制

1．系统的组成

PROFIBUS-DP 总线系统设备包括主站（主动站，有总线访问控制权，包括 1 类主站和 2 类主站）和从站（被动站，无总线访问控制权）。当主站获得总线访问控制权（令牌）时，它能占用总线，可以传输报文，从站仅能应答所接收的报文或在收到请求后传输数据。

（1）1 类主站

1 类 DP 主站能够对从站设置参数，检查从站的通信接口配置，读取从站诊断报文，并根据已经定义好的算法与从站进行用户数据交换。1 类主站还能用一组功能与 2 类主站进行通信。所以 1 类主站在 DP 通信系统中既可作为数据的请求方（与从站的通信），也可作为数据的响应方（与 2 类主站的通信）。

（2）2 类主站

在 PROFIBUS-DP 系统中，2 类主站是一个编程器或一个管理设备，可以执行一组 DP 系统的管理与诊断功能。

（3）从站

从站是 PROFIBUS-DP 系统通信中的响应方，它不能主动发出数据请求。DP 从站可以与 2 类主站或（对其设置参数并完成对其通信接口配置的）1 类主站进行数据交换，并向主站报告本地诊断信息。

2．系统的结构

一个 DP 系统既可以是一个单主站结构，也可以是一个多主站结构。主站和从站采用统一编址方式，可选用 0～127 共 128 个地址，其中 127 为广播地址。一个 PROFIBUS-DP 网络最多可以有 127 个主站，在应用实时性要求较高时，主站个数一般不超过 32 个。

单主站结构是指网络中只有一个主站，且该主站为 1 类主站，网络中的从站都隶属于这个主站，从站与主站进行主从数据交换。

多主站结构是指在一条总线上连接几个主站，主站之间采用令牌传递方式获得总线控制权，获得令牌的主站和其控制的从站之间进行主从数据交换。总线上的主站和各自控制的从站构成多个独立的主从结构子系统。

典型 DP 系统的组成结构如图 4-5 所示。

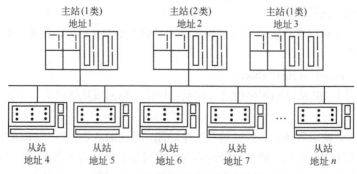

图 4-5　典型 DP 系统的组成结构

3．总线访问控制

PROFIBUS-DP 系统的总线访问控制要保证两个方面的需求：一方面，总线主站节点必须在确定的时间范围内获得足够的机会来处理它自己的通信任务；另一方面，主站与从站之间的数据交换必须是快速且具有很少的协议开销。

DP 系统支持使用混合的总线访问控制机制，主站之间采取令牌控制方式，令牌在主站之间传递，拥有令牌的主站拥有总线访问控制权；主站与从站之间采取主从的控制方式，主站具有总线访问控制权，从站仅在主站要求它发送时才可以使用总线。

当一个主站获得了令牌，它就可以执行主站功能，与其他主站节点或所控制的从站节点进行通信。总线上的报文用节点地址来组织，每个 PROFIBUS 主站节点和从站节点都有一个地址，而且此地址在整个总线上必须是唯一的。

在 PROFIBUS-DP 系统中，这种混合总线访问控制方式允许有如下的系统配置。

1）纯主-主系统（执行令牌传递过程）。

2）纯主-从系统（执行主-从数据通信过程）。

3）混合系统（执行令牌传递和主-从数据通信过程）。

（1）令牌传递过程

连接到 DP 网络的主站按节点地址的升序组成一个逻辑令牌环。控制令牌按顺序从一个主站传递到下一个主站。令牌提供访问总线的权利，并通过特殊的令牌帧在主站间传递。具有 HAS（Highest Address Station，最高站地址）的主站将令牌传递给具有最低总线地址的主站，以使逻辑令牌环闭合。

令牌经过所有主站节点轮转一次所需的时间叫作令牌循环时间（Token Rotation Time）。现场总线系统中令牌轮转一次所允许的最大时间叫作目标令牌时间（Target Rotation Time），其值是可调整的。

在系统的启动总线初始化阶段，总线访问控制通过辨认主站地址来建立令牌环，并将主站地址都记录在活动主站表（List of Active Master Stations，LAS）中（记录系统中所有主站地址）。对于令牌管理而言，有两个地址概念特别重要：前驱站（Previous Station，PS）地址，即传递令牌给自己的站的地址；后继站（Next Station，NS）地址，即将要传递令牌的目的站地址。在系统运行期间，为了从令牌环中去掉有故障的主站或在令牌环中添加新的主站而不影响总线上的数据通信，需要修改 LAS。纯主-主系统中的令牌传递过程如图 4-6 所示。

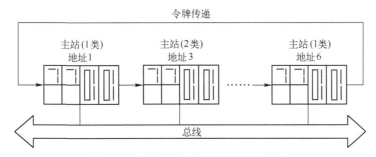

图 4-6　纯主-主系统中的令牌传递过程

（2）主-从数据通信过程

一个主站在得到令牌后，可以主动发起与从站的数据交换。主-从访问过程允许主站访问主站所控制的从站设备，主站可以发送信息给从站或从从站获取信息。其数据传递如图 4-7 所示。

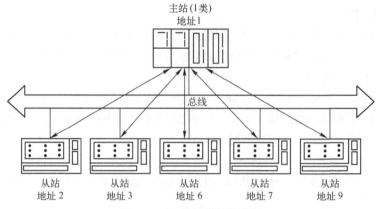

图 4-7 主-从数据通信过程

如果一个 DP 总线系统中有若干个从站，而它的逻辑令牌环只含有一个主站，这样的系统称为纯主-从系统。

4.3.3 PROFIBUS-DP 系统工作过程

下面以图 4-8 所示的 PROFIBUS-DP 系统为例，介绍 PROFIBUS 系统的工作过程。这是一个由多个主站和多个从站组成的 PROFIBUS-DP 系统，包括：2 个 1 类主站、1 个 2 类主站和 4 个从站。2 号从站和 4 号从站受控于 1 号主站，5 号从站和 9 号从站受控于 6 号主站，主站在得到令牌后对其控制的从站进行数据交换。通过用户设置，2 类主站可以对 1 类主站或从站进行管理监控。上述系统搭建过程可以通过特定的组态软件（如 Step7）组态而成，由于篇幅所限这里只讨论 1 类主站和从站的通信过程，而不讨论有关 2 类主站的通信过程。

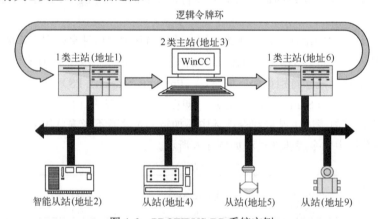

图 4-8 PROFIBUS-DP 系统实例

系统从上电到进入正常数据交换工作状态的整个过程可以概括为以下四个工作阶段。

1. 主站和从站的初始化

上电后，主站和从站进入 Offline 状态，执行自检。当所需要的参数都被初始化后（主站需要加载总线参数集，从站需要加载相应的诊断响应信息等），主站开始监听总线令牌，而从站开始等待主站对其设置参数。

2. 总线上令牌环的建立

主站准备好进入总线令牌环，处于听令牌状态。在一定时间（Time-out）内主站如果没有听到总线上有信号传递，就开始自己生成令牌并初始化令牌环。然后该主站做一次对全体可能主站地址的状态询问，根据收到应答的结果确定活动主站表和本主站所辖站地址范围 GAP，GAP 是指从本站地址（This Station，TS）到令牌环中的后继站地址 NS 之间的地址范围。LAS 的形成即标志着逻辑令牌环初始化的完成。

3. 主站与从站通信的初始化

DP 系统的工作过程如图 4-9 所示，在主站可以与 DP 从站设备交换用户数据之前，主站必须设置 DP 从站的参数并配置此从站的通信接口，因此主站首先检查 DP 从站是否在总线上。如果从站在总线上，则主站通过请求从站的诊断数据来检查 DP 从站的准备情况。如果 DP 从站报告它已准备好接收参数，则主站给 DP 从站设置参数数据并检查通信接口配置，在正常情况下，DP 从站将分别给予确认。收到从站的确认回答后，主站再请求从站的诊断数据以查明从站是否准备好进行用户数据交换。只有在这些工作正确完成后，主站才能开始循环地与 DP 从站交换用户数据。在上述过程中，交换了下述三种数据。

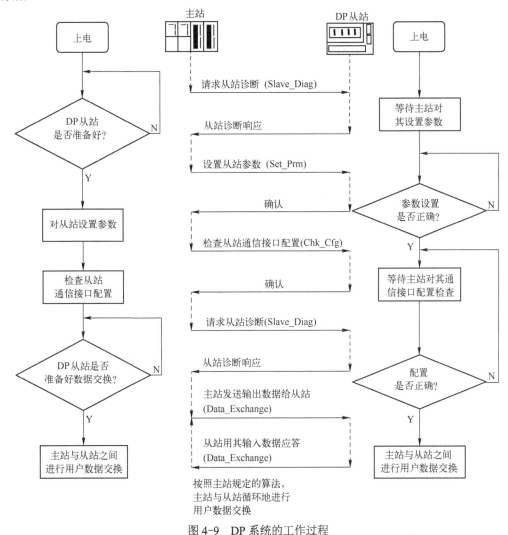

图 4-9　DP 系统的工作过程

（1）参数数据

参数数据包括预先给 DP 从站的一些本地和全局参数以及一些特征和功能。参数报文的结构除包括标准规定的部分外，必要时还包括 DP 从站和制造商特有的部分。参数报文的长度不超过 244B，重要的参数包括从站状态参数、看门狗定时器参数、从站制造商标识符、从站分组及用户自定义的从站应用参数等。

（2）通信接口配置数据

DP 从站的输入/输出数据的格式通过标识符来描述。标识符指定了在用户数据交换时输入/输出字节或字的长度及数据的一致刷新要求。在检查通信接口配置时，主站发送标识符给 DP 从站，以检查在从站中实际存在的输入/输出区域是否与标识符所设定的一致。如果一致，则可以进入主从用户数据交换阶段。

（3）诊断数据

在启动阶段，主站使用诊断请求报文来检查是否存在 DP 从站和从站是否准备接收参数报文。由 DP 从站提交的诊断数据包括符合标准的诊断部分以及此 DP 从站专用的外部诊断信息。DP 从站发送诊断报文告知 DP 主站它的运行状态、出错时间及原因等。

4．用户的交换数据通信

如果前面所述的过程没有错误而且 DP 从站的通信接口配置与主站的请求相符，则 DP 从站发送诊断报文报告它已为循环地交换用户数据做好准备。从此时起，主站与 DP 从站交换用户数据。在交换用户数据期间，DP 从站只响应对其设置参数和通信接口配置检查正确的主站发来的 Data_Exchange 请求帧报文，如循环地向从站输出数据或者循环地读取从站数据。其他主站的用户数据报文均被此 DP 从站拒绝。在此阶段，当从站出现故障或其他诊断信息时，将会中断正常的用户数据交换。DP 从站可以通过将应答时的报文服务级别从低优先级改变为高优先级来告知主站当前有诊断报文中断或其他状态信息。然后，主站发出诊断请求，请求 DP 从站的实际诊断报文或状态信息。处理后，DP 从站和主站返回到交换用户数据状态，主站和 DP 从站可以双向交换最多 244B 的用户数据。DP 从站报告当前有诊断报文的流程如图 4-10 所示。

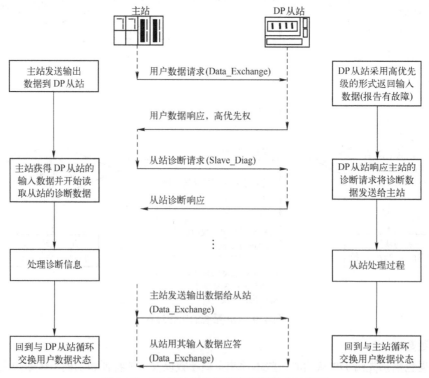

图 4-10　DP 从站报告当前有诊断报文的流程

4.4　PROFIBUS-DP 的通信模型

4.4.1　PROFIBUS-DP 的物理层

PROFIBUS-DP 的物理层支持屏蔽双绞线和光缆两种传输介质。

1．DP（RS-485）的物理层

对于屏蔽双绞电缆的基本类型来说，PROFIBUS 的物理层（第 1 层）实现对称的数据传输，符合 EIA RS-485 标准（也称为 H2）。一个总线段内的导线是屏蔽双绞电缆，段的两端各有一个终端器，如图 4-11 所示。传输速率从 9.6kbit/s～12Mbit/s 可选，所选用的波特率适用于连接到总线（段）上的所有设备。

（1）传输程序

用于 PROFIBUS RS-485 的传输程序是以半双工、异步、无间隙同步为基础的。数据的发送用 NRZ（不归零）编码，即 1 个字符帧为 11 位（bit），如图 4-12 所示。当发送位（bit）时，由二进制"0"到"1"转换期间的信号形状不改变。

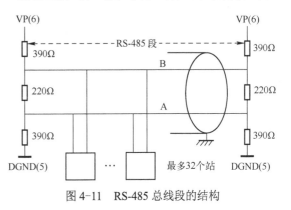

图 4-11　RS-485 总线段的结构

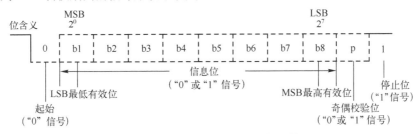

图 4-12　PROFIBUS UART 数据帧

在传输期间，二进制"1"对应于 RXD/TXD-P（Receive/Transmit-Data-P）线上的正电位，而在 RXD/TXD-N 线上则相反。各报文间的空闲（idle）状态对应于二进制"1"信号，如图 4-13 所示。

两根 PROFIBUS 数据线也常称之为 A 线和 B 线。A 线对应于 RXD/TXD-N 信号，而 B 线则对应于 RXD/TXD-P 信号。

（2）总线连接

国际性的 PROFIBUS 标准 EN 50170 推荐使用 9 针 D 型连接器用于总线站与总线的相互连接。D 型连接器的插座与总线站相连接，而 D 型连接器的插头与总线电缆相连接，9 针 D 型连接器如图 4-14 所示。

图 4-13　用 NRZ 传输时的信号形状

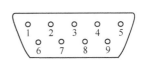

图 4-14　9 针 D 型连接器

9 针 D 型连接器的针脚分配如表 4-1 所示。

表 4-1　9 针 D 型连接器的针脚分配

针脚号	信号名称	设计含义
1	SHIELD	屏蔽或功能地
2	M24	24V 输出电压的地（辅助电源）
3	RXD/TXD-P[①]	接收/发送数据-正，B 线
4	CNTR-P	方向控制信号 P
5	DGND[①]	数据基准电位（地）
6	VP[①]	供电电压-正
7	P24	正 24V 输出电压（辅助电源）
8	RXD/TXD-N[①]	接收/发送数据-负，A 线
9	CMTR-N	方向控制信号 N

①　该类信号是强制性的，这类信号必须使用。

（3）总线终端器

根据 EIA RS-485 标准，在数据线 A 和 B 的两端均加接总线终端器。PROFIBUS 的总线终端器包含一个下拉电阻（与数据基准电位 DGND 相连接）和一个上拉电阻（与供电正电压 VP 相连接）（见图 4-11）。当在总线上没有站发送数据时，也就是说在两个报文之间总线处于空闲状态时，这两个电阻确保在总线上有一个确定的空闲电位。几乎在所有标准的 PROFIBUS 总线连接器上都组合了所需要的总线终端器，而且可以由跳接器或开关来启动。

当总线系统运行的传输速率大于 1.5Mbit/s 时，由于所连接站的电容性负载而引起导线反射，因此必须使用附加有轴向电感的总线连接插头，如图 4-15 所示。

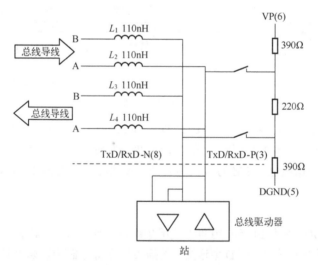

图 4-15　传输速率大于 1.5Mbit/s 的连接结构

RS-485 总线驱动器可采用 SN75176，当通信速率超过 1.5Mbit/s 时，应当选用高速型总线驱动器，如 SN75ALS1176 等。

2. DP（光缆）的物理层

PROFIBUS 第 1 层的另一种类型是以 PNO（PROFIBUS 用户组织）的导则"用于 PROFIBUS 的光纤传输技术，版本 1.1，1993 年 7 月版"为基础的，它通过光纤导体中光的传输来传送数据。光缆允许 PROFIBUS 系统站之间的距离最大为 15km。光缆对电磁干扰不敏感并能确保总线站之间的电气隔离。近年来，由于光纤的连接技术已大大简化，因此这种传输技术已经普遍地用于现场设备的数据通信，特别是塑料光纤的简单单工连接器的使用成为这一发展的重要组成部分。

用玻璃或塑料纤维制成的光缆可用作传输介质。根据所用导线的类型，目前玻璃光纤能处理的连接距离达到 15km，而塑料光纤只能达到 80m。

4.4.2　PROFIBUS-DP 的数据链路层

根据 OSI 参考模型，数据链路层规定总线存取控制、数据安全性以及传输协议和报文的处理。在 PROFIBUS-DP 中，数据链路层（第 2 层）称为 FDL 层（现场总线数据链路层）。

PROFIBUS-DP 数据链路层的报文格式如图 4-16 所示。

1.帧字符和帧格式

（1）帧字符

每个帧由若干个帧字符（UART 字符）组成，它把一个 8 位字符扩展成 11 位：首先是一个开始位 0，接着是 8 位数据，之后是奇偶校验位（规定为偶校验），最后是停止位 1。

（2）帧格式

第 2 层的报文格式（帧格式）如图 4-16 所示。其中：

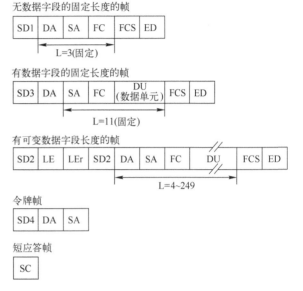

图 4-16　PROFIBUS-DP 数据链路层的报文格式

L	信息字段长度；
SC	单一字符（E5H），用在短应答帧中；
SD1~SD4	开始符，区别不同类型的帧格式： SD1=0x10，SD2=0x68，SD3=0xA2，SD4=0xDC；
LE/LEr	长度字节，指示数据字段的长度，LEr=LE；
DA	目的地址，指示接收该帧的站；
SA	源地址，指示发送该帧的站；
FC	帧控制字节，包含用于该帧服务和优先权等的详细说明；
DU	数据字段，包含有效的数据信息；
FCS	帧校验字节，不进位加所有帧字符的和；
ED	帧结束界定符（16H）。

这些帧既包括主动帧，也包括应答/回答帧，帧中字符间不存在空闲位（二进制 1）。主动帧和应答/回答帧的帧前的间隙有一些不同。每个主动帧帧头都有至少 33 个同步位，也就是说每个通信建立握手报文前必须保持至少 33 位长的空闲状态（二进制 1 对应电平信号），这 33 个同步位长作为帧同步时间间隔，称为同步位 SYN。而应答和回答帧前没有这个规定，响应时间取决于系统设置。应答帧与回答帧也有一定的区别：应答帧是指在从站向主站的响应帧中无数据字段（DU）的帧，而回答帧是指响应帧中存在数据字段（DU）的帧。另外，短应答帧只作应答使用，它是无数据字段固定长度的帧的一种简单形式。

（3）帧控制字节

FC 的位置在帧中 SA 之后，用来定义报文类型，表明该帧是主动请求帧还是应答/回答帧，FC 还包括了防止信息丢失或重复的控制信息。

（4）扩展帧

在有数据字段（DU）的帧（开始符是 SD2 和 SD3）中，DA 和 SA 的最高位（第 7 位）指示是否存在地址扩展位（EXT），0 表示无地址扩展，1 表示有地址扩展。PROFIBUS-DP 协议使用 FDL 的服务存取点（SAP）作为基本功能代码，地址扩展的作用在于指定通信的目的服务存取点（DSAP）、源服务存取点（SSAP）或者区域/段地址，其位置在 FC 字节后，DU 的最开始的一个或两个字节。在相应的应答帧中也要有地址扩展位，而且在 DA 和 SA 中可能同时存在地址扩展位，也可能只有源地址扩展或目的地址扩展。注意：数据交换功能（data_exch）采用默认的服务存取点，在数据帧中没有 DSAP 和 SSAP，即不采用地址扩展帧。

（5）报文循环

在 DP 总线上一次报文循环过程包括主动帧和应答/回答帧的传输。除令牌帧外，其余三种帧：无数据字段的固定长度的帧、有数据字段的固定长度的帧和有数据字段无固定长度的帧，既可以是主动请求帧也可以是应答/回答帧（令牌帧是主动帧，它不需要应答/回答）。

2. FDL 的四种服务

FDL 可以为其用户，也就是为 FDL 的上一层提供四种服务：发送数据须应答 SDA、发送数据无须应答 SDN、发送且请求数据须应答 SRD 及循环的发送且请求数据须应答 CSRD。用户想要 FDL 提供服务，必须向 FDL 申请，而 FDL 执行之后会向用户提交服务结果。用户和 FDL 之间的交互过程是通过一种接口来实现的，在 PROFIBUS 规范中称之为服务原语。

3. 现场总线第 1/2 层管理（FMA 1/2）

前面介绍了 PROFIBUS-DP 规范中 FDL 为上层提供的服务。而事实上，FDL 的用户除了可以申请 FDL 的服务之外，还可以对 FDL 以及物理层 PHY 进行一些必要的管理，例如强制复位 FDL 和 PHY、设定参数值、读状态、读事件及进行配置等。在 PROFIBUS-DP 规范中，这一部分叫作 FMA 1/2（第1、2 层现场总线管理）。

FMA 1/2 用户和 FMA 1/2 之间的接口服务功能主要如下。

1）复位物理层、数据链路层（Reset FMA 1/2），此服务是本地服务。

2）请求和修改数据链路层、物理层以及计数器的实际参数值（Set Value/Read Value FMA 1/2），此服务是本地服务。

3）通知意外的事件、错误和状态改变（Event FMA 1/2），此服务可以是本地服务，也可以是远程服务。

4）请求站的标识和链路服务存取点（LSAP）配置（Ident FMA 1/2、LSAP Status FMA 1/2），此服务可以是本地服务，也可以是远程服务。

5）请求实际的主站表（Live List FMA 1/2），此服务是本地服务。

6）SAP 激活及解除激活（（R）SAP Activate/SAP Deactivate FMA 1/2），此服务是本地服务。

4.4.3　PROFIBUS-DP 的用户层

1. 概述

用户层包括 DDLM 和用户接口/用户等，它们在通信中实现各种应用功能（在 PROFIBUS-DP 协议中没有定义第 7 层（应用层），而是在用户接口中描述其应用）。DDLM 是预先定义的直接数据链路映射程序，将所有在用户接口中传送的功能都映射到第 2 层 FDL 和 FMA 1/2 服务。它向第 2 层发送功能调用中 SSAP、DSAP 和 Serv_class 等必需的参数，接收来自第 2 层的确认和指示，并将它们传送给用户接口/用户。

PROFIBUS-DP 系统的通信模型如图 4-17 所示。

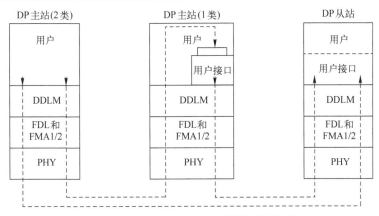

图 4-17　PROFIBUS-DP 系统的通信模型

在图 4-17 中，2 类主站中不存在用户接口，DDLM 直接为用户提供服务。在 1 类主站上除 DDLM 外，还存在用户、用户接口以及用户与用户接口之间的接口。用户接口与用户之间的接口被定义为数据接口与服务接口，在该接口上处理与 DP 从站之间的通信。在 DP 从站中，存在着用户与用户接口，而用户和用户接口之间的接口被创建为数据接口。主站-主站之间的数据通信由 2 类主站发起，在 1 类主站中数据流直接通过 DDLM 到达用户，不经过用户接口及其接口之间的接口，而 1 类主站与 DP 从站两者的用户经由用户接口，利用预先定义的 DP 通信接口进行通信。

在不同的应用中，具体需要的功能范围必须与具体应用相适应，这些适应性定义称为行规。行规提供了设备的可互换性，保证不同厂商生产的设备具有相同的通信功能。

2. PROFIBUS-DP 行规

PROFIBUS-DP 只使用了第 1 层和第 2 层。而用户接口定义了 PROFIBUS-DP 设备可使用的应用功能以及各种类型的系统和设备的行为特性。

PROFIBUS-DP 协议的任务只是定义用户数据怎样通过总线从一个站传送到另一个站。在这里，传输协议并没有对所传输的用户数据进行评价，这是 DP 行规的任务。由于精确规定了相关应用的参数和行规的使用，从而使不同制造商生产的 DP 部件能容易地交换使用。目前已制定了如下的 DP 行规。

1）NC/RC 行规（3.052）：该行规介绍了人们怎样通过 PROFIBUS-DP 对操作机床和装配机器人进行控制。根据详细的顺序图解，从高一级自动化设备的角度，介绍了机器人的动作和程序控制情况。

2）编码器行规（3.062）：本行规介绍了回转式、转角式和线性编码器与 PROFIBUS-DP 的连接，这些编码器带有单转或多转分辨率。有两类设备定义了它们的基本和附加功能，如标定、中断处理和扩展诊断。

3）变速传动行规（3.071）：传动技术设备的主要生产厂商共同制定了 PROFIDRIVE 行规。行规具体规定了传动设备怎样参数化，以及设定值和实际值怎样进行传递，这样不同厂商生产的传动设备就可互换，此行规也包括了速度控制和定位必需的规格参数。传动设备的基本功能在行规中有具体规定，但根据具体应用留有进一步扩展和发展的余地。行规描述了 DP 或 FMS 应用功能的映像。

4）操作员控制和过程监视行规（HMI）：HMI 行规具体说明了通过 PROFIBUS-DP 将这些设备与更高一级自动化部件进行连接，此行规使用了扩展的 PROFIBUS-DP 功能来进行通信。

4.4.4　PROFIBUS-DP 用户接口

1. 1 类主站的用户接口

1 类主站用户接口与用户之间的接口包括数据接口和服务接口。在该接口上处理与 DP 从站通信的所有信息交互，1 类主站的用户接口如图 4-18 所示。

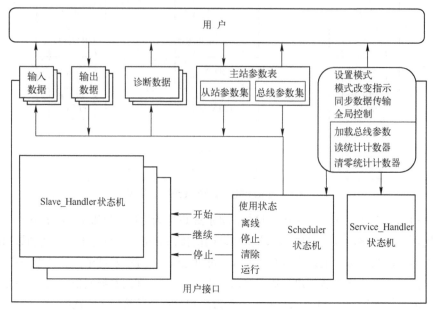

图 4-18　1 类主站的用户接口

（1）数据接口

数据接口包括主站参数集、诊断数据和输入/输出数据。其中主站参数集包含总线参数集和 DP 从站参数集，是总线参数和从站参数在主站上的映射。

1）总线参数集：总线参数集的内容包括总线参数长度、FDL 地址、波特率、时隙时间、最小和最大响应从站延时、静止和建立时间、令牌目标轮转时间、GAL 更新因子、最高站地址、最大重试次数、用户接口标志、最小从站轮询时间间隔、请求方得到响应的最长时间、主站用户数据长度、主站（2 类）的名字和主站用户数据。

2）DP 从站参数集：DP 从站参数集的内容包括从站参数长度、从站标志、从站类型、参数数据长度、参数数据、通信接口配置数据长度、通信接口配置数据、从站地址分配表长度、从站地址分配表、从站用户数据长度和从站用户数据。

3）诊断数据：诊断数据 Diagnostic_Data 是指由用户接口存储的 DP 从站诊断信息、系统诊断信息、数据传输状态表（Data_Transfer_List）和主站状态（Master_Status）的诊断信息。

4）输入/输出数据：输入（Input Data）/输出数据（Output Data）包括 DP 从站的输入数据和 1 类主站用户的输出数据。该区域的长度由 DP 从站制造商指定，输入和输出数据的格式由用户根据其 DP 系统来设计，格式信息保存在 DP 从站参数集的 Add_Tab 参数中。

（2）服务接口

通过服务接口，用户可以在用户接口的循环操作中异步调用非循环功能。非循环功能分为本地和远程功能。本地功能由 Scheduler 或 Service_Handler 处理，远程功能由 Scheduler 处理。用户接口不提供附加出错处理。在这个接口上，服务调用顺序执行，只有在接口上传送了 Mark.req 并产生 Global_Control.req 的情况下才允许并行处理。服务接口包括以下几种服务。

1）设定用户接口操作模式（Set_Mode）：用户可以利用该功能设定用户接口的操作模式（USIF_State），并可以利用功能 DDLM_Get_Master_Diag 读取用户接口的操作模式。2 类主站也可以利用功能 DDLM_Download 来改变操作模式。

2）指示操作模式改变（Mode_Change）：用户接口用该功能指示其操作模式的改变。如果用户通过功能 Set_Mode 改变操作模式，该指示将不会出现。如果在本地接口上发生了一个严重的错误，则用户接口将操作模式改为 Offline。

3）加载总线参数集（Load_Bus_Par）：用户用该功能加载新的总线参数集。用户接口将新装载的总线参数集传送给当前的总线参数集并将改变的 FDL 服务参数传送给 FDL 控制。在用户接口的操作模式 Clear 和 Operate 下不允许改变 FDL 服务参数 Baud_Rate 或 FDL_Add。

4）同步数据传输（Mark）：利用该功能，用户可与用户接口同步操作，用户将该功能传送给用户接口后，当所有被激活的 DP 从站至少被询问一次后，用户将收到一个来自用户接口的应答。

5）对从站的全局控制命令（Global_Control）：利用该功能可以向一个（单一）或数个（广播）DP 从站传送控制命令 Sync 和 Freeze，从而实现 DP 从站的同步数据输出和同步数据输入功能。

6）读统计计数器（Read_Value）：利用该功能读取统计计数器中的参数变量值。

7）清零统计计数器（Delete_SC）：利用该功能清零统计计数器，各个计数器的寻址索引与其 FDL 地址一致。

2．从站的用户接口

在 DP 从站中，用户接口通过从站的主-从 DDLM 功能和从站的本地 DDLM 功能与 DDLM 通信，用户接口被创建为数据接口，从站用户接口状态机实现对数据交换的监视。用户接口分析本地发生的 FDL 和 DDLM 错误并将结果放入 DDLM_Fault.ind 中。用户接口保持与实际应用过程之间的同步，并用该同步的实现依赖于一些功能的执行过程。在本地，同步由三个事件来触发：新的输入数据、诊断信息（Diag_Data）改变和通信接口配置改变。主站参数集中 Min_Slave_Interval 参数的值应根据 DP 系统中从站的性能来确定。

4.5　PROFIBUS-DP 的总线设备类型和数据通信

4.5.1　概述

PROFIBUS-DP 协议是为自动化制造工厂中分散的 I/O 设备和现场设备所需要的高速数据通信而设计的。典型的 DP 配置是单主站结构，如图 4-19 所示。DP 主站与 DP 从站间的通信基于主-从原理。也就是说，只有当主站请求时总线上的 DP 从站才可能活动。DP 从站被 DP 主站按轮询表依次访问。DP 主站与 DP 从站间的用户数据连续地交换，而并不考虑用户数据的内容。

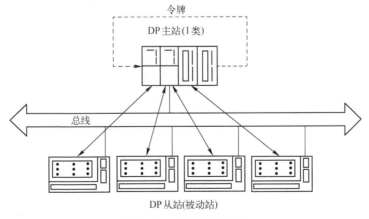

图 4-19　DP 单主站结构

在 DP 主站上处理轮询表的情况如图 4-20 所示。

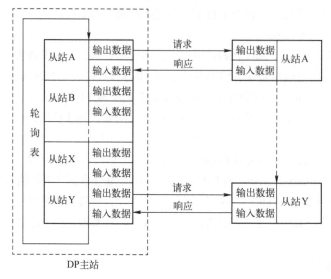

图 4-20　在 DP 主站上处理轮询表的示意图

DP 主站与 DP 从站间的一个报文循环由 DP 主站发出的请求帧（轮询报文）和由 DP 从站返回的有关应答或响应帧组成。

由于按 EN 50170 标准规定的 PROFIBUS 节点在第 1 层和第 2 层的特性，一个 DP 系统也可能是多主站结构。实际上，这就意味着一条总线上连接几个主站节点，在一个总线上 DP 主站/从站、FMS 主站/从站和其他的主动节点或被动节点也可以共存，如图 4-21 所示。

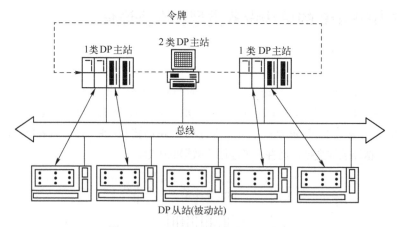

图 4-21　PROFIBUS-DP 多主站结构

4.5.2　DP 设备类型

1. DP 主站（1 类）

1 类 DP 主站循环地与 DP 从站交换用户数据。它使用如下协议功能执行通信任务。

（1）Set_Prm 和 Chk_Cfg

在启动、重启动和数据传输阶段，DP 主站使用这些功能发送参数集给 DP 从站。对个别 DP 从站而言，其输入和输出数据的字节数在组态期间进行定义。

（2）Data_Exchange

此功能循环地与指定给它的 DP 从站进行输入/输出数据交换。

（3）Slave_Diag

在启动期间或循环的用户数据交换期间，用此功能读取 DP 从站的诊断信息。

（4）Global_Control

DP 主站使用此控制命令将它的运行状态告知给各 DP 从站。此外，还可以将控制命令发送给个别从站或规定的 DP 从站组，以实现输出数据和输入数据的同步（Sync 和 Freeze 命令）。

2．DP 从站

DP 从站只与装载此从站的参数并组态它的 DP 主站交换用户数据。DP 从站可以向此主站报告本地诊断中断和过程中断。

3．DP 主站（2 类）

2 类 DP 主站是编程装置、诊断和管理设备。除了已经描述的 1 类主站的功能外，2 类 DP 主站通常还支持下列特殊功能。

（1）RD_Inp 和 RD_Outp

在与 1 类 DP 主站进行数据通信的同时，用这些功能可读取 DP 从站的输入和输出数据。

（2）Get_Cfg

用此功能读取 DP 从站的当前组态数据。

（3）Set_Slave_Add

此功能允许 DP 主站（2 类）分配一个新的总线地址给一个 DP 从站。当然，此从站是支持这种地址定义方法的。

此外，2 类 DP 主站还提供一些功能用于与 1 类 DP 主站的通信。

4．DP 组合设备

可以将 1 类 DP 主站、2 类 DP 主站和 DP 从站组合在一个硬件模块中形成一个 DP 组合设备。实际上，这样的设备是很常见的。一些典型的设备组合如下。

1）1 类 DP 主站与 2 类 DP 主站的组合。

2）DP 从站与 1 类 DP 主站的组合。

4.5.3　DP 设备之间的数据通信

1．DP 通信关系和 DP 数据交换

按 PROFIBUS-DP 协议，通信作业的发起者称为请求方，而相应的通信伙伴称为响应方。所有 1 类 DP 主站的请求报文以第 2 层中的"高优先权"报文服务级别处理。与此相反，由 DP 从站发出的响应报文使用第 2 层中的"低优先权"报文服务级别。DP 从站可将当前出现的诊断中断或状态事件通知给 DP 主站，仅在此刻，可通过将 Data_Exchange 的响应报文服务级别从"低优先权"改变为高优先权来实现。数据的传输是非连接的 1 对 1 或 1 对多连接（仅控制命令和交叉通信）。表 4-2 列出了 DP 主站和 DP 从站的通信能力，按请求方和响应方分别列出。

表 4-2　各类 DP 设备间的通信关系

功能/服务 依据 EN 50170	DP-从站		DP 主站（1 类）		DP 主站（2 类）		使用的 SAP 号	使用的 第 2 层服务
	Requ	Resp	Requ	Resp	Requ	Resp		
Data-Exchange		M	M		O		默认 SAP	SRD
RD-Inp		M			O		56	SRD

（续）

功能/服务 依据 EN 50170	DP-从站		DP 主站（1 类）		DP 主站（2 类）		使用的 SAP 号	使用的 第 2 层服务
	Requ	Resp	Requ	Resp	Requ	Resp		
RD_Outp		M			O		57	SRD
Slave_Diag		M	M		O		60	SRD
Set_Prm		M	M		O		61	SRD
Chk_Cfg		M	M		O		62	SRD
Get_Cfg		M			O		59	SRD
Global_Control		M	M		O		58	SDN
Set_Slave_Add		O			O		55	SRD
M_M_Communication			O	O	O	O	54	SRD/SDN
DPV1 Services		O	O		O		51/50	SRD

注：Requ=请求方，Resp=响应方，M=强制性功能，O=可选功能。

2. 初始化阶段，重启动和用户数据通信

在 DP 主站可以与从站设备交换用户数据之前，DP 主站必须定义 DP 从站的参数并组态此从站。为此，DP 主站首先检查 DP 从站是否在总线上。如果是，则 DP 主站通过请求从站的诊断数据来检查 DP 从站的准备情况。当 DP 从站报告它已准备好参数定义时，则 DP 主站装载参数集和组态数据。DP 主站再请求从站的诊断数据以查明从站是否准备就绪。只有在这些工作完成后，DP 主站才开始循环地与 DP 从站交换用户数据。

DP 从站初始化阶段的主要顺序如图 4-22 所示。

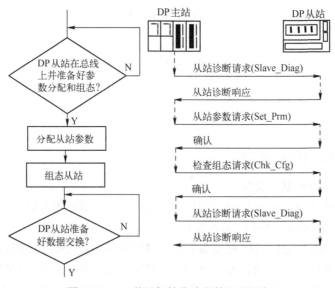

图 4-22 DP 从站初始化阶段的主要顺序

（1）参数数据（Set_Prm）

参数集包括预定给 DP 从站的重要的本地和全局参数、特征和功能。为了规定和组态从站参数，通常使用装有组态工具的 DP 主站来进行。使用直接组态方法，则需填写由组态软件的图形用户接口提供的对话框。使用间接组态方法，则要用组态工具存取当前的参数和有关 DP 从站的 GSD 数据。参数报文的结构包括 EN 50170 标准规定的部分，必要时还包括 DP 从站和制造商特指的部分。参数报文的长度不能超过 244 个字节。以下列出了最重要的参数报文的内容。

1）Station Status：Station Status 包括与从站有关的功能和设定。例如，它规定定时监视器（Watchdog）是否要被激活。

2）Watchdog：Watchdog 检查 DP 主站的故障。如果定时监视器被启用，且 DP 从站检查出 DP 主站有故障，则本地输出数据被删除或进入规定的安全状态（替代值被传送给输出）。在总线上运行的一个 DP 从站，可以带定时监视器也可以不带。根据总线配置和所选用的传输速率，组态工具建议此总线配置可以使用的定时监视器的时间。详情请参阅"总线参数"。

3）Ident_Number：DP 从站的标识号（Ident_Number）是由 PNO 在认证时规定的。DP 从站的标识号放在此设备的主要文件中。只有当参数报文中的标识号与此 DP 从站本身的标识号一致时，此 DP 从站才接收此参数报文。这样就防止了偶尔出现的从站设备的错误参数定义。

4）Group_Ident：Group_Ident 可将 DP 从站分组组合，以便使用 Sync 和 Freeze 控制命令。最多可允许组成 8 组。

5）User_Prm_Data：DP 从站参数数据（User_Prm_Data）为 DP 从站规定了有关应用数据。例如，这可能包括默认设定或控制器参数。

（2）组态数据（Chk_Cfg）

在组态数据报文中，DP 主站发送标识符格式给 DP 从站，这些标识符格式告知 DP 从站要被交换的输入/输出区域的范围和结构。这些区域（也称"模块"）是按 DP 主站和 DP 从站约定的字节或字结构（标识符格式）形式定义的。标识符格式允许指定输入或输出区域，或各模块的输入和输出区域。这些数据区域的大小最多可以有 16 个字节/字。当定义组态报文时，必须依据 DP 从站设备类型考虑下列特性。

1）DP 从站有固定的输入和输出区域。

2）依据配置，DP 从站有动态的输入/输出区域。

3）DP 从站的输入/输出区域由此 DP 从站及其制造商特指的标识符格式来规定。

那些包括连续的信息而又不能按字节或字结构安排的输入和（或）输出数据区域被称为"连续的"数据。例如，它们包含用于闭环控制器的参数区域或用于驱动控制的参数集。使用特殊的标识符格式（与 DP 从站和制造商有关的）可以规定最多 64 个字节或字的输入和输出数据区域（模块）。DP 从站可使用的输入、输出域（模块）存放在设备数据库文件（GSD 文件）中。在组态此 DP 从站时它们将由组态工具推荐给用户。

（3）诊断数据（Slave_Diag）

在启动阶段，DP 主站使用请求诊断数据来检查 DP 从站是否存在和是否准备好接收参数信息。由 DP 从站提交的诊断数据包括符合 EN 50170 标准的诊断部分。如果有的话，还包括此 DP 从站专用的诊断信息。DP 从站发送诊断信息告知 DP 主站它的运行状态以及发生出错事件时出错的原因。DP 从站可以使用第 2 层中"high_Prio"（高优先权）的 Data_Exchange 响应报文发送一个本地诊断中断给 DP 主站的第 2 层，在响应时 DP 主站请求评估此诊断数据。如果不存在当前的诊断中断，则 Data_Exchange 响应报文具有"Low_Priority"（低优先权）标识符。然而，即使没有诊断中断的特殊报告存在，DP 主站也随时可以请求 DP 从站的诊断数据。

（4）用户数据（Data_Exchange）

DP 从站检查从 DP 主站接收到的参数和组态信息。如果没有错误而且允许由 DP 主站请求的设定，则 DP 从站发送诊断数据报告它已为循环地交换用户数据准备就绪。从此时起，DP 主站与 DP 从站交换所组态的用户数据。在交换用户数据期间，DP 从站只对由定义它的参数并组态它的 1 类 DP 主站发来的 Data_Exchange 请求帧报文做出反应。其他的用户数据报文均被此 DP 从站拒绝。这就是说，只传输有用的数据。

DP 主站与 DP 从站循环交换用户数据如图 4-23 所示。DP 从站报告当前的诊断中断如图 4-24 所示。

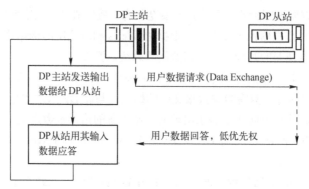

图 4-23　DP 主站与 DP 从站循环交换用户数据

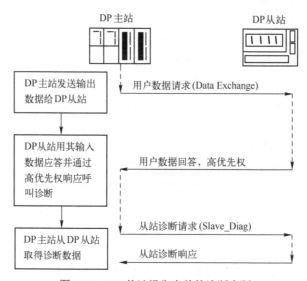

图 4-24　DP 从站报告当前的诊断中断

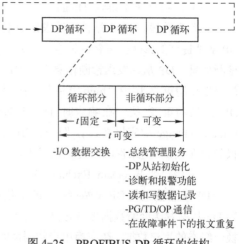

图 4-25　PROFIBUS-DP 循环的结构

在图 4-24 中，DP 从站可以通过将应答时的报文服务级别从"Low_Priority"（低优先权）改变为"High_priority"（高优先权）来告知 DP 主站它当前的诊断中断或现有的状态信息。然后，DP 主站在诊断报文中做出一个由 DP 从站发来的实际诊断或状态信息请求。在获取诊断数据之后，DP 从站和 DP 主站返回到交换用户数据状态。使用请求/响应报文，DP 主站与 DP 从站可以双向交换最多 244 个字节的用户数据。

4.5.4　PROFIBUS-DP 循环

1. PROFIBUS-DP 循环的结构

单主总线系统中 DP 循环的结构如图 4-25 所示。

一个 DP 循环包括固定部分和可变部分。固定部分由循环报文构成，它包括总线存取控制（令牌管理和站状态）和与 DP 从站的 I/O 数据通信（Data_Exchange）。DP 循环的可变部分由被控事件的非循环报文构成。报文的非循环部分包括下列内容。

1）DP 从站初始化阶段的数据通信。

2）DP 从站诊断功能。

3）2 类 DP 主站通信。

4）DP 主站和主站通信。

5）非正常情况下（Retry），第 2 层控制的报文重复。

6）与 DPV1 对应的非循环数据通信。

7）PG 在线功能。

8）HMI 功能。

根据当前 DP 循环中出现的非循环报文的多少，相应地增大 DP 循环。这样，一个 DP 循环中总是有固定的循环时间。如果存在的话，还有被控事件的可变的数个非循环报文。

2. 固定的 PROFIBUS-DP 循环的结构

对于自动化领域的某些应用来说，固定的 DP 循环时间和固定的 I/O 数据交换是有好处的。这特别适用于现场驱动控制。例如，若干个驱动的同步就需要固定的总线循环时间。固定的总线循环常常也称为"等距"总线循环。

与正常的 DP 循环相比较，在 DP 主站的一个固定的 DP 循环期间，保留了一定的时间用于非循环通信。如图 4-26 所示，DP 主站确保这个保留的时间不超时。这只允许一定数量的非循环报文事件。如果此保留的时间未用完，则通过多次给自己发报文直到达到所选定的固定总线循环时间为止，这样就产生了一个暂停时间。这确保所保留的固定总线循环时间精确到微秒。

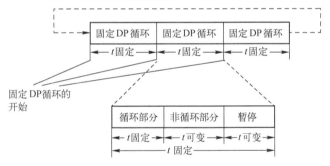

图 4-26　固定的 PROFIBUS-DP 循环的结构

固定的 DP 总线循环的时间用 STEP7 组态软件来指定。STEP7 根据所组态的系统并考虑某些典型的非循环服务部分推荐一个默认时间值。当然，用户可以修改 STEP7 推荐的固定的总线循环时间值。

固定的 DP 循环时间只能在单主系统中设定。

4.5.5　采用交叉通信的数据交换

交叉通信，也称之为"直接通信"，是在 SIMATIC S7 应用中使用 PROFIBUS-DP 的另一种数据通信方法。在交叉通信期间，DP 从站不用 1 对 1 的报文（从→主）响应 DP 主站，而用特殊的 1 对多的报文（从→nnn）。这就是说，包含在响应报文中的 DP 从站的输入数据不仅对相关的主站可使用，而且也对总线上支持这种功能的所有 DP 节点都可使用。

4.5.6　设备数据库文件（GSD）

PROFIBUS 设备具有不同的性能特征，特性的不同在于现有功能（即 I/O 信号的数量和诊断信息）的不同或可能的总线参数，如波特率和时间的监控不同。这些参数对每种设备类型和每家生产厂商来说均各有差别，为达到 PROFIBUS 简单的即插即用配置，这些特性均在电子数据单中具体说明，有时称为设备数据库文件或 GSD 文件。标准化的 GSD 数据将通信扩大到操作员控制一级，使用基于 GSD 的组态工具可将不同厂商生产的设备集成在一个总线系统中，用户界面友好。

对一种设备类型的特性 GSD 以一种准确定义的格式给出其全面而明确的描述。GSD 文件由生产厂商分别针对每一种设备类型准备并以设备数据库清单的形式提供给用户，这种明确定义的文件格式便于读出任何一种 PROFIBUS-DP 设备的设备数据库文件，并且在组态总线系统时自动使用这些信息。GSD 分为以下三部分。

（1）总体说明

包括厂商和设备名称、软硬件版本情况、支持的波特率、可能的监控时间间隔及总线插头的信号分配。

（2）DP 主设备相关规格

包括所有只适用于 DP 主设备的参数（例如可连接的从设备的最多台数或加载和卸载能力）。从设备没有这些规定。

（3）从设备的相关规格

包括与从设备有关的所有规定（例如 I/O 通道的数量和类型、诊断测试的规格及 I/O 数据的一致性信息）。

每种类型的 DP 从设备和每种类型的 1 类 DP 主设备都有一个标识号。主设备用此标识号识别哪种类型设备连接后不产生协议的额外开销。主设备将所连接的 DP 设备的标识号与在组态数据中用组态工具指定的标识号进行比较，直到具有正确站址的正确设备类型连接到总线上后，用户数据才开始传输。这可避免组态错误，从而大大提高安全级别。

4.6　PROFIBUS 通信用 ASIC

SIEMENS 公司提供的 PROFIBUS 通信用 ASIC 主要有 DPC31、LSPM2、SPC3、SPC41 和 ASPC2，如表 4-3 所示。

表 4-3　几种典型的 PROFIBUS 通信用 ASIC

型号	类型	特性	FMS	DP	PA	加微控制器	加协议软件	最大波特率	支持电压
DPC31	从站	SPC3+80C31 内核	×	√	√	可选	√	12Mbit/s	3.3V DC
LSPM2	从站	低价格、单片、有 32 个 I/O 位	×	√	×	×	×	12Mbit/s	5V DC
SPC3	从站	通用 DP 协议芯片，需外加 CPU	×	√	×	√	√	12Mbit/s	5V DC
SPC41	从站	DP 协议芯片，外加 CPU，可通过 SIM1-2 连接 PA	√	√	√	√	√	12Mbit/s	3.3/5V DC
ASPC2	主站	主站协议芯片，外加 CPU 实现主站功能	√	√	√	√	√	12Mbit/s	5V DC

其中一些 PROFIBUS 通信用 ASIC 内置 INTEL80C31 内核 CPU；供电电源有 5V 或 3.3V；一些 PROFIBUS 通信控制器需要外加微控制器；一些 PROFIBUS 通信用 ASIC 不需要外加微控制器，但均支持 DP/FMS/PA 通信协议中的一种或多种。

由于 AMIS Holdings, Inc.被 ON Semiconductor Corporation（安森美半导体公司）收购，PROFIBUS 通信控制器 ASPC2、DPC31 STEP C1 和 SPC3 ASIC 已于 2009 年 3 月使用新的安森美半导体公司的 ON 标志代替之前的 AMIS 标志，标签的更改对于部件的功能性和兼容性没有影响。

表 4-3 中的有些产品已经停产（End of Life，EoL），如 LSPM2。

PROFIBUS 通信用 ASIC 应用特点如下。

1）便于将现场设备连接到 PROFIBUS。

2）集成的节能管理。

3）不同的 ASIC 用于不同的功能要求和应用领域。

通过 PROFIBUS 通信用 ASIC，设备制造商可以将设备方便地连接到 PROFIBUS 网络，可实现最高 12 Mbit/s 的传输速率。

PROFIBUS 通信用 ASIC 的应用场合介绍如下。

1）主站应用：ASPC 2。

2）智能从站：SPC 3，硬件控制总线接入； DPC31，集成 80C31 内核 CPU；SPC41、SPC42，DP 协议芯片，外加 CPU，可通过 SIM1-2 连接 PA。

3）本安连接：用于安全现场总线系统中的物理连接的 SIM 1-2，作为一个符合 IEC 61158-2 标准的介质连接单元，传输速率为 31.25 kbit/s。尤其适合与 SPC41、SPC 42 和 DPC 31 结合使用。

4）连接到光纤导体：该 ASIC 的功能是补充现有的用于 PROFIBUS-DP 的 ASIC。FOCSI 模块可以保证接收/发送光纤信号的可靠电气调节和发送。为了把信号输入光缆，除了 FOCSI 以外，还需使用合适的发送器/接收器。FOCSI 可以与其他的 PROFIBUS DP ASIC 一起使用。

PROFIBUS 通信用 ASIC 技术规范如表 4-4 所示。

表 4-4　PROFIBUS 通信用 ASIC 技术规范

ASIC	SPC3	DPC31	SPC42	ASPC2	SIM1-2	FOCSI
协议	PROFIBUS-DP	PROFIBUS-DP PROFIBUS-PA	PROFIBUS-DP PROFIBUS-FMS PROFIBUS-PA	PROFIBUS-DP PROFIBUS-FMS PROFIBUS-PA	PROFIBUS-PA	—
应用范围	智能从站应用	智能从站应用	智能从站应用	主站应用	介质附件	介质管理单元
最大传输速率	12 Mbit/s	12 Mbit/s	12 Mbit/s	12 Mbit/s	31.25 kbit/s	12 Mbit/s
总线访问	在 ASIC 中	在 ASIC 中	在 ASIC 中	在 ASIC 中	—	—
传输速率自动测定	√	√	√	√	—	—
所需微控制器	√	内置	√	√	—	—
固件大小/KB	6～24	约38	3～30	80	不需要	不需要
报文缓冲区/KB	1.5	6	3	1000（外部）	—	—
电源/V	5	3.3	5，3.3	5	通过总线	3.3
最大功耗/W	0.5	0.2	0.6，5V 时 0.01，3.3V 时	0.9	0.05	0.75
环境温度/℃	−40～+85	−40～+85	−40～+85	−40～+85	−40～+85	−40～+85
封装	PQFP，44 引脚	PQFP，100 引脚	TQFP，44 引脚	MQFP，100 引脚	PQFP，40 引脚	TQFP，44 引脚

4.7　PROFIBUS-DP 从站通信控制器 SPC3

4.7.1　SPC3 功能简介

SPC3 为 PROFIBUS 智能从站提供了廉价的配置方案，可支持多种处理器。与 SPC2 相比，SPC3 存储器内部管理和组织有所改进，并支持 PROFIBUS_DP。

SPC3 只集成了传输技术的部分功能，而没有集成模拟功能（RS-485 驱动器）、FDL（Fieldbus Data Link，现场总线数据链路）传输协议。它支持接口功能、FMA 功能和整个 DP 从站协议（USIF：用户接口让用户很容易访问第二层）。第二层的其余功能（软件功能和管理）需要通过软件来实现。

SPC3 内部集成了 1.5KB 的双口 RAM 作为 SPC3 与软件/程序的接口。整个 RAM 被分为 192 段，每段 8B。用户寻址由内部 MS（Microsequencer）通过基址指针（Base-Pointer）来实现。基址指针可位于存储器的任何段。所以，任何缓存都必须位于段首。

如果 SPC3 工作在 DP 方式下，SPC3 将自动完成所有 DP-SAPs 的设置。在数据缓冲区生成各种报文（如参数数据和配置数据），为数据通信提供三个可变的缓存器，两个输出，一个输入。通信时经常用到变化的缓存器，因此不会发生任何资源问题。SPC3 为最佳诊断提供两个诊断缓存器，用户可存入刷新的诊断数据。在这一过程中，有一诊断缓存总是分配给 SPC3。

总线接口是一参数化的 8 位同步/异步接口，可使用各种 Intel 和 Motorola 处理器/微处理器。用户可通过 11 位地址总线直接访问 1.5KB 的双口 RAM 或参数存储器。

处理器上电后，程序参数（站地址、控制位等）必须传送到参数寄存器和方式寄存器。

任何时候状态寄存器都能监视 MAC 的状态。

各种事件（诊断、错误等）都能进入中断寄存器，通过屏蔽寄存器使能，然后通过响应寄存器响应。SPC3 有一个共同的中断输出。

看门狗定时器有三种状态：Baud_Search、Baud_Control、Dp_Control。

微顺序控制器（MS）控制整个处理过程。

程序参数（缓存器指针、缓存器长度、站地址等）和数据缓存器包含在内部 1.5KB 双口 RAM 中。

在 UART 中，并行、串行数据相互转换，SPC3 能自动调整波特率。

空闲定时器（Idle Timer）直接控制串行总线的时序。

4.7.2　SPC3 引脚说明

SPC3 为 44 引脚 PQFP 封装，引脚说明如表 4-5 所示。

表 4-5　SPC3 引脚说明

引脚	引脚名称	描　　　述		源/目的
1	XCS	片选	C32 方式：　接 V_{DD}	CPU (80C165)
			C165 方式：片选信号	
2	XWR/E_Clock	写信号/E_CLOCK		CPU
3	DIVIDER	设置 CLKOUT2/4 的分频系数 低电平表示 4 分频		—
4	XRD/R_W	读信号/Read_Write　Motorola		CPU
5	CLK	时钟脉冲输入		系统
6	V_{SS}	地		—
7	CLKOUT2/4	2 或 4 分频时钟脉冲输出		系统，CPU

（续）

引脚	引脚名称	描　述		源/目的
8	XINT/MOT	<log> 0＝Intel 接口 <log> 1＝Motorola 接口		系统
9	X/INT	中断		CPU, 中断控制
10	AB10	地址总线	C32 方式：<log>0 C165 方式：地址总线	—
11	DB0	数据总线	C32 方式：数据/地址复用 C165 方式：数据/地址分离	CPU, 存储器
12	DB1			
13	XDATAEXCH	PROFIBUS-DP 的数据交换状态		LED
14	XREADY/XDTACK	外部 CPU 的准备好信号		系统,　CPU
15	DB2	数据总线	C32 方式：数据地址复用 C165 方式：数据地址分离	CPU, 存储器
16	DB3			
17	V_{SS}	地		—
18	V_{DD}	电源		—
19	DB4	数据总线	C32 方式：数据地址复用 C165 方式：数据地址分离	CPU, 存储器
20	DB5			
21	DB6			
22	DB7			
23	MODE	<log> 0＝80c166 数据地址总线分离；准备信号 <log> 1＝80c32 数据地址总线复用；固定定时		系统
24	ALE/AS	地址锁存使能	C32 方式：ALE C165 方式：<LOG>0	CPU (80C32)
25	AB9	地址总线	C32 方式：<LOG>0 C165 方式：地址总线	CPU(C165), 存储器
26	TXD	串行发送端口		RS 485 发送器
27	RTS	请求发送		RS 485 发送器
28	V_{SS}	地		—
29	AB8	地址总线	C32 方式：<LOG>0 C165 方式：地址总线	—
30	RXD	串行接收端口		RS 485 接收器
31	AB7	地址总线		系统, CPU
32	AB6	地址总线		系统, CPU
33	XCTS	清除发送<LOG>0＝发送使能		FSK Modem
34	XTEST0	必须接 V_{DD}		—
35	XTEST1	必须接 V_{DD}		—
36	RESET	接 CPU RESET 输入		—
37	AB4	地址总线		系统, CPU
38	V_{SS}	地		—
39	V_{DD}	电源		—
40	AB3	地址总线		系统, CPU
41	AB2	地址总线		系统, CPU
42	AB5	地址总线		系统, CPU
43	AB1	地址总线		系统, CPU
44	AB0	地址总线		系统, CPU

注：1. 所有以 X 开头的信号低电平有效。

　　2. V_{DD}=+5V，V_{SS}=GND。

4.7.3 SPC3 存储器分配

SPC3 内部 1.5KB 双口 RAM 的分配如表 4-6 所示。

表 4-6 SPC3 内存分配

地 址	功 能	
000H	处理器参数锁存器/寄存器（22B）	内部工作单元
016H	组织参数（42B）	
040H ⋮ 5FFH	DP 缓存器　　　Data In(3)* 　　　　　　　　Data Out(3)** 　　　　　　　　Diagnostics(2) 　　　　　　　　Parameter Setting Data(1) 　　　　　　　　Configuration Data(2) 　　　　　　　　Auxiliary Buffer(2) 　　　　　　　　SSA-Buffer(1)	

注：HW 禁止超出地址范围，也就是如果用户写入或读取超出存储器末端，用户将得到一新的地址，即原地址减去 400H。禁止覆盖处理器参数，在这种情况下，SPC3 产生一访问中断。如果由于 MS 缓冲器初始化有误导致地址超出范围，也会产生这种中断。

* Date In 指数据由 PROFIBUS 从站到主站。

** Date Out 指数据由 PROFIBUS 主站到从站。

内部锁存器/寄存器位于前 22B，用户可以读取或写入。一些单元只读或只写，用户不能访问的内部工作单元也位于该区域。

组织参数位于以 16H 开始的单元，这些参数影响整个缓存区（主要是 DP-SAPs）的使用。另外，一般参数（站地址、标识号等）和状态信息（全局控制命令等）都存储在这些单元中。

与组织参数的设定一致，用户缓存（User-Generated Buffer）位于 40H 开始的单元，所有的缓存器都开始于段地址。

SPC3 的整个 RAM 被划分为 192 段，每段包括 8B，物理地址是按 8 的倍数建立的。

1. 处理器参数（锁存器/寄存器）

这些单元只读或只写，在 Motorola 方式下 SPC3 访问 00H～07H 单元（字寄存器），将进行地址交换，也就是高低字节交换。内部参数锁存器分配如表 4-7 和表 4-8 所示。

表 4-7 内部参数锁存器分配（读）

地　址 (Intel/Motorola)		名称	位号	说明（读访问）
00H	01H	Int_Req_Reg	7..0	中断控制寄存器
01H	00H	Int_Req_Reg	15..8	
02H	03H	Int_Reg	7..0	
03H	02H	Int_Reg	15..8	
04H	05H	Status_Reg	7..0	状态寄存器
05H	04H	Status_Reg	15..8	状态寄存器
06H	07H	Reserved		保留
07H	06H			
08H		Din_Buffer_SM	7..0	Dp_Din_Buffer_State_Machine 缓存器设置
09H		New_DIN_Buffer_Cmd	1..0	用户在 N 状态下得到可用的 DP Din 缓存器
0AH		DOUT_Buffer_SM	7..0	DP_Dout_Buffer_State_Machine 缓存器设置
0BH		Next_DOUT_Buffer_Cmd	1..0	用户在 N 状态下得到可用的 DP Dout 缓存器
0CH		DIAG_Buffer_SM	3..0	DP_Diag_Buffer_State_Machine 缓存器设置

（续）

地　址 (Intel/Motorola)	名称	位号	说明（读访问）
0DH	New_DIAG_Buffer_Cmd	1..0	SPC3 中用户得到可用的 DP Diag 缓存器
0EH	User_Prm_Data_OK	1..0	用户肯定响应 Set_Param 报文的参数设置数据
0FH	User_Prm_Data_NOK	1..0	用户否定响应 Set_Param 报文的参数设置数据
10H	User_Cfg_Data_OK	1..0	用户肯定响应 Check_Config 报文的配置数据
11H	User_Cfg_Data_NOK	1..0	用户否定响应 Check_Config 报文的配置数据
12H	Reserved		保留
13H	Reserved		保留
14H	SSA_Bufferfreecmd		用户从 SSA 缓存器中得到数据并重新使该缓存使能
15H	Reserved		保留

表 4-8　内部参数锁存器分配（写）

地址（Intel/Motorola）		名称	位号	说明（写访问）
00H	01H	Int_Req_Reg	7..0	中断控制寄存器
01H	00H	Int_Req_Reg	15..8	
02H	03H	Int_Ack_Reg	7..0	
03H	02H	Int_Ack_Reg	15..8	
04H	05H	Int_Mask_Reg	7..0	
05H	04H	Int_Mask_Reg	15..8	
06H	07H	Mode_Reg0	7..0	对每位设置参数
07H	06H	Mode_Reg0_S	15..8	
08H		Mode_Reg1_S	7..0	—
09H		Mode_Reg1_R	7..0	—
0AH		WD Baud Ctrl Val	7..0	波特率监视基值（Root Value）
0BH		MinTsdr_Val	7..0	从站响应前应该等待的最短时间
0CH		保留		—
ODH				—
0EH				—
0FH		保留		—
10H				—
11H				—
12H				—
13H				—
14H				—
15H				—

2. 组织参数（RAM）

用户把组织参数存储在特定的内部 RAM 中，用户可读也可写。组织参数说明如表 4-9 所示。

表 4-9　组织参数说明

地　址 (Intel/Motorola)	名称	位号	说　明
16H	R_TS_Adr	7..0	设置 SPC3 相关从站地址

（续）

地　址 (Intel/Motorola)		名称	位号	说　明
17H		保留		默认为 0FFH
18H	19H	R_User_WD_Value	7..0	16 位看门狗定时器的值，DP 方式下监视用户
19H	18H	R_User_WD_Value	15..8	
1AH		R_Len_Dout_Buf		3 个输出数据缓存器的长度
1BH		R_Dout_Buf_Ptr1		输出数据缓存器 1 的段基值
1CH		R_Dout_Buf_Ptr2		输出数据缓存器 2 的段基值
1DH		R_Dout_Buf_Ptr3		输出数据缓存器 3 的段基值
1EH		R_Len_Din_Buf		3 个输入数据缓存器的长度
1FH		R_Din_Buf_Ptr1		输入数据缓存器 1 的段基值
20H		R_Din_Buf_Ptr2		输入数据缓存器 2 的段基值
21H		R_Din_Buf_Ptr3		输入数据缓存器 3 的段基值
22H		保留		默认为 00H
23H		保留		默认为 00H
24H		R Len Diag Buf1		诊断缓存器 1 的长度
25H		R_Len Diag Buf2		诊断缓存器 2 的长度
26H		R_Diag_Buf_Ptr1		诊断缓存器 1 的段基值
27H		R_Diag_Buf_Ptr2		诊断缓存器 2 的段基值
28H		R_Len_Cntrl Buf1		辅助缓存器 1 的长度，包括控制缓存器，如 SSA_Buf、Prm_Buf、Cfg_Buf、Read_Cfg_Buf
29H		R_Len_Cntrl_Buf2		辅助缓存器 2 的长度，包括控制缓存器，如 SSA_Buf、Prm_Buf、Cfg_Buf、Read_Cfg_Buf
2AH		R_Aux_Buf_Sel		Aux_buffers1/2 可被定义为控制缓存器，如：SSA_Buf、Prm_Buf、Cfg_Buf
2BH		R_Aux_Buf_Ptr1		辅助缓存器 1 的段基值
2CH		R_Aux_Buf_Ptr2		辅助缓存器 2 的段基值
2DH		R_Len_SSA_Data		在 Set_Slave_Address_Buffer 中输入数据的长度
2EH		R_SSA_Buf_Ptr		Set_Slave_Address_Buffer 的段基值
2FH		R_Len_Prm_Data		在 Set_Param_Buffer 中输入数据的长度
30H		R_Prm_Buf_Ptr		Set_Param_Buffer 段基值
31H		R_Len_Cfg_Data		在 Check_Config_Buffer 中输入数据的长度
32H		R Cfg Buf Ptr		Check_Config_Buffer 段基值
33H		R_Len_Read_Cfg_Data		在 Get_Config_Buffer 中输入数据的长度
34H		R_Read_Cfg_Buf_Ptr		Get_Config_Buffer 段基值
35H		保留		默认 00H
36H		保留		默认 00H
37H		保留		默认 00H
38H		保留		默认 00H
39H		R_Real_No_Add_Change		这一参数规定了 DP 从站地址是否可改变
3AH		R_Ident_Low		标识号低位的值
3BH		R_Ident_High		标识号高位的值
3CH		R_GC_Command		最后接收的 Global_Control_Command
3DH		R_Len_Spec_Prm_Buf		如果设置了 Spec_Prm_Buffer_Mode(参见方式寄存器 0)，这一单元定义为参数缓存器的长度

4.7.4　PROFIBUS-DP 接口

下面是 DP 缓存器结构。

DP_Mode＝1 时，SPC3 DP 方式使能。在这种过程中，下列 SAPs 服务于 DP 方式。

　　Default SAP: 数据交换（Write_Read_Data）
　　SAP53:　　　保留
　　SAP55:　　　改变站地址（Set_Slave_Address）
　　SAP56:　　　读输入（Read_Inputs）
　　SAP57:　　　读输出（Read_Outputs）
　　SAP58:　　　DP 从站的控制命令（Global_Control）
　　SAP59:　　　读配置数据（Get_Config）
　　SAP60:　　　读诊断信息（Slave_Diagnosis）
　　SAP61:　　　发送参数设置数据（Set_Param）
　　SAP62:　　　检查配置数据(Check_Config)

DP 从站协议完全集成在 SPC3 中，并独立执行。用户必须相应地参数化 ASIC，处理和响应传送报文。除了 Default SAP、SAP56、SAP57 和 SAP58，其他的 SAPs 一直使能，这四个 SAPs 在 DP 从站状态机制进入数据交换状态才使能。用户也可以使 SAP55 无效，这时相应的缓存器指针 R_SSA_Buf_Ptr 设置为 00H。在 RAM 初始化时已描述过使 DDB 单元无效。

用户在离线状态下配置所有的缓存器（长度和指针），在操作中除了 Dout/Din 缓存器长度外，其他的缓存配置不可改变。

用户在配置报文以后（Check_Config），等待参数化时，仍可改变这些缓存器。在数据交换状态下只可接收相同的配置。

输出数据和输入数据都有三个长度相同的缓存器可用，这些缓存器的功能是可变的。一个缓存器分配给 D（数据传输），一个缓存器分配给 U（用户），第三个缓存器出现在 N（Next State）或 F（Free State）状态，然而其中一个状态不常出现。

两个诊断缓存器长度可变。一个缓存器分配给 D，用于 SPC3 发送数据；另一个缓存器分配给 U，用于准备新的诊断数据。

SPC3 首先将不同的参数设置报文（Set_Slave_Address 和 Set_Param）和配置报文（Check_Config）读取到辅助缓存 1 和辅助缓存 2 中。

与相应的目标缓存器交换数据（SSA 缓存器，PRM 缓存器，CFG 缓存器）时，每个缓存器必须有相同的长度，用户可在 R_Aux_Puf_Sel 参数单元定义使用哪一个辅助缓存。辅助缓存器 1 一直可用，辅助缓存器 2 可选。如果 DP 报文的数据不同，比如设置参数报文长度大于其他报文，则使用辅助缓存器 2（Aux_Sel_Set_Param＝1），其他的报文则通过辅助缓存器 1 读取（Aux_Sel_Set_Param）。如果缓存器太小，SPC3 将响应"无资源"。

用户可用 Read_Cfg 缓存器读取 Get_Config 缓存中的配置数据，但二者必须有相同的长度。

在 D 状态下可从 Din 缓存器中进行 Read_Input_Data 操作。在 U 状态下可从 Dout 缓存中进行 Read_Output_Data 操作。

由于 SPC3 内部只有 8 位地址寄存器，因此所有的缓存器指针都是 8 位段地址。访问 RAM 时，SPC3 将段地址左移 3 位与 8 位偏移地址相加（得到 11 位物理地址）。关于缓存器的起始地址，这 8 个字节是明确规定的。

4.7.5　SPC3 输入/输出缓冲区的状态

SPC3 输入缓冲区有 3 个，并且长度一样；输出缓冲区也有 3 个，长度也一样。输入/输出缓冲区都有 3 个状态，分别是 U、N 和 D。在同一时刻，各个缓冲区处于相互不同的状态。SPC3 的 08H～0BH 寄存器单元表明了各个缓冲区的状态，并且表明了当前用户可用的缓冲区。U 状态的缓冲区分配给用户使用，D 状态的缓冲区分配给总线使用，N 状态是 U、D 状态的中间状态。

SPC3 输入/输出缓冲区 U-D-N 状态的相关寄存器如下。

1）寄存器 08H（Din_ Buffer_SM 7..0），各个输入缓冲区的状态。

2）寄存器 09H（New_Din_Buffer_Cmd 1..0），用户通过这个寄存器从 N 状态下得到可用的输入缓冲区。

3）寄存器 0AH（Dout_Buffer_SM 7..0），各个输出缓冲区的状态。

4）寄存器 0BH（Next_Dout_Buffer_Cmd 1..0），用户从最近的处于 N 状态的输出缓冲区中得到输出缓冲区。

SPC3 输入/输出缓冲区 U-D-N 状态的转变如图 4-27 所示。

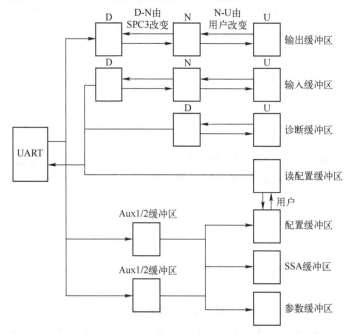

图 4-27　SPC3 输入/输出缓冲区 U-D-N 状态的转变

1. 输出数据缓冲区状态的转变

当持有令牌的 PROFIBUS-DP 主站向本地从站发送输出数据时，SPC3 在 D 缓存中读取接收到的输出数据，当 SPC3 接收到的输出数据没有错误时，就将新填充的缓冲区从 D 状态转到 N 状态，并且产生 DX_OUT 中断，这时用户读取 Next_Dout_Buffer_Cmd 寄存器，处于 N 状态的输出缓冲区由 N 状态变到 U 状态，用户同时知道哪一个输出缓冲区处于 U 状态，通过读取输出缓冲区得到当前输出数据。

如果用户程序循环时间短于总线周期时间，也就是说用户非常频繁地查询 Next_Dout_Buffer_Cmd 寄存器。用户使用 Next_Dout_Buffer_Cmd 在 N 状态下得不到新缓存，因此，缓存器的状态将不会发生变化。在 12Mbit/s 通信速率的情况下，用户程序循环时间长于总线周期时间，这就有可能使用户取得新缓存之前，在 N 状态下能得到输出数据，保证了用户能得到最新的输出数据。但是在通信速率比较低的情况下，只有在主站得到令牌，并且与本地从站通信后，用户才能在输出缓冲区中得到最新数据，如果从站比较多，输入/输出的字节数又比较多，用户得到最新数据通常要花费很长的时间。

用户可以通过读取 Dout_Buffer_SM 寄存器的状态，查询各个输出缓冲区的状态。共有 4 种状态：无（Nil）、Dout_Buf_ptr1～Dout_Buf_ptr3，表明各个输出缓冲区处于什么状态。Dout_Buffer_SM 寄存器定义如表 4-10 所示。

表 4-10　Dout_Buffer_SM 寄存器定义

地址	位	状态	值	编码
寄存器 0AH	7 6	F	X1 X2	X1 X2 0　0：无 0　1：Dout_Buf_Prt1 1　0：Dout_Buf_Prt2 1　1：Dout_Buf_Prt3
	5 4	U	X1 X2	
	3 2	N	X1 X2	
	1 0	D	X1 X2	

用户读取 Next_Dout_Buffer_Cmd 寄存器，可得到交换后哪一个缓存处于 U 状态，即属于用户，或者没有发生缓冲区变化。然后用户可以从处于 U 状态的输出数据缓冲区中得到最新的输出数据。Next_Dout_Buffer_Cmd 寄存器定义如表 4-11 所示。

表 4-11　Next_Dout_Buffer_Cmd 寄存器定义

地址	位	状态	编码
寄存器 0BH	7	0	—
	6	0	
	5	0	
	4	0	
	3	U_Buffer_cleared	0：U 缓冲区包含数据 1：U 缓冲区被清除
	2	State_U_buffer	0：没有 U 缓冲区 1：存在 U 缓冲区
	1 0	Ind_U_buffer	00：无 01：Dout_Buf_ptr1 10：Dout_Buf_ptr2 11：Dout_Buf_ptr3

2. 输入数据缓冲区状态的转变

输入数据缓冲区有 3 个，长度一样（初始化时已经规定），输入数据缓冲区也有 3 个状态，即 U、N 和 D。同一时刻，3 个缓冲区处于不同的状态。即一个缓冲区处于 U，一个处于 N，一个处于 D。处于 U 状态的缓冲区用户可以使用，并且在任何时候用户都可更新。处于 D 状态的缓冲 SPC3 使用，也就是 SPC3 将输入数据从处于该状态的缓冲区中发送到主站。

SPC3 从 D 缓存中发送输入数据。在发送以前，处于 N 状态的输入缓冲区转为 D 状态，同时处于 U 状态的输入缓冲区变为 N 状态，原来处于 D 状态的输入缓冲区变为 U 状态，处于 D 状态的输入缓冲区中的数据发送到主站。

用户可使用 U 状态下的输入缓冲区，通过读取 New_Din_Buffer_Cmd 寄存器，用户可知道哪一个输入缓冲区属于用户。如果用户赋值周期时间短于总线周期时间，将不会发送每次更新的输入数据，只能发送最新的数据。但在 12Mbit/s 的通信速率下，用户赋值时间长于总线周期时间，在此时间内，用户可多次发送当前的最新数据。但是在波特率比较低的情况下，不能保证每次更新的数据能及时发送。用户把输入数据写入处于 U 状态的输入缓冲区，只有 U 状态变为 N 状态，再变为 D 状态，然后 SPC3 才能将该数据发送到主站。

用户可以通过读取 Din_Buffer_SM 寄存器的状态，查询各个输入缓冲区的状态。共有 4 种值：无（Nil）、Din_Buf_ptr1~Din_Buf_ptr 3，表明了各个输入缓冲区处于什么状态。Din_Buffer_SM 寄存器定义如表 4-12 所示。

表 4-12   Din_Buffer_SM 寄存器定义

地址	位	状态	值	编码
寄存器 08H	7 6	F	X1 X2	X1 X2 0 0：无 0 1：Din_Buf_Prt1 1 0：Din_Buf_Prt2 1 1：Doin_Buf_Prt3
	5 4	U	X1 X2	
	3 2	N	X1 X2	
	1 0	D	X1 X2	

读取 New_Din_Buffer_Cmd 寄存器，用户可得到交换后哪一个缓存属于用户。New_Din_Buffer_Cmd 寄存器定义如表 4-13 所示。

表 4-13   New_Din_Buffer_Cmd 寄存器定义

地址	位	状态	编码
寄存器 09H	7	0	无
	6	0	
	5	0	
	4	0	
	3	0	
	2	0	
	1	X1	X1X2 0 0：Din_Buf_ptr1 0 1：Din_Buf_ptr2 1 0：Din_Buf_ptr3 1 1：无
	0	X2	

4.7.6　通用处理器总线接口

SPC3 有一个 11 位地址总线的并行 8 位接口。SPC3 支持基于 Intel 的 80C51/52(80C32)处理器和微处理器、Motorola 的 HC11 处理器和微处理器、Siemens 80C166、Intel X86、Motorola HC16 和 HC916 系列处理器和微处理器。由于 Motorola 和 Intel 的数据格式不兼容，SPC3 在访问以下 16 位寄存器（中断寄存器、状态寄存器、方式寄存器 0）和 16 位 RAM 单元（R_User_Wd_Value）时，自动进行字节交换。这就使 Motorola 处理器能够正确读取 16 位单元的值。通常对于读或写，要通过两次访问完成（8 位数据线）。

由于使用了 11 位地址总线，SPC3 不再与 SPC2（10 位地址总线）完全兼容。然而，SPC2 的 XINTCI 引脚在 SPC3 的 AB10 引脚处，且这一引脚至今未用。而 SPC3 的 AB10 输入端有一内置下拉电阻。如果 SPC3 使用 SPC2 硬件，用户只能使用 1KB 的内部 RAM。否则，AB10 引脚必须置于相同的位置。

总线接口单元（BIU）和双口 RAM 控制器（DPC）控制着 SPC3 处理器内部 RAM 的访问。

另外，SPC3 内部集成了一个时钟分频器，能产生 2 分频（ DIVIDER＝1）或 4 分频（DIVIDER

=0）输出，因此，不需附加费用就可实现与低速控制器相连。SPC3 的时钟脉冲是 48MHz。

1. 总线接口单元（BIU）

BIU 是连接处理器/微处理器的接口，有 11 位地址总线，是同步或异步 8 位接口。接口配置由 2 个引脚（XINT/MOT 和 MODE）决定，XINT/MOT 引脚决定连接的处理器系列（总线控制信号，如 XWR、XRD、R_W 和数据格式），MODE 引脚决定同步或异步。

在 C32 方式下必须使用内部锁存器和内部译码器。

2. 双口 RAM 控制器

SPC3 内部 1.5KB 的 RAM 是单口 RAM。然而，由于内部集成了双口 RAM 控制器，允许总线接口和处理器接口同时访问 RAM。此时，总线接口具有优先权。从而使访问时间最短。如果 SPC3 与异步接口处理器相连，SPC3 产生 Ready 信号。

3. 接口信号

在复位期间，数据输出总线呈高阻状态。微处理器总线接口信号如表 4-14 所示。

表 4-14　微处理器总线接口信号

名　称	输入/输出	说　明
DB(7..0)	I/O	复位时高阻
AB(10..0)	I	AB10 带下拉电阻
MODE	I	设置：同步/异步接口
XWR/E_CLOCK	I	采用 Intel 总线时为写，采用 Motorola 总线时为 E_CLK
XRD/R_W	I	采用 Intel 总线时为读，采用 Motorola 总线时读/写
XCS	I	片选
ALE/AS	I	Intel/Motorola：地址锁存允许
DIVIDER	I	CLKOUT2/4 的分频系数 2/4
X/INT	O	极性可编程
XRDY/XDTACK	O	Intel/Motorola：准备好信号
CLK	I	48MHz
XINT/MOT	I	设置：Intel/Motorola 方式
CLKOUT2/4	O	24/12MHz
RESET	I	最少 4 个时钟周期

4.7.7　SPC3 的 UART 接口

发送器将并行数据结构转变为串行数据流。在发送第一个字符之前，产生 Request-to-Send (RTS) 信号，XCTS 输入端用于连接调制器。RTS 激活后，发送器必须等到 XCTS 激活后才发送第一个报文字符。

接收器将串行数据流转换成并行数据结构，并以 4 倍的传输速率扫描串行数据流。为了测试，可关闭停止位（方式寄存器 0 中 DIS_STOP_CONTROL=1 或 DP 的 Set_Param_Telegram 报文），PROFIBUS 协议的一个要求是报文字符之间不允许出现其他状态，SPC3 发送器保证满足此规定。通过 DIS_START_CONTROL=1（模式寄存器 0 或 DP 的 Set_Param 报文中），关闭起始位测试。

4.7.8　PROFIBUS-DP 接口

PROFIBUS 接口数据通过 RS-485 传输，SPC3 通过 RTS、TXD、RXD 引脚与电流隔离接口驱动器相连。

PROFIBUS 接口是一带有下列引脚的 9 针 D 型接插件，引脚定义如下。

引脚 1：Free。

引脚 2：Free。

引脚 3：B 线。

引脚 4：请求发送（RTS）。

引脚 5：5V 地（M5）。

引脚 6：5V 电源（P5）。

引脚 7：Free。

引脚 8：A 线。

引脚 9：Free。

必须使用屏蔽线连接接插件，根据 DIN 19245, Free pin 可选用。如果使用，必须符合 DIN192453 标准。

4.8　主站通信网络接口卡 CP5611

CP5611 是 Siemens 公司推出的网络接口卡，购买时需另付软件使用费，用于工控机连接到 PROFIBUS 和 SIMATIC S7 的 MPI，支持 PROFIBUS 的主站和从站、PG/OP、S7 通信。OPC Server 软件包已包含在通信软件供货，但是需要 SOFTNET 支持。

4.8.1　CP5611 网络接口卡主要特点

1）不带有微处理器。

2）经济的 PROFIBUS 接口：

① 1 类 PROFIBUS_DP 主站或 2 类 SOFTNET-DP 进行扩展。

② PROFIBUS_DP 从站与 softnet DP 从站。

③ 带有 softnet S7 的 S7 通信。

3）OPC 作为标准接口。

4）CP5611 是基于 PCI 总线的 PROFIBUS-DP 网络接口卡，可以插在 PC 机及其兼容机的 PCI 总线插槽上，在 PROFIBUS-DP 网络中作为主站或从站使用。

5）作为 PC 机上的编程接口，可使用 NCM PC 和 STEP 7 软件。

6）作为 PC 机上的监控接口，可使用 WinCC、Fix、组态王、力控等。

7）支持的通信速率最大为 12Mbit/s。

8）设计可用于工业环境。

4.8.2　CP5611 与从站通信的过程

当 CP5611 作为网络上的主站时，CP5611 通过轮询方式与从站进行通信。这就意味着主站要想和从站通信，首先发送一个请求数据帧，从站得到请求数据帧后，向主站发送一响应帧。请求帧包含主站给从站的输出数据，如果当前没有输出数据，则向从站发送一空帧。从站必须向主站发送响应帧，响应帧包含从站给主站的输入数据，如果没有输入数据，也必须发送一空帧，才完成一次通信。通常按地址增序轮询所有的从站，当与最后一个从站通信完以后，接着再进行下一个周期的通信。这样就保证所有的数据（包括输出数据、输入数据）都是最新的。

主要报文有：令牌报文，固定长度没有数据单元的报文，固定长度带数据单元的报文，变数据长度的报文。

4.9　习题

1. PROFIBUS 现场总线由哪几部分组成？
2. PROFIBUS 现场总线有哪些主要特点？
3. PROFIBUS-DP 现场总线有哪几个版本？
4. 说明 PROFIBUS-DP 总线系统的组成结构。
5. 简述 PROFIBUS-DP 系统的工作过程。
6. PROFIBUS-DP 的物理层支持哪几种传输介质？
7. 画出 PROFIBUS-DP 现场总线的 RS-485 总线段结构。
8. 说明 PROFIBUS-DP 用户接口的组成。
9. 什么是 GSD 文件？它主要由哪几部分组成？
10. PROFIBUS-DP 协议实现方式有哪几种？
11. SPC3 与 INTEL 总线 CPU 接口时，其 XINT/MOT 和 MODE 引脚如何配置？
12. SPC3 是如何与 CPU 接口的？
13. CP5611 板卡的功能是什么？
14. DP 从站初始化阶段的主要顺序是什么？

第5章 PROFIBUS-DP从站的系统设计

PROFIBUS-DP从站的开发设计分两种，一种就是利用现成的从站接口模块开发。另一种则是利用芯片进行深层次的开发。对于简单的开发如远程I/O测控，用LSPM系列就能满足要求，但是如果开发一个比较复杂的智能系统，那么最好选择SPC3。本章首先以PMM2000电力网络仪表为例，详细讲述采用SPC3进行PROFIBUS-DP从站的开发设计过程，然后介绍了PMM2000电力网络仪表在数字化变电站中的应用。最后讲述了PROFIBUS-DP从站的测试方法。

5.1 PMM2000电力网络仪表概述

PMM2000系列数字式多功能电力网络仪表由有莱恩达公司生产，本系列仪表共分为四大类别：标准型、经济型、单功能型、户表专用型。

PMM2000系列电力网络仪表采用先进的交流采样技术及模糊控制功率补偿技术与量程自校正技术，以32位嵌入式微控制器为核心，采用双CPU结构，是一种集传感器、变送器、数据采集、显示、遥信、遥控、远距离传输数据于一体的全电子式多功能电力参数监测网络仪表。

该系列仪表能测量三相三线、三相四线（低压、中压、高压）系统的电流（Ia、Ib、Ic、In）、电压（Ua、Ub、Uc、Uab、Ubc、Uca）、有功电能（kWh）、无功电能（kvarh）、有功功率（kW）、无功功率（kvar）、频率（Hz）、功率因数（PF%）、视在功率S（kVA）、电流电压谐波总含量（THD）、电流电压基波和2～31次谐波含量、开口三角形电压、最大开口三角形电压、电流和电压三相不平衡度、电压波峰系数CF、电话波形因数THFF、电流K系数等电力参数，同时具有遥信、遥控功能及电流越限报警、电压越限报警、DI状态变位等SOE事件记录信息功能。

该系列仪表既可以在本地使用，又可以通过PROFIBUS-DP现场总线、RS-485（MODBUS-RTU）、CANBUS现场总线、M-BUS仪表总线或TCP/IP工业以太网组成高性能的遥测遥控网络。

PMM2000数字式电力网络仪表的外形如图5-1所示。

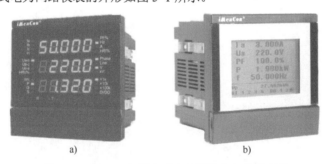

图5-1 PMM2000数字式电力网络仪表的外形图

a) LED 显示 　b) LCD 显示

PMM2000数字式电力网络仪表具有以下特点。

（1）采用领先技术

采用交流采样技术、模糊控制功率补偿技术、量程自校正技术、精密测量技术、现代电力电子技术、先进的存储记忆技术等，因此精度高、抗干扰能力强、抗冲击、抗浪涌、记录信息不易丢失。对于含有高次谐波的电力系统，仍能达到高精度测量。

（2）安全性高

在仪表内部，电流和电压的测量采用互感器（同类仪表一般不采用电压互感器），保证了仪表的安全性。

（3）产品种类齐全

从单相电流/电压表到全电量综合测量，集遥测、遥信、遥控功能于一体的多功能电力网络仪表。

（4）强大的网络通信接口

用户可以选择 TCP/IP 工业以太网、M-BUS、RS-485（MODBUS-RTU）、CANBUS PROFIBUS-DP 通信接口。

（5）双 CPU 结构

仪表采用双 CPU 结构，保证了仪表的高测量精度和网络通信数据传输的快速性、可靠性，防止网络通信出现"死机"现象。

（6）兼容性强

采用通信接口组成通信网络系统时，可以和第三方的产品互联。

（7）可与主流工控软件轻松相连

如 iMeaCon、WinCC、Intouch、iFix 等组态软件。

5.2 PROFIBUS-DP 通信模块的硬件电路设计

PMM2000 电力网络仪表总体结构如图 5-2 所示。主要由 STM32 主板、开关电源模块、三相交流电流输入模块、三相交流电压输入模块、PROFIBUS-DP 通信模块、LCD/LED 显示模块和按键组成。

STM32 主板以 ST 公司的 STM32F103 或 STM32F407 嵌入式微控制器为核心，其功能是实现配电系统的三相交流电流和电压信号的数据采集，并计算出电力参数进行显示，同时把计算出的电力参数通过 SPI 通信接口发送到 PROFIBUS-DP 通信模块。

三相交流电流输入模块的功能是对三相配电系统的交流电流信号进行处理，经电流互感器 CT，将电流信号送往 STM32 微控制器的 AD 转换器进行交流采样。

三相交流电压输入模块的功能是对三相配电系统的交流电流信号进行处理，经电压互感器 PT，将电压信号送往 STM32 微控制器的 AD 转换器进行交流采样。

开关电源模块的功能是提供+5V、-15V、+15V 等直流电源。

PROFIBUS-DP 通信模块的功能是将 STM32 主板测量的电力参数上传到 PROFIBUS-DP 主站。

另外，LCD/LED 显示模块和按键是人机接口。

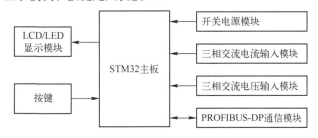

图 5-2 PMM2000 电力网络仪表总体结构

SPC3 通过一块内置的 1.5KB 双口 RAM 与 CPU 接口，它支持多种 CPU，包括 Intel、Siemens、Motorola 等。

PROFIBUS-DP 通信模块主要由 Philips 公司的 P87C51RD2 微控制器、Siemens 公司的 SPC3 从站控制器和 TI 公司的 RS-485 通信接口 65ALS1176 等组成。

SPC3 与 P89V51RD2 的接口电路如图 5-3 所示。SPC3 中双口 RAM 的地址为 1000H～15FFH。

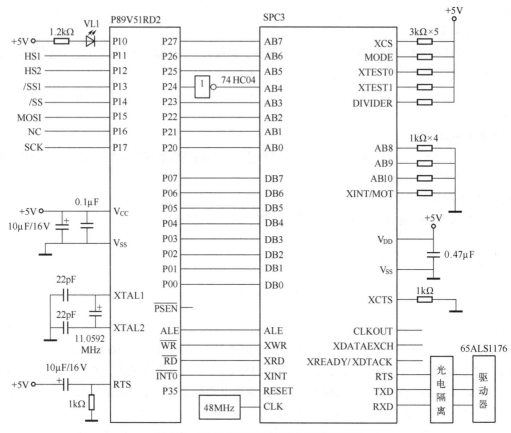

图 5-3　SPC3 与 P89V51RD2 的接口电路

PROFIBUS 接口数据通过 RS-485 传输，SPC3 通过 RTS、TXD、RXD 引脚与电流隔离接口驱动器相连。PROFIBUS-DP 的 RS-485 传输接口电路如图 5-4 所示。

为了提高系统的抗干扰能力，SPC3 通过光电耦合器与 PROFIBUS-DP 总线相连，PROFIBUS-DP 总线的通信速率较高，所以要选择传输速率比较高的光电耦合器，本电路选择 AGILENT 公司的高速光电耦合器 HCPL0601 和 HCPL7721，RS-485 总线驱动器也要满足高通信速率的要求，本电路选择 TI 公司的高速 RS-485 总线驱动器 65ALS1176，能够满足 PROFIBUS-DP 现场总线 12Mbit/s 的通信速率要求。

PROFIBUS 接口是一带有下列引脚的 9 针 D 型接插件，引脚定义如下。

引脚 1：Free。

引脚 2：Free。

引脚 3：B 线。

引脚 4：请求发送（RTS）。

引脚 5：5V 地（M5）。

引脚 6：5V 电源（P5）。

引脚 7：Free。

引脚 8：A 线。

引脚 9：Free。

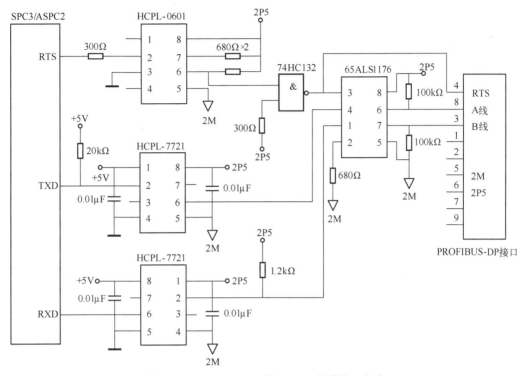

图 5-4　PROFIBUS-DP 的 RS-485 传输接口电路

必须使用屏蔽线连接接插件，根据 DIN 19245, Free pin 可选用。如果使用，必须符合 DIN19245标准。

在图 5-4 中，74HC132 为施密特与非门。

5.3　PROFIBUS-DP 通信模块从站软件的开发

下面主要讲述 PROFIBUS-DP 通信模块从站软件的 SPC3 程序开发设计，有关 STM32 主板的程序从略。

SPC3 的软件开发难点是在系统初始化时对其 64B 的寄存器进行配置，这个工作必须与设备的GSD 文件相符。否则将会导致主站对从站的误操作。这些寄存器包括输入、输出、诊断、参数等缓存区的基地址以及大小等，用户可在器件手册中找到具体的定义。当设备初始化完成后，芯片开始进行波特率扫描，为了解决现场环境与电缆延时对通信的影响，Siemens 所有 PROFIBUS ASICs 芯片都支持波特率自适应，当 SPC3 加电或复位时，它将自己的波特率设置最高，如果设定的时间内没有接收到三个连续完整的包，则将它的波特率调低一个档次并开始新的扫描，直到找到正确的波特率为止。当 SPC3 正常工作时，它会进行波特率跟踪，如果接收到一个给自己的错误包，它会自动复位并延时一个指定的时间再重新开始波特率扫描，同时它还支持对主站回应超时的监测。当主站完成所有轮询后，如果还有多余的时间，它将开始通道维护和新站扫描，这时它将对新加入的从站进行参数化，并对其进行预定的控制。

SPC3 完成了物理层和数据链路层的功能，与数据链路层的接口是通过服务存取点来完成的, SPC3支持 10 种服务，这些服务大部分都由 SPC3 来自动完成，用户只能通过设置寄存器来影响它。SPC3

是通过中断与微控制器进行通信的，但是微控制器的中断显然不够用，所以 SPC3 内部有一个中断寄存器，当接收到中断后再去寄存器查中断号来确定具体操作。

在开发完从站后一定要记住 GSD 文件要与从站类型相符，比方说，从站是不许在线修改从站地址的，但是 GSD 文件是：

Set_Slave_Add_supp=1（意思是支持在线修改从站地址）

那么在系统初始化时，主站将参数化信息送给从站，从站的诊断包则会返回一个错误代码"Diag.Not_Supported Slave doesn't support requested function"。

下面详细讲述基于 P89V51RD 微控制器和 SPC3 通信控制器的 PROFIBUS-DP 从站通信的主要程序设计。

1. SPC3 通信控制器与 P89V51RD2 微控制器的地址定义

SPC3 通信控制器的地址定义如下。

```
REAL_NO_ADD_CHG        EQU     1        ; 1=不允许地址改变，0＝允许地址改变
SPC3                   EQU     1000H    ; SPC3 片选信号
SPC3_LOW               EQU     00H      ; SPC3 片选信号低字节
SPC3_HIGH              EQU     10H      ; SPC3 片选信号高字节
;************************************************************************
```

P89V51RD2 微控制器的数据区定义如下。

```
COMMAND                DATA    18H
UCOMMAND               DATA    19H      ; 设置从站地址命令
TIMCNT                 DATA    1AH      ; 时间计数器
USER_IN_PTR            DATA    1BH      ; 存放 SPC3 输入数据缓冲区的指针
USER_OUT_PTR           EQU     1DH      ; 存放 SPC3 输出数据缓冲区的指针
SLADD                  EQU     1FH      ; 存储 PROFIBUS-DP 从站地址
RXBF                   EQU     20H      ; 8 字节 UART 接收缓冲区
UTXBF                  EQU     28H      ; 8 字节 UART 发送缓冲区
CYCLE1                 EQU     30H
BUFFER                 EQU     31H
SIGNAL                 EQU     32H
TIMCNT1                EQU     33H
SETADD_ERR             EQU     34H
TEMP1                  EQU     35H
UCHCRCHi               EQU     36H
UCHCRCLo               EQU     37H
;************************************************************************
STACK                  EQU     38H      ; 堆栈，24 字节
URXBF                  EQU     50H      ; UART 接收缓冲区
UPSETDATA              EQU     0F8H     ; 上位机命令存储区
; P89V51RD2 CPU 内部 XRAM 000H～2FFH 地址分配
XURXBF                 EQU     0000H    ; P89V51RD2 0000H～02FFH
XUPDATA                EQU     0100H    ; P89V51RD2 0000H～02FFH
;************************************************************************
```

P89V51RD2 微控制器的 SPI 地址定义如下。

```
SPCR                   DATA    0D5H
SPSR                   DATA    0AAH
SPDR                   DATA    86H
;************************************************************************
```

P89V51RD2 微控制器的 WDT 地址定义如下。

```
WDTC                    DATA    0C0H
WDTD                    DATA    85H
; ******************************************************************
```

P89V51RD2 微控制器的 AUXR1 地址定义如下。

```
AUXR1                   DATA    0A2H
; ******************************************************************
```

P89V51RD2 微控制器与 STM32 双 CPU 通信的握手信号和 SPI 引脚信号定义如下。

```
HS1                     BIT     P1.1
HS2                     BIT     P1.2
SS                      BIT     P1.3
SS1                     BIT     P1.4
MOSI                    BIT     P1.5
SCK                     BIT     P1.7
; ******************************************************************
```

SPC3 通信控制器 00H～15H 可读的寄存器单元地址定义如下。

```
IIR_LOW                 EQU     SPC3+00H        ; 中断请求寄存器低字节单元
IIR_HIGH                EQU     SPC3+01H        ; 中断请求寄存器高字节单元
IR_LOW                  EQU     SPC3+02H        ; 中断寄存器低字节单元
IR_HIGH                 EQU     SPC3+03H        ; 中断寄存器高字节单元
STATUS_REG_LOW          EQU     SPC3+04H        ; 状态寄存器低字节单元
STATUS_REG_HIGH         EQU     SPC3+05H        ; 状态寄存器高字节单元
DIN_BUFFER_SM           EQU     SPC3+08H
NEW_DIN_BUFFER_CMD      EQU     SPC3+09H        ; 表明当前可用的输入缓冲区
DOUT_BUFFER_SM          EQU     SPC3+0AH
NEW_DOUT_BUFFER_CMD     EQU     SPC3+0BH        ; 表明当前可用的输出缓冲区
DIAG_BUFFER_SM          EQU     SPC3+0CH
NEW_DIAG_PUFFER_CMD     EQU     SPC3+0DH        ; 表明当前可用的诊断缓冲区
USER_PRM_DATA_OK        EQU     SPC3+0EH        ; 参数化数据正确
USER_PRM_DATA_NOK       EQU     SPC3+0FH        ; 参数化数据不正确
USER_CFG_DATA_OK        EQU     SPC3+10H        ; 配置数据正确
USER_CFG_DATA_NOK       EQU     SPC3+11H        ; 配置数据不正确
SSA_BUFFERFREE_CMD      EQU     SPC3+14H        ; 使新的 SSA 缓存可用
; ******************************************************************
```

SPC3 通信控制器 00H～15H 可写的寄存器单元地址定义如下。

```
IRR_LOW                 EQU     SPC3+00H
IRR_HIGH                EQU     SPC3+01H
IAR_LOW                 EQU     SPC3+02H        ; 中断响应寄存器低字节单元
IAR_HIGH                EQU     SPC3+03H        ; 中断响应寄存器高字节单元
IMR_LOW                 EQU     SPC3+04H        ; 中断屏蔽寄存器低字节单元
IMR_HIGH                EQU     SPC3+05H        ; 中断屏蔽寄存器高字节单元
MODE_REG0               EQU     SPC3+06H        ; 方式寄存器 0
MODE_REG0_S             EQU     SPC3+07H        ; 方式寄存器 0_S
MODE_REG1_S             EQU     SPC3+08H        ; 方式寄存器 1_S
MODE_REG1_R             EQU     SPC3+09H        ; 方式寄存器 1_R
WD_BAUD_CTRL_VAL        EQU     SPC3+0AH
MINTSDR_VAL             EQU     SPC3+0BH
; ******************************************************************
```

SPC3 通信控制器 00～15H 可写的寄存器的值定义如下。

```
    D_IMR_LOW              EQU        0F1H      ; 中断屏蔽寄存器低字节单元的值
    D_IMR_HIGH             EQU        0F0H      ; 中断屏蔽寄存器高字节单元的值
    D_MODE_REG0            EQU        0C0H      ; 方式寄存器 0 的值
    D_MODE_REG0_S          EQU        05H       ; 方式寄存器 0_S 的值
    D_MODE_REG1_S          EQU        20H       ; 方式寄存器 1_S 的值
    D_MODE_REG1_R          EQU        00H       ; 方式寄存器 1_R 的值
    D_WD_BAUD_CTRL_VAL     EQU        1EH
    D_MINTSDR_VAL          EQU        00H
; *************************************************************************
```

SPC3 通信控制器 16H~3D 单元地址定义如下。

```
    R_TS_ADR               EQU        SPC3+16H   ; 从站地址单元
    R_FDL_SAP_LIST_PTR     EQU        SPC3+17H
    R_USER_WD_VALUE_LOW    EQU        SPC3+18H   ; SPC3 内部 WDT 低字节单元
    R_USER_WD_VALUE_HIGH   EQU        SPC3+19H   ; SPC3 内部 WDT 高字节单元
    R_LEN_DOUT_BUF         EQU        SPC3+1AH   ; 输出数据缓存长度单元
    R_DOUT_BUF_PTR1        EQU        SPC3+1BH   ; 输出数据缓存 1 指针单元
    R_DOUT_BUF_PTR2        EQU        SPC3+1CH   ; 输出数据缓存 2 指针单元
    R_DOUT_BUF_PTR3        EQU        SPC3+1DH   ; 输出数据缓存 3 指针单元
    R_LEN_DIN_BUF          EQU        SPC3+1EH   ; 输入数据缓存长度单元
    R_DIN_BUF_PTR1         EQU        SPC3+1FH   ; 输入数据缓存 1 长度单元
    R_DIN_BUF_PTR2         EQU        SPC3+20H   ; 输入数据缓存 2 长度单元
    R_DIN_BUF_PTR3         EQU        SPC3+21H   ; 输入数据缓存 3 长度单元
    R_LEN_DDBOUT_PUF       EQU        SPC3+22H
    R_DDBOUT_BUF_PTR       EQU        SPC3+23H
    R_LEN_DIAG_BUF1        EQU        SPC3+24H   ; 诊断缓存 1 长度单元
    R_LEN_DIAG_BUF2        EQU        SPC3+25H   ; 诊断缓存 2 长度单元
    R_DIAG_PUF_PTR1        EQU        SPC3+26H   ; 诊断缓存 1 指针单元
    R_DIAG_PUF_PTR2        EQU        SPC3+27H   ; 诊断缓存 2 指针单元
    R_LEN_CNTRL_PBUF1      EQU        SPC3+28H
    R_LEN_CNTRL_PBUF2      EQU        SPC3+29H
    R_AUX_PUF_SEL          EQU        SPC3+2AH   ; 表明使用哪一辅助缓存单元
    R_AUX_BUF_PTR1         EQU        SPC3+2BH   ; 辅助缓存 1 指针单元
    R_AUX_BUF_PTR2         EQU        SPC3+2CH   ; 辅助缓存 2 指针单元
    R_LEN_SSA_DATA         EQU        SPC3+2DH   ; SSA 缓存长度单元
    R_SSA_BUF_PTR          EQU        SPC3+2EH   ; SSA 缓存指针单元
    R_LEN_PRM_DATA         EQU        SPC3+2FH   ; 参数缓存长度单元
    R_PRM_BUF_PTR          EQU        SPC3+30H   ; 参数缓存指针单元
    R_LEN_CFG_DATA         EQU        SPC3+31H   ; 配置缓存长度单元
    R_CFG_BUF_PTR          EQU        SPC3+32H   ; 配置缓存指针单元
    R_LEN_READ_CFG_DATA    EQU        SPC3+33H
    R_READ_CFG_BUF_PTR     EQU        SPC3+34H
    R_LENDDB_PRM_DATA      EQU        SPC3+35H
    R_DDB_PRM_BUF_PTR      EQU        SPC3+36H
    R_SCORE_EXP_BYTE       EQU        SPC3+37H
    R_SCORE_ERROR_BYTE     EQU        SPC3+38H
    R_REAL_NO_ADD_CHANGE   EQU        SPC3+39H   ; 从站的地址是否可变
    R_IDENT_LOW            EQU        SPC3+3AH   ; 标识号低字节单元
    R_IDENT_HIGH           EQU        SPC3+3BH   ; 标识号高字节单元
    R_GC_COMMAND           EQU        SPC3+3CH   ; GC 命令单元
    R_LEN_SPEC_PRM_BUF     EQU        SPC3+3DH   ; 特殊缓存的指针单元
; *************************************************************************
```

SPC3 通信控制器 16H~3DH 寄存器单元的数据定义如下。

```
D_TS_ADR                    EQU    03H        ; 地址数据
D_FDL_SAP_LIST_PTR          EQU    79H
D_USER_WD_VALUE_LOW         EQU    20H        ; WDT 参数
D_USER_WD_VALUE_HIGH        EQU    4EH
; ******************************************************************
; SPC3 通信控制器输入字节长度必须和上位机组态软件组态值一致
D_LEN_DOUT_BUF              EQU    7          ; 输出数据缓存
D_DOUT_BUF_PTR1             EQU    08h;
D_DOUT_BUF_PTR2             EQU    09h;
D_DOUT_BUF_PTR3             EQU    0ah;
; SPC3 通信控制器输出字节长度必须和上位机组态软件组态值一致
D_LEN_DIN_BUF               EQU    113        ; 输入数据缓存
D_DIN_BUF_PTR1              EQU    38H        ; 一个段 8 字节, 共 168 字节
D_DIN_BUF_PTR2              EQU    4DH
D_DIN_BUF_PTR3              EQU    62H

D_LEN_DDBOUT_PUF            EQU    00H
D_DDBOUT_BUF_PTR            EQU    00H
D_LEN_DIAG_BUF1             EQU    06H
D_LEN_DIAG_BUF2             EQU    06H
D_DIAG_PUF_PTR1            EQU    65H
D_DIAG_PUF_PTR2            EQU    69H
D_LEN_CNTRL_PBUF1          EQU    18H
D_LEN_CNTRL_PBUF2          EQU    00H
D_AUX_PUF_SEL              EQU    00H
D_AUX_BUF_PTR1            EQU    76H
D_AUX_BUF_PTR2            EQU    79H
D_LEN_SSA_DATA            EQU    00H
D_SSA_BUF_PTR            EQU    00H
D_LEN_PRM_DATA            EQU    14H
D_PRM_BUF_PTR            EQU    73H
D_LEN_CFG_DATA            EQU    0AH
D_CFG_BUF_PTR            EQU    6DH
D_LEN_READ_CFG_DATA        EQU    02H
D_READ_CFG_BUF_PTR        EQU    70H
D_LENDDB_PRM_DATA          EQU    00H
D_DDB_PRM_BUF_PTR          EQU    00H
D_SCORE_EXP_BYTE          EQU    00H
D_SCORE_ERROR_BYTE        EQU    00H
D_REAL_NO_ADD_CHANGE       EQU    0FFH
D_IDENT_LOW              EQU    08H
D_IDENT_HIGH             EQU    00H
D_GC_COMMAND             EQU    00H
D_LEN_SPEC_PRM_BUF         EQU    00H
```

2. P89V51RD2 微控制器的中断入口与初始化程序

```
; ******************************************************************
         ORG     0000H
         LJMP    MAIN          ; 主程序入口
         ORG     0003H
         LJMP    INTEX0        ; 外部中断 0 程序入口
         ORG     000BH
         LJMP    T0INT         ; 定时器 0 中断程序入口
         ORG     0023H
```

```
          LJMP       UART            ; UART（SPI）中断程序入口
;   ************************************************************
          ORG        100H
MAIN:     MOV        SP,#STACK        ; 设置 P89V51RD2 的堆栈
          MOV        R0,#20H          ; 清除内部接受发送缓冲区
          MOV        A,#00H
          MOV        R7,#0DFH
CLRAM:    MOV        @R0,A
          INC        R0
          DJNZ       R7,CLRAM
          MOV        SCON,#50H        ; 初始化定时器
          MOV        TMOD,#21H
          MOV        PCON,#80H
          MOV        TH0,#03CH
          MOV        TL0,#0AFH
          MOV        SPCR,#0EFH       ; P89V51 设置为 SPI 从机模式
          MOV        SPSR,#00H        ; 清 SPI 发送标志
          MOV        TIMCNT,#00H
;
          MOV        SLADD,#06H       ; PROFIBUS-DP 从站地址初始化为 6
          MOV        UCOMMAND,#00H
          MOV        COMMAND,#00H

          SETB       PS
          SETB       ES               ; 开中断
          SETB       TR0
          SETB       ET0
          SETB       EA

          SETB       P5.5             ; SPC3 软件复位
          LCALL      D20M
          CLR        P5.5

          MOV        WDTD,#0FBH       ; P89V51RD2 的 WDT 初始化
          MOV        WDTC,#0FH
;   ************************************************************
```

　　; 在 SPC3 通信控制器的内部 DPRAM 中定义了 15f0h 和 15f1h 两个单元，用于判断是初次上电复位，还是 WDT 复位？如果是初次上电复位，15f0h 和 15f1h 两个单元的内容是随机数；如果是 WDT 复位，15f0h 和 15f1h 两个单元的内容是初次上电写入的数据 55h。

```
          MOV        DPTR,#15f0h      ; 判断是否是 WDT 引起的复位
          MOVX       A,@DPTR
          XRL        A,#55h
          JNZ        MN0
          MOV        DPTR,#15f1h
          MOVX       A,@DPTR
          XRL        A,#55h
          JNZ        MN0
          MOV        DPTR,#15f2h
          MOVX       A,@DPTR
          MOV        SLADD,A
          JMP        INI              ; 由 WDT 引起的复位，跳到 INI 程序
MN0:                                  ; 正常启动，从 MN0 开始执行程序
          CLR        P1.1
; 初始化延时
```

```
MN1:        MOV         A,TIMCNT1              ; 延时大约 1s
            CLR C
            SUBB        A,#100
            JNC         MN2
            NOP
            LCALL       WDTRET
            JMP         MN1
```

3. SPC3 通信控制器的初始化程序

```
;   ************************************************************
;   以下程序一般不需改变
INI:        SETB        P5.5                   ; SPC3 软件复位
            LCALL       D20M
            CLR         P5.5
            LCALL       WDTRET
            CLR         EX0                    ; 关中断
            MOV         DPTR,#R_TS_ADR         ; 清除 SPC3 内部 RAM
            MOV         A,#00H
CLEAR:      MOVX        @DPTR,A
            INC         DPTR
            MOV         R7,DPL
            CJNE        R7,#0e0H,CLEAR
            MOV         R7,DPH
            CJNE        R7,#15H,CLEAR
;
            MOV         DPTR,#IMR_LOW          ; 设置 SPC3 内部中断
            MOV         A,#D_IMR_LOW
            MOVX        @DPTR,A
            INC         DPTR
            MOV         A,#D_IMR_HIGH
            MOVX        @DPTR,A
;
            MOV         DPTR,#R_USER_WD_VALUE_LOW;设置 WDT 参数
            MOV         A,#D_USER_WD_VALUE_LOW
            MOVX        @DPTR,A
            INC         DPTR
            MOV         A,#D_USER_WD_VALUE_HIGH
            MOVX        @DPTR,A
            LCALL       SPC3_RESET             ; 调用 SPC3 初始化
;
DATA_EX:
            SETB        EX0
            SETB        EA
            MOV         DPTR,#R_DOUT_BUF_PTR1  ; 计算输出数据缓冲区的指针
            MOVX        A,@DPTR
            MOV         B,#08H
            MUL         AB
            ADD         A,#SPC3_LOW
            MOV         R6,A
            CLR         A
            ADDC        A,#SPC3_HIGH
            MOV         USER_OUT_PTR,A
            MOV         USER_OUT_PTR+1,R6
```

```
            MOV        DPTR,#R_DIN_BUF_PTR1  ；计算输入数据缓冲区的指针
            MOVX       A,@DPTR
            MOV        B,#08H
            MUL        AB
            ADD        A,#SPC3_LOW
            MOV        R6,A
            CLR        A
            ADDC       A,#SPC3_HIGH
            MOV        USER_IN_PTR,A
            MOV        USER_IN_PTR+1,R6
            LCALL      WDTRET
      ；以上部分主要是 SPC3 通信控制器的初始化程序
```

4. P89V51RD2 微控制器主循环程序与 PROFIBUS-DP 通信程序

```
      ；*****************************************************************
      ；P89V51RD2 微控制器主循环程序开始
      START_LOOP:
            LCALL      WDTRET
            MOV        A,UCOMMAND
            CLR        C
            SUBB       A,#19H
            JNZ        STLP2          ；如果 UCOMMAND 不是 19H，跳转到 STLP2
      ；如果 UCOMMAND 是 19H，主机发送地址帧，更新 PROFIBUS-DP 从站地址
            MOV        UCOMMAND,#00H
            MOV        A,RXBF
            MOV        SLADD,A
            MOV        DPTR,#15f2h              ；地址保存在 15f2h 外部 RAM 中
            MOVX       @DPTR,A
            LJMP       INI          ；更新 PROFIBUS-DP 从站地址，需要重新初始化 SPC3
      ；*****************************************************************
      STLP2:  MOV      DPTR,#MODE_REG1_S      ；触发 SPC3WDT
            MOV        A,#20H
            MOVX       @DPTR,A
            MOV        DPTR,#IRR_HIGH          ；判断有无数据输出
            MOVX       A,@DPTR
            JNB        ACC.5,STLP1
            INC        DPTR
            INC        DPTR
            MOV        A,#20H
            MOVX       @DPTR,A
            MOV        DPTR,#NEW_DOUT_BUFFER_CMD  ；更新输出数据指针
            MOVX       A,@DPTR
            ANL        A,#03H
            ADD        A,#1AH
            MOV        DPL,A
            CLR        A
            ADDC       A,#SPC3_HIGH
            MOV        DPH,A
            MOVX       A,@DPTR
            MOV        B,#08H
            MUL        AB
            MOV        R6,A
            MOV        A,B
            ADDC       A,#SPC3_HIGH
```

```
            MOV     USER_OUT_PTR,A
            MOV     USER_OUT_PTR+1,R6

            MOV     DPH,USER_OUT_PTR
            MOV     DPL,USER_OUT_PTR+1
            MOV     R1,#UPSETDATA    ; 上位机输出数据暂存
            MOV     B,#7
MOVD1:      CLR     C
            MOVX    A,@DPTR
            MOV     @R1,A
            INC     DPTR
            INC     R1
            DJNZ    B,MOVD1
            MOV     R1,#UPSETDATA    ; 判断地址，与本站不一致，退出
            MOV     A,@R1
            XRL     A,SLADD
            JZ      DALP11
            JMP     STLP1
DALP11:     INC     R1
            MOV     A,@R1
            XRL     A,#6
            JNZ     STLP1
            MOV     DPTR,#XUPDATA+8
            MOVX    A,@DPTR          ; 取 CFG_INFO
            ANL     A,#01H
            CLR     C
            SUBB    A,#01H
            JNZ     STLP1
            LCALL   CLRDL            ; 允许清电能
            MOV     TIMCNT,#00H
; ************************************************************
STLP1:      MOV     A,TIMCNT
            CLR     C
            SUBB    A,#80
            JC      DATA_IN
            CPL     P1.0
            MOV     TIMCNT,#00H
            LCALL   REQDATA          ; 从 SPI 主机读取数据
            LCALL   MOVBK            ; 调用处理从 SPI 主机读取的数据的程序 MOVBK
                                     ; MOVBK 程序介绍从略
            LCALL   WDTRET           ; WDT 触发
; ************************************************************
DATA_IN:    MOV     DPTR,#NEW_DIN_BUFFER_CMD ; 更新输入数据缓存指针
            MOVX    A,@DPTR
            ANL     A,#03H
            ADD     A,#1EH
            MOV     DPL,A
            CLR     A
            ADDC    A,#SPC3_HIGH
            MOV     DPH,A
            MOVX    A,@DPTR
            MOV     B,#8
            MUL     AB
            MOV     R6,A
```

147

```
        MOV         A,B
        ADDC        A,#SPC3_HIGH
        MOV         USER_IN_PTR,A
        MOV         USER_IN_PTR+1,R6
        MOV         DPH,USER_IN_PTR
        MOV         DPL,USER_IN_PTR+1
; ******************************************************************
; 向 PROFIBUS-DP 主站上传最新数据
        MOV         R7,#113
        MOV         A,AUXR1
        XRL         A,#01H
        MOV         AUXR1,A
        MOV         DPTR,#XUPDATA
DATA_IN_N:
        MOVX        A,@DPTR
        MOV         B,A
        INC         DPTR
        MOV         A,AUXR1
        XRL         A,#01H
        MOV         AUXR1,A
        MOV         A,B
        MOVX        @DPTR,A
        INC         DPTR
        MOV         A,AUXR1
        XRL         A,#01H
        MOV         AUXR1,A
        DJNZ        R7,DATA_IN_N
; ******************************************************************
TEST2:  MOV         DPTR,#IIR_HIGH    ; 诊断变化
        MOVX        A,@DPTR
        JNB         ACC.4,END_LOOP

        MOV         DPTR,#NEW_DIAG_PUFFER_CMD
        MOVX        A,@DPTR
        MOV         DPTR,#1328h
        MOV         A,#00
        MOVX        @DPTR,A
        INC         DPTR
        MOV         A,#0ch
        MOVX        @DPTR,A
        MOV         DPTR,#1348h
        MOV         A,#00
        MOVX        @DPTR,A
        INC         DPTR
        MOV         A,#0ch
        MOVX        @DPTR,A
        MOV         DPTR,#IAR_HIGH
        MOV         A,#10h
        MOVX        @DPTR,A
END_LOOP:
        JMP         START_LOOP
; P89V51RD2 微控制器主循环程序结束
; ******************************************************************
; 电量清除程序 CLRDL 清单从略。
```

5. SPC 复位初始化子程序

```
;  ****************************************************************
;  SPC 复位初始化子程序
SPC3_RESET:
            MOV       DPTR,#R_IDENT_LOW       ; 设置本模块标识号
            MOV       A,#D_IDENT_LOW
            MOVX      @DPTR,A
            MOV       DPTR,#R_TS_ADR
            MOV       A,SLADD                   ; 设置 PROFIBUS-DP 从站地址
            MOVX      @DPTR,A

            MOV       DPTR,#MODE_REG0          ; 设置 SPC3 方式寄存器
            MOV       A,#D_MODE_REG0
            MOVX      @DPTR,A
            INC       DPTR
            MOV       A,#D_MODE_REG0_S
            MOVX      @DPTR,A

            MOV       A,#REAL_NO_ADD_CHG       ; 不允许从站地址改变
            MOV       DPTR,#R_REAL_NO_ADD_CHANGE
            CJNE      A,#1,RR1
            MOV       A,#0FFH
            MOVX      @DPTR,A
            JMP       RR2
RR1:        MOV       A,#0
            MOVX      @DPTR,A
RR2:        MOV       DPTR,#STATUS_REG_LOW     ; SPC3 离线吗?
            MOVX      A,@DPTR
            ANL       A,#01H
            JNZ       RR2
            MOV       DPTR,#R_DIAG_PUF_PTR1    ; 如果 SPC3 离线,初始化 SPC3
            MOV       A,#D_DIAG_PUF_PTR1
            MOVX      @DPTR,A
            INC       DPTR
            MOV       A,#D_DIAG_PUF_PTR2
            MOVX      @DPTR,A

            MOV       DPTR,#R_CFG_BUF_PTR
            MOV       A,#D_CFG_BUF_PTR
            MOVX      @DPTR,A

            MOV       DPTR,#R_READ_CFG_BUF_PTR
            MOV       A,#D_READ_CFG_BUF_PTR
            MOVX      @DPTR,A

            MOV       DPTR,#R_PRM_BUF_PTR
            MOV       A,#D_PRM_BUF_PTR
            MOVX      @DPTR,A

            MOV       DPTR,#R_AUX_BUF_PTR1
            MOV       A,#D_AUX_BUF_PTR1
            MOVX      @DPTR,A
            INC       DPTR
            MOV       A,#D_AUX_BUF_PTR2
```

```
        MOVX      @DPTR,A

        MOV       DPTR,#R_LEN_DIAG_BUF1
        MOV       A,#D_LEN_DIAG_BUF1
        MOVX      @DPTR,A
        INC       DPTR
        MOV       A,#D_LEN_DIAG_BUF2
        MOVX      @DPTR,A

        MOV       DPTR,#R_LEN_CFG_DATA
        MOV       A,#D_LEN_CFG_DATA
        MOVX      @DPTR,A

        MOV       DPTR,#R_LEN_PRM_DATA
        MOV       A,#D_LEN_PRM_DATA
        MOVX      @DPTR,A

        MOV       DPTR,#R_LEN_CNTRL_PBUF1
        MOV       A,#D_LEN_CNTRL_PBUF1
        MOVX      @DPTR,A

        MOV       DPTR,#R_LEN_READ_CFG_DATA
        MOV       A,#D_LEN_READ_CFG_DATA
        MOVX      @DPTR,A

        MOV       DPTR,#R_FDL_SAP_LIST_PTR
        MOV       A,#D_FDL_SAP_LIST_PTR
        MOVX      @DPTR,A

        MOV       DPTR,#R_LEN_DOUT_BUF ；输出数据缓存长度和指针
        MOV       A,#D_LEN_DOUT_BUF
        MOVX      @DPTR,A
        MOV       DPTR,#R_DOUT_BUF_PTR1
        MOV       A,#D_DOUT_BUF_PTR1
        MOVX      @DPTR,A
        INC       DPTR
        MOV       A,#D_DOUT_BUF_PTR2
        MOVX      @DPTR,A
        INC       DPTR
        MOV       A,#D_DOUT_BUF_PTR3
        MOVX      @DPTR,A

        MOV       DPTR,#R_LEN_DIN_BUF        ；输入数据缓存长度和指针
        MOV       A,#D_LEN_DIN_BUF
        MOVX      @DPTR,A
        MOV       DPTR,#R_DIN_BUF_PTR1
        MOV       A,#D_DIN_BUF_PTR1
        MOVX      @DPTR,A
        INC       DPTR
        MOV       A,#D_DIN_BUF_PTR2
        MOVX      @DPTR,A
        INC       DPTR
        MOV       A,#D_DIN_BUF_PTR3
        MOVX      @DPTR,A
```

```
            MOV       DPTR,#13C8H
            MOV       A,#0FFH
            MOVX      @DPTR,A
            MOV       DPTR,#1380H
            MOV       A,#13H
            MOVX      @DPTR,A
            INC       DPTR
            MOV       A,#23H
            MOVX      @DPTR,A

            MOV       DPTR,#WD_BAUD_CTRL_VAL  ; 设置 WDT 波特率控制
            MOV       A,#D_WD_BAUD_CTRL_VAL
            MOVX      @DPTR,A

            MOV       DPTR,#MODE_REG1_S
            MOVX      A,@DPTR
            ORL       A,#01H
            MOVX      @DPTR,A
            RET
```
; SPC3 复位程序结束
;***
; 延时子程序 D20M 清单从略。

6. SPC3 中断处理子程序

```
;*********************************************************************
; SPC3 中断处理子程序
INTEX0:     PUSH      ACC
            PUSH      B
            PUSH      DPH
            PUSH      DPL
            PUSH      PSW
            CLR       RS0
            SETB      RS1

            MOV       DPTR,#IR_LOW       ; GO_LEAVE_DATA_EX
            MOVX      A,@DPTR
            JNB       ACC.1,INTE1
            MOV       A,#02H
            MOVX      @DPTR,A
INTE1:      MOV       DPTR,#IAR_HIGH    ; NEW_GC_COMMAND
            MOVX      A,@DPTR
            JNB       ACC.0,INTE2
            MOV       A,#01H
            MOVX      @DPTR,A

INTE2:      MOV       DPTR,#IAR_HIGH  ; PRM
            MOVX      A,@DPTR
            JNB       ACC.3,INTE3

INTE2_1:    MOV       DPTR,#USER_PRM_DATA_OK
            MOVX      A,@DPTR
            MOV       R7,A
            CJNE      R7,#01H,INTE3
```

```
              JMP      INTE2_1

INTE3:        MOV      DPTR,#IAR_HIGH  ; CFG
              MOVX     A,@DPTR
              JNB      ACC.2,INTE4

INTE3_1:      MOV      DPTR,#USER_CFG_DATA_OK
              MOVX     A,@DPTR
              MOV      R7,A
              CJNE     R7,#01H,INTE4
              JMP      INTE3_1

INTE4:        MOV      DPTR,#IAR_HIGH   ; SSA
              MOVX     A,@DPTR
              JNB      ACC.1,INTE5
              MOV      A,#02H
              MOVX     @DPTR,A

INTE5:        MOV      DPTR,#IR_LOW    ; WD_DP_MODE_TIMEOUT
              MOVX     A,@DPTR
              JNB      ACC.3,INTE6
              LCALL    wd_dp_mode_timeout_function
              MOV      DPTR,#IR_LOW
              MOV      A,#08H
              MOVX     @DPTR,A

INTE6:        MOV      DPTR,#IR_LOW    ; USER_TIME_CLOCK
              MOVX     A,@DPTR
              JNB      ACC.4,INTE7
              MOV      A,#10H
              MOVX     @DPTR,A

INTE7:        MOV      DPTR,#IR_LOW    ; BAUDRATE_DETECT
              MOVX     A,@DPTR
              JNB      ACC.2,INTE8
              MOV      A,#04H
              MOVX     @DPTR,A

INTE8:        MOV      DPTR,#1008H     ; INTERRUPT END
              MOV      A,#02H
              MOVX     @DPTR,A
              POP      PSW
              POP      DPL
              POP      DPH
              POP      B
              POP      ACC
              RETI
```

```
; ****************************************************************
; P89V51RD2 微控制器的中断串口接收程序 UART 清单从略。
; P89V51RD2 微控制器的 SPI 和 UART 串口是同一中断入口。
; ****************************************************************
;
;   wd_dp_mode 超时子程序 wd_dp_mode_timeout_function 清单从略。
```

7. P89V51RD2 微控制器的定时器 0 中断服务程序

```
;   ****************************************************************
```

```
；P89V51RD2 微控制器的定时器 0 中断服务程序
T0INT:      MOV         TH0,#3CH
            MOV         TL0,#0AFH
            PUSH        ACC
            PUSH        B
            PUSH        DPH
            PUSH        DPL
            PUSH        PSW
            LCALL       WDTRET
            MOV         A,TIMCNT
            INC         A
            MOV         TIMCNT,A
            MOV         A,TIMCNT1
            INC         A
            MOV         TIMCNT1,A
            MOV         DPTR,#MODE_REG1_S ； 触发 SPC3WDT
            MOV         A,#20H
            MOVX        @DPTR,A
            POP         PSW
            POP         DPL
            POP         DPH
            POP         B
            POP         ACC
            RETI
；*****************************************************************
；WDT 复位程序
WDTRET:     MOV         WDTC,#0FH
            RET
；*****************************************************************
```

5.4　PMM2000 电力网络仪表从站的 GSD 文件

5.4.1　GSD 文件的组成

PROFIBUS-DP 设备具有不同的性能特性。特性的不同在于其功能（即 I/O 信号的数量和诊断信息）的不同或总线参数不同。这些参数对每种设备类型和生产厂商来说各有差别。

为了达到 PROFIBUS-DP 简单的即插即用配置，这些特性均在电子数据单中具体说明，有时称为设备数据库文件或 GSD 文件。

标准化的 GSD 数据将通信扩大到操作员控制一级，使用基于 GSD 的组态工具可将不同厂商生产的设备集成在一个总线系统中，简单且用户界面友好。

对一种设备类型的特性，GSD 以一种准确定义的格式给出其全面而明确的描述。GSD 文件由生产厂商分别针对每一种设备类型，以设备数据库清单的形式提供给用户，此种明确定义的文件格式便于读出任何一种 PROFIBUS-DP 从站的设备数据库文件，并且在组态总线系统时自动使用这些信息。

GSD 分为以下三部分。

（1）总体说明

包括厂商和设备名称、软硬件版本情况、支持的波特率、可能的监控时间间隔及总线插头的信号分配。

（2）DP 主设备相关规范

包括所有只适用于 DP 主设备的参数（例如可连接的从设备的最多台数或加载和卸载能力）。从设备没有这些规定。

（3）从设备的相关规范

包括与从设备有关的所有规定（如 I/O 通道的数量和类型、诊断测试的规格及 I/O 数据的一致性信息）。

所有 PROFIBUS-DP 设备的 GSD 文件均按 PROFIBUS 标准进行了符合性试验，在 PROFIBUS 用户组织的 WWW Server 中有 GSD 库，可自由下载，网址为：http//www.profibus.com。

5.4.2　GSD 文件的特点

每种类型的 DP 从设备和每种类型的 1 类 DP 主设备一定有一个标识号。主设备用此标识号识别哪种类型设备连接后不产生协议的额外开销。主设备将所连接的 DP 设备的标识号与在组态数据中用组态工具指定的标识号进行比较，直到具有正确站址的正确的设备类型连接到总线上后，用户数据才开始传送。这可避免组态错误，从而大大提高安全级别。

厂商必须为每种 DP 从设备类型和每种 1 类 DP 主设备类型向 PROFIBUS 用户组织申请标识号。各地区办事处均可领取申请表格。

GSD 文件具有如下特点。

1）在 GSD 文件中，描述每一个 PROFIBUS-DP 设备的特性。

2）每个设备的 GSD 文件用设备的电子数据单来表示。

3）GSD 文件包含所有设备的特定参数，如支持的波特率、支持的信息长度、输入/的数据量、诊断信息的含义。

4）GSD 文件由设备制造商建立。

5）每一个设备类型分别需要一个 GSD 文件。

6）PROFIBUS 用户组织提供 GSD 编辑程序，它使得建立 GSD 文件非常容易。

7）GSD 编辑程序包括 GSD 检查程序，它确保 GSD 文件符合 PROFIBUS 标准。

5.4.3　GSD 文件实例

下面以 PMM2000 电力网络仪表从站的 GSD 文件为例，介绍 GSD 文件的设计。

PMM2000 电力网络仪表从站的 GSD 文件（pmm.GSD）设计如下。

```
#Profibus_DP
; Unit-Definition-List:
GSD_Revision            = 1                    ;GSD 版本号
Vendor_Name             = "REND"               ;生产商
Model_Name              = "PMM2000"            ;模块名
Revision                = "Rev. 1"             ;DP 设备版本号
Ident_Number            = 0x8                  ;DP 设备标识号
Protocol_Ident          = 0                    ;DP 设备使用的协议 PROFIBUS-DP
Station_Type            = 0                    ;DP 设备类型，从站
FMS_supp                = 1                    ;DP 设备不支持 FMS
Hardware_Release        = "Axxx"               ;硬件版本号
Software_Release        = "Zxxx"               ;软件版本号
9.6_supp                = 1                    ;支持波特率 9.6kbit/s
19.2_supp               = 1                    ;支持波特率 19.2kbit/s
95.75_supp              = 1                    ;支持波特率 95.75kbit/s
187.5_supp              = 1                    ;支持波特率 187.5kbit/s
500_supp                = 1                    ;支持波特率 500kbit/s
```

1.5M_supp	= 1	;支持波特率 1.5Mbit/s
3M_supp	= 1	;支持波特率 3Mbit/s
6M_supp	= 1	;支持波特率 6Mbit/s
12M_supp	= 1	;支持波特率 12Mbit/s
MaxTsdr_9.6	= 60	;9.6kbit/s 时最大延迟时间
MaxTsdr_19.2	= 60	;19.2kbit/s 时最大延迟时间
MaxTsdr_95.75	= 60	;95.75kbit/s 时最大延迟时间
MaxTsdr_187.5	= 60	;187.5kbit/s 时最大延迟时间
MaxTsdr_500	= 100	;500kbit/s 时最大延迟时间
MaxTsdr_1.5M	= 150	;1.5Mbit/s 时最大延迟时间
MaxTsdr_3M	= 250	;3Mbit/s 时最大延迟时间
MaxTsdr_6M	= 450	;6Mbit/s 时最大延迟时间
MaxTsdr_12M	= 800	;12Mbit/s 时最大延迟时间
Redundancy	= 1	;是不是支持冗余
Repeater_Ctrl_Sig	= 2	;TTL
;		
; Slave-Specification:		
24V_Pins	= 2	;M24V 和 P24V 没有连接
;		
Implementation_Type	= "SPC3"	;使用芯片 SPC3
Bitmap_Device	= "REND3"	;设备图标
Bitmap_Diag	= "bmpdia"	;有诊断时图标
Bitmap_SF	= "bmpsf"	;特殊操作时设备图标
Freeze_Mode_supp	= 0	;不支持锁定
Sync_Mode_supp	= 0	;不支持同步
Auto_Baud_supp	= 1	;自动波特率识别
Set_Slave_Add_supp	= 0	;不支持设置从站地址
Min_Slave_Intervall	= 1	;最小从站间隔
;		
Modular_Station	= 1	
Max_Module	= 1	
Max_Output_Len	= 80	;最大输出长度
Max_Input_Len	= 224	;最大输入长度
Max_Data_Len	= 304	;最大输入/输出长度
;		
; Module-Definitions:		
;		
Modul_Offset	= 255	
Max_User_Prm_Data_Len	= 5	;最大参数数据长度
Fail_Safe	= 0	
Slave_Family	= 0	;从站类型
Max_Diag_Data_Len	= 6	;最大诊断数据长度
ORDERNUMBER	="FBPRO-PMM2000"	;订货号
Ext_User_Prm_Data_Const(0) = 0x00,0x00,0x00,0x00,0x00		

```
Module = " 113 Byte In, 7 Byte Out" 0x17,0x17,0x17,0x17,0x17,0x17,0x17,0x17,0x17,0x17,0x17,
0x17,0x17,0x17,0x10,0x26                  ;113 字节输入，7 字节输出
EndModule
```

5.4.4 GSD 文件的编写要点

在 GSD 文件中，需要注意以下几点。

1）标识号应该从 PROFIBUS 用户组织申请，在 GSD 文件中设定的标识号和在从站的程序中设定

的标识号一致。

2）Max_Output_Len，Max_Input_Len 的设定应该能满足从站的要求。比如从站要求有 8B 的输入数据和 8B 的输出数据，可以设定 Max_Output_Len＝8，Max_Input_Len＝8，Max_Data_Len 的值设定为 Max_Output_Len 和 Max_Input_Len 之和。

3）8B 的输入和 8B 输出是在下面一条语句中实现的。

```
Module = " 8 Byte Out, 8 Byte In"    0x27,0x17    ;8B 输入，8B 输出
EndModule
```

4）16B 的输入和 16B 输出是在下面一条语句中实现的。

```
Module = " 8 Byte Out, 8 Byte In"    0x27,0x27,0x17,0x17    ;16B 输入，16B 输出
EndModule
```

其他长度的字节个数设计方法与此类似，可以参考如图 5-5 所示的输入和输出字节个数的定义格式。

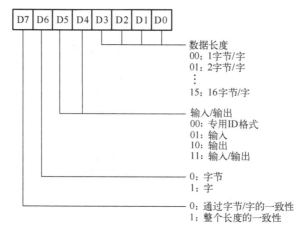

图 5-5　输入和输出字节个数的定义格式

GSD 文件是 ASCII 格式的，可以由任何文本编辑器编写，通过标准的关键词描述设备属性。

GSD 文件创建以后，必须通过 GSD Checher 检查文件的正确性，GSD Checker 可以从 http://www.profibus.com 网站上下载。如果 GSD 文件中有错误，GSD 文件将标出错误所在的行，如果没有错误，GSD Cheker 显示 "GSD()OK"。

设备生产商提供针对各自设备的 GSD 文件,和产品一起提供给用户。配置工具中也提供部分 GSD 文件，一些 GSD 文件可以通过以下途径得到。

通过 Internet：网站 http://www.ad.siemens.de 提供西门子公司的所有 GSD 文件。

通过 PNO（PROFIBUS Trade Organizaton）：hppt://www.profibus.com。

5.5　PMM2000 电力网络仪表在数字化变电站中的应用

5.5.1　PMM2000 电力网络仪表的应用领域

PMM2000 系列数字式多功能电力网络仪表主要应用领域如下。

1）变电站综合自动化系统。

2）低压智能配电系统。

3）智能小区配电监控系统。

4）智能型箱式变电站监控系统。

5）电信动力电源监控系统。

6）无人值班变电站系统。

7）市政工程泵站监控系统。

8）智能楼宇配电监控系统。

9）远程抄表系统。

10）工矿企业综合电力监控系统。

11）铁路信号电源监控系统。

12）发电机组/电动机远程监控系统。

5.5.2　iMeaCon 数字化变电站后台计算机监控网络系统

现场的变电站根据分布情况分成不同的组，组内的现场 I/O 设备通过数据采集器连接到变电站后台计算机监控系统。

若有多个变电站后台计算机监控网络系统，总控室需要采集现场 I/O 设备的数据，现场的变电站后台计算机监控网络系统被定义为"服务器"，总控室后台计算机监控网络系统需要采集现场 I/O 设备的数据，通过访问服务器即可。

iMeaCon 计算机监控网络系统软件基本组成如下。

（1）系统图

能显示配电回路的位置及电气连接。

（2）实时信息

根据系统图可查看具体回路的测量参数。

（3）报表

配出回路有功电能报表（日报表、月报表和配出回路万能报表）。

（4）趋势图形

显示配出回路的电流和电压。

（5）通信设备诊断

现场设备故障在系统图上提示。

（6）报警信息查询

报警信息可查询，报警发生时间、报警恢复时间、报警确认时间、报警信息打印、报警信息删除等。

（7）打印

能够打印所有的报表。

（8）数据库

有实时数据库、历史数据库。

（9）自动运行

计算机开机后自动运行软件。

（10）系统管理和远程接口

有密码登录、注销、退出系统等管理权限，防止非法操作。

通过局域网 TCP/IP，以 OPCServer 的方式访问。iMeaCon 计算机监控网络系统的网络拓扑结构如图 5-6 所示。

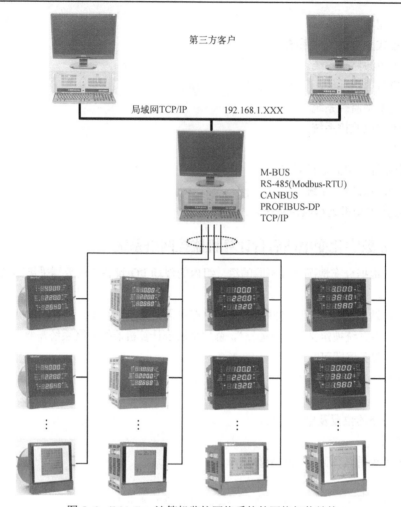

图 5-6 iMeaCon 计算机监控网络系统的网络拓扑结构

5.6 PROFIBUS-DP 从站的测试方法

如果已经设计好了完成某种功能的 PROFIBUS-DP 从站，就可以对从站的性能进行测试了。

测试 PROFIBUS-DP 从站，PROGIBUS-DP 主站可以采用 SIEMENS 公司的 CP5611 网络通信接口卡和 PC 计算机及配套软件。也可以采用 SIEMENS 公司 PLC，如 S7-300、S7-400 等作为主站。

下面采用北京鼎实创新公司的 PBMG- ETH-2 主站网关对 PROFIBUS-DP 从站进行测试，PROFIBUS-DP 从站选用济南莱恩达公司的 PMM2000 电力网络仪表。

PBMG-ETH-2 主站网关实现的功能是将 PROFIBUS-DP 通信协议的从站设备连接到以太网上，该网关在 PROFIBUS-DP 一侧只作主站，在 MODBUS TCP/IP 一侧为服务端。

PBMG-ETH-2 与从站设备的连接有两种方式。

一种是将从站设备直接连接到 PBMG-ETH-2 的 DP 接口上，如图 5-7 所示。

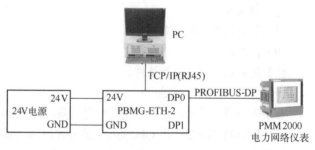

图 5-7 PBMG-ETH-2 与从站设备直接相连

另一种是通过 PB-Hub6 将从站设备和 PBMG-ETH-2 相连，如图 5-8 所示。

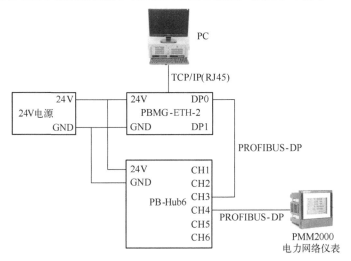

图 5-8　PBMG-ETH-2 通过 PB-Hub6 与从站设备相连

需要注意的是，PBMG-ETH-2 共有两个 DP 接口，可以同时使用。但若直接与从站设备相连，其所带从站个数之和不能超过 31，且两个 DP 接口所带从站需统一编址。在图 1-2 所示的连接方式中，通过使用 PB-Hub6 的中继器功能，可以使所带从站个数有所增加。PB-Hub6 的每一个接口都相当于一个中继器接口，可以独立驱动一个 PROFIBUS-DP 网段，即可以再连接最多 31 个从站。同时 PB-Hub6 还可以实现级连，通过 PB-Hub6 组成的混合型 PROFIBUS-DP 网络结构，其站点数可达 126 个。

PBMG-ETH-2 主站网关需要和 PB-CONFI 软件配合使用，该网关使用的是 PB-CONFI 软件的以太网下载功能。PROFIBUS-DP 从站测试实例配置如表 5-1 所示。

表 5-1　PROFIBUS-DP 从站测试实例配置

序号	设备名称	型号及技术指标	数量	备注
1	网关设备	PBMG-ETH-2	1	—
2	PROFIBUS-DP 从站	PMM2000	1	其他从站皆可
3	MODBUS TCP 客户端	计算机	1	模拟 MODBUS TCP 客户端
4	DP 电缆（带有 DP 插头）	标准 PROFIBUS-DP 电缆	1	连接 PROFIBUS-DP 侧
5	网线（带有水晶头）	普通网线	1	连接以太网侧

5.7　习题

1．PMM2000 数字式电力网络仪表具有哪些特点？

2．画出 PROFIBUS-DP 的 RS-485 传输接口电路图。

3．PROFIBUS-DP 的从站为 80B 输入和 8B 输出，设置 3 个输入/输出数据缓存器的长度和 3 个输入/输出数据缓存器的段基址。

4．若 PROFIBUS-DP 的从站地址为 6，80B 输入和 8B 输出，编写完成此功能的程序。

第6章 DeviceNet 现场总线

Devicenet 协议是一个简单、廉价而且高效的协议，适用于最底层的现场总线，如过程传感器、执行器、阀组、电动机起动器、条形码读取器、变频驱动器、面板显示器、操作员接口和其他控制单元的网络。可通过 DeviceNet 连接的设备包括从简单的挡光板到复杂的真空泵各种半导体产品。DeviceNet 也是一种串行通信链接，可以减少昂贵的硬接线。DeviceNet 所提供的直接互连性不仅改善了设备间的通信，而且同时提供了相当重要的设备级诊断功能，这是通过硬接线 I/O 接口很难实现的。

本章首先对 DeviceNet 进行了概述，然后讲述了 DeviceNet 连接、DeviceNet 报文协议、DeviceNet 通信对象分类、网络访问状态机制、指示器和配置开关、DeviceNet 的物理层和传输介质和设备描述，最后讲述了 DeviceNet 节点的开发。

6.1 DeviceNet 概述

DeviceNet 是由美国 Rockwell 公司在 CAN 基础上推出的一种低成本的通信连接。它将基本工业设备（如限位开关、光电传感器、阀组、电动机起动器、过程传感器、条形码读取器、变频驱动器、物料流量计、电子秤、显示器和操作员接口等）连接到网络，从而避免了昂贵和烦琐的硬接线。DeviceNet 是一种简单的网络解决方案，在提供多供货商同类部件间的可互换性的同时，减少了配线和安装工业自动化设备的成本和时间。DeviceNet 的直接互连性不仅改善了设备间的通信，而且同时提供了相当重要的设备级诊断功能，这是通过硬接线 I/O 接口很难实现的。

DeviceNet 是一个开放式网络标准，其规范和协议都是开放的，用户将设备连接到系统时，无须购买硬件、软件或许可权。任何个人或制造商都能以少量的复制成本从开放式 DeviceNet 供货商协会（ODVA）获得 DeviceNet 规范。

DeviceNet 作为一个低端网络系统，实现传感器和执行器等工业设备与控制器高端设备之间的连接，如图 6-1 所示。

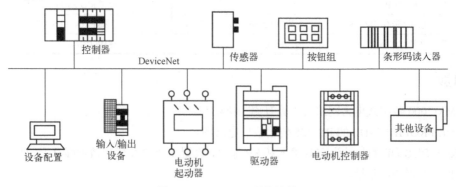

图 6-1 DeviceNet 通信连接

DeviceNet 可以提供：

1）低端网络设备的低成本解决方案。

2）低端设备的智能化。

3）主/从以及对等通信的能力。

DeviceNet 有两个主要用途:

1)传送与低端设备关联的面向控制的信息。

2)传送与被控系统间接关联的其他信息(如配置参数)。

6.1.1　DeviceNet 的特性

1. DeviceNet 的物理/介质特性

DeviceNet 具有如下物理/介质特性。

1)主干线——分支线结构。

2)最多可支持 64 个节点。

3)无须中断网络即可解除节点。

4)同时支持网络供电(传感器)及自供电(执行器)设备。

5)使用密封或开放形式的连接器。

6)接线错误保护。

7)可选的数据传输波特率为 125kbit/s、250kbit/s 及 500kbit/s。

8)可调整的电源结构,以满足各类应用的需要。

9)大电流容量(每个电源最大容量可以达到 16A)。

10)可带电操作。

11)电源插头可以连接符合 DeviceNet 标准的不同制造商的供电装置。

12)内置式过载保护。

13)总线供电:主干线中包括电源线及信号线。

2. DeviceNet 的通信特性

DeviceNet 具有如下通信特性。

1)媒体访问控制及物理信号使用控制器局域网(CAN)。

2)有利于应用之间通信的面向连接的模式。

3)面向网络通信的典型的请求/响应。

4)I/O 数据的高效传输。

5)大信息量的分段移动。

6)MAC ID 的多重检测。

6.1.2　对象模型

DeviceNet 使用抽象的对象模型。

1)使用通信服务系列。

2)DeviceNet 节点的外部可视行为。

3)DeviceNet 产品中访问及交换信息的通用方式。

DeviceNet 节点可用一个对象(Object)的集合建模。对象提供了产品内特定组件的抽象表示。该产品内抽象对象模型的实现是非独立的,换言之,产品将以其特定执行方式内部映像该目标模型。

分类(Class)是指表现出相同类型系统成分的对象的集合。对象实例(Object Instance)是指在分类内某一特定对象的具体表示。分类中的每个实例不但有一组相同的属性,而且也具有自身的一组特定属性值。在一个 DeviceNet 节点的特定分类中,可以存在多种对象实例。

一个对象实例和/或对象分类都有自己的属性,都能提供服务并完成一种行为。

属性是一个对象和/或对象分类的特性。属性提供状态信息或管理对象的操作。服务用来触发对象/分类实现一个任务。对象行为则表示了它如何响应特定的事件。

在描述 DeviceNet 的服务及协议过程中，使用下列对象模型的相关术语。

1）对象（Object）——产品中的一个特定成分的抽象表示。

2）分类（Class）——表现相同系统成分的对象的集合。某分类内的所有对象在形式及行为上是相同的，但可能具有不同的属性值。

3）实例（Instance）——对象的一个特定物理存在。例如：加利福尼亚州是分类对象中的一个实例。

4）属性（Attribute）——对象的外部可见的特征或特性的描述。简言之，属性提供了一个对象的状态信息及对象的工作管理。例如：对象的 ASCII 名；循环对象的重复速率。

5）例示（Instantiate）——建立一个对象的实例，除非对象定义中已规定使用默认值，该对象所有实例属性都初始化到零。

6）行为（Behavior）——对象如何运行的描述。由对象检测不同的事件而产生的动作，例如收到服务请求、检测内部故障或定时器到时等。

7）服务（Service）——对象和/或对象分类提供的功能。DeviceNet 定义了一套公共服务，并提供对象分类或制造商特定的服务的定义。

8）通信对象（Communication Object）——通过 DeviceNet 管理和提供实时报文交换的多对象种类。

9）应用对象（Application Object）——实现产品指定特性的多对象种类。

1. 对象编址

（1）介质访问控制标识符（MAC ID）

分配给 DeviceNet 上每个节点的一个整数标识值，该值可将该节点与同一链接上的其他节点区别开来，如图 6-2 所示。

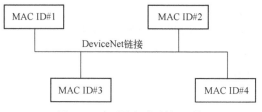

图 6-2　介质访问控制标识符

（2）分类标识符（Class ID）

分配给网络上可访问的每个对象类的整数标识值，Class ID 有效取值范围如表 6-1 所示。

表 6-1　Class ID 有效取值范围

范　围	含　义
00H～63H	开放部分
64H～C7H	制造商专用
C8H～FFH	DeviceNet 保留，备用
100H～2FFH	开放部分
300H～4FFH	制造商专用

（3）实例标识符（Instance ID）

分配给每个对象实例的整数标识值，用于在相同分类中识别所有实例，该整数在其所在 MAC ID 分类中是唯一的。

（4）属性标识符（Attribute ID）

赋予分类及/或实例属性的整数标识值，Attribute ID 值的范围如表 6-2 所示。

表 6-2　Attribute ID 值的范围

范　　围	含　　义
00H～63H	开放部分
64H～C7H	制造商专用
C8H～FFH	DeviceNet 保留，备用

（5）服务代码（Service Code）

特定的对象实例和/或对象分类功能的整数标识值，服务代码的取值范围如表 6-3 所示。

表 6-3　服务代码的取值范围

范　　围	含　　义
00H～31H	开放部分。为 DeviceNet 的公共服务
32H～4AH	制造商专用
4BH～63H	对象类专用
64H～7FH	DeviceNet 保留，备用
80H～FFH	不用

2. 寻址范围

DeviceNet 定义的对象寻址报文的范围，即 MAC ID 的使用范围如表 6-4 所示。

表 6-4　MAC ID 的使用范围

范　　围	含　　义
00～63（十进制）	MAC ID。如果没有分配其他值，那么设备初始化时默认值为 63（十进制）

定义此范围的常用术语如下。

1）开放部分（Open）：该取值范围由 ODVA 定义，并对所有 DeviceNet 使用者通用。

2）制造商专用（Vendor Specific）：该取值范围由设备制造商特定。制造商可扩展其设备在开放部分定义有效范围之外的功能，制造商内部管理该范围内值的使用。

3）对象类专用（Object Class Specific）：该取值范围按 Class ID 定义，该范围用于服务代码定义。

6.1.3　DeviceNet 网络及对象模型

DeviceNet 定义了基于连接的方案以实现所有应用程序的通信。DeviceNet 连接在多端点之间提供了一个通信路径，连接的端点为需要共享数据的应用程序，当连接建立后，与特定连接相关联的传输被赋予一个标识值，该标识值被称为连接 ID（CID）。

连接对象（Connection Object）提供了特定的应用程序之间的通信特性，端点（End-Point）指连接中有关的一个通信实体。DeviceNet 基于连接的方案定义了动态方法，用该方法可以建立以下的两种类型的连接。

1）I/O 连接（I/O Connections）：在一个生产应用及一个或多个消费应用之间提供了专用的、具有特殊用途的通信路径。

2）显式报文连接（Explicit Messaging Connections）：在两个设备之间提供了一个通用的、多用途的通信路径，通常指报文传输连接，显式报文提供典型的面向请求/响应的网络通信。

1. I/O 连接

I/O 连接在生产应用及一个或多个消费应用之间提供了特定用途的通信路径。应用特定 I/O 数据通过 I/O 连接传输，如图 6-3 所示。

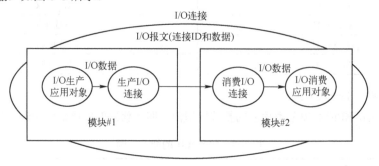

图 6-3　DeviceNet I/O 连接

I/O 报文通过 I/O 连接进行交换。I/O 报文包含一个连接 ID 及相关的 I/O 数据，I/O 报文内数据的含义隐含在相关的连接 ID 中。

2. 显式报文连接

显式报文连接在两个设备之间提供了一般的、多用途的通信路径。显式报文是通过显式报文连接进行交换的，显式报文被用作特定任务的执行命令并上报任务执行的结果。显式报文的含义及用途在 CAN 数据块中确定。显式报文提供了执行典型的面向请求/响应功能的方法（如模块配置）。

DeviceNet 定义了描述报文含义的显式报文协议，一个显式报文包含一个连接 ID 及有关的报文协议。

显式报文连接如图 6-4 所示。

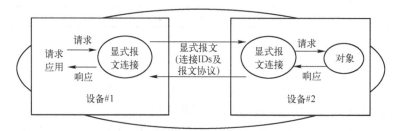

图 6-4　DeviceNet 显式报文连接

3. 对象模型

DeviceNet 产品的抽象对象模型包含以下组件。

1）非连接报文管理（UCMM）：处理 DeviceNet 的非连接显式报文。

2）连接分类（Connection Class）：分派并管理与 I/O 及显式报文连接相关的内部资源。

3）连接对象（Connection Object）：管理与特定的应用-应用网络关联有关的通信部分。

4）DeviceNet 对象（DeviceNet Object）：提供物理 DeviceNet 网络连接的配置及状态。

5）连接生产者对象（Link Producer Object）：连接对象传输数据至 DeviceNet。

6）连接消费者对象（Link Consumer Object）：连接对象从 DeviceNet 上获取数据。

7）报文路由器（Message Router）：将显式请求报文分配到适当的处理器对象。

8）应用对象（Application Object）：执行产品的预定任务。

6.2　DeviceNet 连接

DeviceNet 是一个基于连接的网络系统，它基于 CAN 总线技术。DeviceNet 总线只要求支持 CAN 2.0A 协议，可灵活选用各种 CAN 通信控制器，一个 DeviceNet 的连接提供了多个应用之间的路径。当建立连接时，与连接相关的传送被分配一个连接 ID（CID），如果连接包含双向交换，那么应该分配两个连接 ID 值。

6.2.1　DeviceNet 关于 CAN 标识符的使用

在 DeviceNet 上有效的 11 位 CAN 标识位被分成 4 个单独的报文组：组 1、组 2、组 3 和组 4。考虑到基于连接的报文，连接 ID 被置于 CAN 标识符内。DeviceNet 连接 ID 的组成如图 6-5 所示。

标识位											十六进制范围	标识用途
10	9	8	7	6	5	4	3	2	1	0		
0	组1报文ID				源MAC ID						000~3ff	报文组1
1	0	MAC ID					组2报文ID				400~5ff	报文组2
1	1	组3报文ID			源MAC ID						600~7bf	报文组3
1	1	1	1	1	组4报文ID(0~2f)						7c0~7ef	报文组4
1	1	1	1	1	1	1	X	X	X	X	7f0~7ff	无效CAN标识符
10	9	8	7	6	5	4	3	2	1	0		

图 6-5　DeviceNet 关于 CAN 标识符的使用

DeviceNet 上的 CAN 标识符包含如下内容。

1）报文 ID（Message ID）：在特定端点内的报文组中识别一个报文。用报文 ID 在特定端点内单个报文组中可以建立多重连接，该端点利用报文 ID 与 MAC ID 的结合，生成一个连接 ID，该连接 ID 在与相应传输有关的 CAN 标识符内指定。组 2 和组 3 则预定义了确定报文 ID 的使用。

2）源 MAC ID（Source MAC ID）：此 MAC ID 分配给发送节点。组 1 和组 3 需要在 CAN 标识符内指定源 MAC ID。

3）目的 MAC ID（Destination MAC ID）：此 MAC ID 分配给接收设备。报文组 2 允许在 CAN 标识符的 MAC ID 部分指定源或目的 MAC ID。

6.2.2　建立连接

1. 显式报文连接和 UCMM

非连接显式报文建立和管理显式报文连接。通过发送一个组 3 报文（报文 ID 值设置成 6）来指定非连接的请求报文，对非连接显式请求的响应将以非连接响应报文的方式发送，通过发送一个组 3 的报文（报文 ID 值设置成 5）来指定非连接响应报文。

非连接报文管理（UCMM）负责处理非连接显式请求和响应。UCMM 需要一个设备将非连接显式请求报文 CAN 标识符从所有可能的源 MAC ID 中筛选出来。UCMM 报文流图如图 6-6 所示。

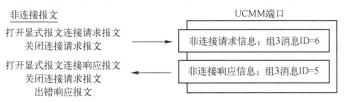

图 6-6　UCMM 报文流图

支持 UCMM 的设备同样必须筛选重名的 MAC ID 检查报文和任何其他建立连接相关的连接 ID，这些筛选要求通过使用具有掩码/匹配功能的 CAN 芯片筛选器来实现，该筛选器能够接收所有组 3 报文。这样，就可能支持 UCMM 接收大量报文说明，该说明必须在软件中得以筛选。与低端设备特定相关的资源限制可以禁止这一级的软件筛选。

显式报文连接是无条件点对点连接。点对点连接只存在于两个设备之间，请求打开连接（源发站）的设备是连接的一个端点，接收和响应这个请求的模块是另一个端点。

2. I/O 连接

动态 I/O 连接是通过先前建立的显式报文连接的连接分类接口而建立的。以下为动态建立 I/O 连接所必须完成的任务。

1）与将建立 I/O 连接的一个端点建立显式报文连接。

2）通过向 DeviceNet 连接分类发送一个创建请求来创建一个 I/O 连接对象。

3）配置连接实例。

4）应用 I/O 连接对象执行的配置，这样做将实例化服务于 I/O 连接所必需的组件中。

5）在另一个端点重复这一步骤。

DeviceNet 并不要求支持 I/O 连接的动态建立。

动态处理便于不同种类 I/O 连接的建立。该规范并不规定何方可以执行连接配置的任何规则。I/O 连接可以是点到点的，也可以是多点的，多点通信连接允许多个节点收听单点发送。

3. 离线连接组

组 4 离线连接组报文可由客户机用来恢复处于通信故障状态的节点。使用离线连接组报文，客户机能够做到以下几点。

1）通过 LED 闪烁可视觉表明正与之通信的故障节点。

2）如可能，则向故障节点发送故障恢复报文。

3）在不从子网上拆除故障节点的情况下，恢复故障节点。

只有支持离线连接设备的客户机才产生使用组 4 报文 ID=2F 的报文，并接收响应报文，组 4 报文 ID=2E。一旦获取所有权，客户机应该产生所有使用组 4 报文 ID=2D 的发往通信故障节点的报文。

当处在通信故障状态时，支持这一特性的节点只需消费单个的连接 ID；组 4 报文 ID=2D。一个故障节点将以组 4 报文 ID=2C 的形式产生通信故障响应报文。

客户机一旦得到了离线连接组所有权，它就能够发送通信故障请求报文；组 4 报文 ID=2D，并接收通信故障响应报文；组 4 报文 ID=2C。

4. 离线所有权

为了获得离线连接组的控制权，客户机应产生一个离线所有权请求报文。在此报文成功发送后，客户机应等待 1s。如果没有收到响应报文，它将产生第二个离线所有权请求报文，并再等待 1s。如果还没有收到响应报文，它将成为离线请求报文的所有者。如果在任一等待时间内收到离线所有权响应报文，它将不成为离线连接设备的所有者，并将等待成为所有者。在某时刻任意点上只允许有一个客户机拥有离线连接组的所有权，一个等待的客户机在收到离线所有权响应报文后至少 2s 内不能发出下一个离线所有权请求报文。

5. 通信故障报文

通信故障状态下所有支持故障恢复机制的节点将收到以组 4 报文 ID=2D 形式产生的通信故障请求报文。此时，通信故障节点将以组 4 报文 ID=2C 的形式产生一个通信故障响应报文。

6.3　DeviceNet 报文协议

6.3.1　显式报文

显式报文利用 CAN 帧的数据区来传递 DeviceNet 定义的报文，显式报文 CAN 数据区的使用如图 6-7 所示。

含有完整显式报文的传送数据区包括报文头、完整的报文体。

图 6-7　显式报文 CAN 数据区的使用

如果显式报文的长度大于 8B，则必须在 DeviceNet 上以分段方式传输，连接对象提供分段/重组功能。一个显式报文的分段包括报文头、分段协议、分段报文体。

1. 报文头

显式报文的 CAN 数据区的 0 号字节指定报文头，格式如图 6-8 所示。

字节位移	7	6	5	4	3	2	1	0
0	Frag	XID	MAC ID					

图 6-8　报文头格式

1）Frag（分段位）：指示此传输是否为显式报文的一个分段。

2）XID（事务处理 ID）：该区应用程序用以匹配响应和相关请求，该区由服务器用响应报文简单回复。

3）MAC ID：包含源 MAC ID 或目标 MAC ID，根据表 6-1 来确定该区域中指定何种 MAC ID（源或目标）。

接收显式报文时，须检查报文头内的 MAC ID 区，如果在连接 ID 中指定目标 MAC ID，那么必须在报文头中指定其他端点的源 MAC ID。如果在连接 ID 中指定源 MAC ID，那么必须在报文头中指定接收模块的 MAC ID。

2. 报文体

报文体包含服务区和服务特定变量。报文体指定的第一个变量是服务区，用于识别正在传送的特定请求或响应。服务区的格式如图 6-9 所示。

图 6-9　报文体服务区的格式

服务区内容如下。

1）服务代码：服务区字节低 7 位值，表示传送服务的类型。

2）R/R：服务区的最高位，该值决定了这个报文是请求报文还是响应报文。报文体中紧接服务区之后的是正在传送的服务特殊类型的详细报文。

3. 分段协议

如果传输的是显式报文的一个分段，那么该数据区包含报文头、分段协议以及报文体分段。分段协议用于大段显式报文的分段转发及重组。

4. UCMM 服务

非连接报文管理器（UCMM）提供动态建立显式报文连接。UCMM 处理两种服务即管理显式报文连接的分配及解除。

1）打开显式报文连接，建立一个显式报文连接。

2）关闭连接服务代码，删除一个连接对象并解除所有相关资源。

6.3.2 输入/输出报文

除了能够被用于发送一个长度大于8B的I/O报文的分段协议，DeviceNet不在I/O报文的数据区内定义任何有关报文的协议。

I/O报文的数据区（0…8B）如图6-10所示。

| CAN帧头 | 应用I/O数据 | CAN帧尾 |

图6-10 I/O报文的数据区

6.3.3 分段/重组

长度大于8B（CAN帧的最大尺寸）的报文可进行分段及重组。分段/重组功能由DeviceNet连接对象提供，支持分段方式发送及接收是可选的。对于显式报文连接和I/O连接而言，触发分段发送的逻辑是不同的。

1）显式报文连接检查要发送的每个报文的长度，如果报文长度大于8B，那么就使用分段协议。

2）I/O连接检查连接对象的produced_connection_size的属性，如果produced_connection_ size的属性大于8B，那么使用分段协议。

1. 分段协议

分段协议位于CAN数据区的一个单字节中，格式如图6-11所示。

7	6	5	4	3	2	1	0
分段类型		分段计数					

图6-11 分段协议格式

2. 分段协议内容

分段类型：表明是首段、中间段还是最后段的发送。

分段计数器：标志每一个单独的分段，这样接收器就能够确定是否有分段被遗失。如果分段类型是第一个分段，每经过一个相邻连续分段，分段计数器加1；当计数器值达到64时，又从0值开始。分段协议在I/O报文内的位置与在显式报文内的位置是不同的。I/O报文分段格式如图6-12所示。

字节数	7	6	5	4	3	2	1	0
0	分段类型		分段计数					
	I/O报文分段							

图6-12 I/O报文分段格式

显式报文分段转发格式如图6-13所示。

字节数	7	6	5	4	3	2	1	0
0	Frag[1]	XID	MAC ID					
1	分段类型		分段计数器					
	显式报文体分段							

图6-13 显式报文分段转发格式

6.3.4 重复MAC ID检测协议

DeviceNet的每一个物理连接必须分配一个MAC ID。这一配置包括人工设置，因此，同一链接上的两个模块具有相同MAC ID的情况将是很难避免的。因为定义一个DeviceNet传输时都涉及MAC

ID，因此要求所有 DeviceNet 模块都参与重复 MAC ID 检测算法。组 2 中定义了一个特定的报文 ID 值用以规定重复 MAC ID 检查报文，其格式如图 6-14 所示。

标识位											报文ID含义
10	9	8	7	6	5	4	3	2	1	0	
1	0	MAC ID						组2报文ID			组2报文
1	0	目的MAC ID						1	1	1	重复MAC ID检查报文

图 6-14　重复 MAC ID 检查报文格式

与重复 MAC ID 检查报文相关的数据区格式如图 6-15 所示。

字节位移	7	6	5	4	3	2	1	0
0	R/R	物理端口编号						
1	低字节	制造商ID						
2	高字节							
3	低字节			系列号				
4								
5								
6	高字节							

图 6-15　与重复 MAC ID 检查报文相关的数据区格式

在图 6-15 中，各字节表示内容说明如下。

1）R/R 位：请求/响应标志。

2）物理端口编号：DeviceNet 内部分配给每个物理连接的一个识别值，完成与 DeviceNet 多个物理连接的产品必须在十进制数 0～127 范围内分配唯一的值，执行单个连接的产品设置值为 0。

3）制造商 ID：16 位整数区（UINT），包含分配给报文发送设备的制造商识别代码。

4）系列号：32 位整数区（UDINT），包含由制造商分配给设备的系列号。

所有生产 DeviceNet 节点设备制造商都将被分配一个制造商识别码。另外，当制造产品时，每一个制造商必须为每一个 DeviceNet 产品配置一个唯一的 32 位系列号，系列号对特定的制造商应该是唯一的。

6.3.5　设备监测脉冲报文及设备关闭报文

1. 设备监测脉冲报文

设备监测脉冲报文为可选项。设备脉冲报文 DeviceNet 对象库的识别对象触发这一功能对总线故障的智能监测是相当重要的。

该报文广播设备的当前状态。该报文由具有 UCMM 功能的设备作为一个非连接响应报文发送（报文组 3，报文 ID=5）和由仅限于组 2 的服务器作为非连接的响应报文发送（报文组 2，报文 ID=3）。

2. 设备关闭报文

当设备转换到离线状态时，它将产生一个设备关闭报文，此报文亦为可选项。该报文广播设备呈离线状态或非存在状态，该报文由具有 UCMM 功能的设备作为一个非连接的响应报文发送（报文组 3，报文 ID=5）；而作为非连接的响应报文（报文组 2，报文 ID=3）由仅限于组 2 的服务器发送。

6.4 DeviceNet 通信对象分类

DeviceNet 通信对象用于管理和提供运行时的报文交换，对象的定义部分包括对属性指定数据类型。通信对象分类如下。

- 对象分类属性。
- 对象分类服务。
- 对象实例属性。
- 对象实例服务。
- 对象实例行为。

1. 链路生产者对象分类定义

链路生产者对象是实施低端数据传送的组件；无链路生产者类属性。

2. 链路生产者对象类服务

以下为链路生产者类所支持的服务。

1）创建（Create）：用以建立一个链路生产者对象。

2）删除（Delete）：用以删除一个链路生产者对象。

3. 链路生产者对象实例属性

1）USINT State：链路生产者实例的当前状态，两种可能的状态如表 6-5 所示。

表 6-5 链路生产者实例的当前状态

状 态 名 称	说 明
不存在	链路生产者还未建立
运行	链路生产者已经建立，正在等待命令，以调用其发送服务来传送数据

2）UINT Connection_id：当该链路生产者被触发时，发送 CAN 标识符区的值。连接对象内部使用链路生产者，用其 produced_connection_id 属性的值来初始化此属性。

4. 链路生产者对象实例服务

链路生产者对象实例所支持的服务如下所示。

1）Send：链路生产者在 DeviceNet 上发送数据。

2）Get_Attribute：用于读取链路生产者对象属性。

3）Set_Attribute：用于修改链路生产者对象属性。

5. 链路消费者对象类定义

链路消费者对象是接收低端数据组件，无链路消费者类属性。

6. 链路消费者分类服务

链路消费者分类所支持服务如下。

1）创建：建立一个链路消费者对象。

2）删除：删除一个链路消费者对象。

7. 链路消费者实例属性

1）USINT State：链路消费者实例的当前状态，两种可能的状态如表 6-6 所示。

表 6-6 链路消费者实例的当前状态

状态名称	说 明
不存在	链路消费者还未被建立
运行	链路消费者已经被建立，正在等待接收数据

2）UINT Connection_id：该属性保存的是 CAN 标识区的值。连接对象内部利用该链路消费者，用其 consumed_connection_id 属性值对此属性进行初始化。

8．链路消费者实例服务

链路消费者对象实例所支持的服务如下。

1）Get_Attribute：读取链路消费者对象属性。

2）Set_Attribute：修改链路消费者对象属性。

9．连接对象分类定义（Class ID Code）：5

连接分类将分配和管理与 I/O 及显式报文连接有关的内部资源。由连接分类生成的特定的实例称为连接实例或连接对象。一个指定模块内部的连接对象代表着连接的一个端点，网络中的一个端点可以在另一个端点不存在的情况下进行设置及"激活"（如发送）。连接对象是对应用程序到应用程序相互关系的通信专用特性建模，一个特定的连接对象实例将管理一个端点的通信。DeviceNet 中的连接对象使用链路生产者和/或链路消费者提供的服务，实现低端的数据发送和接收功能。

10．DeviceNet 对象分类定义（Class ID Code）：3

DeviceNet 对象提供了 DeviceNet 的物理连接的配置及状态，一个产品必须通过物理网络连接支持一个（只有一个）DeviceNet 对象。

6.5　网络访问状态机制

DeviceNet 产品必须执行的网络访问状态机制如下。

1）在 DeviceNet 上必须优先于通信所执行的任务。

2）影响产品在 DeviceNet 上通信能力的网络事件。

6.5.1　网络访问事件矩阵

网络访问状态机制的状态事件矩阵如表 6-7 所示，执行过程将基于表 6-7 所列出的报文。

表 6-7　网络访问状态机制的状态事件矩阵

事　件	状　态			
	发送重复 MAC ID 检查请求	等待重复 MAC ID 检查报文	在　线	通信故障
成功发送重复 MAC ID 检查请求报文	启动 1s 计时。转换到等待重复 MAC ID 检查报文	不用	不用	不用
检测到 CAN 离线	CAN 芯片保持复位，转换到通信故障状态	CAN 芯片保持复位，转换到通信故障状态	访问 DeviceNet 对象的 BOI 属性。如果 BOI 属性表示 CAN 芯片应该保持复位，那么转换到通信故障状态。如果 BOI 属性表示 CAN 芯片应该自动复位，那么①复位 CAN 芯片；②请求发送重复 MAC ID 检查请求报文；③转换到发送重复 MAC ID 检查请求状态	不用
接收到重复 MAC ID 检查请求报文	检测到重复 MAC ID，转换到通信故障状态	检测到重复 MAC ID，转换到通信故障状态	发送重复 MAC ID 检查响应报文	丢弃报文
接收到重复 MAC ID 检查响应报文	检测到重复 MAC ID，转换到通信故障状态	检测到重复 MAC ID，转换到通信故障状态	检测到重复 MAC ID，转换到通信故障状态	丢弃报文
1s 的重复 MAC ID 检查报文计时器到时	不用	如果这是第一个超时，那么再次请求发送重复 MAC ID 检查请求报文，并且转换到发送重复 MAC ID 检查请求状态。如果这是第二个连续的超时，那么转换到在线状态	不用	不用

（续）

事　件	状　态			
	发送重复 MAC ID 检查请求	等待重复 MAC ID 检查报文	在　线	通信故障
内部报文传送请求	返回内部错误	返回内部错误	发送报文	返回内部错误
接收到一个非重复 MAC ID 检查请求/响应的报文或一个通信故障请求报文	丢弃报文	丢弃报文	正确处理接收到的报文	丢弃报文
接收到一个通信故障请求报文	丢弃报文	丢弃报文	丢弃报文	正确处理接收到的报文

只有下列两个来自 CAN 芯片的事件才影响网络访问状态机制。

1）发送成功执行：当一个报文被成功地发送到网络上时，发送这个指示，这是唯一导致从发送重复 MAC ID 检查请求转换到等待重复 MAC ID 检查报文的事件；

2）离线指示：这个指示将通知主机软件，CAN 芯片已经转换到离线状态，这导致访问 DeviceNet 对象的 BOI 属性，以确定所采取的步骤。

6.5.2　重复 MAC ID 检测

在网络访问状态机制内的这一主要步骤是执行重复 MAC ID 检测算法。DeviceNet 的每一个物理连接件必须被赋予一个唯一的 MAC ID，这个 MAC ID 的配置将包含人工干预，因此在同一链路上的两个模块被赋予相同的 MAC ID 的情况是不可避免的，因为 MAC ID 与 DeviceNet 传输方法的定义有关，所有的 DeviceNet 模块都必须运用该重复 MAC ID 检测算法。报文组 2 内定义一个特定的报文用来执行重复 MAC ID 检测。

一个 DeviceNet 模块必须接收并处理任何在报文组 2 标识区中指定其 MAC ID 的重复 MAC ID 检查报文。在转换到在线状态之前，如果没有接收到随后的重复 MAC ID 请求或响应报文时，重复 MAC ID 检查请求报文必须连续发送两次。在发送一个重复 MAC ID 检查请求报文后，模块在等待超时和执行由网络访问状态机制定义的相应措施之前至少等待 1s 的时间。

制造商 ID 及系列号被包含在重复 MAC ID 检查请求/响应报文内。制造商 ID 及系列号报文的存在确保了如果有两个或多个重复寻址模块试图在同一瞬间执行程序时，在发送重复 MAC ID 检查报文期间将会产生网络错误。

6.5.3　预定义主/从连接组

前面提出了在设备之间建立连接的"通用模式"规则。通用模式要求利用显式报文连接在每个连接端点手工创建和配置连接对象，以"通用模式"为基础定义一套连接，此连接能方便主/从关系中常见的通信，此连接以下称作"预定义主/从连接组"。主站（Master）是指为过程控制器收集和分配 I/O 数据的设备，从站（Slave）则指主站从该处收集 I/O 数据及向它分配 I/O 数据的设备。

主站"拥有"其 MAC ID 在扫描清单中的从站，主站检查其扫描清单以决定与哪一个从站通信，然后发送命令。除了重复 MAC ID 检查，在主站通知授权前一个从站不能启动任何通信。一个主站和多个从站的连接如图 6-16 所示。

在预定义主/从连接组定义内已省略了创建和配置应用与应用之间连接的许

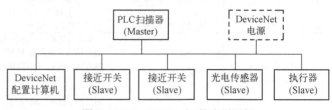

图 6-16　DeviceNet 主/从应用示例

多步骤，这样做是为了用较少的网络和设备资源来创建一个通信环境。预定义主/从连接组使用下列常用术语。

1）组 2 服务器：指具有 UCMM 功能并被指定在预定义主/从标识符连接中充当服务器的设备，见 DeviceNet 从站。

2）组 2 客户机：指在服务器中获得预定义主/从连接组的所有权并且在这些连接中充当客户机的设备，见 DeviceNet 主站。

3）具有 UCMM 功能的设备：指支持非连接报文管理（UCMM）的设备。

4）无 UCMM 功能的设备：一般较低级的设备，由于网络中断管理和第一代 CAN 芯片的屏蔽能力，不支持 UCMM。

5）仅限于组 2 的服务器：指无 UCMM 功能，必须通过预定义主/从连接组建立通信的从站（服务器）（至少必须支持预定义主/从显式报文连接）。仅限组 2 的设备只能发送和接收预定义主/从连接组所定义的标识符。

6）仅限于组 2 的客户机：指仅作为组 2 的客户机对组 2 服务器操作的设备，仅限组 2 的客户机为仅限组 2 的服务器提供 UCMM 功能。

7）DeviceNet 主站：作为主/从应用的一个类型，DeviceNet 主站是为处理控制器收集和分配 I/O 数据的设备，主站以它的扫描序列为基础扫描它的从站，在网络中，主站是指组 2 客户机或仅限于组 2 客户机。

8）DeviceNet 从站：作为主/从应用的一个类型，从站在主站扫描到时返回 I/O 数据。在网络中，从站是组 2 服务器或仅限组 2 服务器。

9）预定义主/从连接组：一种能方便通信，特别是在主/从关系常见的连接中。在预定义主/从连接组定义中省略了创建和配置应用与应用之间连接的许多步骤，这样做是为了用比较少的网络和设备资源来创建一个通信环境。

预定义主/从连接组相关的 CAN 标识区如图 6-17 所示，图 6-17 中定义了在预定义主/从连接组中所有基于报文的连接所使用的标识符，同时也给出了预定义主/从连接对象相关的 produced_connection_id 和 consumed_connection_id 属性。

标识位											标识用途	十六进制范围
10	9	8	7	6	5	4	3	2	1	0		
0	组1报文ID			源MAC ID							组1报文	000~3ff
0	1	1	0	1	源MAC ID						从站I/O多点轮询响应报文	—
0	1	1	1	0	源MAC ID						从站I/O位－选通响应报文	—
0	1	1	1	1	源MAC ID						从站I/O轮询响应或状态变化/循环应答报文	—
1	0	MAC ID					组2报文ID				组2报文	400~5ff
1	0	源MAC ID					0	0	0		主站I/O位－选通命令报文	—
1	0	多点通信MAC ID					0	0	1		主站I/O多点轮询命令报文	—
1	0	目的MAC ID					0	1	0		主站状态变化或循环应答报文	—
1	0	源MAC ID					0	1	1		从站显示/非连接响应报文	—
1	0	目的MAC ID					1	0	0		主站显示请求报文	—
1	0	目的MAC ID					1	0	1		主站I/O轮询命令/状态变化/循环变化	—
1	0	目的MAC ID					1	1	0		仅限组2非连接显示请求报文(预留)	—
1	0	目的MAC ID					1	1	1		重复MAC ID检查报文	—

图 6-17　预定义主/从连接组相关的 CAN 标识区

在图 6-17 中涉及的报文类型如下。

1）I/O 位-选通命令/响应报文：位-选通命令是由主站发送的一种 I/O 报文；位-选通命令报文具有多点发送功能，多个从站能同时接受并响应同一个位-选通命令（多点发送功能）。位-选通响应是当从站收到位-选通命令后，由从站发送回主站的 I/O 报文。在从站中，位-选通命令和响应报文由同一个连接对象来接收和发送。

2）I/O 轮询命令/响应报文：轮询命令是由主站发送的一种 I/O 报文。轮询命令指向单独特定的从站（点到点）。主站必须向它的每个要查询的从站分别发送不同的查询命令报文。轮询响应是当从站收到轮询命令后，由从站发送回主站的 I/O 报文。在从站中，轮询命令和响应报文由同一个连接对象来接收和发送。

3）I/O 状态变化/循环报文：主站和从站都可发送状态变化/循环报文。状态变化/循环报文指向单独特定的节点（点到点），将返回一个应答报文作为响应报文。无论是在主站或者是在从站中，生产状态变化报文和消费应答报文都由同一个连接对象接收/发送。消费状态变化报文和生产应答报文由另一个连接对象接收/发送。

4）I/O 多点轮询报文：多点轮询命令是一个由主站发送的 I/O 报文。多点轮询指向一个或多个从站。多点轮询响应是在接收到多点轮询命令时，从站返回主站的 I/O 报文。在从站内，多点轮询命令和响应报文由单个连接对象接收/发送。

5）显式响应/请求报文：显式请求报文用于执行如读/写属性的操作。显式响应报文表明对显式请求报文的服务结果，在从站中，显式响应和请求报文由一个连续对象接收/发送。

6）仅限组 2 非连接显式请求报文：仅组 2 非连接显式请求报文端口用于分配/释放预定义主/从连接组。此端口（组 2，报文 ID=6）已预留，不可用作其他用途。

7）仅限组 2 非连接显式响应报文：仅组 2 非连接显式响应报文端口用于响应仅组 2 非连接显式请求报文和发送设备监测脉冲/设备关闭报文，这些报文采用和显式响应报文相同的标识符（组 2，报文 ID=3）发送。

8）重复 MAC ID 检查报文。

6.6　指示器和配置开关

6.6.1　指示器

指示器可协助维护人员快速辨认出故障单元。DeviceNet 产品指示器必须满足以下要求。

1）无须拆卸设备的外壳和部件，即可看到指示器。

2）正常光线下，指示器读数清晰。

3）不论指示器是否点亮，标签和图标都应清晰可见。

DeviceNet 不要求产品一定具备指示器。但是，如果产品具有此处所述的指示器，那么指示器必须符合本文所述规定。

双色（绿/红）的 LED 显示设备状态，它表明设备是否上电和运转是否正常，如表 6-8 所示。

表 6-8　模块状态 LED

设 备 状 态	LED 状 态	表　　示
无电源	不亮	没对设备供电
设备运行	绿色	设备运转正常

（续）

设 备 状 态	LED 状态	表　　示
设备处于待机状态 （设备需要调试）	绿色闪烁	由于配置丢失，不完全或不正确，设备需调试 设备处于待机状态
小故障	红色闪烁	可恢复故障
不可恢复故障	红色	不可恢复故障，需更换
设备自检	红-绿色闪烁	设备自测

LDE 的闪烁频率一般为 1Hz，LED 点亮和关闭各持续约 0.5s。另外，还有网络状态 LED、组合模块/网络状态 LED、I/O 状态 LED。

6.6.2　配置开关

1．DeviceNet MAC ID 开关

使用 DIP（双列直插式封装）开关设置 MAC ID，该开关为二进制格式。使用旋转式、拨盘式、压轮式开关，则开关为十进制格式。用户在配置开关时，最高位始终在产品的最左端或最上端。

2．DeviceNet 波特率开关

如果使用开关设置 DeviceNet 的波特率，其编码应如表 6-9 所示。

表 6-9　波特率开关设置编码

波特率/kbit·s⁻¹	开 关 设 置
125	0
250	1
500	2

6.6.3　指示器和配置开关的物理标准

DeviceNet 用户在面对来自不同厂家的产品时会觉得很方便，这是因为 DeviceNet 产品的指示器、开关、连接器有统一的标签。

DeviceNet 指示器和配置开关标签如表 6-10 所示。

表 6-10　DeviceNet 指示器和配置开关标签

描　　述	全　　名	缩　　写
模块状态 LED	模块状态	MS
网络状态 LED	网络状态	NS
组合模块/网络状态 LED	模块/网络状态	MNS
I/O 状态 LED	I/O 状态或 I/O	IO
MAC ID 开关	节点地址	NA
波特率开关	数据速率	DR

6.6.4　DeviceNet 连接器图标

5 针开放式 DeviceNet 插头旁的图标如图 6-18 所示。为了清楚起见，各连接线的信号也标于图中，但这不是图标的组成部分，除了屏蔽线外，图标中其他每个连接旁都用一个色片来表示连接线的绝缘护套层颜色，除了白色，其他所有色彩都符合 Pantone 匹配系统（因为 Pantone 尚未定义白色）。

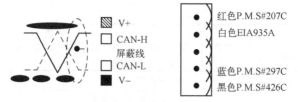

图 6-18 5 针开放式连接器图标

6.7 DeviceNet 的物理层和传输介质

6.7.1 DeviceNet 物理层的结构

DeviceNet 物理层在 OSI 模型中的位置如图 6-19 所示。

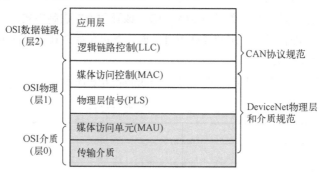

图 6-19 DeviceNet 物理层在 OSI 模型中的位置

从图 6-19 可以看出，DeviceNet 的物理层包括两部分：介质访问单元和传输介质。在 DeviceNet 规范中，术语物理层将用于论述介质访问单元的组成，其中包括驱动器/接收器电路和其他用于连接节点到传输介质的电路，在 OSI 模型中被称之为物理介质访问。物理层还包括与传输介质的电气及机械接口的定义，在 OSI 模型中称为介质从属接口。

1. 物理层和介质的特征

DeviceNet 物理层和介质有下列特征。

1）使用 CAN 技术。

2）尺寸小、成本低。

3）线性总线拓扑结构。

4）支持 3 种数据率：①125kbit/s，最大至 500m；②250kbit/s，最大至 250m；③500kbit/s，最大至 100m。

5）不同的介质和信号电源导体。

6）低损耗、低延迟电缆。

7）支持干线或支线的不同介质。

8）支线长度可达 6m。

9）最多支持 64 个节点。

10）解除节点时无须断开网络。

11）可同时支持隔离和非隔离物理层。

12）支持密封介质。

176

13）误接线保护功能。

2. 物理信号

BOSCH CAN 规范定义了两种互补的逻辑电平："显性"（Dominant）和"隐性"（Recessive）。同时传送"显性"和"隐性"位时，总线结果值为"显性"。例如，在（DeviceNet）总线接线情况下："显性"电平用逻辑"0"表示，"隐性"电平用逻辑"1"表示。代表逻辑电平的物理状态（如电压）在 CAN 规范中没有规定。这些电平的规定包含在 ISO 11898 标准中。例如，对于一个脱离总线的节点，典型 CAN_L 和 CAN_H 的"隐性"（高阻抗）电平为 2.5V（电位差为 0V）。典型 CAN_L 和 CAN_H 的"显性"（低阻抗）电平分别为 1.5V 和 3.5V（电位差为 2V），如图 6-20 所示。

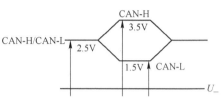

图 6-20　CAN_L 和 CAN_H 信号电平

6.7.2　物理层

物理层包括收发器、连接器、误接线保护回路、调压器和可选的光电隔离器。图 6-21 为物理层各部件的框图。

1. 收发器

收发器是在网络上发送和接收 CAN 信号的物理组件。收发器从网络上差分接收网上信号供给 CAN 控制器并用 CAN 通信控制器传来的信号差分驱动网络。市场上有许多集成 CAN 收发器。在选择收发器时，须保证所选择的接收器符合 DeviceNet 规范。

2. 误接线保护

DeviceNet 要求节点能承受连接器上 5 根线的各种组合的接线错误。这种情况下，可承受规定的电压范围，包括 U_- 电压高达 18V 时，不会造成永久性的损害。许多集成 CAN 收发器对 CAN_H 和 CAN_L 最大负向电压只有有限的承受能力。使用这些器件时，需要提供有外部保护回路。误接线保护回路如图 6-22 所示。

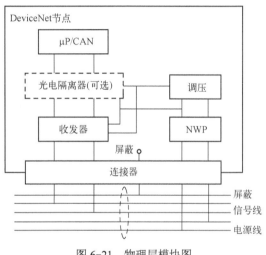

图 6-21　物理层模块图

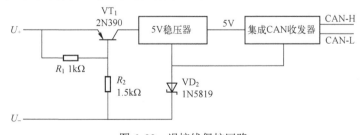

图 6-22　误接线保护回路

在接地线中加入一个肖特基二极管来防止 U_+ 信号线误接线到 U_- 端子。在电源线上插入了一个晶体管开关以防止由于 U_- 连接断开而造成的损害。该晶体管及电阻回路可防止接地断开。

图 6-22 中 VT$_1$、R_1 和 R_2 的型号和数值仅供参考，可根据应用自行决定。VT$_1$ 必须能承受预期的最

大电流；R_2 必须选择在最小 U_+（11V）时能提供足够的基极电流（通常为 $i_C = 10 \sim 20\text{mA}$），如果 R_2 的耗散/尺寸不理想，而且调压器能处理较低的输入电压，则采用达灵顿晶体管更理想；R_1 必须选择能吸收几百微安但不要超过几毫安的电流；基极电阻限制 U_+ 和 U_- 颠倒时的击穿电流，如有必要，可以发射极、基极或发射极和基极之间增加一个二极管以限制雪崩。

6.7.3　传输介质

DeviceNet 传输介质有环绕屏蔽和扁平屏蔽两种电缆类型。

1. 拓扑结构

DeviceNet 介质具有线性总线拓扑结构，每个干线的末端都需要终端电阻，每条支线最长为 6m，允许连接一个或多个节点，DeviceNet 只允许在支线上有分支结构，其介质拓扑如图 6-23 所示。

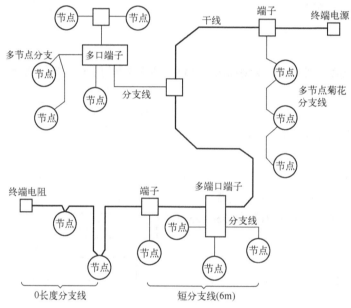

图 6-23　DeviceNet 介质拓扑

网络干线的长度由数据传输速率和所使用的电缆类型决定。电缆系统中任两点间的电缆距离不允许超过波特率允许的最大电缆距离。对只有一种电缆构成的干线，两点间的电缆距离为两点间的干线和支线电缆的长度和。DeviceNet 允许在干线系统中混合使用不同类型的电缆。支线长度是指从干线端子到支线上节点的各个收发器之间的最大距离，此距离包括可能永久连接在设备上的支线电缆。网络上允许支线的总长度取决于数据传送速率。

2. 终端电阻

DeviceNet 要求在每个干线的末端安装终端电阻，电阻的要求为：121Ω、1%金属膜、1/4W、终端电阻不可包含在节点中。将终端电阻包含在节点中很容易使网络由于错误布线（阻抗太高或太低）而导致网络故障，例如：移走含有终端电阻的节点会导致网络故障。终端电阻只应安装在干线两端，不可安装在支线末端。

3. 连接器

所有连接器 5 针类，即一对信号线、一对电源线和一根屏蔽线。所有通过连接器连到 DeviceNet 的节点都有雄性插头，此规定适用于密封式和非密封式连接器及所有消耗或提供电源的节点。无论选择什么样的连接器应保证设备可在不切断和干扰网络的情况下脱离网络。不允许在网络工作时布线，以避免诸如网络电源短接、通信中断等问题的发生。

4. 设备分接头

设备端子提供连接到干线的连接点。设备可直接通过端子或通过支线连接到网络，端子可使设备无须切断网络运行就可脱离网络。

5. 电源分接头

通过电源分接头将电源连接到干线。电源分接头不同于设备分接头，其包含下列部件。

1）一个连在电源 U_+ 上的肖特基二极管，允许连接多个电源（省去了用户电源）。

2）有两个熔丝或断路器，以防止总线过流而损坏电缆和连接器。连接到网络后，电源分接头具有下列特性。

① 提供信号线、屏蔽线和 U_- 线的不间断连接。

② 在分接头的各个方向提供限流保护。

③ 提供到屏蔽/屏蔽线的网络接地。

6. 网络接地

DeviceNet 应在一点接地。多处接地会造成接地回路，网络不接地将增加对 ESD（静电放电）和外部噪声源的敏感度。单个接地点应位于电源分接头处，密封 DeviceNet 电源分接头的设计应有接地装置，接地点也应靠近网络物理中心。干线的屏蔽线应通过铜导体连接到电源地或 U_-。铜导体可为实心体、绳状或编织线。如果网络已经接地，则不要再把电源地或分接头的接地端接地。如果网络有多个电源，则只需在一个电源处把屏蔽线接地，接地点应尽可能靠近网络的物理中心。

6.7.4 网络电源配置

除了提供通信通道之外，DeviceNet 还提供电源。由于电源线和信号线在同一电缆中，设备可从网络中直接获取电源，而不需要另外的电源。根据所选电缆，DeviceNet 单电源可提供最大至 16A 的电流。DeviceNet 电源总线的能力如下。

1）电缆长度可达 500m。

2）最多支持 64 个不同电流的节点。

3）可调整的配置。

由于 DeviceNet 的灵活性，因此电源设计有多种选择。一般可根据系统的要求调整电源配置。DeviceNet 电源总线由标称电压 24V 电源供电，在任意分段可提供最大至 8A 的电流，如使用小口径电缆，则可以降低电流。由于大电流可从电源分接头的任一端获取，因此一个单电源网络可提供两倍于此的电流。如果系统有更高的要求，DeviceNet 可支持近乎无限量电源的供电，然而大多数 DeviceNet 的应用只需要单个电源。配置前，必须熟悉系统安装所在地的国家和地区代码。在美国、加拿大，作为建筑布线安装时，DeviceNet 某些电缆类型必须作为 2 类回路安装，这就需要使任何部分的电流限制在 4A 之下。系统部件自身的额定电流为 8A。干线可采用分段中的任意单电缆类型。在适当衰减条件下，相同段内某些电缆类型的混用是允许的。电源容量必须大于或等于网络的负载需求。

6.8 设备描述

DeviceNet 总线控制系统为了实现同类设备的互操作性，并促进其互换性，同类设备间必须具备某种一致性。即：每种设备类型必须有一个"标准"的内核。一般来讲，同类设备必须具备：表现相同的特性；生产和/或消费相同的基本 I/O 数据组；包含一组相同的可配置属性。

这些信息的正式定义称作设备描述。设备描述必须包括：设备类型的对象模型；设备类型的 I/O 数据格式；配置数据和访问该数据的公共接口。

可以选用或扩展现存的设备描述，或根据规定的格式定义特殊产品的描述。

6.8.1 对象模型

为了实现同类设备之间的互操作性，两台或多台设备中实施的相同对象必须保持设备间的行为一致。因此，每个对象规范包括一个严格的行为定义。每个 DeviceNet 产品都包含若干个对象，这些对象互相作用提供产品的基本行为。因为各个对象的行为是固定的，所以相同的对象组的行为也是固定的。因此，以特定的次序组织的相同对象组将互相作用在各设备中产生相同的行为。设备中使用的对象组是指设备的对象模型，如图 6-24 所示。

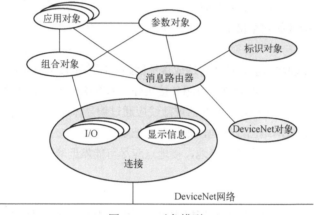

图 6-24 对象模型

为使同类设备产生相同的行为，同类设备必须具备相同的对象模型。因此，各设备描述中都包括对象模型，以便在 DeviceNet 的同类设备之间提供互操作性。

对象模型建立规则如下。

1）标识设备中存在的所有对象类（必需的或可选的）。

2）表明各对象类中存在的实例数。如果设备支持实例的动态创建和删除，对象模型将说明对象类中可以存在的最大实例数。

3）说明对象是否影响设备的行为。如果影响行为，对象模型说明是如何影响的。

4）定义每个对象的接口，即：定义对象和对象类如何链接。

设备可以包含必需对象和可选对象。当对象标识为"必需"时，就表示所有该类型的设备都必需该对象，至少，DeviceNet 设备的对象模型必须指定以下对象类的实例。

- 连接对象类。
- DeviceNet 对象类。
- 标识对象类。
- 报文路由器对象类。

DeviceNet 网络除了需要这些最低限度的对象类外，一般也会包括这个设备类型所需要的应用特定的对象类。设备中可能包括某些对象类，它们提供的功能不在特定设备最低要求之内或这些功能不影响设备的行为。描述中将该类对象标识为"可选"。在将一个对象标识为"可选"时，它对该类型的所有设备来说是可选的。

6.8.2　I/O 数据格式

描述部分定义了设备如何在对设备的 I/O 数据格式有严格规定的 DeviceNet 网络上进行通信。灵活的连网设备能生产和/或消费不止一个 I/O 值。通常，它们将生产和/或消费一个或多个 I/O 值以及状态和诊断信息。通过设备通信的每段数据都可用设备内部的某个对象的一个属性值表示。通过一单独 I/O 连接进行多段数据（属性）通信时，需要将属性组合成一个单一信息块。组合对象实例将完成该组合。因此，设备 I/O 数字格式的定义等效于用于组合 I/O 数据的组合实例的定义。在一个设备描述中，设备 I/O 数据格式将遵守以下原则。

1）I/O 组合可以是输入或输出型。

2）一个设备可以包含不止 1 个 I/O 组合。

设备 I/O 组合实例的定义如下。

1）用实例编号、类型和名称标识 I/O 组合。

2）指定 I/O 组合数据属性格式。

3）将 I/O 组合数据属性分量映射到其他属性。

6.8.3　设备配置

除了产品的对象模型和它的 I/O 数据格式以外，设备描述还包括设备可配置参数的规范和到这些参数的公共接口。设备中的可配置参数直接影响它的行为，同类设备必须以相同的方式动作，因此，它们必须具备相同的配置参数。"相同的配置"指基本配置。设备可能具有该设备类型定义的行为以外的扩展功能（带有相关参数）。上电时，该功能必须以某种形式缺省，这样，设备行为表现出与该类型设备定义的行为一致。除了定义相同的配置参数外，到这些参数的公共接口必须一致。设备配置的定义还包括每个可配置属性的下列信息。

1）配置参数数据。

2）每个参数对象实例的所有属性值。

3）电子数据文档（EDS）参数部分的所有值。

4）至少包括下列打印的数据文档信息：参数名称、属性路径（类、实例、属性）、数据类型、参数单元、最小/最大默认值。

5）参数对设备行为的影响。

6）设备配置的公共接口（即通过配置组合的批量配置、参数对象类的完整/存根实例等）。

6.8.4　扩展的设备描述

制造商可以选用现存的设备描述进行扩展，使它适合其产品表现的附加行为。多源性产品的制造商可能希望其设计的产品既能在设备描述定义中提供产品的基本行为，又能提供扩展功能，以使其产品能与竞争对手的产品相区别。在 DeviceNet 设备描述库发展相当一段时间后，扩展现存描述将会变成通常惯例。在扩展一个现存设备描述时不应改变基本设备描述定义。并且，增加的功能不应使扩展描述与基本设备描述相冲突。因此，扩展现存设备描述应遵守下列原则。

1）所有加到描述中的新对象、属性和服务都是可选的，必须保持向下兼容性。

2）在上电时，所有新增的特性必须缺省，使得设备的行为与设备类型定义的基本行为一致。

3）不能更改基本 I/O 格式，可以为增加的可选 I/O 组合实例提供扩展的 I/O 格式。

4）不能改变基本配置，可以通过增加可选的配置组合实例或可选的参数对象类实例提供扩展的配置参数。

5）所有附加组合实例只能定义在供应商专用的地址范围内。

6.8.5　设备描述编码机制

设备描述使用的编码机制，表明设备描述可以是公共定义的或供应商特定的。如表 6-11 所示。

表 6-11　设备描述使用的编码机制

类　型	范　围	数　量	类　型	范　围	数　量
公共定义	00H～63H	100	公共定义	100H～2FFH	512
供应商特定	64H～C7H	100	供应商特定	300H～4FFH	512
预留	C8H～FFH	56	预留	500H～FFFFH	64，256

可将设备类型编号范围设置在"供应商特定"设备描述一类。如果选择使用了这类设备类型编号中的一个，制造商就不必为其产品出版一份设备描述。值得注意的是：如果制造商不出版自己产品的设备描述，用户将无法找到该产品的直接替代产品，更为重要的是，他们无法用该产品直接替代竞争者的产品。

DeviceNet Specification 有关设备描述部分包含了该文件出版时所有现存设备描述的列表及其详细叙述。随着设计者建造了更多的 DeviceNet 兼容设备和开放的 DeviceNet 供应商协会（ODVA）成员公司对新设备开发的描述的增多，定义的描述数量将不断增加。已定义的设备类型编号如表 6-12 所示。

表 6-12　设备类型编号

产品信息	设备类型编号	产品信息	设备类型编号
AC 驱动器	02H	限位开关	04H
条形码扫描器	未分配	物料流量控制器	1AH
断路器	未分配	信息显示器	未分配
通信适配器	0CH	电动机过载保护器	03H
接触器	15H	电动机起动器	16H
控制站	未分配	光电传感器	06H
DC 驱动器	13H	气动阀	1BH
编码器	未分配	位置控制器	10H
通用模拟 I/O	未分配	解析器	09H
通用离散 I/O	07H	伺服驱动器	未分配
通用设备	00H	软起动器	17H
人-机接口	18H	电子秤	未分配
感应式接近开关	05H	真空/压力测量	1CH

DeviceNet 现场总线已于 2002 年 10 月 8 日被批准为国家标准 GB/T 18858.3-2002。同时，DeviceNet 与 PROFIBUS-DP 一起也成为低压电器通信规约中指定的现场总线。

6.9　DeviceNet 节点的开发

6.9.1　DeviceNet 节点的开发步骤

DeviceNet 作为应用日益广泛的一种底层设备现场总线技术，其通信接口的开发目前在国内还处于起步阶段，仅有上海电器科学研究所、本安仪表公司、埃通公司等少数几家在做这方面的工作，其开发出的产品也仅限于简单的输入/输出模块和智能泵控制器等。这主要是由于国内目前所能提供的开发资源和技术支持十分有限。目前，DeviceNet 节点的开发大致有两种途径。

1）开发者本身对 DeviceNet 规范相当熟悉，具有丰富的相关经验，并且有长期深入开发 DeviceNet 应用产品的规划，选择从最底层协议做起，根据自身对协议的深刻领会，自己编写硬件驱动程序，再移植到单片机或其他微处理器系统中，完成开发调试工作。

2）利用开发商提供的一些软件包，这些软件包中的源程序往往可以直接应用于单片机中，对于那些复杂的协议处理内容，已封装定义好，用户只须编写自己的应用层程序，而无须涉及过多的协议内容。但其缺点就是价格昂贵，同时受限于软件包的现有功能，不能向更深层的功能进行开发。

比较两种开发途径，可以看到采用第一种途径，工作量是非常巨大的，而且一般来讲开发周期长，其好处就在于可以加深对 DeviceNet 规范的认识，对于开发功能更为复杂的产品（如主站的通信）打下了良好的基础。而第二种途径，一般开发周期比较短、工作量小，但不利于自行开发具有复杂功能的 DeviceNet 产品。不论哪种途径，DeviceNet 节点的开发一般按以下步骤。

1. 决定为哪种类型的设备设计 DeviceNet 接口

这是在着手开发设备之前必须首先确定的事情，也就是确定开发产品的功能。大多数 DeviceNet 产品只具备从机的功能，开发从机功能产品第一个要考虑的问题是 I/O 通信。在 DeviceNet 的初始阶段，在从机产品中只包含位选通（Bit Strobe）和轮询（Poll）I/O 通信。但随着越来越多的具有状态改变（Change of State）通信和循环（Cyclic）I/O 通信的从机产品的出现，其优越的带宽特性使得必须考虑这些通信方法。

位选通式通信主要用于那些含有少量的位数据的传感器或其他从机设备，轮询式通信是一种主要的 I/O 数据交换手段，必须在所有的应用中加以考虑。状态改变或循环式通信是增加网络吞吐量并降低网络负载的有效方法，由于它允许延用 CAN 协议中的多主站特性，在开发新产品时应该考虑它。

第二个要考虑的问题是设备信息对显式报文的通信功能，DeviceNet 协议要求所有设备支持显式报文的通信，至少是标识符。DeviceNet 的通信对象必须能由隐式报文（即 I/O 报文）来访问，如在 DeviceNet 规范中定义的那样。但如果组态要求超过了只设定几个开关的功能，就必须考虑通过显示报文的通信来组态设备。

分段功能，虽然不是必须具备的，但至少对显式报文应答所有使用 32bit 名称域的产品要考虑。如果还想支持通过 DeviceNet 口进行上载/下载、组态或对固件进行版本更新，则必须对发送和接受信息采用显式报文通信的分段功能。

如果考虑开发具有主站功能的产品，就必须要求作为主站的设备或产品具有 UCMM 功能，以便支持显式报文点对点连接。同时必须具备一个主站扫描列表，用于配置和管理从站。这两个功能缺一不可。因此主站的开发相对从站而言，要复杂和困难得多。具有主站功能的产品的开发，目前国内还无一家单位成功。国外有美国 Culter-Hammer 公司、日本 Hitachi 公司和美国保罗韦尔自动化公司等的主站已在国内市场上销售。

2. 硬件设计

硬件设计需满足 DeviceNet 物理层和数据链路层的要求。DeviceNet 规范允许所有四种连接方式：迷你型接头、微型接头、开放式接头和螺栓式接头。如可能，采用迷你型接头、微型接头、开放式接头配之以其他接线部件，则可进行即插即用的安装。而在一些不能利用以上三种接头的场合，则采用螺栓型接头。

在 DeviceNet 中目前只有 125kbit/s、250kbit/s 和 500kbit/s 三种速率。由于严格的网络长度限制，

它不支持 CAN 的 1Mbit/s 速率。

DeviceNet 物理层可以选择使用隔离。完全由网络供电的设备和与外界无电连接的设备（如传感器）可以不用隔离，而与外界有电联系的设备应该具有隔离，光隔离器件的速度很重要，因为它决定了收发器的总延时，DeviceNet 规范中要求的最大延时为 40ns。

DeviceNet 是基于 CAN 的现场总线，从技术的角度上来说，其开发不困难。但由于其特殊性，在开发 DeviceNet 产品时要考虑以下几方面。

（1）CAN/微处理器硬件

可以使用具有 11bit 标识符的 CAN 芯片，而不能使用具有长标识符（29bit）的芯片。

如将设备限制在组 2 从站设备时，使用基本的 CAN 芯片就可以实现。带内置 CAN 芯片的微处理器将减少芯片的数量，但仅在微处理器能正好满足设备要求时才被推荐使用。采用独立的 CAN 芯片将给设计带来灵活性。

在复位、上电和断电时特别注意 CAN_H 和 CAN_L 线的状态。在此阶段 CAN 芯片会漂移或跳转到其他电平，因此会导致总线被驱动为显性。如采用上拉或下拉电阻的方式，则能保证 CAN 总线上的状态为无害的。另外，不要将控制器上的不用的输入端浮空。

（2）收发器的选择

DeviceNet 要求收发器超越 ISO 11898 的要求，主要是因为在其连接上要挂 64 个物理设备。满足这些要求的器件有：Philips 82C250、Philips 82C251、Unitrode UC5350 等。

（3）单片机系统

DeviceNet 产品的开发和其他嵌入式系统开发有着共同之处，首先应搭建一套适合于单片机或者更高层次 CPU 软硬件系统的环境，再开发单片机或者更高层次 CPU 的应用系统。

3．软件设计

软件设计需满足 DeviceNet 应用层的要求。

（1）采用的软件

DeviceNet 方面的软件包有许多种，可以与使用的产品协同工作，考虑其特性是首要问题。以下提出一些必须考虑相关的问题。

- 该软件对自己的硬件是否适用？
- 是否要重写汇编代码？
- 在何种程度上要重写硬件的驱动程序？
- 软件的速度对自己的产品是否适合？
- 某特定的应用是否需要所有的通信特性（如 I/O 交换和显式报文传送）？
- 是否支持分段？
- 采用何种编译器？

（2）选择设计或购买策略

在确定是自行设计或购买策略时，可以做如下考虑。

- 自己是否掌握足够的开发知识，如 CAN 和微处理器？
- 是一次性设计产品还是将来要改进的？
- 仅实现从站功能的产品极易开发，一些公司只要数周即可完成；但比较复杂的产品，如具有主站功能的，采用商业开发软件包来开发比较好。

（3）设计工具

一般来说，可以用微处理器开发系统来完成开发，因此，这里只讨论与 DeviceNet 有关的工具，其最小配置为 CAN 的监视器，它是一个由 PC 卡和相关软件组成的工具。DeviceNet 的兼容工具可以向 Softing、STZP、Huron Networks、S-S Technologies 等公司购买。其价格和性能差别很大，一个典型的底层开发工具是罗克韦尔自动化公司的从站开发工具（Slave Development Tools）和代码例子，而 Vector Informatik CANALYZER 是一个最高层的开发工具。实际上，ODVA 可以提供大量的有用信息，如果开发人员只想做 CAN 这一层的工作，有许多公司的产品可以帮助开发人员监视 CAN 层。

如果开发的产品可以使用了，可以考虑在一个典型的工业控制环境中使用。这里要包括使用组态工具来检查其对显式报文传送的反应、是否能改变设备的组态参数等。

软件的开发还要选择合适的开发包。DeviceNet 方面的软件开发包有很多种，可以帮助进行软件的开发。在软件开发时，有这样一些问题需要考虑。

- 该软件是否适用于自己的硬件？
- 软件是否可以直接移植到单片机上？在多大的程度上，需要对原代码进行改动？或是否要重写硬件驱动程序？
- 软件中支持的通信特性（如 I/O 报文、显式报文、UCMM 等）是否都需要？
- 软件支持何种编译器？

4. 根据设备类型选定设备描述或自定义设备描述

DeviceNet 使用设备描述来实现设备之间的互操作性、同类设备的可互换性和行为一致性。

设备描述有两种，即专家已达成一致意见的标准设备类型的设备描述和一般的或制造商自定义的非标准设备类型的设备描述（又称为扩展的设备描述）。ODVA 负责在技术规范中发布设备描述。每个制造商为其每个 DeviceNet 产品根据设备类型选定扩展或定义设备描述，其内容涉及设备遵循的设备行规。

设备描述是一台设备的基于对象类型的正式定义，包括以下内容。

1）设备的内部构造（使用对象库中的对象或用户自定义对象，定义了设备行为的详细描述）。

2）I/O 数据（数据交换的内容和格式，以及在设备内部的映像所表示的含义）。

3）可组态的属性（怎样被组态，组态数据的功能，它可能包括 EDS 信息）。

在 DeviceNet 产品开发中，必须指定产品的设备描述。如果不属于标准设备描述，就必须自定义其产品的设备描述，并通过 ODVA 认证。

5. 决定配置数据源

如图 6-25 所示，DeviceNet 标准允许通过网络远程配置设备，并允许将配置参数嵌入设备中。利用这些特性，可以根据特定应用的要求，选择和修改设备配置设定。DeviceNet 接口允许访问设备配置设定。

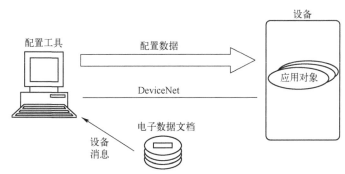

图 6-25　DeviceNet 通过网络远程配置设备

只有通过 DeviceNet 通信接口，才可访问配置设定的设备，同时必须用配置工具改变这些设定。使用外部开关、跳线、拨码开关或其他所有者的接口进行配置设定的设备，不需要配置工具就可以修改设备配置设定。但设备设计者应提供工具访问和判定硬件配置开关状态。

6. 完成 DeviceNet 一致性声明

一致性与互操作性测试是认证开放系统的产品可以互连的重要步骤。DeviceNet 产品的制造商需要通过一致性测试向购买者表明，他们的产品符合 DeviceNet 规范。用户需通过互操作测试，以证实他们购买的产品彼此能互操作。

DeviceNet 的一致性与互操作性是由 ODVA 通过一致性测试（Conformance Test）保证的。ODVA 要求每种产品在投放市场之前，必须通过一致性测试。ODVA 在世界范围的三个地区设立了独立的测试实验室，使用相同的软件测试 DeviceNet 制造商的产品。它们是美国密歇根州 ODVA 技术培训中心、日本先进软件技术研究所（ASTEM RI）和正在筹建的中国上海电器设备检测所（STIEE）。ODVA 允许制造厂商在其产品通过独立实验室全部测试项目后，在产品上加上 DeviceNet 一致性测试服务标志。

6.9.2 设备描述的规划

DeviceNet 规范通过定义标准的设备模型促进不同制造商设备之间的互操作性，它对直接连接到网络的每一类设备都定义了设备描述。设备描述是从网络的角度对设备内部结构进行说明，它使用对象模型的方法说明设备内部包含的功能、各功能模块之间的关系和接口。设备描述说明了使用哪些 DeviceNet 对象库中的对象和哪些制造商定义的对象，以及关于设备特性的说明。

设备描述包括：

1）设备对象模型定义——定义设备中存在的对象类、各类中的实例数、各个对象如何影响行为以及每个对象的接口。

2）设备 I/O 数据格式定义——包含组合对象的定义、组合对象中包含所需要的数据元件的地址（类、实例和属性）。

3）设备可配置参数的定义和访问这些参数的公共接口——配置参数数据、参数对设备行为的影响、所有参数组以及访问设备配置的公共接口。

简单地说，这三部分分别规定了一个设备如何动作、如何交换数据和如何进行配置。

如果所要的设备描述不在上述范围之内，新设备描述的建立过程为：首先由 ODVA 专家，主要是特别兴趣小组定义新的设备类型，并将提案交于 ODVA 技术委员会审查。然后，通过 ODVA 讨论，如需改进，则要求开发商修改完善，然后批准该设备描述。ODVA 为新设备分配一个新的设备类型编码，最后 ODVA 印刷并发行新的设备描述。

6.9.3 设备配置和电子数据文档（EDS）

1. 设备配置概述

DeviceNet 标准允许通过网络远程配置设备，并允许将配置参数嵌入设备中。利用这些特性，可以根据特定应用的要求，选择和修改设备配置设定。DeviceNet 接口允许访问设备配置设定。

存储和访问设备配置数据的方法包括输出数据文档的打印、电子数据文档（EDS）、参数对象以及参数对象存根、EDS 和参数对象存根的结合。

（1）利用打印输出的数据文档支持配置

利用打印数据文档上收集的配置信息时，配置工具只能提供服务、类、实例和属性数据的提示，并将该数据转发给设备。这种类型的配置工具不决定数据的前后联系、内容和格式。

（2）利用电子数据文档支持配置

可采用被称作电子数据文档（EDS）的特殊格式化的 ASCII 文件对设备提供配置支持。EDS 提供设备配置数据的前后关系、内容及格式等有关信息。用户通过必要的步骤配置设备后，EDS 可提供访问和改变设备可配置参数的所有必要信息，该信息与参数对象类实例所提供的信息相匹配；不提供计算机可读介质形式的 EDS 制造商可以提供他们的 EDS 打印清单，以便最终用户可以利用文本编辑器建立计算机可读取的 EDS。

图 8-25 所示的设备配置采用了支持 EDS 的配置工具。设备中的应用对象表示配置数据的目的地址，这些地址在 EDS 中编码。

（3）利用参数对象和参数对象存根支持配置

设备的公共参数对象是设备中一个可选的数据结构，它提供访问设备配置数据的第三种方法。当设备使用参数对象时，它要求每个支持的配置参数有一个参数对象类实例。每个实例链接到一个可配置参数，该参数可以是设备其他对象的一个属性。修改参数对象的参数值属性将引起属性值中相应的改变，一个完整的参数对象包括设备配置所需的全部信息。部分定义的参数对象称为参数对象存根，它包含设备配置所需的部分信息，不包括用户提示、限制测试和引导用户完成配置说明文本。

1）利用完整参数对象。参数对象将所有必要的配置信息嵌入设备。参数对象提供：到设备配置数据值的已知公共接口；说明文本；数据限制、默认、最小和最大值。

当设备包含完整的参数对象时，配置工具可直接从设备导出所有需要的配置信息。

2）使用参数对象存根。参数对象存根提供到设备的配置数据值的已建立地址，不需说明文本的规范、数据限制和其他参数特性。当设备包括参数对象存根时，配置工具可以从 EDS 得到附加的配置信息或仅提供一个到修改参数的最小限度接口。

（4）使用 EDS 和参数对象存根的配置

配置工具可从嵌在设备中的部分参数对象或参数对象存根中获得信息，该设备提供一个伴随 EDS，此 EDS 提供配置工具所需的附加参数信息。参数对象存根可以提供一个到设备参数数据的已知公共接口，而 EDS 提供说明文本、数据限制和其他参数特性，如有效数据的数据类型和长度、默认数据选择、说明性用户提示、说明性帮助文本、说明性参数名称。

（5）使用配置组合进行配置

配置组合允许批量加载和下载配置数据。如果使用该方法配置设备，必须提供配置数据块的格式和每个可配置属性的地址映射。在规定配置组合的数据属性时，必须按属性块给出的顺序列出数据分量，大于 1B 的数据分量先列出低字节，小于 1B 的数据分量在 1B 中右对齐，从位 0 开始。

2. EDS 概述

EDS 允许配置工具自动进行设备配置，DeviceNet 规范中关于 EDS 的部分，为所有 DeviceNet 产品的设备配置和兼容提供一个开放的标准。

（1）电子数据文档

EDS 除了包括该规范定义的、必需的设备参数信息外，还可以包括供应商特定的信息。标准的 EDS 通用模块如图 6-26 所示。

（2）产品数据文档模式

电子数据文档应按照产品数据文档的含义，将其修改得符合 DeviceNet 要求。通常，产品数据文档向用户提供

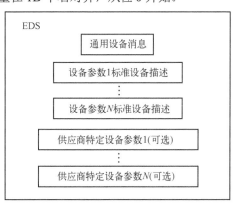

图 6-26　标准的 EDS 通用模块

判断产品特性所需的信息及对这些特性用户可赋值的范围。

数据文档将信息从产品制造商传送给产品用户。产品用户理解制造商的数据文档，并决定哪些设备必须设置为非默认值，以执行必要的动作，从而将信息从数据文档导入设备中。为执行实际配置，配置工具用 DeviceNet 报文传递来实现设备中的变化。目前，EDS 中的文本信息必须是 ASCII 表示的字符。EDS 提供两种服务。

1）说明每个设备的参数，包括它的合法值和默认值。

2）提供设备中用户可选择的配置参数。

DeviceNet 配置工具至少具备以下功能。

1）将 EDS 装载到配置工具的内存。

2）解释 EDS 的内容，判断每个参数的特性。

3）向用户展示各设备参数的数据记录区或选择清单。

4）将用户的参数选择装载到设备中正确的参数地址中。

所有 EDS 开发者必须使 EDS 符合这些要求。产品开发者将决定其他所有的执行细节。为 DeviceNet 产品设计的每个 EDS 解释器必须能够读取并解释任何标准 EDS，向设备用户提供信息和选择，建立配置相关 DeviceNet 产品的必要信息。

（3）配置工具上使用 EDS

DeviceNet 配置工具从标准 EDS 中提取用户提示信息，并以人工可读的形式向用户提供该信息。

（4）EDS 解释器功能

解释器必须采集 EDS 要求的参数选择，建立配置设备所需的 DeviceNet 信息，并包含要求配置的各设备参数的对象地址。

（5）EDS 文件管理

图 6-27 为电子数据文档结构图。EDS 文件编码要求使用 DeviceNet 的标准文件编码格式，而无须考虑配置工具主机平台或文件系统。

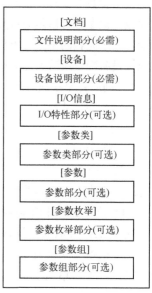

图 6-27 电子数据文档结构图

单一文件必须包括完整的 EDS。表 6-13 概括了 EDS 中的分区结构、区分隔符和各区的次序。

表 6-13 EDS 中的分区结构、区分隔符和各区的次序

区 名 称	区 分 隔 符	位 置	必需/可选
文件说明	[File]	1	必需
设备说明	[Device]	2	必需
I/O 特性	[I/O_Info]	*	可选
参数类	[ParamClass]	*	可选
参数	[Params]	*	可选
参数枚举	[Enumpar]	*	可选
参数组	[Group]	*	可选

注：*表示该可选项的位置跟随其所需区。

定义 EDS 遵守以下原则。

1）区（Section）：EDS 文件必须划分为可选的和必需的部分。

2）区分隔符（Section Delimiters）：必须用方括号中的区关键字作为合法的区分隔符来正确分隔 EDS 的各区。

3）区顺序（Section Order）：必须按要求的顺序放置每个所需的区，可选部分可以完全省略或用空数据占位符填充。

4）入口（Entry）：EDS 的每个区包括一个或多个入口，以入口关键字开关，后面跟有一个符号。入口关键字的含义取决于该部分的上下文。用分号表示入口结束，入口可以跨越多行。

5）入口域（Entry Field）：每个入口包括一个或多个域，用逗号分隔符分隔各域，各域的含义取决于区的上下文。

6）供货商特定的关键字（Vendor-specific Keyword）：区和入口关键字可以是供货商特定的。这些关键字应该以增补内容的公司的供货商 ID 开头，后面跟随一个下画线（VendorID_VendorSpecificKeyword）。供货商 ID 应以十进制显示，且不应该包含引导 0。各供应商提供有关供应商特定关键字的文字说明。

下面的例子突出显示电子数据文档的结构（注："$"字符表示注释语句）。

```
[section name]
$   an example for EDS
    Line
    Entry1=Field1，Field2，Field3;          $ Entire entry on one line
    Entry2=Field1，Field2，                 $ Entire entry on two line
    Field3，Field4;
    Entry3=                                 $Mutiple line entry
            Field1,
            Field2,
            Field3;
    65_Entry4=                              $ Combination
            Field1，Field2，
            Field3,
            Field4;
```

从上例中可以发现，只有逗号能正确地分隔各区，一个入口可以扩展到几行。配置工具忽略任何空白字符，包括注释、制表符和空格。注释以注释分隔符（$）开头，到该行结尾。所有的入口必须用一个分号表示结束。

文件命名要求：除了在 DOS/Windows 环境中的文件外，目前以磁盘为介质的 EDS 文件不存在文件命名约定。文件名后面应该加有后缀".EDS"。

DeviceNet 规范允许通过 DeviceNet 对设备进行远程配置，用户使用配置工具软件，可以修改设备的配置，使配置适合特定的应用。EDS 文件中包含了设备的信息和配置参数，通过 EDS 文件提供的信息，配置工具可以自动对设备进行配置。这样当通过配置工具（如 DeviceNet Manager）配置 DeviceNet 时，只需要将设备的 EDS 复制到相应的目录中，配置工具就能自动识别出 DeviceNet 上的设备，并提供配置的参数。而且，EDS 文件的格式有统一的标准，这为设备配置和产品兼容提供了一个开放的标准。

3．基本术语

（1）解码格式

DeviceNet 报文格式中解码的属性数据值。

（2）EDS

电子数据文档的简写，是磁盘上的一个包括指定设备类型的配置数据的文件。

（3）编码格式

电子数据文档格式中编码的属性数据值。

（4）DeviceNet 路径

DeviceNet 类、实例、属性格式中的对象属性地址。

（5）参数对象整体

设备中的一个对象，它包括配置数据值、提示字符串、数据转换系统以及其他设备相关信息。

（6）参数对象存根

参数对象的简写形式，它只存储配置数据值，并且只提供一个标准的参数访问点。

6.10　习题

1. 简述 DeviceNet 的通信特性。
2. DevicNet 现场总线的主要用途是什么？
3. 画出 DeviceNet 物理层在 OSI 模型中的位置图。
4. DevicNet 现场总线是如何实现误接线保护的？
5. DeviceNet 节点的开发有哪两种途径？
6. DeviceNet 的设备描述包括哪些内容？

第7章　工业以太网

目前，工业以太网发展迅速，在过程控制、工业机器人、电力系统、运动控制等领域或行业得到了越来越广泛的应用，其是由德国 BECKHOFF 自动化公司于 2003 年提出的 EtherCAT 实时工业以太网技术，在工业机器人、运动控制等领域应用非常广泛。

本章重点讲述了 EtherCAT 工业以太网，首先对 EtherCAT 进行了概述，然后讲述了 EtherCAT 物理拓扑结构、EtherCAT 数据链路层、EtherCAT 应用层和 EtherCAT 系统组成，并介绍了 EtherCAT 工业以太网在 KUKA 机器人中的应用案例和 EtherCAT 伺服驱动器控制应用协议。

本章还讲述了 PROFInt、POWERLINK 和 EPA 工业以太网。

7.1　EtherCAT

7.1.1　EtherCAT 概述

EtherCAT 扩展了 IEEE 802.3 以太网标准，满足了运动控制对数据传输的同步实时要求。它充分利用了以太网的全双工特性，并通过 "On Fly" 模式提高了数据传送的效率。主站发送以太网帧给各个从站，从站直接处理接收的报文，并从报文中提取或插入相关的用户数据。其从站节点使用专用的控制芯片，主站使用标准的以太网控制器。

EtherCAT 工业以太网技术在全球多个领域得到广泛应用。如机器控制、测量设备、医疗设备、汽车和移动设备以及无数的嵌入式系统中。

EtherCAT 为基于 Ethernet 的可实现实时控制的开放式网络。EtherCAT 系统可扩展至 65535 个从站规模，由于具有非常短的循环周期和高同步性能，EtherCAT 非常适合用于伺服运动控制系统中。在 EtherCAT 从站控制器中使用的分布式时钟能确保高同步性和同时性，其同步性能对于多轴系统来说至关重要，同步性使内部的控制环可按照需要的精度和循环数据保持同步。将 EtherCAT 应用于伺服驱动器不仅有助于整个系统实时性能的提升，同时还有利于实现远程维护、监控、诊断与管理，使系统的可靠性大大增强。

EtherCAT 作为国际工业以太网总线标准之一，BECKHOFF 自动化公司大力推动 EtherCAT 的发展，EtherCAT 的研究和应用越来越被重视。工业以太网 EtherCAT 技术广泛应用于机床、注塑机、包装机、机器人等高速运动应用场合，物流、高速数据采集等分布范围广控制要求高的场合。很多厂商如三洋、松下、库卡等公司的伺服系统都具有 EtherCAT 总线接口。三洋公司应用 EtherCAT 技术对三轴伺服系统进行同步控制。在机器人控制领域，EtherCAT 技术作为通信系统具有高实时性能的优势。2010 年以来，库卡一直采用 EtherCAT 技术作为库卡机器人控制系统中的通信总线。

国外很多企业厂商针对 EtherCAT 已经开发出了比较成熟的产品，例如美国 NI、日本松下、库卡等自动化设备公司都推出了一系列支持 EtherCAT 驱动设备。国内的 EtherCAT 技术研究也取得了较大的进步，基于 ARM 架构的嵌入式 EtherCAT 从站控制器的研究开发也日渐成熟。

随着我国科学技术的不断发展和工业水平的不断提高，在工业自动化控制领域，用户对高精度、高尖端制造的需求也在不断提高。特别是我国的国防工业，航天航空领域以及核工业等制造领域中，对高效率、高实时性的工业控制以太网系统的需求也是与日俱增。

　　电力工业的迅速发展，电力系统的规模不断扩大，系统运行方式的日益复杂，对自动化水平的要求越来越高，从而促进了电力系统自动化技术的不断发展。

　　电力系统自动化技术特别是变电站综合自动化是在计算机技术和网络通信技术的基础上发展起来的。而随着半导体技术、通信技术及计算机技术的发展，硬件集成越来越高，性能得到大幅提升，功能越来越强，为电力系统自动化技术的发展提供了条件。特别是光电电流和电压互感器（OCT、OVT）技术的成熟，插接式开关系统（PASS）的逐渐应用。电力自动化系统中出现大量与控制、监视和保护功能相关的智能电子设备（IED），智能电子设备之间一般是通过现场总线或工业以太网进行数据交换的。这使得现场总线和工业以太网技术在电力系统中的应用成为热点之一。

　　在电力系统中随着光电式互感器的逐步应用，大量高密度的实时采样值信息会从过程层的光电式互感器向间隔层的监控、保护等二次设备传输。当采样频率达到千赫级，数据传送速度将达到 10Mbit/s 以上，一般的现场总线较难满足要求。

　　实时以太网 EtherCAT 具有高速的信息处理与传输能力，不但能满足高精度实时采样数据的实时处理与传输要求，提高系统的稳定性与可靠性，更有利于电力系统的经济运行。

　　EtherCAT 工业以太网的主要特点如下。

　　1）完全符合以太网标准。普通以太网相关的技术都可以应用于 EtherCAT 网络中。EtherCAT 设备可以与其他的以太网设备共存于同一网络中。普通的以太网卡、交换机和路由器等标准组件都可以在 EtherCAT 中使用。

　　2）支持多种拓扑结构。如线形、星形、树形。可以使用普通以太网使用的电缆或光缆。当使用 100 Base-TX 电缆时，两个设备之间的通信距离可达 100m。当采用 100 BASE-FX 模式时，两对光纤在全双工模式下，单模光纤能够达到 40km 的传输距离，多模光纤能够达到 2km 的传输距离。EtherCAT 还能够使用低压差分信号（Low Voltage Differential Signaling，LVDS）线来低延时地通信，通信距离能够达到 10m。

　　3）广泛的适用性。任何带有普通以太网控制器的设备有条件作为 EtherCAT 主站，比如嵌入式系统、普通的 PC 机和控制板卡等。

　　4）高效率、刷新周期短。EtherCAT 从站对数据帧的读取、解析和过程数据的提取与插入完全由硬件来实现，这使得数据帧的处理不受 CPU 的性能软件的实现方式影响，时间延迟极小、实时性很高。同时 EtherCAT 可以达到小于 100μs 的数据刷新周期。EtherCAT 以太网帧中能够压缩大量的设备数据，这使得 EtherCAT 网络有效数据率可达到 90%以上。据官方测试 1000 个硬件 I/O 更新时间仅仅 30μs，其中还包括 I/O 周期时间。而容纳 1486 个字节（相当于 12000 个 I/O）的单个以太网帧的书信时间仅仅 300μs。

　　5）同步性能好。EtherCAT 采用高分辨率的分布式时钟使各从站节点间的同步精度能够远小于 1μs。

　　6）无从属子网。复杂的节点或只有 n 位的数字 I/O 都能被用作 EtherCAT 从站。

　　7）拥有多种应用层协议接口来支持多种工业设备行规。如 COE（CANopen over EtherCAT）用来支持 CANopen 协议；SoE（SERCOE over EtherCAT）用来支持 SERCOE 协议；EOE（Ethernet over EtherCAT）用来支持普通的以太网协议；FOE（File over EtherCAT）用于上传和下载固件程序或文件；AOE（ADS over EtherCAT）用于主从站之间非周期的数据访问服务。对多种行规的支持使得用户和设备制造商很容易从其他现场总线向 EtherCAT 转换。

　　快速以太网全双工通信技术构成主从式的环形结构如图 7-1 所示。

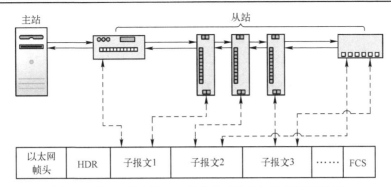

图 7-1　快速以太网全双工通信技术构成主从式的环形结构

这个过程利用了以太网设备独立处理双向传输（TX 和 RX）的特点，并运行在全双工模式下，发出的报文又通过 RX 线返回到控制单元。

报文经过从站节点时，从站识别出相关的命令并做出相应的处理。信息的处理在硬件中完成，延迟时间约为 100～500ns，这取决于物理层器件，通信性能独立于从站设备控制微处理器的响应时间。每个从站设备有最大容量为 64KB 的可编址内存，可完成连续的或同步的读写操作。多个 EtherCAT 命令数据可以被嵌入一个以太网报文中，每个数据对应独立的设备或内存区。

从站设备可以构成多种形式的分支结构，独立的设备分支可以放于控制柜中或机器模块中，再用主线连接这些分支结构。

7.1.2　EtherCAT 物理拓扑结构

EtherCAT 采用了标准的以太网帧结构，几乎适用所有标准以太网的拓扑结构，也就是说可以使用传统的基于交换机的星形结构，但是 EtherCAT 的布线方式更为灵活，由于其主从的结构方式，无论多少节点都可以一条线串接起来，无论是菊花链形还是树形拓扑结构，可任意选配组合。布线也更为简单，布线只需要遵从 EtherCAT 的所有数据帧都会从第一个从站设备转发到后面连接的节点。数据传输到最后一个从站设备又逆序将数据帧发送回主站。这样的数据帧处理机制允许在 EtherCAT 同一网段内，只要不打断逻辑环路都可以用一根网线串接起来，从而使得设备连接布线非常方便。

传输电缆的选择同样灵活。与其他现场总线不同的是，EtherCAT 不需要采用专用的电缆连接头，对于 EtherCAT 的电缆选择，可以选择经济而低廉的标准超五类以太网电缆，采用 100BASE-TX 模式无交叉地传送信号，并且可以通过交换机或集线器等实现不同的光纤和铜电缆以太网连线的完整组合。

在逻辑上，EtherCAT 网段内从站设备的布置构成一个开口的环形总线。在开口的一端，主站设备直接或通过标准以太网交换机插入以太网数据帧，并在另一端接收经过处理的数据帧。所有的数据帧都被从第一个从站设备转发到后续的节点。最后一个从站设备将数据帧返回到主站。

EtherCAT 从站的数据帧处理机制允许在 EtherCAT 网段内的任一位置使用分支结构，同时不打破逻辑环路。分支结构可以构成各种物理拓扑以及各种拓扑结构的组合，从而使设备连接布线非常灵活方便。

7.1.3　EtherCAT 数据链路层

1. EtherCAT 数据帧

EtherCAT 数据是遵从 IEEE 802.3 标准，直接使用标准的以太网帧数据格式传输，不过 EtherCAT 数据帧是使用以太网帧的保留字 0x88A4。EtherCAT 数据报文是由两个字节的数据头和 44～1498B 的数据组成,一个数据报文可以由一个或者多个 EtherCAT 子报文组成,每一个子报文映射到独立的从站设备存储空间。

2. 寻址方式

EtherCAT 的通信由主站发送 EtherCAT 数据帧读写从站设备内部的存储区来实现,也就是从从站存储区中读数据和写数据。在通信的时候,主站首先根据以太网数据帧头中的 MAC 地址来寻址所在的网段,寻址到第一个从站后,网段内的其他从站设备只需要依据 EtherCAT 子报文头中的 32 地址去寻址。在一个网段里面,EtherCAT 支持使用两种方式:设备寻址和逻辑寻址。

3. 通信模式

EtherCAT 的通信方式分为周期性过程数据通信和非周期性邮箱数据通信。

(1)周期性过程数据通信

周期性过程数据通信主要用在工业自动化环境中实时性要求高的过程数据传输场合。周期性过程数据通信时,需要使用逻辑寻址,主站是使用逻辑寻址的方式完成从站的读、写或者读写操作。

(2)非周期性邮箱数据通信

非周期性过程数据通信主要用在对实时性要求不高的数据传输场合,在参数交换、配置从站的通信等操作时,可以使用非周期性邮箱数据通信,并且还可以双向通信。在从站到从站通信时,主站是作为类似路由器功能来管理。

4. 存储同步管理器 SM

存储同步管理 SM 是 ESC 用来保证主站与本地应用程序数据交换的一致性和安全性的工具,其实现的机制是在数据状态改变时产生中断信号来通知对方。EtherCAT 定义了两种同步管理器(SM)运行模式:缓存模式和邮箱模式。

(1)缓存模式

缓存模式使用了三个缓存区,允许 EtherCAT 主站的控制权和从站控制器双方在任何时候都访问数据交换缓存区。接收数据的那一方随时可以得到最新的数据,数据发送那一方也随时可以更新缓存区里的内容。假如写缓存区的速度比读缓存区的速度快,则旧数据就会被覆盖。

(2)邮箱模式

邮箱模式通过握手的机制完成数据交换,这种情况下,只有一端完成读或写数据操作后另一端才能访问该缓存区,这样数据就不会丢失。数据发送方首先将数据写入缓存区,接着缓存区被锁定为只读状态,一直等到数据接收方将数据读走。这种模式通常用在非周期性的数据交换,分配的缓存区也叫作邮箱。邮箱模式通信通常是使用两个 SM 通道,一般情况下主站到从站通信使用 SM0,从站到主站通信使用 SM1,它们被配置成为一个缓存区方式,使用握手来避免数据溢出。

7.1.4 EtherCAT 应用层

应用层(Application Layer,AL)是 EtherCAT 协议最高的一个功能层,是直接面向控制任务的一层,它为控制程序访问网络环境提供手段,同时为控制程序提供服务。应用层不包括控制程序,它只是定义了控制程序和网络交互的接口,使符合此应用层协议的各种应用程序可以协同工作,EtherCAT 协议结构如图 7-2 所示。

1. 通信模型

EtherCAT 应用层区分主站与从站,主站与从站之间的通信关系是由主站开始的。从站之间的通信是由主站作为路由器来实现的。不支持两个主站之间的通信,但是两个具有主站功能的设备并且其中一个具有从站功能时仍可实现通信。

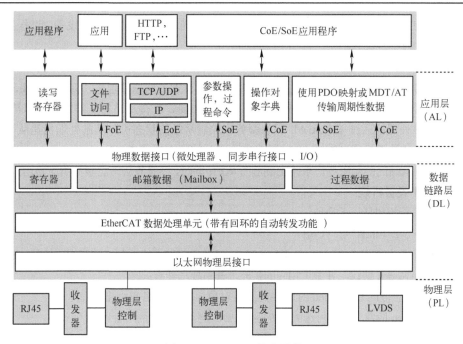

图 7-2　EtherCAT 协议结构

EtherCAT 通信网络仅由一个主站设备和至少一个从站设备组成。系统中的所有设备必须支持 EtherCAT 状态机和过程数据（Process Data）的传输。

2. 从站

（1）从站设备分类

从站应用层可分为不带应用层处理器的简单设备与带应用层处理器的复杂设备。

（2）简单从站设备

简单从站设备设置了一个过程数据布局，通过设备配置文件来描述。在本地应用中，简单从站设备要支持无响应的 ESM 应用层管理服务。

（3）复杂从站设备

复杂从站设备支持 EtherCAT 邮箱、COE 目标字典、读写对象字典数据入口的加速 SDO 服务以及读对象字典中已定义的对象和紧凑格式入口描述的 SDO 信息服务。

为了过程数据的传输，复杂从站设备支持 PDO 映射对象和同步管理器 PDO 赋值对象。复杂从站设备要支持可配置过程数据，可通过写 PDO 映射对象和同步管理器 PDO 赋值对象来配置。

（4）应用层管理

应用层管理包括 EtherCAT 状态机，ESM 描述了从站应用的状态及状态变化。由应用层控制器将从站应用的状态写入 AL 状态寄存器，主站通过写 AL 控制寄存器进行状态请求。从逻辑上来说，ESM 位于 EtherCAT 从站控制器与应用之间。ESM 定义了四种状态：初始化状态（Init）、预运行状态（Pre-Operational）、安全运行状态（Safe-Operational）、运行状态（Operational）。

（5）EtherCAT 邮箱

每一个复杂从站设备都有 EtherCAT 邮箱。EtherCAT 邮箱数据传输是双向的，可以从主站到从站，也可以从从站到主站。支持双向多协议的全双工独立通信。从站与从站通信通过主站进行信息路由。

（6）EtherCAT 过程数据

过程数据通信方式下，主从站访问的是缓冲型应用存储器。对于复杂从站设备，过程数据的内容将由 CoE 接口的 PDO 映射及同步管理器 PDO 赋值对象来描述。对于简单从站设备，过程数据是固有的，在设备描述文件中定义。

3. 主站

主站各种服务与从站进行通信。在主站中为每个从站设置了从站处理机（Slave Handler），用来控制从站的状态机（ESM）；同时每个主站也设置了一个路由器，支持从站与从站之间的邮箱通信。

主站支持从站处理机通过 EtherCAT 状态服务来控制从站的状态机，从站处理机是从站状态机在主站中的映射。从站处理机通过发送 SDO 服务去改变从站状态机状态。

路由器将客户从站的邮箱服务请求路由到服务从站；同时，将服务从站的服务响应路由到客户从站。

4. EtherCAT 设备行规

EtherCAT 设备行规包括以下几种。

（1）CANopen over EtherCAT（CoE）

CANopen 最初是为基于 CAN（Control Aera Network）总线的系统所制定的应用层协议。EtherCAT 协议在应用层支持 CANopen 协议，并做了相应的扩充，其主要功能有：

① 使用邮箱通信访问 CANopen 对象字典及其对象，实现网络初始化。

② 使用 CANopen 应急对象和可选的事件驱动 PDO 消息，实现网络管理。

③ 使用对象字典映射过程数据，周期性传输指令数据和状态数据。

CoE 协议完全遵从 CANopen 协议，其对象字典的定义也相同，针对 EtherCAT 通信扩展了相关通信对象 0x1C00～0x1C4F，用于设置存储同步管理器的类型、通信参数和 PDO 数据分配。

1）应用层行规

CoE 完全遵从 CANopen 的应用层行规，CANopen 标准应用层行规主要有：

① CiA 401 I/O 模块行规。

② CiA 402 伺服和运动控制行规。

③ CiA 403 人机接口行规。

④ CiA 404 测量设备和闭环控制。

⑤ CiA 406 编码器。

⑥ CiA 408 比例液压阀等。

2）CiA 402 行规通用数据对象字典

数据对象 0x6000～0x9FFF 为 CANopen 行规定义数据对象，一个从站最多控制 8 个伺服驱动器，每个驱动器分配 0x800 个数据对象。第一个伺服驱动器使用 0x6000～0x67FF 的数据字典范围，后续伺服驱动器在此基础上以 0x800 偏移使用数据字典。

（2）Servo Drive over EtherCAT（SoE）

IEC61491 是国际上第一个专门用于伺服驱动器控制的实时数据通信协议标准，其商业名称为 SERCOS（Serial Real-time Communication Specification）。EtherCAT 协议的通信性能非常适合数字伺服驱动器的控制，应用层使用 SERCOS 应用层协议实现数据接口，可以实现以下功能。

① 使用邮箱通信访问伺服控制规范参数（IDN），配置伺服系统参数。

② 使用 SERCOS 数据电报格式配置 EtherCAT 过程数据报文，周期性传输伺服指令数据和伺服状态数据。

（3）Ethernet over EtherCAT（EoE）

除了前面描述的主从站设备之间的通信寻址模式外，EtherCAT 也支持 IP 标准的协议，比如 TCP/IP、UDP/IP 和所有其他高层协议（HTTP 和 FTP 等）。EtherCAT 能分段传输标准以太网协议数据帧，并在相关的设备完成组装。这种方法可以避免为长数据帧预留时间片，大大缩短周期性数据的通信周期。此时，主站和从站需要相应的 EoE 驱动程序支持。

（4）File Access over EtherCAT（FoE）

该协议通过 EtherCAT 下载和上传固定程序和其他文件，其使用类似 TFTP（Trivial File Transfer Protocol，简单文件传输协议）的协议，不需要 TCP/IP 的支持，实现简单。

7.1.5　EtherCAT 系统组成

1. EtherCAT 网络架构

EtherCAT 网络是主从站结构网络，网段中可以有一个主站和一个或者多个从站组成。主站是网络的控制中心，也是通信的发起者。一个 EtherCAT 网段可以被简化为一个独立的以太网设备，从站可以直接处理接收的报文，并从报文中提取或者插入相关数据。然后将报文依次传输到下一个 Ether CAT 从站，最后一个 EtherCAT 从站返回经过完全处理的报文，依次地逆序传递回到第一个从站并且最后发送给控制单元。整个过程充分利用了以太网设备全双工双向传输的特点。如果所有从设备需要接收相同的数据，那么只需要发送一个短数据包，所有从设备接收数据包的同一部分便可获得该数据，刷新 12000 个数字输入和输出的数据耗时仅为 300μs。对于非 EtherCAT 的网络，需要发送 50 个不同的数据包，充分体现了 EtherCAT 的高实时性，所有数据链路层数据都是由从站控制器的硬件来处理，EtherCAT 的周期短，是因为从站的微处理器不需处理 EtherCAT 以太网的封包。

EtherCAT 是一种实时工业以太网技术，它充分利用了以太网的全双工特性。使用主从模式介质访问控制（MAC），主站发送以太网帧给主从站，从站从数据帧中抽取数据或将数据插入数据帧。主站使用标准的以太网接口卡，从站使用专门的 EtherCAT 从站控制器 ESC（EtherCAT Slave Controller），EtherCAT 物理层使用标准的以太网物理层器件。

从以太网的角度来看，一个 EtherCAT 网段就是一个以太网设备，它接收和发送标准的 ISO/IEC8802-3 以太网数据帧。但是，这种以太网设备并不局限于一个以太网控制器及相应的微处理器，它可由多个 EtherCAT 从站组成，EtherCAT 系统运行如图 7-3 所示，这些从站可以直接处理接收的报文，并从报文中提取或插入相关的用户数据，然后将该报文传输到下一个 EtherCAT 从站。最后一个 EtherCAT 从站发回经过完全处理的报文，并由第一个从站作为响应报文将其发送给控制单元。实际上只要 RJ45 网口悬空，ESC 就自动闭合（Close）了，产生回环（LOOP）。

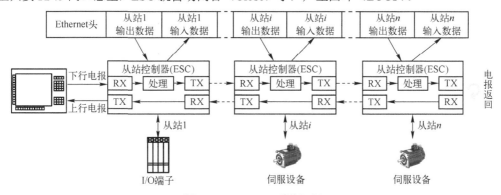

图 7-3　EtherCAT 系统运行

实时以太网 EtherCAT 技术采用了主从介质访问方式。在基于 EtherCAT 的系统中，主站控制所有从站设备的数据输入与输出。主站向系统中发送以太网帧后，EtherCAT 从站设备在报文经过其节点时处理以太网帧，嵌入在每个从站中的现场总线存储管理单元（FMMU）在以太网帧经过该节点时读取相应的编址数据，并同时将报文传输到下一个设备。同样，输入数据也是在报文经过时插入报文中。当该以太网帧经过所有从站并与从站进行数据交换后，由 EtherCAT 系统中最末一个从站将数据帧返回。

整个过程中，报文只有几纳秒的时间延迟。由于发送和接收的以太帧压缩了大量的设备数据，所以可用数据率可达 90%以上。

EtherCAT 支持各种拓扑结构，如总线型、星形、环形等，并且允许 EtherCAT 系统中出现多种结构的组合。支持多种传输电缆，如双绞线、光纤等，以适应于不同的场合，提升布线的灵活性。

EtherCAT 支持同步时钟，EtherCAT 系统中的数据交换完全是基于纯硬件机制，由于通信采用了逻辑环结构，主站时钟可以简单、精确地确定各个从站传播的延迟偏移。分布时钟均基于该值进行调整，在网络范围内使用精确的同步误差时间基。

EtherCAT 具有高性能的通信诊断能力，能迅速地排除故障；同时也支持主站从站冗余检错，以提高系统的可靠性；EtherCAT 实现了在同一网络中将安全相关的通信和控制通信融合为一体，并遵循 IEC61508 标准论证，满足安全 SIL4 级的要求。

2. EtherCAT 主站组成

EtherCAT 无须使用昂贵的专用有源插接卡，只须使用无源的 NIC（Network Interface Card）卡或主板集成的以太网 MAC 设备即可。EtherCAT 主站很容易实现，尤其适用于中小规模的控制系统和有明确规定的应用场合。使用 PC 构成 EtherCAT 主站时，通常是用标准的以太网卡作为主站硬件接口，网卡芯片集成了以太网通信的控制器和收发器。

EtherCAT 使用标准的以太网 MAC，不需要专业的设备，EtherCAT 主站很容易实现，只需要一台 PC 或其他嵌入式计算机即可实现。

由于 EtherCAT 映射不是在主站产生，而是在从站产生。该特性进一步减轻了主机的负担。因为 EtherCAT 主站完全在主机中采用软件方式实现。EtherCAT 主站的实现方式是使用倍福公司或者 ETG 社区样本代码。软件以源代码形式提供，包括所有的 EtherCAT 主站功能，甚至还包括 EoE。

EtherCAT 主站使用标准的以太网控制器，传输介质通常使用 100BASE-TX 规范的 5 类 UTP 线缆，如图 7-4 所示。

通信控制器完成以太网数据链路的介质访问控制（Media Access Control，MAC）功能，物理层芯片 PHY 实现数据编码、译码和收发，它们之间通过一个 MII（Media Independent Interface）接口交互数据。MII 是标准的以太网物理层接口，定义了与传输介质无关的标准电气和机械接口，使用这个接

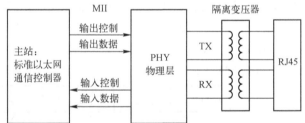

图 7-4　EtherCAT 物理层连接原理图

口将以太网数据链路层和物理层完全隔离开，使以太网可以方便地选用任何传输介质。隔离变压器实现信号的隔离。提高通信的可靠性。

在基于 PC 的主站中，通常使用网络接口卡 NIC，其中的网卡芯片集成了以太网通信控制器和物理数据收发器。而在嵌入式主站中，通信控制器通常嵌入微控制器中。

3. EtherCAT 从站组成

EtherCAT 从站设备主要完成 EtherCAT 通信和控制应用两大功能，是工业以太网 EtherCAT 控制系统的关键部分。

从站通常分为四大部分：EtherCAT 从站控制器（ESC）、从站控制微处理器、物理层 PHY 器件和电气驱动等其他应用层器件。

从站的通信功能是通过从站 ESC 实现的。EtherCAT 通信控制器 ECS 使用双端口存储区实现 EtherCAT 数据帧的数据交换，各个从站的 ESC 在各自的环路物理位置通过顺序移位读写数据帧。报文经过从站时，ESC 从报文中提取要接收的数据存储到其内部存储区，要发送的数据又从其内部存储区写到相应的子报文中。数据报文的读取和插入都是由硬件自动来完成，速度很快。EtherCAT 通信和完成控制任务还需要从站微控制器主导完成。通常是通过微控制器从 ESC 读取控制数据，从而实现设备控制功能，将设备反馈的数据写入 ESC，并返回给主站。由于整个通信过程数据交换完全由 ESC 处理，与从站设备微控制器的响应时间无关。从站微控制器的选择不受功能限制，可以使用单片机、DSP 和 ARM 等。

从站使用物理层的 PHY 芯片来实现 ESC 的 MII 物理层接口，同时需要隔离变压器等标准以太网物理器件。

从站不需要微控制器就可以实现 EtherCAT 通信，EtherCAT 从站设备只需要使用一个价格低廉的从站控制器芯片 ESC。微控制器和 ESC 之间使用 8 位或 16 位并行接口或串行 SPI 接口。从站实施要求的微控制器性能取决于从站的应用，EtherCAT 协议软件在其上运行。ESC 采用德国 BECKHOFF 自动化有限公司提供的从站控制专用芯片 ET1100 或者 ET1200 等。通过 FPGA，也可实现从站控制器的功能，这种方式需要购买授权以获取相应的二进制代码。

EtherCAT 从站设备同时实现通信和控制应用两部分功能，其结构如图 7-5 所示。

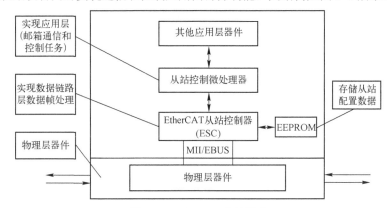

图 7-5　EtherCAT 从站组成

EtherCAT 从站由以下四部分组成。

（1）EtherCAT 从站控制器 ESC

EtherCAT 从站通信控制器芯片 ESC 负责处理 EtherCAT 数据帧，并使用双端口存储区实现 EtherCAT 主站与从站本地应用的数据交换。各个从站 ESC 按照各自在环路上的物理位置顺序移位读写数据帧。在报文经过从站时，ESC 从报文中提取发送给自己的输出命令数据并将其存储到内部存储区，输入数据从内部存储区又被写到相应的子报文中。数据的提取和插入都是由数据链路层硬件完成的。

ESC 具有四个数据收发端口，每个端口都可以收发以太网数据帧。

ESC 使用两种物理层接口模式：MII 和 EBUS。MII 是标准的以太网物理层接口，使用外部物理层芯片，一个端口的传输延时约为 500ns。EBUS 是德国 BECKHOFF 公司使用 LVDS（Low Voltage Differential Signaling）标准定义的数据传输标准，可以直接连接 ESC 芯片，不需要额外的物理层芯片，从而避免了物理层的附加传输延时，一个端口的传输延时约为 100ns。EBUS 的最大传输距离为 10m，适用于距离较近的 I/O 设备或伺服驱动器之间的连接。

（2）从站控制微处理器

微处理器负责处理 EtherCAT 通信和完成控制任务。微处理器从 ESC 读取控制数据，实现设备控制功能，并采样设备的反馈数据，写入 ESC，由主站读取。通信过程完全由 ESC 处理，与设备控制微处理器响应时间无关。从站控制微处理器性能选择取决于设备控制任务，可以使用 8 位、16 位的单片机及 32 位的高性能处理器。

（3）物理层器件

从站使用 MII 接口时，需要使用物理层芯片 PHY 和隔离变压器等标准以太网物理层器件。使用 EBUS 时不需要任何其他芯片。

（4）其他应用层器件

针对控制对象和任务需要，微处理器可以连接其他控制器件。

7.1.6　KUKA 机器人应用案例

德国 Acontis 公司提供的 EtherCAT 主站是全球应用最广、知名度最高的商业主站协议栈，在全球已有超过 300 家用户使用 Acontis EtherCAT 主站，其中包括众多世界知名自动化企业。Acontis 公司提供完整的 EtherCAT 主站解决方案，其主站跨硬件平台和实时操作系统。

德国 KUKA 机器人是 Acontis 公司最具代表性的用户之一，KUKA 机器人 C4 系列产品全部采用 Acontis 公司的解决方案。C4 系列机器人采用 EtherCAT 总线方式进行多轴控制，控制器采用 Acontis 公司的 EtherCAT 主站协议栈；KUKA 机器人控制器采用多核 CPU，分别运行 Windows 操作系统和 VxWorks 操作系统，图形界面运行在 Windows 操作系统上，机器人控制软件运行在 VxWorks 实时操作系统上，Acontis 提供的软件 VxWIN 控制和协调两个操作系统；控制器的组态软件中集成了 Acontis 提供的 EtherCAT 网络配置及诊断工具 EC-Engineer；另外，KUKA 机器人还采用 Acontis 提供的两个扩展功能包——热插拔和远程访问功能。

KUKA 机器人控制器同时支持多路独立 EtherCAT 网络，除了机器人本体专用的 KCB（KUKA Controller Bus，库卡控制总线）网络外，控制器还利用 Acontis 公司 EtherCAT 主站支持 VLAN 功能，从一个独立网卡连接出其他三路 EtherCAT 网络，分别是连接示教器的 EtherCAT 网络 KOI，扩展网络 KEB 以及内部网络 KSB。KCB 网络循环周期 125μs，是本体控制专用网络，以确保本体控制的实时性。KUKA 机器人控制器多路独立 EtherCAT 网络，如图 7-6 所示。同一个控制器支持多路独立 EtherCAT 网络（多个 Instance），利用了 Acontis 公司 EtherCAT 主站可支持最多 10 个 Instance 的特性。

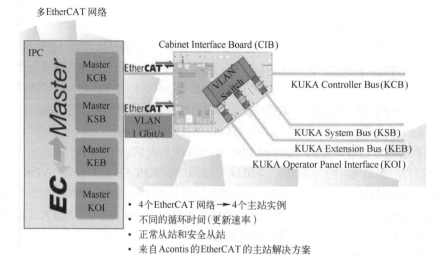

图 7-6　KUKA 机器人控制器多路独立 EtherCAT 网络

除了主站协议栈，KUKA 机器人在其操作界面中，使用 Acontis 公司提供的网络配置及诊断工具 EC-Engineer 的软件开发包 SDK，无缝集成了 Acontis 网络配置及诊断工具的所有功能。用户在 KUKA 的操作界面直接进行 EtherCAT 网络配置及在工作状态下的网络诊断，提高了控制软件的可用性及用户体验。此外，KUKA 机器人选用了 Acontis 公司提供的两个主站功能扩展包——Hot Connect 和 Remote API。

Hot Connect 热插拔功能确保在 EtherCAT 网络工作状态下完成网络中从站的移除或新从站到网络的连接操作。应用此功能，可以完成如在加工过程中更换加工刀具的操作而不造成网络异常。使用热插拔功能，需要注意在配置阶段，在 EC-Engineer 中定义可热插拔从站和不可热插拔从站，比如机器人本体的各个自由度为不可热插拔从站，以保障本体的正常工作。Remote API 功能可以使现场工程师在不破坏机器人网络实时性的情况下，在工作 PC 上通过普通 TCP/IP 连接机器人控制器，从而远程对机器人网络进行配置以及诊断和监控操作。Hot Connect 和 Remote API 不在 ETG.1500 定义的主站 ClassA 的功能范围内，是 Acontis 公司提供的主站扩展功能。

7.1.7　EtherCAT 伺服驱动器控制应用协议

IEC61800 标准系列是一个可调速电子功率驱动系统通用规范。其中，IEC61800-7 定义了控制系统和功率驱动系统之间的通信接口标准，包括网络通信技术和应用行规，如图 7-7 所示。EtherCAT 作为网络通信技术，支持了 CANopen 协议中的行规 CiA402 和 SERCOS 协议的应用层，分别称为 CoE 和 SoE。

图 7-7　IEC61800-7 体系结构

7.2　PROFInet

PROFInet 是 PROFIBUS 国际组织在 1999 年开始发展的新一代通信系统，是分布式自动化标准的现代概念。它以互联网和以太网标准为基础，简单且无须做任何改变地将 PROFIBUS 系统与现有的其他现场总线系统集成，这对于满足从公司管理层到现场层的一致性要求是一个非常重要的方面。另外，它的重大贡献在于保护了用户的投资，因为现有系统的部件仍然可应用到 PROFInet 系统中并不做任何改变。

7.2.1 PROFInet 部件模型

PROFInet 支持通过分布式自动化和智能现场设备的成套装备和机器的模块化。这种工艺模块化是分布式自动化系统的关键特点，它简化了成套装备和机器部件的重复使用和标准化。此外，由于模块可事先在相应的制造厂内进行广泛的测试，因此显著地减少了本地投运所需要的时间。

1. 工艺模块

一个自动化成套装置或机器的功能是通过对机械、电子/电气和控制逻辑/软件规定的交互作用来体现的。根据这个基本原则，PROFInet 定义了功能术语，如："机械""电气/电子"和"控制逻辑/软件"，从而形成一种工艺模块，通过软件部件对这种工艺模块即 PROFInet 部件进行建模。

2. PROFInet 部件

PROFInet 部件代表系统范围工程设计中的一种工艺模块。它将其自动化功能封装在一个软件部件内，而且从工艺的角度看，它包含一个与其他部件交互作用所需要的变量。这些接口在 PROFInet 的连接编辑器中可以进行图形化互连。

3. 使用 XML 的部件描述

PROFInet 部件是用 XML 语言描述的。由此创建的 XML 文件包含关于 PROFInet 部件的功能和对象方面的信息。在 PROFInet 中 XML 部件文件包含下列数据。

1）作为一个库元素的部件描述：部件识别、部件名。

2）硬件描述：IP 地址的保存、对诊断数据的存取、连接的下载。

3）软件功能描述：软件硬件分配、部件接口、变量的特性及它们的工艺名称、数据、类型、方向（输入或输出）。

4）部件项目的存储地点。

构成部件库是为了支持重复使用性。

在 PROFInet 中确定 DCOM（分布式的 COM）作为 PROFInet 设备之间的公共应用协议。DCOM 是 COM（部件对象模型）协议的扩展，用于网络中的分布式对象和它们的互操作。存取工程设计系统，如连接的装载、诊断数据的读取、设备参数化和组态，以及连接的建立和部分用户数据的交换等，PROFInet 都是通过 DCOM 完成的。

DCOM 不一定必须用于 PROFInet 设备之间的生产性运行。用户数据是通过 DCOM 交换还是通过实时通道交换由用户在工程设计系统中的组态决定。当设备正在启动通信时，这些设备必须认可是否有必要使用一种有实时能力的协议，因为在这样的成套装置或机器模块之间的通信可能需要 TCP/IP 和 UDP 不能满足的实时条件。

TCP/IP 和 DCOM 形成了公共的"语言"，这种语言是所有这些设备所使用的，并能在任何情况下都可用于启动设备之间的通信。优化的通信通道用于运行阶段各种参与设备之间的实时通信。

4. 实时通信

对各种 TCP/IP 实现的分析已揭示使用标准通信栈来管理这些数据包需要相当可观的运行时间。可以优化这些运行时间，但所要求的 TCP/IP 栈不再是标准产品而是一种专用实现。使用 UDP/IP 时同样如此。

PROFInet 为实时应用创建了一种有效的解决方案，这种实时应用在生产自动化中是常见的，其刷新或响应时间最少在 5～10ms。刷新时间可理解为以下过程所经历的时间：在一台设备应用中创建一个变量，然后通过通信系统将该变量发送给一个伙伴，其后可在该伙伴设备的应用中再次获得该变量。

为了能满足自动化中的实时要求，在 PROFInet 中规定了优化的实时通信通道——软件实时通道（SRT 通道），它基于以太网的第 2 层。这种解决方案极大地减少了通信栈上占用的时间，从而提高了自动化数据的刷新率方面的性能。一方面，几个协议层的去除减少了报文长度；另一方面，在需要传输的数据准备发送以及应用准备处理之前，只需要较少的时间。同时，大大地减少了设备通信所需要的处理器功能。

PROFInet 不仅最小化了可编程控制器中的通信栈，而且也对网络中数据的传输进行了优化。经测量表明，在一个网络负载很高的切换网络中，以太网上两个站之间的传输时间最多为 20ms。当使用标准网络部件，例如同时从若干设备上装载数据期间，不可能排除相当大的网络负载，为了能在这些情况下达到一种最佳的结果，在 PROFInet 中按照 IEEE 802.1q 将这些信息包区分优先级。设备之间的数据流由网络部件根据此优先级进行控制。优先级 7（网络控制）用于实时数据的标准优先级。由此也保证了对其他应用的优先级处理。例如：具有优先级 5 是互联网电话，以及具有优先级 6 是视频传输。

市场上销售的网络部件和控制器可用于实时通信。当通过 DCOM 正在洽谈最优化的通信通道时，切换器就能自动地得知这些设备的地址。由此创建了通过实时通道的后续数据交换的基础。

PROFInet 规范以开放性和一致性为主导，以微软 OLE/COM/DCOM 为技术核心，最大限度地实现开放性和可扩展性，并向下兼容传统工控系统，使分散的智能设备组成的自动化系统向着模块化的方向跨进了一大步。PROFInet 的概念模型如图 7-8 所示。

图 7-8　PROFInet 概念模型

5．部件对象模型（COM）

微软的 COM 是面向对象方面的进一步开发，它允许基于预制部件应用的开发。PROFInet 使用此类部件模型。因此 PROFInet 对象是为自动化应用量身定做的 COM 对象。

如自动化对象那样，COM 对象基本上由以下部分组成。

1）接口：带有方法的完好定义的接口。

2）实现：定义的接口及其语义的实现。

在 COM 中，定义单个过程内，一台设备上的两个过程之间，以及不同设备上的两个过程之间的通信。

6．运行期和工程设计中的自动化对象

在 PROFInet 中使用自动化对象时，一个基本的区别是工程设计系统对象（ES-Object）和运行期系统对象（RT-Object）。ES-Object 是 RT-Object 在工程设计系统中的代表。基本思想是：工程设计系统中的一个对象正好指定给运行期系统的一个 RT-Object，即一一对应。这样两种对象模型也彼此协调。因此，在工程设计系统和运行期系统之间无须做什么耗费精力的实现和映象操作。

7.2.2　PROFInet 运行期

PROFInet 运行期方案基于 PROFInet 部件模型。它制定了一种建立于以太网之上的、开放的、面向对象的通信理念。TCP/IP 或一条专用的实时通道可用于通信。该标准通信通过 TCP/IP 和 DCOM 布线协议运行。通过此通道，可表达所有的 IT 功能。此通道允许从 ERP/MES 层到现场层的纵向集成，还可用于项目计划和诊断。

1．自动化部件

PROFInet 运行期方案定义了必要的功能和服务，这些功能和服务正是协调运行的自动化部件为了完成自动化任务而必须执行的。

每台 PROFInet 设备有各自的、产品专用的内部结构（体系结构、运行系统、编程）。但是，从外部看，所有的 PROFInet 设备行为都是相同的方式，而且总是可视为一组自动化对象，就好似带有 COM 接口的 COM 对象。

只要 PROFInet 对象的印象对外部保持为可视，就允许每种实现。另外，如果它是一台具有固定功能的自动化设备（如阀门、驱动器、现场设备、执行器、传感器，或者制造商提供的成品）或自由可编程部件（如 PLC、PC，由用户组态或编程以完成一个特定应用中的特殊任务），则它就没有意义。

2. 使用 TCP/IP 的标准通信

PROFInet 使用以太网和 TCP/IP 作为通信基础。TCP/IP 是 IT 领域关于通信协议方面的事实上的标准。但是，对于不同应用的互操作性，这还不足以在设备上建立一个基于 TCP/IP 的公共通信通道。事实是，TCP/IP 只提供了基础，用于以太网设备通过面向连接和安全的传输通道在本地和分布式网络中进行数据交换。在较高层上则需要其他的规范和协议，亦称为应用层协议，而不是 TCP/IP。那么，在设备上使用相同的应用层协议时，只能保证互操作性。典型的应用层协议有：SMTP（用于电子邮件）、FTP（用于文件传输）和 HTTP（用于互联网）。

PROFInet 包含以下三个方面。

1）为基于通用对象模型（COM）的分布式自动化系统定义了体系结构。

2）进一步指定了 PROFIBUS 和国际 IT 标准以太网之间的开放和透明通信。

3）提供了一个独立于制造商，包括设备层和系统层的完整系统模型。

以上充分考虑到 PROFIBUS 的需求和条件，以保证 PROFIBUS 和 PROFInet 之间具有最好的透明性。

7.2.3 PROFInet 的网络结构

PROFInet 可以采用星形结构、树形结构、总线型结构和环形结构（冗余）。

PROFInet 系统结构如图 7-9 所示。

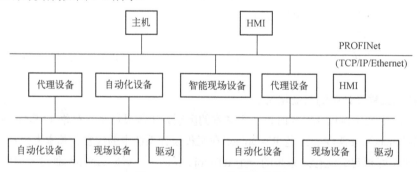

图 7-9 PROFInet 的系统结构

在图 7-9 中可以看到，PROFInet 技术的核心设备是代理设备。代理设备负责将所有的 PROFIBUS 网段、以太网设备以及 DCS、PLC 等集成到 PROFInet 系统中。代理设备完成 COM 对象之间的交互。代理设备将所挂接的设备抽象成 COM 服务器，设备之间的交互变成 COM 服务器之间的相互调用。这种方法的最大优点是可扩展性好，只要设备能够提供符合 PROFInet 标准的 COM 服务器，该设备就可以在 PROFInet 系统中正常运行。

PROFInet 提供了一个在 PROFInet 环境下协调现有 PROFIBUS 和其他现场总线系统的模型。这表示，你可以构造一个由现场总线和基于以太网的子系统任意组合的混合系统。由此，从基于现场总线的系统向 PROFInet 技术的连续转换是可行的。

7.2.4　PROFInet 与 OPC 的数据交换

PROFInet 和 OPC 在 DCOM 中享有相同的技术基础。这就导致了系统的不同部分之间数据通信用户的友好性。

OPC 是自动化技术中基于 Windows 应用程序之间进行数据交换的一种广泛使用的接口。OPC 为多制造商站及它们的内部连接之间提供了一种无须编程的灵活性选择。

1. OPC DA

OPC DA（数据存取）是一种工业标准，它规定了一套从测量和控制设备中存取实时数据的应用接口、查找 OPC 服务器的接口和浏览服务器名空间的接口。

2. OPC DX

OPC DX（数据交换）定义了不同品牌和类型的控制系统之间相同层上的非时间苛求的用户数据的高层交换，如 PROFInet 和 CIP 之间的数据交换。但是，OPC DX 不允许对一个不同系统的现场层直接存取。

OPC DX 是 OPC DA 规范的扩展，它定义了一组标准化的接口，用于数据的互操作性交换和以太网上服务器与服务器之间的通信。在运行期间，OPC DX 启动服务器与服务器之间的通信扩展了数据存取，这种通信独立于以太网中实际支持的实时应用协议。因此，OPC DX 服务器支持的连接的管理和远程配置是可行的。

OPC DX 不像 PROFInet 那样是面向对象的，而是面向标签的，即：自动化对象不作为 COM 对象而作为（Tag.）名存在。

OPC DX 对以下方面非常有效。

1）用户和系统集成商：要集成不同制造商的设备、控制系统和软件，对多制造商系统的共同使用的数据实现存取。

2）制造商：要提供根据开放的工业标准制造的产品，具备互操作性和数据交换能力。

3. OPC DX 和 PROFInet

开发 OPC DX 的目的是实现各种现场总线系统和基于以太网的通信协议之间最低限度的互操作性，而无须折中各种技术的集成。

为了获得对其他系统领域的开放链接，在 PROFInet 中集成了 OPC DX，从而实现了以下几个功能。

1）每个 PROFInet 节点可编址为一个 OPC 服务器，因为基本性能已经以 PROFInet 运行期实现的形式而存在。

2）每个 OPC 服务器可通过一个标准的适配器作为 PROFInet 节点运行。这是通过 Objectizer 部件实现的，该部件以 PC 中的一个 OPC 服务器为基础实现 PROFInet 设备。该部件只需实现一次，然后可用于所有的 OPC 服务器。

PROFInet 的功能远比 OPC 的功能强大。PROFInet 提供了自动化解决方案所需要的实时能力。另一方面，OPC 提供了更高等级的互操作性。

7.3　POWERLINK

7.3.1　POWERLINK 的原理

POWERLINK 是 IEC 国际标准，同时也是中国的国家标准（GB/T-27960）。

如图 7-10 所示，POWERLINK 是一个 3 层的通信网络，它规定了物理层、数据链路层和应用层，这 3 层包含了 OSI 模型中规定的 7 层协议。

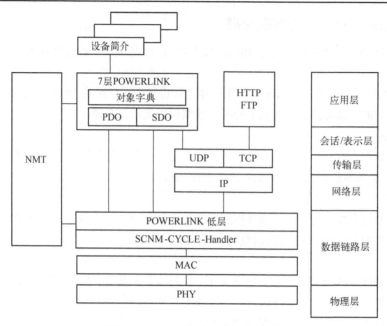

图 7-10 POWERLINK 的 OSI 模型

如图 7-11 所示，具有 3 层协议的 POWERLINK 在应用层上可以连接各种设备，例如 I/O、阀门、驱动器等。在物理层之下连接了 Ethernet 控制器，用来收发数据。由于以太网控制器的种类很多，不同的以太网控制器需要不同的驱动程序，因此在"Ethernet 控制器"和"POWERLINK 传输"之间有一层"Ethernet 驱动器"。

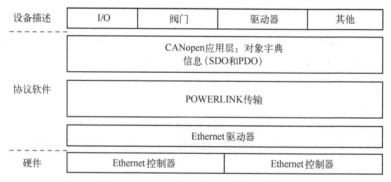

图 7-11 POWERLINK 通信模型的层次

1. POWERLINK 的物理层

POWERLINK 的物理层采用标准的以太网，遵循 IEEE 802.3 快速以太网标准。因此，无论是 POWERLINK 的主站还是从站，都可以运行于标准的以太网之上。

这使得 POWERLINK 具有以下优点。

1）只要有以太网的地方就可以实现 POWERLINK，例如，在用户的 PC 机上可以运行 POWERLINK，在一个带有以太网接口的 ARM 上可以运行 POWERLINK，在一片 FPGA 上也可以运行 POWERLINK。

2）以太网的技术进步就会带来 POWERLINK 的技术进步。

3）实现成本低。

用户可以购买普通的以太网控制芯片（MAC）来实现 POWERLINK 的物理层，如果用户想采用

FPGA 解决方案，POWERLINK 提供开放源码的 openMAC。这是一个用 VHDL 语言实现的、基于 FPGA 的 MAC，同时 POWERLINK 又提供了一个用 VHDL 语言实现的 openHUB。如果用户的网络需要做冗余，如双网、环网等，就可以直接在 FPGA 中实现，其易于实现且成本很低。此外，由于是基于 FPGA 的方案，从 MAC 到数据链路层（DLL）的通信，POWERLINK 采用了 DMA，因此速度更快。

POWERLINK 物理层采用普通以太网的物理层，因此可以使用工厂中现有的以太网布线，从机器设备的基本单元到整台设备、生产线，再到办公室，都可以使用以太网，从而实现一"网"到底。

2. POWERLINK 的数据链路层

POWERLINK 基于标准以太网 CSMA/CD 技术（IEEE 802.3），因此可工作在所有传统以太网硬件上。但是，POWERLINK 不使用 IEEE 802.3 定义的用于解决冲突的报文重传机制，该机制会引起传统以太网的不确定行为。

POWERLINK 的从站通过获得 POWERLINK 主站的允许来发送自己的帧，所以不会发生冲突，因为管理节点会统一规划每个节点收发数据的确定时序。

7.3.2 POWERLINK 网络拓扑结构

由于 POWERLINK 的物理层采用标准的以太网，因此以太网支持的所有拓扑结构它都支持。而且可以使用 HUB 和 Switch 等标准的网络设备，这使得用户可以非常灵活地组网，如菊花链、树形、星形、环形和其他任意组合。

因为逻辑与物理无关，所以用户在编写程序的时候无须考虑拓扑结构。网络中的每个节点都有一个节点号，POWERLINK 通过节点号来寻址节点，而不是通过节点的物理位置来寻址，因此逻辑与物理无关。

由于具备协议独立的拓扑配置功能，POWERLINK 的网络拓扑与机器的功能无关。因此 POWERLINK 的用户无须考虑任何网络相关的需求，只需专注满足设备制造的需求。

7.3.3 POWERLINK 的实现方案

POWERLINK 是一个实时以太网的技术规范和方案，它是一个技术标准，用户可以根据这个技术标准自己开发一套代码，也就是 POWERLINK 的具体实现。POWERLINK 的具体实现有多个版本，如 ABB 公司的 POWERLINK 运动控制器和伺服控制器、赫优讯的从站解决方案、SYSTEC 的解决方案等。

OpenPOWERLINK 是一个 C 语言的解决方案，它最初是 SYSTEC 的商业收费方案，后来被 B&R 公司买断版权。为了推广 POWERLINK，B&R 将源代码开放。现在这个方案由 B&R 公司和 SYSTEC 共同维护。

目前常用的 POWERLINK 方案有两种：基于 MCU/CPU 的 C 语言方案和基于 FPGA 的 Verilog HDL 方案。C 语言的方案以 openPOWERLINK 为代表。下面仅介绍 C 语言方案。

该方案最初由 SYSTEC 开发，B&R 公司负责后期的维护与升级。该方案包含了 POWERLINK 完整的 3 层协议：物理层、数据链路层和 CANopen 应用层。其中数据链路层和 CANopen 应用层采用 C 语言编写，因此该方法可运行于各种 MCU/CPU 平台。该方案性能的优劣取决于运行该方案的软硬件平台的性能，例如 MCU/CPU 的主频、操作系统的实时性等。

（1）硬件平台

该方案可支持 ARM、DSP、X86 CPU 等平台，物理层采用 MCU/CPU 自带的以太网接口或者外接以太网。该方案如果运行于 FPGA 中，需要在 FPGA 内实现一个软的处理器，如 Nios 或 Microblaze。数据链路层和 CANopen 应用层运行于 MCU/CPU 之上。

（2）软件平台

该方案可支持 VxWorks、Linux、Windows 等各种操作系统。在没有操作系统的情况下，也可以运行。POWERLINK 协议栈在软件上需要高精度时钟接口和以太网驱动接口。由于 POWERLINK 协议栈的行为由定时器触发，即什么时刻做什么事情。因此如果需要保证实时性，就需要操作系统提供一个高精度的定时器，以及快速的中断响应。有些操作系统可以提供高精度的时钟接口，有些则不能。定时器的精度直接影响 POWERLINK 的实时精度，如果定时精度在毫秒级，那么 POWERLINK 的实时性也只能达到毫秒级，例如在没有实时扩展的 Windows 上运行 POWERLINK，POWERLINK 的最短周期、时隙精度都在毫秒级。如果希望 POWERLINK 的实时精度达到微妙级，则需要提供微妙级的定时器接口给 POWERLINK 协议栈。大部分操作系统无法提供微秒级的定时器接口，对于这种情况，需要用户根据自己的硬件编写时钟的驱动程序，直接从硬件上得到高精度定时器接口。另一方面，POWERLINK 需要实时地将要发送的数据发送出去，对接收到的数据帧要实时处理，因此对以太网数据收发的处理，也会影响 POWERLINK 的实时性。因此，需要以太网的驱动程序也是实时的。对于有些系统，如 VxWorks、POWERLINK 可以采用操作系统本身的以太网驱动程序，而对于有些系统，需要用户根据自己的硬件编写以太网驱动程序。

（3）基于 Windows 的方案

基于 Windows 的 openPOWERLINK 解决方案，以太网驱动采用 wincap。由于 Windows 本身的非实时性，导致该方案的实时性成本不高，循环周期最短约为 3～5ms，抖动为 1ms 左右，因此该方案可用于实时性要求不高的应用场合，或者用于测试。

该方案的好处是运行简单，不需要额外的硬件，一台带有以太网的普通 PC 就可以运行。

（4）基于 Linux 的方案

openPOWERLINK 需要 Linux 的内核版本为 2.6.23 或者更高。

（5）基于 VxWorks 的方案

POWERLINK 运行在 MUX 层之上。此方案使用了 VxWorks 本身的以太网驱动程序，openPOWERLINK 需要一个高精度的时钟，否则性能受到影响。基于 VxWorks 的高精度时钟，通常由硬件产生，用户往往需要根据自己的硬件编写一个高精度 timer 的驱动程序。

（6）基于 FPGA 的方案

OpenPOWERLINK 采用 C 语言编写，如果要在 FPGA 中运行 C 语言编写的程序，需要一个软核，结构如图 7-12 所示。

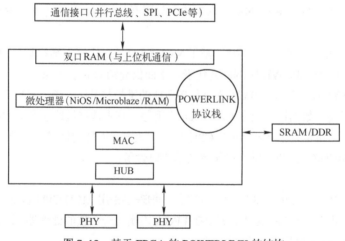

图 7-12　基于 FPGA 的 POWERLINK 的结构

一个基于 FPGA 的 POWERLINK 最小系统需要如下硬件。

1）FPGA：可以选用 ALTERA 或者 XILLINX。需要逻辑单元数在 5000Les 以上，对于 ALTERA 可以选择 CYCLONE4CE6 以上，对于 XILLINX 可以选择 spartan6。

2）外接 SRAM 或 SDRAM：需要 521KB 的 SRAM 或者 SDRAM，与 FPGA 的接口为 16 位或者 32 位。

3）EPCS 或者 FLASH 配置芯片：需要 2MB 以上的 EPCS 或 FLASH 配置芯片来保存 FPGA 的程序。

4）拨码开关：因为 POWERLINK 是通过节点号来寻址的，每个节点都有一个 Node ID，可以通过拨码开关来设置节点的 Node ID。

5）以太网的 PHY 芯片：需要 1 个或 2 个以太网 PHY 芯片。在 FPGA 里用 VHDL 实现了一个以太网 HUB，因此如果有两个 PHY，在做网络拓扑的时候就很灵活，如果只有一个 PHY 那就只能做星形拓扑。POWERLINK 对以太网的 PHY 没有特别的要求，从市面上买的 PHY 芯片都可以使用。注意，建议 PHY 工作在 RMII 模式。

可以把 FPGA 当作专门负责 POWERLINK 通信的芯片。FPGA 与用户的 MCU 之间可以通过并行 16/8 位接口、PC104、PCIe，或者 SPI 接口通信。在 FPGA 里实现了一个双口 RAM，作为 FPGA 中的 POWERLINK 与用户 MCU 数据交换区。

在同一个 FPGA 上，除了实现 POWERLINK 以外，用户还可以把自己的应用加到该 FPGA 上，例如，用 FPGA 做一个带有 POWERLINK 的 I/O 模块，该模块上除了带有 POWERLINK 外，还有 I/O 逻辑的处理。

7.3.4 POWERLINK 的应用层

POWERLINK 技术规范规定的应用层为 CANopen，但是 CANopen 并不是必需的，用户可以根据自己的需要自定义应用层，或者根据其他行规编写相应的应用层。

无论是 openPOWERLINK 还是前面提到的 HDL POWERLINK，都可以使用本章介绍的应用层软件。

1. CANopen 应用层

POWERLINK 的应用层遵循 CANopen 标准。CANopen 是一个应用层协议，它为应用程序提供了一个统一的接口，使得不同的设备与应用程序之间有统一的访问方式。

CANopen 协议有 3 个主要部门：PDO、SDO、和对象字典 OD。

1）PDO：过程数据对象，可以理解为在通信过程中，需要周期性、实时传输的数据。

2）SDO：服务数据对象，可以理解为在通信过程中，非周期性传输、实时性要求不高的数据，例如网络配置命令、偶尔要传输的数据等。

3）OD：对象字典，可以理解为所有参数、通信对象的集合。

2. 对象字典

什么是对象字典？对象字典就是很多对象（Object）的集合。那么什么又是对象呢？一个对象可以理解为一个参数，假设有一个设备，该设备有很多参数。CANopen 通过给每个参数一个编号来区分参数，这个编号就叫作索引（Index），这个索引用一个 16bit 的数字表示。如果这个参数又包含了很多子参数，那么 CANopen 又会给这些子参数分别分配一个子索引（SubIndex），用一个 8bit 的数字来表示。因此一个索引和一个子索引就能明确地标识出一个参数。

一个参数除了具有索引和子索引信息外，还应该有参数的数据类型（是 8bit 还是 16bit，是有符号还是无符号），还要有访问类型（是可读的、可写的，还是可读写的）、默认值等。因此一个参数需要有很多属性来描述，所以一个参数也就成了一个对象（Object），所有对象的集合就构成了对象字典（Object Dictionary，OD）。

POWERLINK 对 OD 的定义和声明在 objdict..h 文件中。

3．XDD 文件

XDD 文件就是用来描述对象字典的电子说明文档，是 XML Device Description 的简写。设备生产商在自己的设备中实现了对象字典，该对象字典存储在设备里，因此设备提供商需要向设备使用者提供一个说明文档，让使用者知道该设备有哪些参数，以及这些参数的属性。XDD 文件的内容要与对象字典的内容一一对应，即在对象字典中实现了哪些参数，那么在 XDD 文件中就应该有这些参数的描述。

一个 XDD 文件主要由两部分组成：设备描述（Device Profile）和网络通信描述（Communication Network Profile）。

7.3.5　POWERLINK 在运动控制和过程控制的应用案例

POWERLINK 技术应用广泛，在运动控制和过程控制方面有众多国内外知名厂家支持。

1．运动控制

1）典型应用：伺服驱动器的控制，用于各种机器系统，如包装机、纺织机、印刷机、机器人等。

2）典型厂家：B&R、ABB、武汉迈信电气技术有限公司、上海新时达电气股份有限公司等

2．过程控制

1）典型应用：DCS 系统、工厂自动化。

2）典型厂家：Alston、B&R、北京和利时集团、北京四方继保自动化股份有限公司、南京南瑞电力信息有限公司、南京大全电气有限公司、中国南车、卡斯柯信号有限公司等。

7.4　EPA

7.4.1　EPA 概述

1．EPA 简介

当前，随着计算机、通信、网络等信息技术的发展，信息交换的领域已经覆盖了企业乃至世界各地的市场，而随着自动化控制技术的进一步发展，需要建立包含从工业现场设备层到控制层、管理层等各个层次的综合自动化网络平台，建立以工业网络技术为基础的企业信息化系统。当前，在企业的不同网络层次间传送的数据信息已变得越来越复杂，对工业网络的开放性、互连性、带宽等方面提出了更高的要求。EPA 工厂自动化以太网（Ethernet for Plant Automation，EPA）即是建立在此基础上的工业现场设备开放网络平台，通过该平台，不仅可以使工业现场设备（如现场控制器、变送器、执行机构等）实现基于以太网的通信，而且可以使工业现场设备层网络不游离于主流通信技术之外，并与主流通信技术同步发展，同时，用以太网现场设备层到控制层、管理层等所有层次网络的"E 网到底"，实现工业/企业综合自动化系统各层次的信息无缝集成，推动工业企业的技术改造和提升、加快信息化改造进程。

EPA 是 Ethernet、TCP/IP 等商用计算机通信领域的主流技术直接应用于工业控制现场设备间的通信，并在此基础上，建立的应用于工业现场设备间通信的开放网络通信平台。EPA 是一种全新的适用于工业现场设备的开放性实时以太网标准，将大量成熟的 IT 技术应用于工业控制系统，利用高效、稳定、标准的以太网和 UDP/IP 的确定性通信调度策略，为适用于现场设备的实时工作建立了一种全新的标准。

2．EPA 的发展过程

2001 年 10 月，由浙江大学牵头，以浙大中控为主，清华大学、大连理工大学、中科院沈阳自动

化所、重庆邮电学院、TC124 等单位联合承担国家 "863" 计划 CIMS 主题重点课题 "基于高速以太网技术的现场总线控制设备"，开始制定 EPA 标准。

2005 年 12 月，EPA 被正式列入现场总线国际标准 IEC 61158（第四版）中的第十四类，并列为与 IEC 61158 相配套的实时以太网应用行规国际标准 IEC 61784-2 中的第十四应用行规簇（Common Profile Family 14，CPF14）。

3．EPA 的技术特点

（1）确定性通信

以太网由于采用 CSMA/CD（载波侦听多路访问/冲突检测）介质访问控制机制，因此具有通信 "不确定性" 的特点，并成为其应用于工业数据通信网络的主要障碍。虽然以太网交换技术、全双工通信技术以及 IEEE 802.1P&Q 规定的优先级技术在一定程度上避免了碰撞，但也存在着一定的局限性。

（2）"E" 网到底

EPA 是应用于工业现场设备间通信的开放网络技术，采用分段化系统结构和确定性通信调度控制策略，解决了以太网通信的不确定性问题，使以太网、无线局域网、蓝牙等广泛应用于工业/企业管理层、过程监控层网络的 COTS（Commercial Off-The-Shelf）技术直接应用于变送器、执行机构、远程 I/O、现场控制器等现场设备间的通信。采用 EPA 网络，可以实现工业/企业综合自动化智能工厂系统中从底层的现场设备层到上层的控制层、管理层的通信网络平台基于以太网技术的统一，即所谓的 "'E（ethernet）' 网到底"。

（3）互操作性

《EPA 标准》除了解决实时通信问题外，还为用户层应用程序定义了应用层服务与协议规范，包括系统管理服务、域上载/下载服务、变量访问服务、事件管理服务等。至于 ISO/OSI 通信模型中的会话层、表示层等中间层次，为降低设备的通信处理负荷，可以省略，而在应用层直接定义与 TCP/IP 的接口。

为支持来自不同厂商的 EPA 设备之间的互可操作，《EPA 标准》采用可扩展标记语言（Extensible Markup Language，XML）扩展标记语言为 EPA 设备描述语言，规定了设备资源、功能块及其参数接口的描述方法。用户可采用 Microsoft 提供的通用 DOM 技术对 EPA 设备描述文件进行解释，而无需专用的设备描述文件编译和解释工具。

（4）开放性

《EPA 标准》完全兼容 IEEE 802.3、IEEE 802.1P&Q、IEEE 802.1D、IEEE 802.11、IEEE 802.15 以及 UDP（TCP）/IP 等协议，采用 UDP 传输 EPA 协议报文，以减少协议处理时间，提高报文传输的实时性。

（5）分层的安全策略

对于采用以太网等技术所带来的网络安全问题，《EPA 标准》规定了企业信息管理层、过程监控层和现场设备层三个层次，采用分层化的网络安全管理措施。

（6）冗余

EPA 支持网络冗余、链路冗余和设备冗余，并规定了相应的故障检测和故障恢复措施，例如，设备冗余信息的发布、冗余状态的管理、备份的自动切换等。

7.4.2　EPA 技术原理

1．EPA 体系结构

EPA 系统结构提供了一个系统框架，用于描述若干个设备如何连接起来，它们之间如何进行通信，如何交换数据和如何组态。

（1）EPA 通信模型结构

参考 ISO/OSI 开放系统互联模型（GB/T 9387），EPA 采用了其中的第一、二、三、四层和第七层，并在第七层之上增加了第八层（即用户层），共构成 6 层结构的通信模型。EPA 对 ISO/OSI 模型的映射关系如表 7-1 所示。

表 7-1　EPA 对 ISO/OSI 模型的映射关系

ISO 各层	EPA 各层
—	（（用户层）用户应用进程）
应用层	HTTP、FTP、DHCP、SNTP、SNMP 等 EPA 应用层
表示层	未使用
会话层	
传输层	TCP/UDP
网络层	IP
数据链路层	EPA 通信调度管理实体
物理层	GB/T 15629.3/IEEE 802.11/IEEE 802.15

（2）EPA 系统组成

EPA 系统结构的主要组成如图 7-13 所示。除了 GB/T 15629.3—1995、IEEE Std 802.11、IEEE Std 802.15、TCP（UDP）/IP 以及信息技术（IT）应用协议等组件外，它还包括以下几个部分。

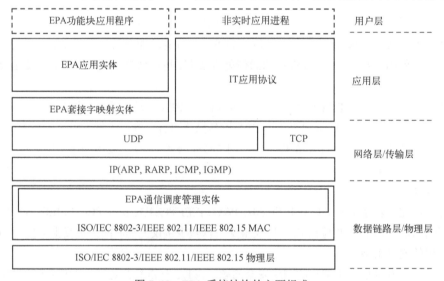

图 7-13　EPA 系统结构的主要组成

1）应用进程，包括 EPA 功能块应用进程与非实时应用进程。

2）EPA 应用实体。

3）EPA 通信调度管理实体。

（3）EPA 网络拓扑结构

EPA 网络拓扑结构如图 7-14 所示，它由两个网段组成：监控级 L2 网段和现场设备级 L1 网段。现场设备级 L1 网段用于工业生产现场的各种现场设备（如变送器、执行机构、分析仪器等）之间以及现场设备与 L2 网段的连接；监控级 L2 网段主要用于控制室仪表、装置以及人机接口之间的连接。注意，L1 网段和 L2 网段仅仅是按它们在控制系统中所处的网络层次关系不同而划分的，它们本质上都遵循同样的 EPA 通信协议。对于处于现场设备级的 L1 网段在物理接口和线缆特性上必须满足工业现场应用的要求。

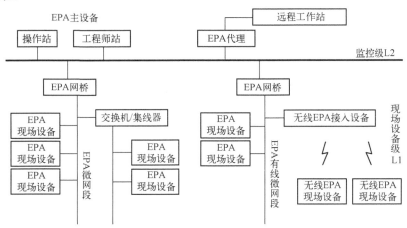

图 7-14　EPA 网络拓扑结构

2. EPA 数据链路层

EPA 采用 GB/T 15629.3—1995、IEEE Std 802.11 系列、IEEE Std 802.15.1:2002 协议规定的数据链路层协议。

EPA 还对 GB/T 15629.3—1995 协议规定的数据链路层进行了扩展，增加了一个 EPA 通信调度管理实体（EPA Communication Scheduling Management Entity，EPA_CSME）。

EPA 通信调度管理实体 EPA_CSME 支持：

1）完全基于 CSMA/CD 的自由竞争的通信调度。EPA 通信调度管理实体 EPA_CSME 直接传输 DLE 与 DLS_User 之间交互的数据，而不做任何缓存和助理。

2）基于分时 CSMA/CD 的自由竞争的通信调度。

数据链路层模型如图 7-15 所示。

3. EPA 应用层

EPA 应用层的服务提供了对 EPA 管理系统以及用户层应用进程的支持。

按照 OSI 分层原理，已经描述了 EPA 应用层的功能。但是，它们与低层的结构关系是不同的，EPA 与 OSI 基本参考模型的关系如图 7-16 所示。

EPA 应用层包括 OSI 功能及其扩展，从而满足有时间要求的需求，OSI 应用层结构标准（GB/T 17176—1997）被用来作为规定 EPA 应用层的基础。

OSI AP	EPA用户
OSI应用层	EPA应用层
OSI表示层	（未使用）
OSI会话层	（未使用）
OSI传输层	UDP
OSI网络层	IP
OSI数据链路层	数据链路层
OSI物理层	物理层

图 7-15　数据链路层模型　　　　图 7-16　EPA 与 OSI 基本参考模型的关系

EPA 应用层直接使用其下层的服务，其下层可能是数据链路层或者它们之间的任意层。当使用其下层时，EPA 应用层可以提供各种功能，这些功能通常与 OSI 中间层有关，它们用于正确地映射到其下层。

4．基于 XML 的 EPA 设备描述技术

在 EPA 系统中，为了实现不同厂家现场设备之间的互操作和集成，EPA 工作组根据 EPA 网络自身的特点基于 XML 定义了一套标签语言用于描述 EPA 现场设备属性，实现设备的集成与互操作，并把这套标签语言叫作 XDDL（Extensible Device Description Language，XDDL），XDDL 是为实现设备互操作而设计的，采用 XDDL 设备描述语言具有可描述现场设备的功能。

在 EPA 的体系结构中，实现不同厂家的现场设备的互操作和集成主要从两个方面来实现，一方面定义开放的规范的应用层协议，另一方面基于 XDDL 描述设备属性，可以使得不同厂商、不同设备的用户层对网络上传输的数据必须有统一的理解形式，设备生产商可以根据应用需求自己定义特定的功能块和参数，而不影响设备之间的互操作。因此，基于不同厂商提供的软硬件能够方便地实现设备集成与互操作，在统一的平台上配置、管理、维护设备。基于 XDDL 文件实现现场设备集成原理如图 7-17 所示。

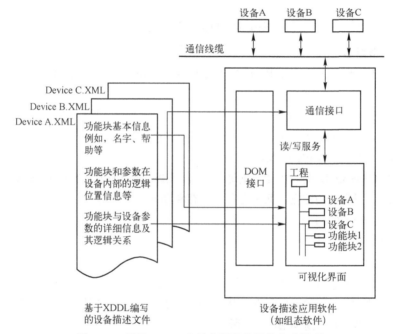

图 7-17　基于 XDDL 文件实现现场设备集成原理

7.4.3　基于 EPA 的技术开发

1．概述

EPA 现场设备的开发主要包括 EPA 硬件开发和软件开发。EPA 设备软件结构基本是依照 EPA 的通信协议模型。

2．EPA 开发平台

EPA 开发平台是基于 EPA 标准的通信模块以及仪表开发通用平台，是一个封装了 EPA 通信协议栈的以太网通信接口模块。该平台实现了 EPA 确定性通信调度、PTP 精确时钟同步、EPA 系统管理实体、EPA 套接字映射、EPA 应用访问实体等功能，并提供与用户功能块进程交互的硬件接口和软件接口，可供各厂家进行二次开发。

　　EPA 现场设备的开发，只要在 EPA 开发平台的基础上，完成用户层的开发，即开发与平台硬件接口的通信协议，实现与开发平台的通信，完成与用户功能块应用进程的交互，即可完成 EPA 现场设备的开发。

　　EPA 开发平台有两种开发模式，分别为单 CPU 模式和双 CPU 模式。在单 CPU 开发模式中，用户程序与 EPA 通信协议栈程序运行在一个 CPU 上。EPA 开发平台实现了 EPA 通信协议栈的功能，但需要在 EPA 开发平台的基础上开发用户应用程序，来构成一个完整的 EPA 现场设备。单 CPU 开发模式下的 EPA 开发平台结构如图 7-18 所示。

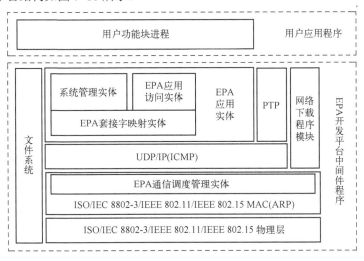

图 7-18　单 CPU 开发模式下的 EPA 开发平台结构

　　在双 CPU 开发模式中，EPA 开发平台是一个完整的程序，不需要用户再次开发，在 EPA 开发平台中集成了 EPA 通信协议栈以及自定义通信交互协议和用户功能块应用进程的模块化功能。由自定义交互协议可实现用户功能块应用进程的使用以及用户数据的交互。对 EPA 产品的开发，只需要在另外的一个 CPU 上实现自定义通信交互协议，由此实现用户功能块数据的交互，即可完成 EPA 产品的开发。双 CPU 开发模式下的 EPA 开发平台结构如图 7-19 所示。

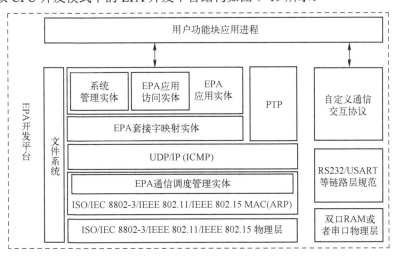

图 7-19　双 CPU 开发模式下的 EPA 开发平台结构

3. 串行接口 EPA 开发平台

在串行接口 EPA 开发平台中，硬件接口包含一个网络接口、一个串行接口以及部分 GPIO 接口，基于串行接口的 EPA 开发平台如图 7-20 所示。

基于串行接口 EPA 开发平台有两类开发模式，分为单 CPU 模式和双 CPU 模式。

在单 CPU 模式中，由 GPIO 接口模拟 SPI、I^2C 接口完成对 A/D、D/A 等外围 I/O 模块的访问，开发平台直接作为过程控制的控制器使用，实现用户应用程序的功能。该模式中不需要有自定义通信交互协议，而用户功能块应用进程也直接在 EPA 开发平台中运行。EPA 开发平台单 CPU 模式如图 7-21 所示。

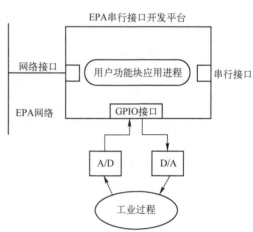

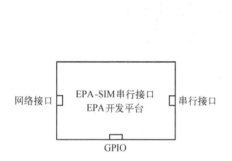

图 7-20　基于串行接口的 EPA 开发平台　　图 7-21　EPA 开发平台单 CPU 模式

在双 CPU 模式中，用户 CPU 需要实现串行接口通信协议与 EPA 开发平台进行交互，完成用户功能块应用进程的运行，实现 EPA 现场设备的开发。EPA 开发平台双 CPU 模式如图 7-22 所示。

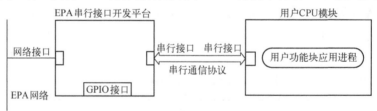

图 7-22　EPA 开发平台双 CPU 模式

4. 基于 EPA 芯片的 EPA 智能设备开发

采用带有 EPA 标准协议的软芯片，通过串行接口，以进行交互的开发方式开发 EPA 仪表，通过事先规定的通信协议，完成 EPA 协议中的基本服务，从而快捷、方便地开发出 EPA 标准仪表。

EPA 软芯片开发原理结构图如图 7-23 所示，其通过接插件的形式从用户板获取相关信息。

MCU 采用 Luminary 公司的 LM3S8962，该芯片采用 ARM®Cortex TM-M3 v7M 构架，内含 64KB 单周期访问 SRAM、256KB 单周期 FLASH、10M/100M 以太网收发器、同步串口接口（SSI）、CAN、UART、I^2C 等，将其中 SSI、CAN、UART、I^2C、10M/100M 以太网引出，引出脚均加 SRV05-4 进行防护，10M/100M 以太网增加网络变压器 HY60168T 进行隔离，隔离电压 1500V。

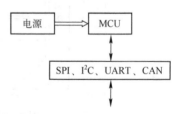

图 7-23　EPA 软芯片开发原理结构图

216

　　采用 EPA 软芯片开发的 EPA-LM3 V1.0 通信接口模块，用户 CPU 通过 UART、I²C、SPI 接口与它进行数据交互，完成 EPA 仪表开发。

　　开发使用的硬件资源包括：

　　1）EPA-RT 协议软芯片（CEC111）。

　　2）Windows XP 系统。

　　3）EPA 工具软件包。

　　4）XML 设备描述文件编辑软件。

　　5）EPA 组态软件。

7.5　习题

　　1. EtherCAT 工业以太网具有哪些主要特点？

　　2. EtherCAT 从站由哪四部分组成？

　　3. 画出 IEC61800-7 体系结构图。

　　4. 画出 PROFINET 的系统结构图。

　　5. POWERLINK 的优点有哪些？

　　6. 简述 POWERLINK 网络拓扑结构。

　　7. 什么是 XDD 文件？

　　8. POWERLINK 的主要应用领域有哪些？

　　9. EPA 的技术特点是什么？

　　10. 画出 EPA 网络拓扑结构图。

　　11. PROFInet 可以采用哪些网络拓扑结构？

　　12. 画出 PROFInet 系统结构图。

第8章 TCP/IP

8.1 TCP/IP 的体系结构

网络系统是一个庞大而复杂的系统。网络技术发展的初期，人们主要考虑的问题是如何进行网络硬件的设计，后来随着网络硬件技术的不断成熟，如何进行网络软件系统的设计就显得越来越重要了。对一个复杂系统进行分析和设计时，人们常用的方法是"分而治之"，即把一个大的问题分解成若干个子问题或子部分进行设计，然后将它们有机地组织在一起，完成对整个系统的设计。把这一思想应用到网络软件的设计上，人们将网络系统的软件按层的方式来划分，一个网络系统分解成若干个层，一般少的可分成四层，多的则可达七层，每层负责不同的通信功能。每一层好像一个"黑匣子"，它内部的实现方法对外部的其他层来说是透明的。每一层都向它的上层提供一定的服务，同时可以使用它的下层所提供的功能。这样，在相邻层之间就有一个接口以把它们联系起来，显然，只要保持相邻层之间的接口不变，一个层内部可以用不同的方式来实现。一般把网络的层次结构和每层所使用协议的集合称为网络体系结构（Network Architecture），一个具体的网络系统其所包含的层数和每层所使用的协议是确定的。在这种层次结构中，各层协议之间形成了一个从上到下类似栈的结构的依赖关系，通常叫协议栈（Protocol Stack）。

8.1.1 TCP/IP 的四个层次

TCP/IP 协议的体系结构分为四层，这四层由高到低分别是：应用层、传输层、网络层和链路层，如图 8-1 所示。其中每一层完成不同的通信功能，具体各层的功能和各层所包含的协议说明如下。

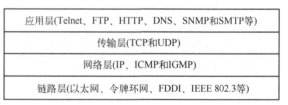

应用层(Telnet、FTP、HTTP、DNS、SNMP和SMTP等)
传输层(TCP和UDP)
网络层(IP、ICMP和IGMP)
链路层(以太网、令牌环网、FDDI、IEEE 802.3等)

图 8-1 TCP/IP 的层次结构

1. 链路层

链路层在 TCP/IP 协议栈的最底层，也称为数据链路层或网络接口层，通常包括操作系统中的设备驱动程序和计算机中对应的网络接口卡。链路层的功能是把接收到的网络层数据报（也称 IP 数据报）通过该层的物理接口发送到传输介质上，或从物理网络上接收数据帧，抽出 IP 数据报并交给 IP 层。TCP/IP 协议栈并没有具体定义链路层，只要是在其上能进行 IP 数据报传输的物理网络如以太网、令牌环网、FDDI（光纤分布数据接口）、IEEE 802.3 及 RS-232 串行线路等，都可以当成 TCP/IP 协议栈的链路层。这样做的好处是 TCP/IP 可以把重点放在网络之间的互联上，而不必纠缠物理网络的细节，并且可以使不同类型的物理网络互联。也可以说，TCP/IP 支持多种不同的链路层协议。ARP（地址解析协议）和 RARP（逆地址解析协议）是某些网络接口（如以太网和令牌环网）使用的特殊协议，用来进行网络层地址和网络接口层地址（物理地址）的转换。

2. 网络层

网络层也称为互联网层，由于该层的主要协议是 IP，因而也可简称为 IP 层。它是 TCP/IP 协议栈中最重要的一层，主要功能是可以把源主机上的分组发送到互联网中任何一台目的主机上。可以想象，由于在源主机和目的主机之间可能有多条通路相连，因而网络层就要在这些通路中做出选择，即进行路由选择。在 TCP/IP 协议族中，网络层协议包括 IP（网际协议）、ICMP（Internet 互联网控制报文协议）以及 IGMP（Internet 组管理协议）。

3．传输层

通常所说的两台主机之间的通信其实是两台主机上对应应用程序之间的通信，传输层提供的就是应用程序之间的通信，也叫端到端（End to End）的通信。在不同的情况下，应用程序之间对通信质量的要求是不一样的，因此，在 TCP/IP 协议族中传输层包含两个不同的传输协议：一个是 TCP（传输控制协议）；另一个是 UDP（用户数据报协议）。TCP 为两台主机提供高可靠性的数据通信，当有数据要发送时，它对应用程序送来的数据进行分片，以适合网络层进行传输；当接收到网络层传来的分组时，它对收到的分组要进行确认；它还要对丢失的分组设置超时重发等。由于 TCP 提供了高可靠性的端到端通信，因此应用层可以忽略所有这些细节，以简化应用程序的设计。而 UDP 则为应用层提供一种非常简单的服务，它只是把称作数据报的分组从一台主机发送到另一台主机，但并不保证该数据报能正确到达目的端，通信的可靠性必须由应用程序来提供。用户在自己开发应用程序时可以根据实际情况，使用系统提供的有关接口函数方便地选择是使用 TCP 还是 UDP 进行数据传输。

4．应用层

应用层向使用网络的用户提供特定的、常用的应用程序，如使用最广泛的远程登录（Telnet）、文件传输协议（FTP）、超文本传输协议（HTTP）、域名系统（DNS）、简单网络管理协议（SNMP）和简单邮件传输协议（SMTP）等。要注意有些应用层协议是基于 TCP 的（如 FTP 和 HTTP 等），有些应用层协议是基于 UDP 的（如 SNMP 等）。

8.1.2　TCP/IP 模型中的操作系统边界和地址边界

TCP/IP 分为四层结构，这四层结构中有两个重要的边界：一个是将操作系统与应用程序分开的边界，另一个是将高层互联网地址与低层物理网卡地址分开的边界，如图 8-2 所示。

图 8-2　TCP/IP 模型的两个边界

1．操作系统边界

操作系统边界的上面是应用层，应用层处理的是用户应用程序（用户进程）的细节问题，提供面向用户的服务。这部分的程序一般不包含在操作系统内核中，由一些独立应用程序组成，我们在本书中设计的网络程序就属于这一层。操作系统边界的下面各层包含在操作系统内核中，是由操作系统来实现的，它们共同处理数据传输过程中的通信问题。

2．地址边界

地址边界的上层为网络层，网络层用于对不同的网络进行互联，连接在一起的所有网络为了能互相寻址，要使用统一的互联网地址（IP 地址）。而地址边界的下层为各个物理网络，不同的物理网络使用的物理地址各不相同，因此，在地址边界的下面只能是各个互联起来的网络使用自己能识别的物理地址。

8.2　IP

8.2.1　IP 互联网原理

不同的网络使用的协议不同，地址长度和寻址方式不同，数据帧的长度不同，物理网络的这些差别是无法改变的，也就是说，无法做到物理网络的"统一"。但是，可以对互联的不同物理网络（具体表现就是不同网络的网络接口卡和设备驱动程序互不相同）上传输的数据帧都加上一层相同的"包装"，使加了"包装"后的网络数据帧对外有统一的"外表"（为了区别数据帧，将其称为"数据报"），并且有足够的地址信息（就是下一节要讲的IP地址）用来识别数据报从何而来（信源），要到什么地方去（信宿）。对于这样的数据报，不同网络中的节点（主要是路由器）都可以识别，因此，就可以根据数据报的目的地址，把它从一个节点转发到另一个节点，直到目的主机，最后由目的主机对数据报的内容进行解释。

上述方法其实就是利用信息隐蔽原理，在互联网中把不同网络的实现细节通过IP层隐藏起来，达到在网络层逻辑上一致的目的，如图8-3所示。

实现这种一致性的关键问题是如何识别不同网络中的主机，为此在IP层对互联网中的所有主机使用统一的地址，即IP地址。不同的主机IP地址不同，正是IP地址把各种不同的物理网络联系在一起，建立了一个逻辑网络。

8.2.2　IP的地位与IP互联网的特点

IP是TCP/IP协议族中最重要的协议，从协议体系结构来看，它向下屏蔽了不同物理网络的低层，向上提供一个逻辑上统一的互联网。互联网上的所有数据报都要经过IP进行传输，它是通信网络与高层协议的边界，如图8-4所示。

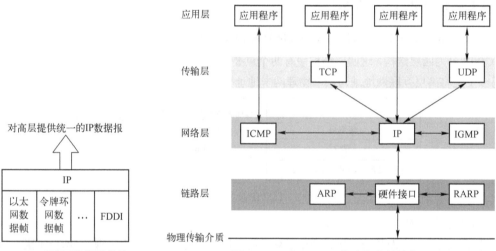

图8-3　IP对不同数据帧的统一　　　　图8-4　IP在TCP/IP协议族中的地位

使用IP的互联网具有以下重要特点。

1）IP是一种无连接（Connectionless）、不可靠（Unreliable）的数据报传输协议。说它不可靠是因为IP不能保证数据报能正确地传输到目的主机。它只负责数据报在网络中的传输，而不管传输的正确与否，不进行数据报的确认，也不能保证数据报按正确的顺序到达（即先发的不一定先到达），但同时它也是"尽最大努力"传输数据的，因为它不随便丢弃传输中的数据报。

2）IP互联网中的计算机没有主次之分，所有主机地位平等（因为唯一标识它们的是IP地址），当然从逻辑上来说，所有网络（不管规模大小）也没有主次之分。

3）IP互联网没有确定的拓扑结构。

4）在IP互联网中的任何一台主机，都至少有一个独一无二的IP地址，有多个网络接口卡的计算机每个接口可以有一个IP地址，这样一台主机可能就有多个IP地址。有多个IP地址的主机叫多宿主机（Multi-home Host）。

5）在互联网中有IP地址的设备不一定就是一台计算机，如IP路由器、网关等，因为与互联网有独立连接的设备都要有 IP 地址。

8.2.3　IP 地址

1. IP 地址的结构

互联网是由很多网络连接而成的，互联网中的数据报有些是在本网内主机之间传输的，有些是要送到互联网中其他网络中的主机中去的，因此，IP 地址不但要标识在本网内的主机号，还要标识在互联网中的网络号，如图 8-5 所示。也就是说，一个 IP 地址由网络号和主机号两部分组成，网络号标识互联网中的一个特定网络，主机号标识在该网络中的一台特定主机。这样给定一个 IP 地址，就可以很方便地知道它是哪个网络上的哪一台主机。

图 8-5　IP 地址结构

2. IP 地址的表示格式

Internet 现在使用的 IP 是 IPv4（第四版），它使用 32 位二进制数（即 4 个字节）表示一个 IP 地址，在进行程序设计时一般用长整型。用二进制数表示 IP 地址适合于机器使用，但对用户来说难写、难记、易出错，因此人们常把 IP 地址按字节分成 4 个部分，并把每一部分写成等价的十进制数，数值用 "." 分隔，这就是人们最常用的 "点分十进制" 表示法。IP 地址的各种表示法如表 8-1 所示。

表 8-1　IP 地址的不同表示法

表示方法	举　　例	说　　明
二进制	10000110000110000000100001000010	计算机内部使用
十进制	2249721922	很少使用
十六进制	0x86180842	较少使用
点分十进制	134.24.8.66	最常用

3. IP 地址的分类

IP 地址由网络号和主机号两部分组成。在 Internet 发展的初期，人们用 IP 地址的前 8 位来定义所在的网络，后 24 位用来定义该主机在当地网络中的地址。这样互联网中最多只能有 255（应该有 256 个，但全 1 的 IP 地址用于广播）个网络。后来由于这种方案可以表示的网络数太少，而每个网络中可以连入的主机又非常多，于是人们设计了一种新的编码方案，该方案中用 IP 地址高位字节的若干位来表示不同类型的网络，以适应大型、中型、小型网络对 IP 地址的需求。这种 IP 地址分类法把 IP 地址分为 A、B、C、D 和 E 共五类，用 IP 地址的高位来区分，如图 8-6 所示。

图 8-6　IP 地址的分类

IP 地址用来标识互联网中的主机，但少数 IP 地址有特殊用途，不能分配给主机，这些 IP 地址有网络地址、直接广播地址、有限广播地址、本网特定主机地址、回送地址、本网络本主机。

8.2.4　子网与子网掩码

1．子网与子网地址

IP 地址最初使用两层地址结构（包括网络地址和主机地址），在这种结构中 A 类和 B 类网络所能容纳的主机数非常庞大，但使用 C 类 IP 地址的网络只能接入 254 台主机。随着计算机网络技术的不断普及，有大量的个人用户和小型局域网接入互联网，对于这样的用户，即使分配一个 C 类网络地址仍然会造成 IP 地址的很大浪费。因此，人们提出了三层结构的 IP 地址，把每个网络可以进一步划分成若干个子网（Subnet），子网内主机的 IP 地址由三部分组成，如图 8-7 所示，把两级 IP 地址结构中的主机地址分割成子网地址和主机地址两部分。

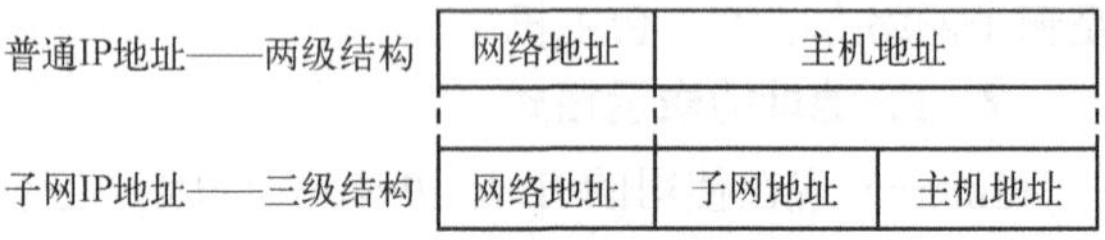

图 8-7　子网 IP 地址结构

一个网络可以划分成多少个子网，由子网地址位数决定。当然，一种给定类型的 IP 地址，如果子网占用的位数越多，子网内的主机就越少。划分子网进一步减少了可用的 IP 地址数量，这是因为主机地址的一部分被拿走用于识别子网和进行子网内广播。

2．子网掩码

对于划分了子网的网络，子网地址是由两级地址结构中主机地址的若干位组成的，具体子网所占位数的多少，要根据子网的规模来决定。如果一个网络内的子网数较少，而子网内主机数较多，就应该把两级地址结构中主机地址的大部分位分配给子网内的主机，少量位用于表示子网号。那么，究竟在一个 IP 地址中哪些位用于表示网络号，哪些位用来表示子网号，以及哪些位用来表示主机号，这就要使用子网掩码（Subnet Mask）来标识。

子网掩码用 32 位二进制数表示，常用点分十进制数格式来书写，掩码中用于标识网络号和子网号的位置为 1，主机位为 0。例如，一个 C 类地址取主机号的两位为子网号，则掩码为 11111111.11111111.11111111.11000000（255.255.255.192），子网可以产生 64 个可能的主机地址，但实际上只有 62 个地址是可用的，另外两个地址，一个用于识别子网自身，另一个用于子网的广播，因此得到子网内最大可用的主机数时总要减去 2。如两位的子网号数学上的组合为 00、01、10 和 11 共四种，第一种和最后一种组合有特殊用处，只剩下 01 和 10 可用于识别子网，得到两个可用的子网地址。

8.2.5　IP 数据报格式

IP 是 TCP/IP 协议族中最为核心的协议，前面我们已经讨论过，它提供不可靠、无连接的数据报传输服务。IP 层提供的服务是通过 IP 层对数据报的封装与拆封来实现的。IP 数据报的格式分为报头区和数据区两大部分，其中数据区包括高层协议需要传输的数据，报头区是为了正确传输高层数据而加的各种控制信息。IP 数据报的格式如图 8-8 所示。

在图 8-8 中表示的数据，最高位在左边，记为 0 位；最低位在右边，记为 31 位。在网络中传输数据时，先传输 0~7 位，其次是 8~15 位，然后传输 16~23 位，最后传输 24~31 位。由于 TCP/IP 头部中所有的二进制数在网络中传输时都要求以这种顺序进行，因此把它称为网络字节顺序。在进行程序设计时，以其他形式存储的二进制数必须在传输数据之前，把头部转换成网络字节顺序。

1．IP 数据报各字段的功能

IP 数据报中的每一个域包含了 IP 报文所携带的一些信息，正是用这些信息来完成 IP 协议功能的，现说明如下。

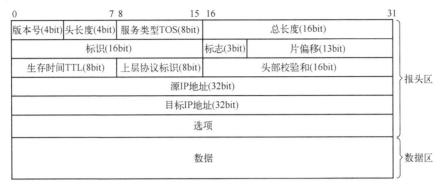

图 8-8 IP 数据报格式

（1）版本号

版本号占用 4 位二进制数，表示该 IP 数据报使用的是哪个版本的 IP 协议。目前在 Internet 中使用的 TCP/IP 协议族中，IP 协议的版本号为 4，所以也常称为 IPv4。下一个 IP 协议的版本号为 6，即 IPv6，当前正在试验中。

（2）头长度

头长度用 4 位二进制数表示，此域指出整个报头的长度（包括选项），该长度是以 32 位二进制数为一个计数单位的，接收端通过此域可以计算出报文头在何处结束及从何处开始读数据。普通 IP 数据报（没有任何选项）该字段的值是 5（即 20 个字节的长度）。

（3）服务类型（Type Of Service，TOS）

服务类型用 8 位二进制数表示，规定对本数据报的处理方式。

（4）总长度

总长度用 16 位二进制数表示，总长度字段是指整个 IP 数据报的长度，以字节为单位。利用头部长度字段和总长度字段，就可以计算出 IP 数据报中数据内容的起始位置和长度。由于该字段长度为 16 位二进制数，所以从理论上来说，IP 数据报最长可达 65535 字节（实际由于受物理网络的限制，要比这个数值小得多）。

（5）生存时间（Time To Live，TTL）

生存时间用 8 位二进制数表示，它指定了数据报可以在网络中传输的最长时间。在实际应用中为了简化处理过程，把生存时间字段设置成了数据报可以经过的最大路由器数。TTL 的初始值由源主机设置（通常为 32、64、128 或者 256），一旦经过一个处理它的路由器，它的值就减去 1。当该字段的值减为 0 时，数据报就被丢弃，并发送 ICMP 报文（8.4 节介绍）通知源主机，这样可以防止进入一个循环回路时，数据报无休止地传输。

（6）上层协议标识

上层协议标识用 8 位二进制数表示，从图 8-4 可知，IP 可以承载多种上层协议，目的端根据协议标识，就可以把收到的 IP 数据报送至 TCP 或 UDP 等处理此报文的上层协议。表 8-2 给出了常用的网际协议编号。

表 8-2 常用网际协议编号

十进制编号	协 议	说 明
0	无	保留
1	ICMP	网际控制报文协议

十进制编号	协　议	说　明
2	IGMP	网际组管理协议
3	GGP	网关-网关协议
4	无	未分配
5	ST	流
6	TCP	传输控制协议
8	EGP	外部网关协议
9	IGP	内部网关协议
11	NVP	网络声音协议
17	UDP	用户数据报协议

（7）头部校验和

校验和用 16 位二进制数表示，这个域用于协议头数据有效性的校验，可以保证 IP 报头区在传输时的正确性和完整性。

头部校验和字段是根据 IP 头部计算出的校验和码，它不对头部后面的数据进行计算。

（8）源 IP 地址

源地址是用 32 位二进制数表示的发送端 IP 地址。

（9）目标 IP 地址

目标 IP 地址是用 32 位二进制数表示的目的端 IP 地址。

2. IP 数据报分片与重组

（1）最大传输单元 MTU

IP 数据报在互联网上传输，可能要经过多个物理网络才能从源端传输到目的端。不同的网络由于链路层和介质的物理特性不同，因此在进行数据传输时，对数据帧的最大长度都有一个限制，这个限制值即最大传输单元（Maximum Transmission Unit，MTU）。

（2）分片

当一个 IP 数据报要通过链路层进行传输时，如果 IP 数据报的长度比链路层 MTU 的值大，那么 IP 层就需要对将要发送的 IP 数据报进行分片，把一个 IP 数据报分成若干个长度小于或等于链路层 MTU 的 IP 数据报，才能经过链路层进行传输。这种为了适合网络传输而把一个数据报分成多个数据报的过程称为分片（Fragmentation）。一定要注意，被分片后的各个 IP 数据报可能经过不同的路径到达目的主机。

（3）重组

当分了片的 IP 数据报被传输到最终目的主机时，目的主机要对收到的各分片重新进行组装，以恢复成源主机发送时的 IP 数据报，这个过程叫 IP 数据报的重组。

8.3　ICMP

当发送 IP 数据报的源主机经过本机数据链路层把 IP 数据报发送到物理网络后，源主机的工作就基本完成了。至于 IP 数据报如何在网络中传输，则是由互联网中各路由器来完成的，无须源主机的参与（当然也可以用 IP 数据报的源路由选项来控制 IP 数据报经过的路由器）。这样就存在着一个很大的问题，如果由于某种原因（如通信线路错误、传输超时、目的主机关机、线路拥塞、目的网络错误、路由器错误等），IP 数据报在传输过程中发生了错误，而 IP 数据报本身没有任何机制获得有关差错的信息，因此也就没有办法对发生的差错进行相应的控制。为此，在 TCP/IP 协议族中，专门设计了一个有特殊用途的协议——ICMP（Internet Control Message Protocol），当 IP 数据报在传输中发生差错时，互联网中的路由器使用 ICMP 把错误或有关控制信息报告给源主机。因此，ICMP 是一个用于差错报告和报文控制的协议。

8.3.1　ICMP 报文的封装与格式

1. ICMP 报文的封装

ICMP 报文和其他协议的报文一样，也是由 ICMP 报文头区和数据区两部分组成的。ICMP 报文是封装在 IP 数据报中通过链路层在网络中进行传输的，如图 8-9 所示。这与其他高层协议（如 TCP、UDP 等）相似，它在 IP 数据报头中的协议标识是 1（见表 8-3）。尽管如此，通常还是把 ICMP 看成是网络层（IP 层）协议，这主要有两个原因：一是 ICMP 只传送差错与控制报文，不可能在 TCP/IP 协议族中构成一个单独的层；二是 ICMP 报文处理与传输的都是有关 IP 层的信息，收到 ICMP 报文的主机一般也把报文交给 IP 层的 ICMP 模块进行处理，因此从协议逻辑层次来说，ICMP 属于网络层协议。

图 8-9　ICMP 报文及封装格式

2. ICMP 报文的格式

ICMP 报文的格式如图 8-10 所示，其中报文头分为三部分：类型、代码和校验和。

类型(8bit)	代码(8bit)	校验和(16bit)	ICMP数据区

图 8-10　ICMP 报文的格式

类型字段占一个字节，每个取值描述特定类型的 ICMP 报文，如表 8-3 所示。代码字段占一个字节，它的值用来对每类字段做进一步的描述。校验和字段提供对整个 ICMP 报文的校验，使用的算法与 IP 数据报头部校验和算法相同。数据区随 ICMP 报文类型的不同而不同。

表 8-3　ICMP 报文类型

类型	代码	说　明	查询	差错
0	0	回送应答（ping 命令应答）	√	
3		目标不可达		
	0	网络不可达		√
	1	主机不可达		√
	2	协议不可达		√
	3	端口不可达		√
	4	需要进行分片，但设置了 DF 不分片		√
	5	源路由选择失败		√
	6	目的网络未知		√
	7	目的主机未知		√
	8	源主机被隔离		√
	9	与目的网络的通信被强制禁止		√
	10	与目的主机的通信被强制禁止		√
	11	对于请求的服务类型 TOS，网络不可达		√

（续）

类型	代码	说　　明	查询	差错
3	12	对于请求的服务类型 TOS，主机不可达		√
	13	由于过滤，通信被强制禁止		√
	14	主机越权		√
	15	优先权中止生效		√
4	0	源站抑制（用于拥塞控制）		√
5		重　定　向		
	0	对网络重定向		√
	1	对主机重定向		√
	2	对服务类型和网络重定向		√
	3	对服务类型和主机重定向		√
8	0	回送请求（ping 命令请求）	√	
9	0	路由通告	√	
10	0	路由请求	√	
11		超　时		
	0	在数据报传输期间生存时间 TTL 为 0		√
	1	在数据组组装期间生存时间 TTL 为 0		√
12		参　数　出　错		
	0	IP 数据报头部错误（包括各种差错）		√
	1	缺少必需的选项		√
13	0	时间戳请求	√	
14	0	时间戳应答	√	
17	0	地址掩码请求	√	
18	0	地址掩码应答	√	

8.3.2　ICMP 请求与应答报文

差错报文和控制报文都是送往源主机的单向报文，并且对源主机来说都是被动接受的。ICMP 请求与应答报文可以由源主机主动发出请求报文，为了响应请求，ICMP 软件需要发送一个 ICMP 应答报文。通过这种方法可以获得网络中某些有用的信息，以便进行故障诊断和网络控制。

1．回送请求与应答报文

回送请求报文由源主机发出，目的主机应答，用于测试另一台主机或路由器是否可达。其报文格式如图 8-11 所示。

回送请求 ICMP 报文的类型字段为 8，应答 ICMP 报文类型为 0，代码字段都为 0。一台主机可以同时向多台目的主机发送 ICMP 请求报文，不同的请求报文标识符和序号不同。应答报文返回时使

图 8-11　回送请求与应答 ICMP 报文格式

用的标识符和序号是请求报文的复制，因此标识符和序号可用于唯一地匹配一对回送请求与应答报文。数据区的长度可以选择，数据是任意的，但应答报文的数据区必须是回送请求报文数据区内容的复制。

如果发出回送请求的主机收到了目的主机（或路由器）的 ICMP 应答报文，并且请求与应答报文的数据区完全相同，则说明目的主机是可达的，源主机与目的主机的 IP 层及其下层协议工作正常。ping 命令就是使用回送请求与应答报文来测试网络可达性的。

2．地址掩码请求与应答报文

在划分了子网的网络中，有些主机（如无盘工作站）并不知道自己的子网掩码。ICMP 地址掩码请求报文可用于主机在引导过程中获取自己的子网掩码，方法是主机在本网广播 ICMP 地址掩码请求报文，通常由本网中的路由器向请求主机发送一个 ICMP 地址掩码应答报文。

地址掩码请求与应答报文的格式与图 8-11 所示的回送请求与应答 ICMP 报文格式相似，但数据区是一个 4B 的地址掩码。掩码请求报文的类型字段地址为 17，地址掩码应答报文为 18，代码字段都为 0。

8.4　ARP

TCP/IP 协议族分为四层，互联网中不同的主机是通过 IP 层使用不同的 IP 地址来寻址的，也就是说，在 IP 层及其上层使用的是 IP 地址，它是一个逻辑地址（Logic Address）。但 IP 层的数据报只有传输到数据链路层后，通过数据链路层的网络接口卡，才能把 IP 数据报传输到目的主机或距目的主机较近的路由器中。在数据链路层传输的数据帧只能识别网卡物理地址（Physical Address），常用的以太网就是 48 位的 MAC（Media Access Control）地址。这样就有一个问题，当一个 IP 数据报从一台主机传输到与它直接连接（这里说直接连接是因为 IP 数据报在传输过程中是通过点到点的通信从源主机一站一站传输到目的主机的，中间经过的这些站主要是路由器或具有路由器功能的主机）的另一台主机时，源主机如何获得另一台主机的物理地址呢？

TCP/IP 协议族专门设计了用于地址解析的协议 ARP（Address Resolution Protocol），它可以把一个 IP 地址映射成对应的物理地址。另外，对于无法保存 IP 地址的主机（如无盘工作站），TCP/IP 协议族中也提供了从物理地址到 IP 地址映射的反向地址解析协议 RARP（Reverse Address Resolution Protocol），如图 8-12 所示。

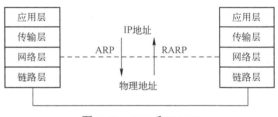

图 8-12　ARP 和 RARP

8.4.1　ARP 报文格式

在常用的以太网中，ARP 报文被封装成如图 8-13 所示的以太网数据帧，然后以广播方式发送到物理网络。ARP 报文格式如图 8-14 所示。

以太网目标地址(6B)	以太网源地址(6B)	帧类型(2B)	ARP报文(28B)
←以太网帧头→			←以太网帧数据区→

图 8-13　ARP 报文的以太网封装格式

0　　5　　7	8　　15	16　　31	
硬件类型(16bit)		协议类型(16bit)	
硬件地址长度(8bit)	协议地址长度(8bit)	操作代码(16bit)	
发送方硬件地址(以太网为6B)			
发送方协议地址(IP地址为4B)			
目标方硬件地址(以太网为6B)			
目标方协议地址(IP地址为4B)			

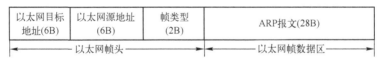

图 8-14　ARP 报文格式

ARP 报文格式说明如下。

1）硬件类型：硬件类型字段占 2B，表示发送者硬件地址的类型。它的值为 1 即表示以太网地址。

2）协议类型：协议类型字段占 2B，表示发送方要映射的协议地址类型，该字段的常用值如表 8-4 所示。协议地址为 IP 地址时，它的值为 0x0800。它的值与包含 IP 数据报的以太网数据帧中的类型字段的值相同。

表 8-4　协议类型字段常用值（即以太网协议类型字段）

十进制值	十六进制值	描　　　述
512	0200	Xerox PUP
513	0201	PUP 地址翻译
1536	0600	Xerox NS IDP
2048	0800	网际协议 IP
2049	0801	X.75 网际
2050	0802	NBS 网际
2051	0803	ECMA 网际
2052	0804	混沌网络（Chaosnet）
2053	0805	X.25 第三层（Level 3）
2054	0806	地址解析协议（ARP）
32 821	8035	反向地址解析协议（RARP）
32 824	8038	DEC 局部网桥协议

3）硬件地址长度和协议地址长度。硬件地址长度和协议地址长度各占一个 1B，分别指出硬件地址和协议地址的长度，以字节为单位。对于以太网上 IP 地址的 ARP 请求或应答来说，它们的值分别为 6 和 4。

4）操作代码。ARP 和 RARP 在设计时的协议格式完全相同，只有操作代码字段可以对它们进行区分。该字段指出四种操作报文类型：值为 1 时表示 ARP 请求报文，值为 2 时表示 ARP 应答报文，值为 3 时表示 RARP 请求报文，值为 4 时表示 RARP 应答报文。

5）发送方硬件地址和发送方协议地址。该地址长度由硬件地址长度字段和协议地址长度字段指定。

6）目的方硬件地址和目的方协议地址。该地址长度由硬件地址长度字段和协议地址长度字段指定。

8.4.2　ARP 工作原理

ARP 工作时，首先由知道目的主机 IP 地址但不知道目的主机物理地址的主机发出一份 ARP 请求报文，该报文中填有发送方硬件地址、发送方 IP 地址和目的方 IP 地址，操作代码为 1，目的方硬件地址填的是广播地址（在以太网中为全 1），因此该网络内的所有主机都可以收到该报文，其含义是"如果你是这个 IP 地址的拥有者，请回答你的硬件地址"。

目的主机的 ARP 层收到这份广播报文后，识别出这是发送方在寻问它的 IP 地址，于是发送一个 ARP 应答报文。这个 ARP 应答报文包含它的 IP 地址及对应的硬件地址，操作代码为 2，把原来的发送方硬件地址和协议地址填入目的方硬件地址和协议地址位置，即这时目的方变成了发送方，发送方变成了目的方。请求方收到 ARP 应答报文后，就可以使用目的方物理地址进行 IP 数据报的发送了。

8.4.3　ARP 高速缓存

一台主机向另一台主机发送数据报后，可能不久还要发送，如果每发送一次数据报就进行一次 ARP 请求，那么 ARP 的工作效率就会很低。另外，由于 ARP 请求是以广播方式发送的，因此频繁使用 ARP 会造成网络拥挤，影响网络的正常工作。解决该问题的关键是使用 ARP 高速缓存技术。

在网络中，每台主机上都有一个 ARP 高速缓存，这个高速缓存存放了最近 IP 地址到硬件地址之间的映射记录。高速缓存区中表项建立的方法如下。

1）请求主机收到 ARP 应答后，主机就把获得的 IP 地址与物理地址的映射关系存入 ARP 表中。

2）由于 ARP 请求报文是广播发送的，所有收到 ARP 请求报文的主机都可以把其中发送方的物理地址和 IP 地址映射存入自己的高速缓存中，以备将来使用。

3）网络中的主机在启动时，可以主动广播自己的 IP 地址和物理地址的映射关系，以免其他主机对它提出 ARP 请求（这也使一台主机在启动时，就可以知道自己的 IP 地址与网络中其他主机的 IP 地址有没有冲突）。

使用了高速缓存后，当 ARP 解析一个 IP 地址时，它会首先搜索 ARP 高速缓存查看是否有与该 IP 地址匹配的 ARP 表项，如果找到，ARP 地址解析就完成了。假如 ARP 没找到一个匹配的 IP 地址，才会向网络上发送 ARP 请求报文。可以用 ARP 命令来检查和修改 ARP 高速缓存中的表项。ARP 高速缓存中的表项一般分为动态表项和静态表项两种，动态表项有一定的生存时间，它随时间的推移自动添加和删除；静态表项在主机工作期间一直保留在高速缓存中，除非用 ARP 命令删除它。

8.5　端到端通信和端口号

传输层是网络层之上的第一层，网络层负责数据在互联网中的传输，但它并不保证传输数据的可靠性，也不能说明在源端和目的端之间是哪两个进程在进行通信，这些工作是由传输层来完成的。要理解传输层的功能，首先应该明白传输层端到端之间的通信和端口号的概念。

8.5.1　端到端通信

在互联网中，任何两台通信的主机之间，从源端到目的端的信道都是由一段一段的点到点通信线路组成的（一个局域网中两台主机通信时只有一段点到点的线路）。如图 8-15 所示，该互联网由网络 1 和网络 2 组成。如果网络 1 中的主机 1 要向网络 2 中的主机 2 发送数据，则主机 1 的 IP 层把数据报先传输到本网络路由器的 IP 层，这是第一段点到点的线路；再由网络 1 的路由器把该数据报传输到网络 2 路由器的 IP 层，这是第二段点到点的线路；网络 2 的路由器把该数据报传输到本网络主机 2 的 IP 层，这是第三段点到点的线路。这种直接相连的节点之间对等实体（源节点的 IP 层和目的节点的 IP 层）的通信叫点到点（Point to Point）通信。

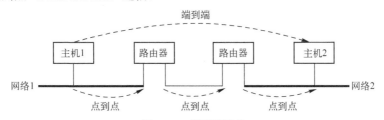

图 8-15　端到端通信

点到点通信是由网络互联层来实现的，网络互联层只屏蔽了不同网络之间的差异，构建了一个逻辑上的通信网络，因此它只解决了数据通信问题。现在的问题是，在网络中传输的数据从源主机的何处而来，送到目的主机的何处去。回答这个问题很简单，因为源主机到目的主机之间的通信本质上是源主机上的应用程序与目的主机上的应用程序之间的通信，因此源主机上 IP 层要传输的数据来源于它的网络应用程序，最终要通过目的主机的 IP 层，送到目的主机上需要使用数据的某个特定网络应用程序中。这样，在源主机和目的主机之间，好像有一条直接的数据传输通路，它覆盖了低层点到点之间的传输过程，直接把源主机应用程序产生的数据传输到目的主机使用这些数据的应用程序中，这就是端到端（End to End）的通信。

端到端通信是建立在点到点通信基础之上的，它是比网络互联层通信更高一级的通信方式，完成应用程序（进程）之间的通信。端到端的通信是由传输层来实现的。

8.5.2 传输层端口

数据链路层接收数据帧之后，由数据帧中的协议类型字段（以太网）就可以知道要把数据送到高层的哪个协议。IP 层在收到低层送来的数据时，根据 IP 数据报头中的上层协议类型字段，就可以知道要把 IP 数据报送到高层的哪个协议。在 TCP/IP 的传输层之上是应用层。现在用户使用的操作系统都是多任务操作系统，也就是说，在 IP 层之上可能有多个网络应用程序（进程）在进行数据传输，那么传输层收到的数据究竟要送到哪个应用程序呢？

为了识别传输层之上不同的网络通信程序（进程），传输层引入了端口的概念。在一台主机上，要进行网络通信的进程首先要向系统提出动态申请，由系统（操作系统内核）返回一个本地唯一的端口号，进程再通过系统调用把自己和这个特定的端口联系在一起，这个过程叫绑定（Binding）。这样，每个要通信的进程都与一个端口号对应，传输层就可以使用其报文头中的端口号，把收到的数据送到不同的应用程序，如图 8-16 所示。

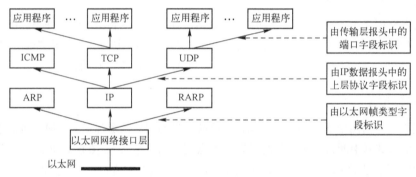

图 8-16 传输层端到端通信

在 TCP/IP 中，传输层使用的端口号用一个 16 位的二进制数表示。因此，在传输层如果使用 TCP 进行进程通信，则可用的端口号共有 2^{16} 个。由于 UDP 也是传输层一个独立于 TCP 和 UDP 的协议，因此使用 UDP 时也有 2^{16} 个不同的端口。

每个要通信的进程在通信之前都要先通过系统调用动态地申请一个端口号，TCP/IP 在进行设计时就把服务器上守候进程的端口号进行了静态分配。这些端口号由 Internet 号分配机构 IANA（Internet Assigned Numbers Authority）来管理。一些常用服务的 TCP 和 UDP 端口号见表 8-5 和表 8-6。

表 8-5 常用的 TCP 端口号

TCP 端口号	关 键 词	描　　述
20	FTP-DATA	文件传输协议（数据连接）
21	FTP	文件传输协议（控制连接）
23	Telnet	远程登录协议
25	SMTP	简单邮件传输协议
53	Domain	域名服务器
80	HTTP	超文本传输协议
110	POP3	邮局协议 3
119	NNTP	网络新闻传递协议

表 8-6　常用的 UDP 端口号

UDP 端口号	关 键 词	描 述
53	Domain	域名服务器
67	BootPS	引导协议服务器
68	BootPC	引导协议客户机
69	TFTP	简单文件传输协议
161	SNMP	简单网络管理协议
162	SNMP-TRAP	简单网络管理协议陷阱

256～1023 之间的端口号通常都是由 Unix 系统占用的，以提供一些特定的 Unix 服务。现在 IANA 管理 1～1023 之间所有的端口号。任何 TCP/IP 实现所提供的服务都使用 1～1023 之间的端口号。

客户端口号又称为临时端口号（即存在时间很短暂）。这是因为客户端口号是在客户程序要进行通信之前，动态地从系统申请的一个端口号，然后以该端口号为源端口，使用某个众所周知的端口号为目的端口号（如在 TCP 上要进行文件传输时使用 21）进行客户端到服务器端的通信。通信完成后，客户端的端口号就被释放掉，而服务器则只要主机开着，其服务就在运行，相应端口上的服务就存在。另外，当服务器要向客户端传输数据时，由于服务器可以从客户的请求报文中获得其端口号，因此也可以正常通信。大多数 TCP/IP 实现时，给临时端口分配 1024～5000 之间的端口号。大于 5000 的端口号是为其他服务预留的（Internet 上并不常用的服务）。

8.6　TCP

在传输层，如果要保证端到端数据传输的可靠性，就要使用 TCP。TCP 提供一种面向连接的、可靠的数据流服务。因为它的高可靠性，使 TCP 成为传输层最常用的协议，同时也是一个比较复杂的协议。TCP 和 IP 一样，是 TCP/IP 协议族中最重要的协议。

8.6.1　TCP 报文段格式

TCP 报文段（常称为段）与 UDP 数据报一样也是封装在 IP 中进行传输的，只是 IP 报文的数据区为 TCP 报文段。TCP 报文段的格式如图 8-17 所示。

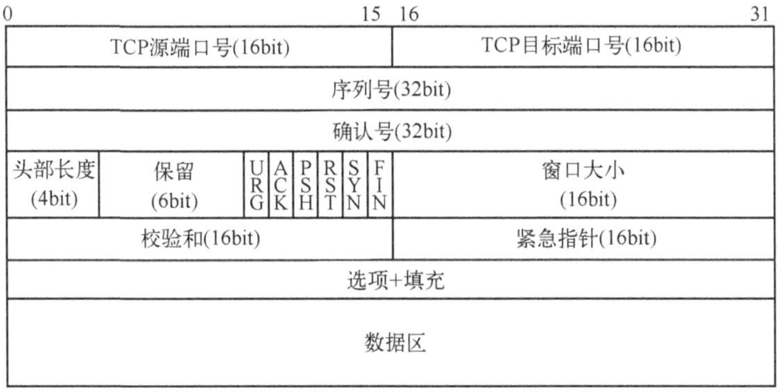

图 8-17　TCP 报文段的格式

1. TCP 源端口号

TCP 源端口号长度为 16 位，用于标识发送方通信进程的端口。目的端在收到 TCP 报文段后，可以用源端口号和源 IP 地址标识报文的返回地址。

2. TCP 目标端口号

TCP 目标端口号长度为 16 位，用于标识接收方通信进程的端口。源端口号与 IP 头部中的源端 IP 地址，目标端口号与目标端 IP 地址，这 4 个数就可以唯一确定从源端到目标端的一对 TCP 连接。

3. 序列号

序列号长度为 32 位，用于标识 TCP 发送端向 TCP 接收端发送数据字节流的序号。序列号的实际值等于该主机选择的本次连接的初始序号（Initial Sequence Number，ISN）加上该报文段中第一个字节在整个数据流中的序号。由于 TCP 为应用层提供的是全双工通信服务，这意味着数据能在两个方向上独立地进行传输，因此，连接的每一端必须保持每个方向上传输数据的序列号到达 $2^{32}-1$ 后又从 0 开始。序列号保证了数据流发送的顺序性，是 TCP 提供的可靠性保证措施之一。

4. 确认号

确认号长度为 32 位。因为接收端收到的每个字节都被计数，所以确认号可用来标识接收端希望收到的下一个 TCP 报文段第一个字节的序号。确认号包含发送确认的一端希望收到的下一个字节的序列号，因此确认号应当是上次已成功收到数据字节的序列号加 1。确认号字段只有 ACK 标志（下面介绍）为 1 时才有效。

5. 头部长度

该字段用 4 位二进制数表示 TCP 头部的长短，它以 32 位二进制数为一个计数单位。TCP 头部长度一般为 20 个字节，因此通常它的值为 5。但当头部包含选项时该长度是可变的。头部长度主要用来标识 TCP 数据区的开始位置，因此又称为数据偏移。

6. 保留

保留字段长度为 6 位，该域必须置 0，准备为将来定义 TCP 新功能时使用。

7. 标志

标志域长度为 6 位，每 1 位标志可以打开或关闭一个控制功能，这些控制功能与连接的管理和数据传输控制有关，其内容如下所述。

1）URG：紧急指针标志，置 1 时紧急指针有效。

2）ACK：确认号标志，置 1 时确认号有效。如果 ACK 为 0，则 TCP 头部中包含的确认号字段应被忽略。

3）PSH：push 操作标志，当置 1 时表示要对数据进行 push 操作。在一般情况下，TCP 要等待到缓冲区满时才把数据发送出去，而当 TCP 软件收到一个 push 操作时，则表明该数据要立即进行传输，因此 TCP 层先把 TCP 头部中的标志域 PSH 置 1，并不等缓冲区满就把数据立即发送出去；同样，接收端在收到 PSH 标志为 1 的数据时，也立即将收到的数据传输给应用程序。

4）RST：连接复位标志，表示由于主机崩溃或其他原因而出现错误时的连接。可以用它来表示非法的数据段或拒绝连接请求。例如，当源端请求建立连接的目的端口上没有服务进程时，目的端产生一个 RST 置位的报文，或当连接的一端非正常终止时，它也要产生一个 RST 置位的报文。一般情况下，产生并发送一个 RST 置位的 TCP 报文段的一端总是会某种错误或操作无法正常进行下去。

5）SYN：同步序列号标志，它用来发起一个连接的建立，也就是说，只有在连接建立的过程中 SYN 才被置 1。

6）FIN：连接终止标志，当一端发送 FIN 标志置 1 的报文时，告诉另一端已无数据可发送，即已完成了数据发送任务，但它还可以继续接收数据。

8．窗口大小

窗口大小字段长度为 16 位，它是接收端的流量控制措施，用来告诉另一端它的数据接收能力。连接的每一端把可以接收的最大数据长度（其本质为接收端 TCP 可用的缓冲区大小）通过 TCP 发送报文段中的窗口字段通知对方，对方发送数据的总长度不能超过窗口大小。窗口的大小用字节数表示，它起始于确认号字段指明的值，窗口最大长度为 65535 个字节。通过 TCP 报文段头部的窗口刻度选项，它的值可以按比例变化，以提供更大的窗口。

9．校验和

校验和字段长度为 16 位，用于进行差错校验。校验和覆盖了整个 TCP 报文段的头部和数据区。

10．紧急指针

紧急指针字段长度为 16 位，只有当 URG 标志置 1 时紧急指针才有效，它的值指向紧急数据最后一个字节的位置（如果把它的值与 TCP 头部中的序列号相加，则表示紧急数据最后一个字节的序号，在有些实现中指向最后一个字节的下一个字节）。如果 URG 标志没有被设置，紧急指针域用 0 填充。

11．选项

选项的长度不固定，通过选项使 TCP 可以提供一些额外的功能。每个选项由选项类型（占 1B）、该选项的总长度（占 1B）和选项值组成，如图 8-18 所示。

选项类型(1B)	总长度(1B)	选项值(有些选项没有选项值)

图 8-18　TCP 选项格式

12．填充

填充字段的长度不定，用于填充以保证 TCP 头部的长度为 32 位的整数倍，值全为 0。

8.6.2　TCP 连接的建立与关闭

TCP 是一个面向连接的协议，TCP 的高可靠性是通过发送数据前先建立连接，结束数据传输时关闭连接，在数据传输过程中进行超时重发、流量控制和数据确认，对乱序数据进行重排以及前面讲过的校验和等机制来实现的。下面讨论连接建立和关闭的问题。

TCP 在 IP 之上工作，IP 本身是一个无连接的协议，在无连接的协议之上要建立连接，对初学者来说，这是一个较难理解的一个问题。但读者一定要清楚，这里的连接是指在源端和目的端之间建立的一种逻辑连接，使源端和目的端在进行数据传输时彼此达成某种共识，相互可以识别对方及其传输的数据。连接的 TCP 协议层的内部表现为一些缓冲区和一组协议控制机制，外部表现为比无连接的数据传输具有更高的可靠性。

1．建立连接

在互联网中两台要进行通信的主机，在一般情况下，总是其中的一台主动提出通信的请求（客户机），另一台被动地响应（服务器）。如果传输层使用 TCP，则在通信之前要求通信的双方首先要建立一条连接。TCP 使用"3 次握手"（3-way Handshake）法来建立一条连接。所谓 3 次握手，就是指在建立一条连接时通信双方要交换 3 次报文。具体过程如下。

第 1 次握手：由客户机的应用层进程向其传输层 TCP 发出建立连接的命令，则客户机 TCP 向服务器上提供某特定服务的端口发送一个请求建立连接的报文段，该报文段中 SYN 被置 1，同时包含一个初始序列号 x（系统保持着一个随时间变化的计数器，建立连接时该计数器的值即为初始序列号，因此不同的连接初始序列号不同）。

第 2 次握手：服务器收到建立连接的请求报文段后，发送一个包含服务器初始序号 y，SYN 被置 1，确认号置为 $x+1$ 的报文段作为应答。确认号加 1 是为了说明服务器已正确收到一个客户连接请求报文段，因此从逻辑上来说，一个连接请求占用了一个序号。

第 3 次握手：客户机收到服务器的应答报文段后，也必须向服务器发送确认号为 $y+1$ 的报文段进行确认。同时客户机的 TCP 协议层通知应用层进程，连接已建立，可以进行数据传输了。

通过以上 3 次握手，两台要通信的主机之间就建立了一条连接，相互知道对方的哪个进程在与自己进行通信，通信时对方传输数据的顺序号应该是多少。连接建立后通信的双方可以相互传输数据，并且双方的地位是平等的。如果在建立连接的过程中握手报文段丢失，则可以通过重发机制进行解决。如果服务器端关机，则客户端收不到服务器端的确认，客户端按某种机制重发建立连接的请求报文段若干次后，就通知应用进程，连接不能建立（超时）。还有一种情况是当客户请求的服务在服务器端没有对应的端口提供时，服务器端以一个复位报文应答（RST=1），连接也不能建立。最后要说明一点，建立连接的 TCP 报文段中只有报文头（无选项时长度为 20 个字节），没有数据区。

2．关闭连接

由于 TCP 是一个全双工协议，因此在通信过程中两台主机都可以独立地发送数据，完成数据发送的任何一方都可以提出关闭连接的请求。关闭连接时，由于在每个传输方向既要发送一个关闭连接的报文段，又要接收对方的确认报文段，因此关闭一个连接要经过 4 次握手。具体过程如下（下面设客户机首先提出关闭连接的请求）。

第 1 次握手：由客户机的应用进程向其 TCP 协议层发出终止连接的命令，则客户 TCP 协议层向服务器 TCP 协议层发送一个 FIN 被置 1 的关闭连接的 TCP 报文段。

第 2 次握手：服务器的 TCP 协议层收到关闭连接的报文段后，就发出确认，确认号为已收到的最后一个字节的序列号加 1，同时把关闭的连接通知其应用进程，告诉它客户机已经终止了数据传送。在发送完确认后，服务器如果有数据要发送，则客户机仍然可以继续接收数据，因此把这种状态叫半关闭（Half-close）状态，因为服务器仍然可以发送数据，并且可以收到客户机的确认，只是客户方已无数据发向服务器了。

第 3 次握手：如果服务器应用进程也没有要发送给客户方的数据了，就通告其 TCP 协议层关闭连接。这时服务器的 TCP 协议层向客户机的 TCP 协议层发送一个 FIN 置 1 的报文段，要求关闭连接。

第 4 次握手：同样，客户机收到关闭连接的报文段后，向服务器发送一个确认，确认号为已收到数据的序列号加 1。当服务器收到确认后，整个连接被完全关闭。

连接建立和关闭的过程如图 8-19 所示，该图是通信双方正常工作时的情况。关闭连接时，图中的 u 表示服务器已收到数据的序列号，v 表示客户机已收到数据的序列号。

8.6.3　TCP 的超时重发机制

TCP 提供的是可靠的传输层。前面已经看到，接收方对收到的所有数据要进行确认，TCP 的确认是对收到的字节流进行累计确认。发送 TCP 报文段时，头部的"确认号"就指出该端希望接收的下一个字节的序号，其含义是在此之前的所有数据都已经正确收到，请发送从确认号开始的数据。

TCP 的确认方式有两种：一种是利用只有 TCP 头部，而没有数据区的专门确认报文段进行确认；另一种是当通信双方都有数据要传输时，把确认"捎带"在要传输的报文段中进行确认，因此 TCP 的确认报文段和普通数据报文段没有什么区别。数据和确认都有可能在传输过程中丢失，为此，TCP 通过在发送数据时设置一个超时定时器来解决这个问题。在数据传送出去的同时定时器开始计数，如果当定时器到（溢出）时还没有收到接收方的确认，那么就重发该数据，定时器也开始重新计时，这就是超时重发。

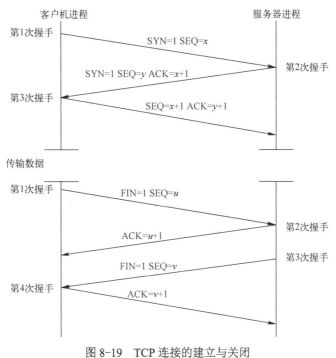

图 8-19 TCP 连接的建立与关闭

8.6.4 UDP

UDP（User Datagram Protocol）是与网络层相邻的上一层常用的一个非常简单的协议，它的主要功能是在 IP 层之上提供协议端口功能，以标识源主机和目的主机上的通信进程。因此，UDP 只能保证进程之间通信的最基本要求，而没有提供数据传输过程中的可靠性保证措施，通常把它称为无连接、不可靠的通信协议。

UDP 具有如下特点。

1）UDP 是一种无连接、不可靠的数据报传输服务协议。UDP 不与远端的 UDP 模块保持端对端的连接，它仅仅是把数据报发向网络，并从网络接收传来的数据报。关于连接的问题，学完 TCP 后可能更容易理解。

2）UDP 对数据传输过程中唯一的可靠保证措施是进行差错校验，如果发生差错，则只是简单地抛弃该数据报。

3）如果目的端收到的 UDP 数据报中的目的端口号不能与当前已使用的某端口号匹配，则将该数据报抛弃，并发送目的端口不可达的 ICMP 差错报文。

4）UDP 在设计时的简单性，是为了保证 UDP 在工作时的高效性和低延时性。因此，在服务质量较高的网络中（如局域网），UDP 可以高效地工作。

5）UDP 常用于传输延时小、对可靠性要求不高、有少量数据要进行传输的情况，如 DNS（域名服务）、TFTP（简单文件传输）等。

8.7　习题

1. TCP/IP 的体系结构分为哪 4 层？
2. IP 的互联网具有哪些特点？
3. 什么是 ICMP？
4. 什么是 ARP？
5. UDP 具有哪些特点？

第9章 SERCOS 工业以太网

9.1 开放式机床数控系统及接口技术

开放式数控系统能很好地解决变化频繁的需求与封闭控制之间的矛盾，从而建立一个统一的可重构的系统平台，增强数控系统的柔性，降低制造成本。开放的目的就是使 NC 控制器与当今的 PC 机类似。系统构筑于一个开放的 PC 平台上，具有模块化的组织结构。允许用户根据需要进行选配和集成，更改或扩展系统的功能使其迅速适应不同的应用需求，即系统具有互换性、可伸缩性、可移植性、互操作性、可扩展性等。它实质上是一种通用计算机上的标准应用程序，而非传统数控系统那样包含许多插件板的专有硬件系统。

当今，在国际数控设备激烈的竞争环境中，开发出具有自主版权的国内一流的高性能数控软件，有利于推动我国数控技术的发展，缩短我国在此行业与发达国家的差距，以及发展我国的制造业。PC 进入数控领域，极大地丰富了数控系统的软硬件资源，有利于实现模块化、开放化。

机床行业是国民生产的基础产业，是经济发展和国防安全的主要战略之一，在国民经济中占有越来越重要的位置，因此提高我国机床数控装备制造业的整体水平，是我国发展的重中之重。而机床数控系统水平是影响现代装备制造的主要因素，是现代制造自动化的基础，其水平的高低决定着装备加工工件的精度。

从 1952 年开始生产数控系统以来，到 20 世纪 70 年代末，数控系统大致经历电子管、晶体管、小规模集成电路和中大规模集成电路，系统主要控制功能由硬件结构实现，称为硬件数控系统。系统开发周期长、可靠性不高、缺乏柔性、通用性差，难以得到推广。

随着计算机与微电子技术的发展，微处理器的能力不断得到提升，越来越多的系统功能可由控制软件实现，发展成为计算机数控系统，克服了硬件数控系统的缺点，柔性大大提高，促进了数控技术的发展。

如今随着制造业的迅猛发展，对数控系统生产效率和柔性制造提出更高的要求，高速、高精、网络化、智能化、开放性数控系统成为当今制造业发展的一个重要方向，是实现高速、高精信息化加工的一个重要前提。

然而，系统的封闭性制约着数控系统向信息化、开放式的方向发展，不利于数控技术的发展。目前，市场上组成 CNC 系统的硬件和软件结构大多数是供应商专有的打包产品，互不兼容。供应商提供了不同的模块，模块之间通信机制彼此封闭，运动控制器与伺服驱动器开放程度有限，导致系统互连能力差，造成数控设备制造商极度依赖于系统供应商，难以将专门的技术集成到控制系统并形成自己的特色，很难在短时间内构建完整的系统，限制了系统的持续开发性，制约产品的更新，限制了技术的进一步提升。

9.1.1 开放式机床数控系统

20 世纪 80～90 年代，美国和欧洲先进制造技术国家先后实施了自动化系统的开放式体系结构，经过多年的发展，开放式体系结构已深入人心。IEEE 国际组织规定：开放式系统能提供具有相同的用户接口，多个厂家的产品能实现兼容，可方便进行裁减。

开放式机床数控系统使产品生产厂商对外提供了开放式接口，产品不再依赖于某个指定的技术提供商，它可以优化配置不同供应商的运动控制和驱动装置模块，快速地搭建自己的产品平台，方便进行软硬件的升级，从而提高在国际市场的竞争能力。

开放式控制系统相关研究在国外开展得比较早，发展源于 1981 年，已经有很完善的体系及规范，并在许多数控技术厂商中得到应用。为了制定开放式控制系统的体系结构标准，工业发达国家集中各方力量，制定相关的研究计划并开展了具体的研究工作，其中影响较大的计划有以下几个。

（1）美国 NGC 和 OMAC 计划

NGC（Next Generation Work-station/Machine Controller，下一代机床控制器）于 1989 年开始实行，开发相关的标准规范。在 NGC 的资助下，美国 Ford、GM 和 Chrysler 等公司联合提出 OMAC（Open System Architecture for Control Within Automation System）开发计划。容许把流行的硬件和软件集成为控制器，兼容不同厂家产品，为商品化中的各种问题提供共同的解决方案。

（2）欧盟 OSACA（Open System Architecture for Control Within Automation System）计划

该计划是 1990 年由德国和法国等国家联合发起的，数控平台由软件和硬件组成，包括通信体系结构、参考体系结构、配置系统三个主要组成部分，系统平台通过应用程序接口对外提供服务，屏蔽了物理硬件的相关性。

（3）日本 OSEC（Open System Environment for Controller）计划

该计划由日本发起，随着 PC 技术的不断发展，试图借助 PC 技术开发新一代高性价的开放式机床数控系统。该系统体系结构包括了 7 个处理层，每一个处理层包括了 NC 基本功能部分和可变功能部分，通过可变功能部分实现开放性。

以上三个计划分别提出了三个不同的标准化模块。这些标准化的模块对通信接口的通信能力提出了较高的要求。

早期的机床数控系统由运动控制系统和伺服系统构成，随着精度及其他相关容错机制要求的提高，传统的脉冲和模拟接口已难当此重任，于是需要寻找能实现高速、高精、高性能的传输方式，数字接口技术的出现为其提供了可能。使用数字接口技术的运动控制器和伺服驱动使得所有命令值和反馈值能够在一个微处理器内完成处理，在极短的时间内完成插补，实现位置控制，有更广的调速范围和更精确的速度控制，能获得更高的加工精度，且系统复杂性和成本大大降低，具有较强的优势。

9.1.2　开放式机床数控系统接口技术

现场总线技术运用在运动控制领域满足了开放式机床数控系统对数据通信的要求，引起了广泛的关注和重视，国外各大数控系统公司纷纷推出了基于现场总线技术的高档数字化接口协议，应用于运动控制的现场总线接口主要有 MACRO、Fire Wire 和 SERCOS，三种接口性能对比如表 9-1 所示。

（1）MACRO（Motion And Control Ring Optical）

物理层是环形结构，以串行方式通信，每个站有数据接收和发送口。MACRO 不是标准化接口，其应用始终局限于 Delta Tau 公司的产品体系，不具有开放性。

（2）Fire Wire 的系统

Fire Wire 类似于 Ethernet，是一个标准的高速协议（IEEE 1394），有较低的产品成本和广泛的支持。其优点是：等时传输数据的能力利于各轴间的精确同步控制，数据传输率较高。Fire Wire 只规定了物理层，其他层由生产商自行定义，导致不同厂商之间的总线接口不相容，具有专用性，不具开放性。

（3）SERCOS（Serial Real-time Communication Specification）

从表 9-1 看出，SERCOS 总线传输波特率较低，但在实际应用中并非如此。首先，总线的性能不仅决定于总线数据传输波特率，也与应用层如何处理数据密切相关。SERCOS 协议应用芯片具有无源接口传输特性，与固定的时间槽同步报文传送模式，减少了数据的冲突及处理时间的等待。经过实验证明，SERCOS 第二代接口控制器 SERCON816 在 16Mbit/s 波特率传输工作下，数据处理能力等效于以太网在 100Mbit/s 波特率传输下的工作能力。

表 9-1　运动控制总线接口性能对比

特性	SERCOS 接口	MACRO 接口	Fire Wire 接口
通信类型	串行	串行	串行
拓扑结构	环形	环形	树形
物理介质	光纤	光纤，双绞铜线	光纤，双绞线
通信模式	周期性：用于实时同步 非周期性：用于非实时性数据传输，如状态和诊断信息	对远程寄存器直接读写	同步：用于管理实时通信 异步：用于非实时数据和信息传送
伺服工作模式	位置、速度、力矩	位置、速度、力矩、相位电流、PWM	位置、速度、力矩
传送速度	2/4/8/16Mbit/s	125Mbit/s	400Mbit/s
主站数量	多个	16	16
环路最大从站数	254 个	16 个	4 个
物理标准	IEC61491/EN61491	无	IEEE-1394
工业标准	IEC61491/EN61491	供应商独有	供应商独有

9.2　SERCOS 概述

9.2.1　SERCOS 的发展

SERCOS（Serial Real-time Communication Specification，串行实时通信协议）是一种专门用于在工业机械电气设备的控制单元与数字伺服装置及可编程控制器之间实现串行实时数据通信的协议标准。

1986 年，德国电力电子协会与德国机床协会联合召集了欧洲一些机床、驱动系统和 CNC 设备的主要制造商（Bosch、ABB、AMK、Banmuller、Indramat、Siemens、PacificScientific 等）组成了一个联合小组。该小组旨在开发出一种用于数字控制器与智能驱动器之间的开放性通信接口，以实现 CNC 技术与伺服驱动技术的分离，从而使整个数控系统能够模块化、可重构与可扩展，达到低成本、高效率、强适应性地生产数控机床的目的。经过多年的努力，此技术终于在 1989 年德国汉诺威国际机床博览会上展出，这标志着 SERCOS 总线正式诞生。

SERCOS 总线诞生以后，在国际上一步步得到了推广，1990 年成立了 SERCOS 协会 FGS（Fördergemeinschaft SERCOS interface），现在称为 SI（SERCOS International）。1992 年 SERCOS 接口协议被建议作为新的德国和国际标准 DIN/IEC 44。1995 年，国际电工技术委员会把 SERCOS 接口采纳为标准 IEC 61491；1998 年，SERCOS 接口被确定为欧洲标准 EN61491；2005 年基于以太网的 SERCOSⅢ面世，并于 2007 年成为国际标准 IEC 61158/61784。迄今为止，SERCOS 已发展了三代，SERCOS 接口协议成为当今唯一专门用于开放式运动控制的国际标准，得到了国际大多数数控设备供应商的认可。

SERCOS 接口技术是构建 SERCOS 通信的关键技术，经 SERCOS 协会组织和协调，推出了一系列 SERCOS 接口控制器，通过 SERCOS 接口控制器能方便地在数控设备之间建立起 SERCOS 通信。最初的第一代产品是 SERCON410A/B，其中 SERCON410A 是实验室阶段的产品，SERCON410B 是真正应用于工业实际的产品,其通信速率为2/4Mbit/s,主要应用于高性能加工机床中。随后,由于 SERCOS 总线在世界范围内得到了广泛的关注,被许多设备供应商应用到诸多不同的领域。于是从 1999 年起 SERCOS 协会开始着手开发其第二代产品 SERCON816。这款基于 ASIC 的 SERCOS 总线的通信控制 芯片不仅与上一代产品完全兼容,而且将通信速率提高到 8/16Mbit/s,并进一步扩展了服务通道,因 此通过 SERCON816 的使用,很多厂商迅速地推出了许多商品化的产品。

SERCOS Ⅲ继承了 SERCOS 协议在驱动控制领域优良的实时和同步特性,是基于以太网的驱动总 线,物理传输介质也从仅仅支持光纤扩展到了以太网线 CAT5e,拓扑结构也支持线形结构。在第Ⅰ、Ⅱ 代时,SERCOS 只有实时通道,通信只能在主从(Master and Slaver , MS)之间进行。SERCOS Ⅲ扩展 了非实时的 IP 通道,在进行实时通信的同时可以传递普通的 IP 报文,主站和主站、从站和从站之间可 以直接通信,在保持服务通道的同时,还增加了 SERCOS 消息协议 SMP(SERCOS Messaging Protocol)。

9.2.2 SERCOS 的基本特征

第Ⅰ代和第Ⅱ代 SERCOS 网络由一个主站和若干个从站(1~254 个伺服、主轴或 PLC)组成,各站之间采用光连联接,构成环形网,如 图 9-1 所示,站间的最大距离为 80m(塑料光纤)或 250m(玻璃光纤), 最大设备数量为 254,数据传输速率为 2Mbit/s 到 16Mbit/s。

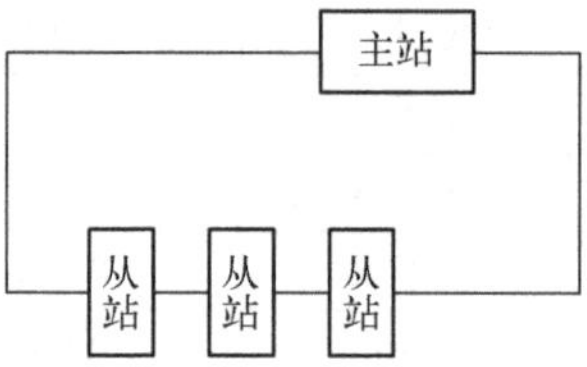

一个控制单元可以连接一个或多个 SERCOS 环路,如图 9-2 所示, 每个环路由一个主站和多个从站组成,主站将控制单元连接到网络中, 从站负责将伺服、PLC 等装置连接到网络中,每个从站又可连接一个或多个伺服装置。

图 9-1　SERCOS 通信结构

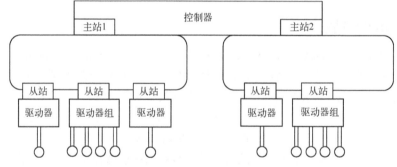

图 9-2　SERCOS 网络结构

SERCOS 接口规范使控制器和驱动器间数据交换的格式及从站数量等进行组态配置。在初始化阶 段,接口的操作根据控制器和驱动器的性能特点来具体确定。所以,控制器和驱动器都可以执行速度、 位置或扭矩控制方式。灵活的数据格式使得 SERCOS 接口能用于多种控制结构和操作模式,控制器可以 通过指令值和反馈值的周期性数据交换来达到与环上所有驱动器精确同步,其通信周期可在 62.5μs、 125μs、250μs 及 250μs 的整倍数间进行选择。在 SERCOS 接口中,控制器与驱动器之间的数据传送分为 周期性数据传送和非周期性数据传送(服务通道数据传送)两种,周期性数据交换主要用于传送指令值 和反馈值,在每个通信周期数据传送一次。非周期数据传送则是用于在控制器和驱动器间传送配置参数、 状态信息及指令信息等一些非实时性数据,具有较大的灵活性。SERCOS 接口是实时的通信系统,它定 义了标准化的物理层,提供了 500 多个描述驱动器和控制之间交互的参数(IDN),独立于任何制造厂商。 它提供了高级的运动控制能力,内含用于 I/O 控制的功能,使机器制造商不需要使用单独的 I/O 总线。

SERCOS 技术发展到了第三代基于实时以太网技术,将其应用从工业现场扩展到了管理办公环境，并且由于采用了以太网技术不仅降低了组网成本还增加了系统柔性，在缩短最少循环时间（39.25μs）的同时，还采用了新的同步机制使同步精度小于 20ns，并且实现了网上各个站点的直接通信。SERCOS Ⅲ协议是建立在已被工业实际验证的 SERCOS 协议之上，它继承了 SERCOS 在伺服驱动领域的高性能、高可靠性，同时将 SERCOS 协议搭载到以太网的通信协议 IEEE 802.3 之上，使 SERCOS Ⅲ迅速成为基于实时以太网的应用于驱动领域的总线。

针对前两代，SERCOS Ⅲ的主要特点如下。

1）高的传输速率，达到全双工 100Mbit/s。

2）采用时间槽技术避免了以太网的报文冲突，提高了报文的利用率。

3）向下兼容，兼容以前 SERCOS 总线的所有协议。

4）降低了硬件的成本。

5）集成了 IP。

6）使从站之间可以交叉通信（Cross Communication，CC）。

7）支持多个运动控制器的同步 C2C（Control to Control）。

8）扩展了对 I/O 等控制的支持。

9）支持与安全相关的数据的传输。

10）增加了通信冗余、容错能力和热插拔功能。

9.2.3　SERCOS 的特性

SERCOS 具有如下特性。

（1）标准性

SERCOS 标准是唯一的有关运动控制的国际通信标准。其所有的底层操作、通信、调度等，都按照国际标准的规定设计，具有统一的硬件接口、通信协议、命令码 IDN 等。其提供给用户的开发接口、应用接口、调试接口等都符合 SERCOS 国际通信标准 IEC61491。

（2）开放性

SERCOS 技术是由国际上很多知名的研究运动控制技术的厂家和组织共同开发的，SERCOS 的体系结构、技术细节等都是向世界公开的。SERCOS 标准的制定是 SERCOS 开放性的一个重要方面。因为所有的 SERCOS 产品都是按照国际标准设计，提供国际标准规定的所有功能，这样就保证各公司的产品对用户公开而言具有较好的开放性。

（3）兼容性

因为所有的 SERCOS 接口都是按照国际标准设计，支持不同厂家的应用程序，也支持用户自己开发的应用程序。接口的功能与具体操作系统、硬件平台无关。不同的接口之间可以相互替代，移植花费的代价很小。

（4）实时性

SERCOS 接口的国际标准中规定SERCOS总线采用光纤作为传输环路，支持 2/4/8/16Mbit/s 的传输速率，按照北美 SERCOS 组织的意见，4Mbit/s 基本上能够满足现在各种应用情况的数据传输要求。传统的 SERCOS ASIC 体系结构采用 SERCON410B 芯片，支持 2/4Mbit/s 的传输速率。改进的 SERCOS ASIC 体系结构采用 SERCON816 芯片，支持 2/4/8/16Mbit/s 的传输速率。更高的传输速率是为了将来更高要求的实时数据传输而设计的。

（5）扩展性

每一个 SERCOS 接口可以连接 8 个节点，如果需要更多的节点则可以通过 SERCOS 接口的级联方式扩展。通过级联，每一个光纤环路上最多可以有 254 个节点。不过，随着光纤环路上的节点增多，传输数据的实时性会受到一定的影响。

另外 SERCOS 总线接口还具有抗干扰性能好、即插即用等其他优点。数据可以以同步或不同步的方式传输。协议允许用户配置通信数据包并且同步地发送，严格的周期数据传输和计时中断机制保证了通信的同步。其他参数类数据可以通过包容在数据包内的服务通道非同步地接收或发送。通常来说，同步数据是在实时操作中传输的数据（如控制指令、反馈值、状态值）。

9.2.4 SERCOS 工业应用

目前多家控制器设备厂商和驱动器生产厂家推出了支持 SERCOS 的产品，SERCOS 是面向运动控制领域的唯一国际标准，其协会的网站为 www.sercos.org 或 www.sercos.de，可以申请成为其付费会员，就可得到最新的技术信息和相关服务。SERCOS 是一个完全独立的、开放的、非专利性的技术规范，完全公开，SERCOS 国际组织拥有技术版权。它不依赖于任何一个厂商的技术和产品，因而不受任一特定公司的影响。SERCOS 国际组织是一个开放的组织，董事会由选举产生，任期 3 年。SERCOS 负责组织技术标准的开发工作，组织与产品供应商和机械制造商的合作。在开发技术标准时，可以邀请专家参加，而任何厂商和专家也可以自愿参加开发。SERCOS 的技术属于全体成员。SERCOS 既是技术的名称，也是组织的名称，而许多其他技术组织，其技术的名称和组织的名称是不同的，技术属于某些特定的成员厂商，而组织只负责推广技术。

目前，ABB、费斯托、霍尼韦尔、菲尼克斯、施耐德、罗克韦尔、SEW、日立、三洋、三星、万可、倍福和赫优讯等著名公司都是其成员。SERCOS 在北美和日本有分支组织，在德国斯图加特大学有认证中心，以测试确定不同厂商产品的互操作性；在世界各地还有一批 SERCOS 技术资格中心，它们独立地、权威地为企业提供技术咨询和服务。

SERCOS 在中国北京设立中国办事处，并与北京工业大学合作，在该校设立了 SERCOS 技术资格中心，开展 SERCOS 的开发和应用工作，推广 SERCOS 技术，而 SERCOS 国际组织向他们提供技术支持。由于中国经济，尤其是制造工业经济的增长，SERCOS 国际组织也越来越重视在中国的工作。

SERCOS 技术在工业自动化、印刷机械、包装机械、工业机器人、半导体制造设备和机床工业中得到较为广泛的应用，特别是在一些高可靠性高精度多轴控制的高端设备中得到很好的应用。

9.3 基于 SERCOS 总线的通信接口

采用 SERCOS 接口连接运动控制单元和数字伺服装置，实现串行数据实时通信，具有以下优点。

1）简化控制单元和伺服装置之间的接线。

2）简化控制硬件，使调试更方便；可以传输参数、指令和状态等数据。

3）数据量增大，通信受干扰影响较小，实现长距离传输。

9.3.1 SERCOS 协议简介

SERCOS 为 3 层计算机网络协议，定义了物理层、数据链路层和应用层，并采用了专用的协议控制器芯片。

1. 物理层

物理层位于计算机网络的最底层，是一个有形的实体，为实时数据的传输提供物理通路，包括传输媒介，如电缆、光纤、连接头，以及光纤转换接口，中继器等。SERCOS 物理层协议包括：拓扑结构、物理信道、信号编码格式。

（1）拓扑结构

协议规定以环形拓扑结构实现一个控制单元与多个 SERCOS 环路的连接。每个环路由主站和若干个从站构成，每个从站又可以包含多个伺服装置。

（2）物理信道

物理信道由发送器、接收器和光纤构成。发送器和接收器均封装在屏蔽套中，该屏蔽套具有符合国际标准 IEC874-2 的螺纹接头 F-SMA。

发送端输出电信号，经过光纤发送器发出波长为 640～675nm 的红光。光纤接收器将接收到的红光转换成电信号输出。采用塑料光纤与玻璃光纤，节点与节点之间的最大传输距离分别可达 40m 和 800m。

（3）信号编码格式

信号编码格式采用不归零反向（No Return Zero Inverted，NRZI）编码格式，可以从接收信号中提取接收时钟，保证了 SERCOS 环路上所有从站的内部定时器都与主站的发送时钟同步。

2. 数据链路层

SERCOS 协议规定了主站同步报文、主站数据报文、伺服报文三种报文结构，SERCOS 协议的报文结构如表 9-2 所示。

1）主站同步报文（Master Sync Telegram，MST）：主站以广播形式周期性向各从站发送 MST，主要用于同步主站和各个从站的通信周期。

2）主站数据报文（Master Data Telegram，MDT）：主站周期性以广播形式向各从站发送 MDT，各从站从 MDT 报文中提取属于自己的数据。MDT 主要包括位置指令值、速度指令值、系统参数或过程命令等数据。

3）伺服报文（Drive Telegram，AT）：各从站周期性发送 AT 报文到主站，反馈从站实际位置值、实际速度值、状态数据或过程命令应答等数据。

表 9-2　SERCOS 协议的报文结构

管理段		用户有效数据	管理段	
报文界定符（BOF）	地址域（ADR）	数据域（可配置长度）	帧检验序列域（FCS）	报文界定符（BOF）
01111110	8 位	8 位×j（j=1，2，3…）	16 位	01111110

管理段数据域包括报文界定符和地址域。

（1）报文界定符

报文界定符"01111110"添加在报文结构的开始和结尾段。通过查询界定符的方式实现报文的读取。SERCOS 协议采用"位填充"法保证在地址域、数据域和帧校验序列域中不会出现界定符，其实现方法如下。

1）发送器检查位于两个界定符之间的所有内容，包括地址域、数据域和帧校验序列域，并在所有连续的 5 位"1"序列之后插入 1 位"0"保证在报文中不会出现人为的界定符。

2）接收器检查数据报文的所有内容，并删除所有紧跟在 5 个连续的"1"之后的那位"0"。

（2）地址域

地址范围：0～255。地址 0 表示该从站只作为中继器转发光纤环路数据；地址 255 是广播地址，所有从站都能接收到该广播地址的数据，一般用于周期通信。从站伺服驱动器地址范围：1～254，并根据当前的通信阶段来定义地址域的内容。

1）非周期操作阶段（通信阶段 CP0、CP1、CP2）在初始化时使用，在这种情况下非周期性意味着主站在一个周期内仅与一个伺服驱动器通信。

2）周期性操作阶段（通信阶段 CP3、CP4）在接口初始化（CP3）和正常操作（CP4）时使用。在这种情况下周期性意味着在给定的周期内控制器与所有地址大于 0 的驱动器通信。

3．工作时序

SERCOS 接口运行过程分为 5 个通信阶段 CP0～CP4，每个通信阶段由主站发送报文，从站被动接收，并中继和反馈数据回主站。CP0～CP3 为通信初始化阶段，用来设定整个通信周期所需要的参数，当这 4 个相位成功执行并设定完参数后，才能进入正常的操作模式 CP4，即伺服工作阶段。整个初始化设定即以非周期性传输来建立系统的周期性传输。每个通信阶段都有特定的功能，必须依序进行，否则 SERCOS 无法进入正常运行阶段，即 CP4，如果通信期间出现错误，必须重新返回 CP0 进行初始化。

SERCOS 接口的运行过程如下。

CP0：由主站发送 MST 发起一个通信周期，从站接收到 MST 利用本身的中继功能瞬时发往下一个从站，同理 MST 被接力传送回主站。由此，主站通过判断是否接收到 MST 来判断环路的闭合。

CP1：主站与连接在环路上的各个从站进行数据交换完成伺服装置的识别任务。

CP2：主站以非周期数据传输的方式与各伺服从站通信，配置支持周期通信所要设置的一些参数。主要包括控制单元周期时间、CP3 和 CP4 通信周期、AT 报文发送时刻、MDT 报文发送时刻、指令值有效及报文反馈时刻、各伺服从站数据在 MDT 报文中偏移位置、MDT 报文中数据记录的总长度、报文类型以及运行模式。

CP3：通过非周期数据传输设置各伺服装置运行参数。设置参数后完成初始化过程，进入 CP4 阶段。

CP4：正常运行阶段。传输的各配置参数开始生效，此时总线时间槽上周期性传输 MST、各从站伺服报文 AT 及 MDT，主站接收到所有的伺服报文，开始发送主站数据报文 MDT，MDT 中包含了属于各个从站的控制信息，从站能够从中提取属于自己的数据记录，至此就完成了数据交换的通信过程。

4．非周期服务通道数据传输

根据 SERCOS 协议内容，周期性数据的传输是建立在非周期数据传输的基础上，只有通过对各个从站进行非周期数据的传输才能设置从站与主站的通信参数，才能完成整个 SERCOS 通信的初始化，因此掌握非周期数据传输机制对 SERCOS 通信非常关键。从 SERCOS 报文结构可知，SERCOS 协议利用数据记录的可配置部分传输周期数据，利用数据记录的固定部分传输非周期数据。

非周期数据通过 SERCOS 协议的服务通道传输，执行以下任务。

1）SERCOS 接口的初始化。

2）传输一个数据块的所有元素。

3）传输过程命令。

4）设置伺服装置的配置参数。

5）从伺服装置获取详细的状态信息。

6）诊断功能。

非周期数据传输的特点是：待传输的数据是一种数据块结构，不仅包含数据值，另外还有 IDN（识别号）、名称、属性、单位、极限值，每个元素都有特定的含义，通过这种方式实现 SERCOS 的高效率运动控制数据交换。但是完成一次数据块交换需要在几个通信周期才能完成，每个通信周期只负责传输数据块的一个元素，这种通信方式称为非周期数据传输。通过实时更改 MDT 报文的控制位和 AT 报文的状态位实现服务数据块的读写，也就完成了参数传输。

5．过程命令传送机制

在 SERCOS 接口中通过服务通道来传输过程命令。可以把一个过程命令视作一个特殊的非周期数据。它在驱动器和主站中调用某一固定的函数过程。这些过程命令可能要占用较多时间。为此，一个过程命令只是启动一个函数过程，在启动了它的功能后，服务通道又可以立即传送其他的非周期数据或过程命令。

过程命令功能由主站启动，由从站执行。通过写元素 7，主站通过 MDT 的主站服务数据域将"过程命令控制"发往伺服装置，控制过程命令的设置、启动、中断和撤销。

从站通过 AT 的伺服服务数据域将"过程命令应答"反馈回主站，并结合 AT 状态字向主站报告过程命令的执行情况。

9.3.2　SERCOS 实时通信与同步机理

1. 实时性传输

实时性在计算机网络中指数据的快速响应能力，在嵌入式控制系统中指事件能够在准确的时间内发生，有较好的定时机制，各处的时钟能达到一致。也即数据可访问时间的可确定性。机床数控系统对控制指令执行的实时性和同步性较为苛刻，通信实时性是影响系统实现高速、高精加工的主要瓶颈之一，特别在多轴联动伺服运行控制应用场合。

在正常运行中，SERCOS 通信周期为 39.25μs 的倍数关系，周期时间越短，系统实时性越强，考虑到与驱动器控制环的同步，最小通信周期为 39.25μs 与电流环响应周期的公倍数。SERCOS 采用TDMA 时间片通信机制和周期报文传输方式，具有确定的时间槽属性且具有先验性，同时借助微控制器（如 DSP）的高速处理能力，在硬件上保证运动控制系统的实时性与精确度。

主站发送 MST 启动从站定时控制，从站接收到 MST 报文后，马上校正内部定时器，以接收到MST 报文时刻作为初始定时值，由于光纤环路延时与报文中断时间较少，MST 基本同时到达所有伺服从站。而主站报文 MDT 与伺服从站报文 AT 则是根据 MST 报文的结束来进行定时传输，发送报文的时间是在通信初始化阶段就已经设置完成的，从站对光纤环路的访问采用时间槽方法来管理，每一个数据报文都有确定的时间槽特性，每个从站有能力使用它的内部时钟来访问光缆环。SERCOS 总线协议保证了数据报文的时间确定性时，其实时性在运动控制领域处于领先水平。

2. SERCOS 同步机理

基于脉冲给定的数控机床各轴的速度和位置命令是通过信号电缆给定的。各种驱动对设定值的执行是自由的，这意味着各轴之间执行指令无法保证同步。采用 SERCOS 总线结构可以改善各个进给驱动的同步性进而改善各个轴的协调性。

SERCOS 同步机制如下：SERCOS 通信周期以主站发送 MST 同步报文为基准，由于 MST 同步报文非常短，在忽略光纤环路的时间延迟下，MST 同步报文将同时到达各伺服从站，各伺服从站同时读取到同步信息，以此基准，设定接口芯片内部硬件定时器，并开始计数，与存储在主从站内部的各时间参数做比较，如果相等则触发相应的事件，使每个伺服从站保证它的发送时间槽和反馈采集捕捉点同步，有效地保证了指令数据的同时到达及反馈数据的同时采集。采用周期性的传输也可忽略位填充引起的短暂波动。

9.4　SERCOS 通信协议

SERCOS 协议的发展历程如下。

1995：IEC Standard IEC 61491（Ed.9.0）。

1999：EN Standard IEC 61491（Ed.9.0）。

2002：IEC Standard IEC 61491 （Ed.2.0）。

2007：

IEC Standard IEC 61800-7（Ed 9.0，SERCOS Drive Profile）。

IEC Standard IEC 61784-1 （Ed 2.0 and IEC 61158 Standards，Fieldbus Profiles，SERCOS Ⅰ/Ⅱ）。

EC Standard IEC 61784-2（Ed 9.0 and IEC 61158 Standards，Real-Time Ethernet Profiles，SERCOS Ⅲ）。

IEC Standard IEC 61784-3（Ed 9.0，Safety buses，CIP Safety）。

经过多年的发展和完善，SERCOS 协议已成为覆盖驱动、I/O 控制和安全控制的标准总线之一。下面主要以 SERCOS Ⅲ为例介绍它的协议。

9.4.1 SERCOS 物理层的通信接口和拓扑结构

SERCOS Ⅲ是建立在以太网 IEEE 802.3 标准上的，其物理层对通信介质、速度和拓扑结构等的要求基本相同，每一个 SERCOS 从站有两个通信接口 P1 和 P2，P1 和 P2 可以交换。通信通道被分成两条，第一通道 P 和第二通道 S，如图 9-3 所示。

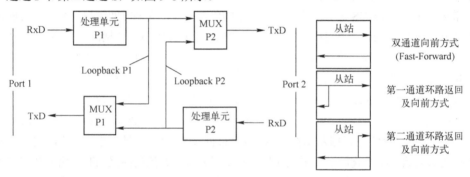

图 9-3　SERCOS 通信接口

一个站点内的通信传递方式有三种，双通道向前方式（Fast-Forward）、第一通道环路返回（Loopback）及向前方式和第二通道环路返回及向前方式。SERCOS Ⅲ采用线形或环形拓扑结构，如图 9-4 所示。通信介质为 100Base-TX 铜缆或 100Base-FX 光缆，铜缆要求 CAT 5e 或以上的电缆，速度为全双工 100Mbit/s。

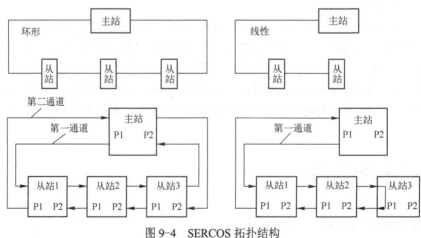

图 9-4　SERCOS 拓扑结构

SERCOS 网络中从站的物理位置和逻辑站点号没有直接相互关系，也就是说逻辑站点号可以配置。线形方式主站只用一个通信接口，可使用第一通道或第二通道。通信从主站发出，信息沿着线形的顺序以向前方式到达相应的从站，信息到达从站时，从站立即判断，接受主站传给自己的指令，并将发送到主站的信息嵌入报文内，然后立刻将信息发送到下一个从站，最后一个站点以环路返回方式，将信息返回到主站，完成一次周期性的通信。这就是说信息在传输的过程中处理工作（On The Fly），

通信只仅仅在硬件环节上延迟，就像一列不停站的高速列车一样，完成一个循环。环形方式主站用到两个通信接口，通信分别在这两个独立的路径上传递，在通常模式下，实时数据用这两个通道冗余地传递。在故障状态下，如其中一个从站发生故障如图 9-5 所示，则系统在 25μs 内自动切换到环路返回方式，形成两个独立的半环，继续进行通信工作。

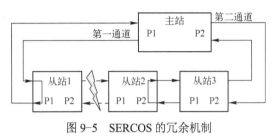

图 9-5　SERCOS 的冗余机制

9.4.2　SERCOS 报文结构

SERCOS Ⅲ信息帧如图 9-6 所示。

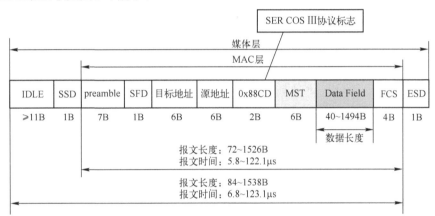

图 9-6　SERCOS Ⅲ信息帧

SERCOS Ⅲ信息帧具体解释如下。

1）IDLE：表示通信空闲状态。

2）SSD：通信数据流起始标识符。

3）Preamble：为前导码，表示 MAC 帧的开始。

4）SFD：界定符（Start Frame Delimiter）。

5）目标地址（Destination Address）。

6）源地址（Source Address）。

7）类型：0x88CD 表示是 SERCOS Ⅲ通信帧。

8）MST：SERCOS Ⅲ信息头。

9）Data Field：数据区。

10）FCS：校验码（Frame Check Sequence）。

11）ESD：通信数据流结束标识符。

报文结构同标准以太网的报文类似，其中在类型和长度字段用 0x88CD 表示这是一帧 SERCOS 报文，数据区长度有 40～1494B，根据具体使用环境设置。一帧 SERCOS 报文长度为 72～1526B，需要 5.8～122.1μs

的时间传递。MST 的第一个字节为 SERCOS 类型标志，其含义如表 9-3 所示。

表 9-3　MST 中 SERCOS 类型

数据位	值	含义
7	0	第一通道（Primary Channel）P-报文
	1	第二通道（Secondary Channel）S-报文
6	0	MDT 报文
	1	AT 报文
2~5	—	保留
0~1	00	0 号报文（MDT0 或 AT0）
	01	1 号报文
	10	2 号报文
	11	3 号报文

SERCOSⅢ通信循环一般由 RT 实时通道和 NRT 非实时 IP 通道组成，其中 RT 通道由 2~8 个 SERCOS 帧组成，包括 1~4 个主站数据报文（Master Data Telegram，MDT）和 1~4 个伺服报文（Acknowledge Telegram，AT），循环周期为 39.25μs~65ms，如图 9-7 所示。

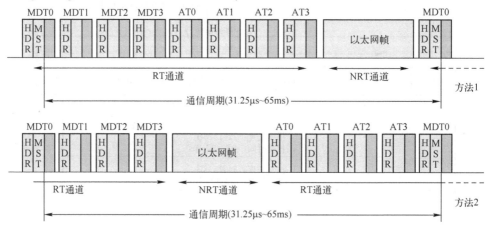

图 9-7　SERCOS 通信帧的组成

MDT 是主站发给从站的指令，对从站来说是不能改写的只读信息，如位置指令、速度指令、系统参数或过程命令。MDT0 必须在每个周期传输，MDT1~MDT3 可根据需要传输。主站在每个通信周期传输相同数目的 MDT。

AT 用于从站向主站控制单元传送设备的状态信息，从站可对其进行读写，如实际位置、实际速度、状态信息或命令的应答信息。SERCOS 规定了 4 个 AT（AT0~AT3）。主站传输时包含空数据区的 AT，每个从站插入数据到相应的 AT 数据区内。AT0 必须在每个周期传输，AT1~AT3 可根据需要传输，主站总是在每个通信周期传输相同数目的 AT 报文。

NRT 通道可以放置在最后，也可放置在 MDT 和 AT 报文的中间。主站在发送信息时根据报文计算生成校验码（FCS），并进行发送，从站接收报文并根据校验码进行检查，在将发出信息插入报文过程中计算新的校验码，然后发送到下一站点。

每一个 MDT 和 AT 都是一个以太网通信帧，概括来讲它由三部分组成，以太网报文头 HDR（Header）、MST 和数据区，其中第一个 MDT0 的 MST 用于通信的帧同步，如图 9-8 所示。每一个循环都由 MDT0 始，从以太网报头开始到 MST 共 22 个字节，传输需要固定的 2.24μs，从站收到这个 MST 后进行帧同步处理。

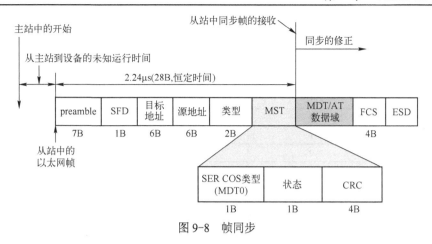

图 9-8　帧同步

数据区 MDT/AT 的组成如图 9-9 所示。

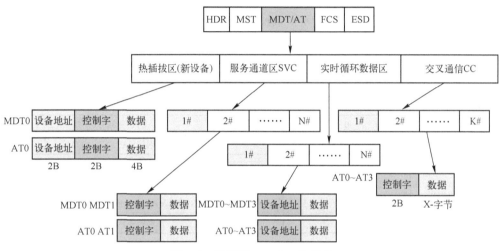

图 9-9　数据区 MDT/AT 的组成

它可由四部分组成，新在线设备 HP（Hot Plug 热插拔）的信息、服务通道 SVC 的数据、循环实时数据或 CC 交叉通信数据。其中 HP 的信息只能出现在 MDT0 和 AT0 报文中，并且只能在环形网络方式下实现，它由设备地址、控制或状态字和数据共 8 个字节组成。服务通道 SVC 只能在 MDT0、MDT1 或 AT0、AT1 中出现，每一个设备有自己的服务通道，它由 6 个字节组成。服务通道 SVC MDT 前 2 个字节为控制字，其含义如表 9-4 所示，用于传送主站发给从站的 IDN、对发送过程进行控制以及发送中的握手信号。后面 4 个字节用于 IDN 具体参数的传递，根据控制字中不同的内容传递不同的信息，如控制字设置为要传递 IDN 标识号，则后 4 个字节内容为相应 IDN 的标识号。

表 9-4　MDT 服务通道控制字

数据位	值	含义
6～15	—	保留
3～5	000	服务通道无效
	001	数据块的 IDN
	010	数据块的名称
	011	数据块的单位
	100	输入值的最小极限

（续）

数据位	值	含义
	101	输入值的最大极限
	110	服务通道无效
	111	操作数
2	0	在传输过程中
	1	最后的传送
1	0	读取服务通道 SVC 信息
	1	写入服务通道 SVC 信息
0	—	MHS（Master HandShake bit）主站握手位
	Toggle（变换）	主站服务握手信号

　　服务通道 SVCAT 前 2 个字节为状态字，表明从站的状态、服务通道是否发生错误以及和主站的握手信号，表 9-5 表示该状态字的设置内容。

表 9-5　AT 服务通道状态字

数据位	值	含义
4~15	—	保留
3	0	SVC（valid）无效
	1	SVC 有效
2	0	SVC 无错
	1	有错，错误信息在 SVC INFO 区
1	0	从站现阶段完成，准备升迁到下阶段
	1	正在进行，不允许变迁
0	0	AHS（Slave HandShake bit）从站握手位
	1	从站服务握手信号

　　循环实时数据由 4 个字节设备控制或设备状态信息和可配置数据长度的数据区组成，循环实时数据可以放在所有的 MDT 或 AT 中，实时数据区放置实时循环通信时的数据，每一个从站一个数据单位，表 9-6 为 MDT 中设备控制字含义，表 9-7 为 AT 中设备状态字。

表 9-6　MDT 实时设备控制字

数据位	值	含义
15	—	保留
14	—	拓扑结构变化在每一个通信阶段 0→1 时进行
12~13	00	双通道向前方式
	01	第一通道环路返回及向前方式
	10	第二通道环路返回及向前方式
	11	保留
0~11	—	保留

表 9-7　AT 实时设备状态字

数据位	值	含义
15	0	没有报警
	1	发生报警

（续）

数据位	值	含义
14	—	拓扑变换握手信号，每个阶段从 0→1
	toggle	如果拓扑结构变化，从站对这位改写
12～13	00	双通道向前方式
	01	第一通道环路返回及向前方式
	10	第二通道环路返回及向前方式
	11	NRT 模式
10～11	00	连接正常
	01	连接出现错误
	10	第一通道 P 在非活动接口
	11	第二通道 P 在非活动接口
8～9	0	当进入 CP0 或 CPS=1 时
	1	当新阶段准备好和 CPS=0
6～7	1	保留
5（PCA）	0	过程命令的确认没有变化
	1	过程命令的确认有变化
4	0	参数化层次 PL1 和 PL2 无效
	1	参数化层次 PL1 和 PL2 有效
0～3	—	保留

CC 通信区由 2 个字节的控制字和若干数据字节组成，每个交叉通信有一个 CC 通道，CC 通道只能在 AT 中出现。

9.4.3 通信的建立

SERCOS 的网络通信由主站建立，从初始化到开始循环实时通信分为五个阶段 CP0～CP4，在表 9-8 中的 MST 状态位中说明，其中 CP0～CP3 为初始化阶段，完成初始化后，进入正常工作阶段 CP4。在任何高阶的通信阶段都可以回到 CP0 阶段重新进行初始化工作，而向高级阶段升级必须要逐步一级一级转变。

表 9-8 MST 状态位

数据位	值	含义
7（CPS）	0	当前通信阶段
	1	转换到新的通信阶段
4～6	—	保留
0～3	0000	CP0
	0001	CP1
	0010	CP2
	0011	CP3
	0100	CP4
	其他	保留

通过在主站 MST 的状态字中设置不同的通信阶段字，从站接收到状态字后进行处理，如果正常，则通知主站，主站开始下一阶段工作；如果不正常，则退回到开始，重新进行网络初始化，图 9-10

251

是状态转移图，图 9-10 中的 CP*x* 表示转换过程。

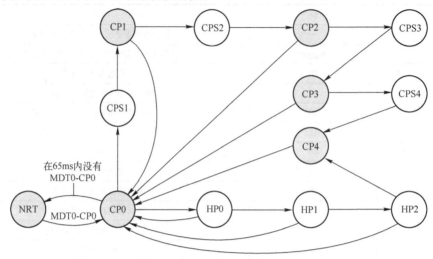

图 9-10　状态转移图

SERCOS 通信建立的流程如下。

1）系统上电后主站和从站都直接进入通常的以太网模式，也就是通信只有 NRT 通道开放，可进行一般的以太网通信。

2）CP0 阶段主站开始初始化工作，用来检查环路是否闭合以及识别所有连在网络上的从站。

3）CP1 阶段用来配置从站进行非循环的通信。

4）CP2 阶段进行从站参数的设置及对从站的循环通信进行配置。

5）CP3 阶段用来对从站进行进一步的配置，并准备好循环实时通信方式。

6）CP4 阶段开始 SERCOS 的循环实时通信。

正常通信过程中如果有热插拔发生，则通过 HP0～HP2 三个阶段又恢复到正常通信状态。

1．CP0 阶段

CP0 阶段主站开始初始化工作，用来检查环路是否闭合以及识别所有连在网络上的从站。主站发出 MDT0-CP0 报文，从站接收到这个报文后，将接收到这个报文的通道设置成环路返回及向前方式，并将这个报文发送。如果从站的另一个接口收到了 MDT0-CP0 报文，则将关闭环路返回及向前方式，启动双通道向前方式。如果是线形拓扑结构的最后节点，则它的另一个接口就收不到报文，还保持着环路返回及向前方式，这样整个网络就建立起了 SERCOS 线形拓扑结构。如果是环形拓扑结构，节点两个接口都能收到报文，则全部从站都为双通道向前方式，从而建立起 SERCOS 环形结构。如果在 65ms 时间段内，主站没有收到从站的回应，则重新开始。

在这个阶段主站使用 MDT0 和 AT0，设置如图 9-11 所示。

类型 =AT0	阶段 =CP0	CRC	SeqCnt	TADR #1	……	TADR #510	TADR #511
1B	1B	4B	2B	2B		2B	2B

AT0-第一通道：主站设置　顺序数SeqCnt=0x0001
AT0-第二通道：主站设置　顺序数SeqCnt=0x8001
主站将所有拓扑地址TADR(Topology Address)设置成0xFFFF

图 9-11　AT0-CP0 设置

将第一通道的顺序数设置成 0x0001，另一通道为 0x8001，并将所有拓扑地址 TADR（511 个）设置成 0xFFFF，拓扑地址号的顺序同从站的物理地址顺序。从站接收这个报文，并对顺序数和拓扑地址的内容进行如图 9-12 的方式处理，首先将顺序数加 1 写入，并将从站的地址设置内容写入对应 AT0 拓扑地址中，如从站通过地址设置开关设置成 n，则将 n 写入 AT0 中相应的拓扑地址中。如果从站没有地址设置开关，则将 0 写入相应的单元。

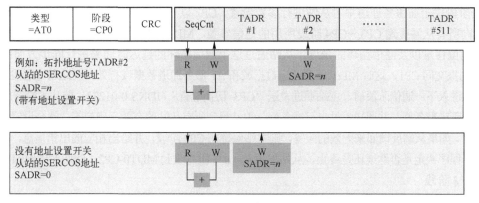

图 9-12　地址分配

图 9-13 展示了线形拓扑结构的识别过程，顺序数每经过一个节点加 2，最后一个节点只加 1，如果一个设备中包含多个节点，则每个节点增加一次。这样每一个节点有两个拓扑地址 TADR，节点省略高地址的 TADR，也就是说节点的拓扑地址为低地址的 TADR。主站将收到的顺序数（屏蔽最高位）除以 2 得到网络上的节点数量。同样环形拓扑结构以第一通道 P 为例，如图 9-14 所示，主站收到返回的顺序数，将这个数减一得到网络上的节点数。主站在 100 次收到同样的 MDT0 和 AT0 并且没有错误，则转换到下一通信阶段 CP1。

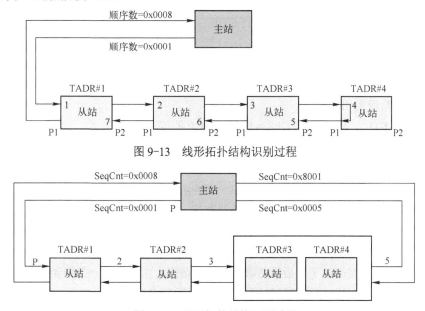

图 9-13　线形拓扑结构识别过程

图 9-14　环形拓扑结构识别过程

2. CP1 阶段

CP1 阶段用来初始化服务通道，如果节点数少于 256 个，则报文只用 MDT0、MDT1、AT0 和 AT1，主站将 MDT-SVC 控制字中 MHS 设置成 1，表示要每个从站在 AT0 和 AT1 中写入回答信息，从站通过在 ATx 服务通道控制字中置入 SVC 有效和握手 AHS 来回答主站。如果主站在规定的时间没有收到从站的回答，或者有错误，则主站转回到 CP0。如果从站在 65ms 中没有收到 MDT0-CP1 报文，则从站退回到 NRT 阶段。

3．CP2 阶段

这个阶段用于在服务通道中对从站进行参数设置，CP2 以上的阶段完全对服务通道的功能进行支持，主站向所有从站传递 CP3～CP4 阶段所用的通信参数、MDT 和 AT 的长度、服务通道和实时数据在报文中的偏移量以及通信循环的延迟。从站通过这个通信循环的延迟时间来进行同步方面的处理。

CP2 的报文同 CP1，这时 MDT 服务通道数据域和 AT 服务通道数据域有效，主站通过这些通道访问所有从站。进入下一通信阶段前，主站通过发送"CP3 切换检查"（IDNS-0-0127），使从站检查用于 CP3 的参数是否正确准备好，并通知主站自己准备好，主站得到所有从站的有效正确应答，就会设置切换到下一阶段 CP3。如果从站反馈回来无效的应答，则主站保持在 CP2 阶段，并给出相应的出错信息，根据操作者或控制器程序决定是否继续还是终止。从站如果 65ms 中没有收到 MDT0-CP2，就切换到 NRT 阶段。

4．CP3 阶段

在 CP3 阶段通信的结构同 CP4 阶段，主站向所有从站发送配置好了的 MDTx 和 ATx，从站的参数通过服务通道传递，并通过 MHS 和 AHS 的握手机制保证传递的可靠性。主站发送"CP4 切换检查"（IDNS-0-0128），从站检查转换到 CP4 阶段参数的有效性，并且所用参数已被正确执行和设置，然后从站启动同步机制，并向主站回应"参数命令以正确执行"，这时主站才开始向 CP4 阶段切换。如果从站反馈回来无效的应答，则主站保持在 CP3 阶段，并给出相应的出错信息，根据操作者或控制器程序决定是否继续。如果通信错误（或丢失）出现的次数超过了规定的最大次数，则从站切换到 NRT 阶段。

5．CP4 阶段

CP4 阶段开始正常的工作过程，按配置好的结构循环地进行通信，完成控制指令到伺服从站的传递和伺服运行状态的反馈。CP4 阶段只能退到 CP0，如果发生了通信错误或操作者干预，所有正在运行的伺服装置都要以最优的方式停止，从站关闭的方法 SERCOS 没有做具体规定，将它归属在特殊功能规范中。如果通信错误（或丢失）出现的次数超过了规定的最大次数，则从站切换到 NRT 阶段。

6．通信阶段切换

（1）主站通信阶段的切换流程

1）主站设置 MDT 、MST 中的 CPS＝1 及新的 CP 的值。

2）主站设置 200ms 的等待时间，如果是在 CP0 阶段，则查看 AT0 中的顺序数是否被从站改变，在 CP1～CP4 阶段检查表 9-7 第 8 位是否为 0，有如下三种情况。

① 如果在 CP0 中顺序数没有改写或在 CP1～CP4 阶段所有从站的从站有效位（表 9-7 第 8 位）为 0，主站停止传递 MDTs 和 ATs 向新阶段切换的准备。

② 如果等待时间段内主站收到了从站 C1D（Class 1 Diagnostic）通信错误，关闭等待时间检查，等待修复这个错误。如果错误被修复，则阶段切换工作继续，否则退回到 CP0。

③ 如果主站在等待时间过了以后仍然收到从站的数据，主站生成一条错误信息并显示相关从站的 SERCOS 地址和拓扑地址，用户删除错误后，主站退回到 CP0。

3）一旦内部准备工作完成，主站开始重新发送 MDTs 和 ATs，并设置 CPS＝0。

4）主站再次设置 200ms 等待时间，等待所有从站在 ATs 中改写，在 CP0 阶段查看顺序数是否有效，在 CP1～CP4 阶段查看从站有效位是否等于 1。

① 如果主站在等待时间过了以后没有收到从站的数据，则显示错误信息，用户删除错误后，主站退回到 CP0。

②　如果收到的数据有效（顺序数有效或从站有效位等于 1），则切换工作完成，新的阶段开始。

（2）从站通信阶段的切换流程

1）从站根据主站的命令（CPS＝1 和新的 CP）开始检查新的 CP 是否可行。

①　从站不再收到 MDT、MST 之后，它设置 500ms 的等待下一个 MDT、MST 的时间，并准备新的 CP 阶段。

②　如果当前的阶段无效，从站在 C1D 生成一条通信错误并发送给主站。

③　如果新的 CP 条件不满足，则从站在 C1D 生成一条通信错误，并退回到 CP0。

2）主站不再发送 MDT、 MST 之后，从站等待另外的 MDT、MST。

①　如果从站在 CPS＝0 和新的 CP 条件下收到 MDT 、MST，表示切换完成，新的通信阶段开始，从站重新开始处理 MDT 中的数据，在 AT 中写入相应信息，并取消设置的等待时间。

②　如果从站在 CPS＝1 和新的 CP 条件下收到 MDT 、MST，它等待 CPS 变成 0，重新启动等待时间。

③　如果从站收到 MDT、 MST，但通信阶段无效，设置错误并退回到 CP0 阶段。

④　如果在等待时间段没有收到主站发来的 MDT、 MST，设置错误并退回到 CP0 阶段。

9.4.4　数据传递过程

非周期性数据的传递分为参数传递和过程命令传递两类，每个参数和过程命令都有唯一的标识号 IDN，主要包括通信参数、诊断参数、报文内容定义参数、伺服模式参数、伺服运行参数、电动机参数和机械参数等，通过服务通道可以进行：

1）通信的初始化工作。

2）IDN 数据块所有元素的传递。

3）过程命令的传递。

4）改变极限值操作。

5）改变控制环参数的操作。

6）获取从站详细的状态信息。

7）诊断功能。

非周期性通信由主站启动和控制，SERCOS 协议中的读写操作都是对于主站来说的，传输处理流程如图 9-15 所示。

首先，主站发送数据块的 IDN，打开服务通道，开始非周期性通信，从站返回应答做出响应。下一步主站设置 SVC 控制字位 5，4，3，说明数据块的元素号，并设置 SVC 控制字位 1 表示读写操作，如果是写操作，主站在 MDT SVC 数据区写入发给从站的数据；如果是读操作，从站将相关数据写入 AT SVC 数据区发给主站。由于数据区只有 4 个字节，数据可能要分几次传递，一次传递 4 个字节。主站通过 SVC 控制字位 2 表示结束或继续一次非周期的通信，等于 0 表示通信继续还有数据要发送，等于 1 表示发送的是最后一次数据。在服务通道进行数据传递的每一步都由 SVC 控制字 MHS 位和 SVC 状态字 AHS 位的握手来保证。每次要进行新的数据传输时，主站将 MHS 位取反，从站发现 MHS 位的变化，知道有一个新的数据传输开始，从站完成相关处理，并将 AHS 设置成等于 MHS 的值。通过比较 MHS 和 AHS 主站和从站就能判断传输过程中所处的状态，如表 9-9 所示。

在等待握手信号时主站和从站能够在传输中插入"等待循环"，超过 10 次通信循环，主站设置超时条件，如果仍然没有正确握手，则发出超时错误。从站还可通过 busy 位来控制 SVC 的传递，这一位表示从站是否完成了处理工作，在 busy＝0 前，主站不能启动新的阶段，这样就能使从站阻止主站过快的节拍。SERCOSⅢ没有对这个 busy 应答时间进行说明，根据配置，主站在没有收到确认应答信号一定的时间后，关闭服务通道。

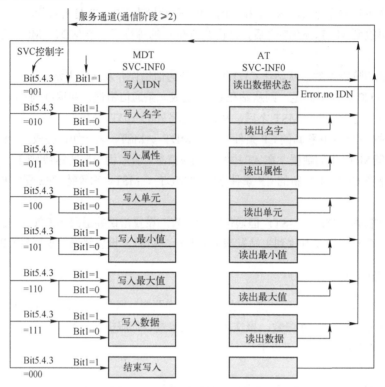

图 9-15　服务通道数据传输过程

表 9-9　握手信号及当前状态

对主站	AHS=MHS SVC 有效位=1	从站进行判断，主站等待过程确认（SVC 状态字 busy=0）
	AHS！=MHS SVC 有效位=1	数据没有收到或没有得到从站的确认，主站应重复上一步
	SVC 有效位=0	从站不支持 SVC 中的报文
对从站	AHS=MHS	主站没有要求新的通信阶段，从站重复上一步
	AHS！=MHS	主站要求新的通信阶段

服务通道在 CP1 阶段进行初始化，并保留为后面通信高级阶段使用。在 CP1 阶段每一个服务通道都以下面状态开始。

1）主站设置 MDT SVC 的 MHS=1。

2）如果主站要求连接从站，从站将设置 AT SVC 状态字中 AHS=1 和 SVC 有效位=1。

3）SVC 控制字和状态字的其他位全部设置为 0。

4）SC 数据区内容无效。

从 CP2 阶段开始，MDT 和 AT 的服务通道全部字都有效。

过程命令在主站和从站中调用特定的功能，它用来激活站点的函数过程，来实现具体功能，这个功能的执行过程可能需要一定时间。通信只需将这个过程命令传递过去触发其开始执行，不需要等待这个命令执行完毕，就可开始下一个数据或命令的传递。不像数据通信要等待最后一个数据传送完毕才认为这次通信结束。通过 SVC 的设备状态字中过程命令变化位的状态来表示命令是否执行完成，主站可以中断一个命令的执行过程（有些命令是不能中断的），但不能中断一次非周期的通信过程。

过程命令由主站启动从站执行，主站通过 MDT 的服务通道将命令传递给从站，并控制过程命令的设置、执行、中断执行和取消。从站通过服务通道 SVC 状态字的 AHS、busy 和 SVC 有效位来和主站进行应答。过程命令控制字如表 9-10 所示，状态字如表 9-11 所示。主站通过这些状态位来判断命令传递和执行的状态。

表 9-10　过程命令控制字

数据位	值	含义
2~15	—	保留
0~1	00	过程命令不活动
	01	设置和中断过程命令
	10	取消过程命令
	11	设置和启动过程命令

表 9-11　过程命令状态字

数据位	值	含义
9~15	—	保留
8	—	数据有效（data valid）
	0	有效
	1	无效
4~7	—	保留
0~3	0000	过程命令未设置
	0001	过程命令设置
	0011	过程命令已执行使能
	0101	过程命令被中断
	0111	过程命令执行未完
	1111	错误，过程命令不能执行
	其他	保留

MDT 和 AT 报文出错的响应，如果一个报文出错，则主站和从站要做出如下反应。

1）保持接口的同步。

2）针对丢失报文，增加内部错误计数器的值。

应用程序可以做出附加响应（根据最后一个正确的命令值，设备可以计算内部的命令值以取代丢失的报文等）。IDNS-0-1003 规定了最大的通信周期数目，在该时间内，从站可能没有接收到跟它相关的报文（CP3 和 CP4 阶段）。如果从站在多于 IDNS-0-1003 规定的周期内没有接收到相关的报文，则从站可从 CP3 和 CP4 阶段返回到非实时模式下。在经过此参数规定周期的一半后，从站将在设备状态寄存器内设置通信报警位。为了识别从站内部的错误数量，规定了如下两个 IDN 且在从站中实现。

1）IDN S-0-1028 用以显示连续的报文丢失的最大数。

2）IDNS-0-1035 用以显示报文丢失的总数。

9.4.5　SERCON IDN

SERCOS 中所有参数和过程命令都是以 IDN（Identification Number）的形式存储和传递的，以前版本的 SERCOS 仅仅针对伺服系统，现在 SERCOS Ⅲ IDN 将其扩展到了 I/O 设备、人机界面监视器等控制领域。每一个 IDN 都对应一个数据块，通过 IDN 号就能唯一确定数据块的内容，如表 9-12 所示。它由 7 个元素组成，其中有可选择的元素，元素 1、3、7 是必选的，具体元素由服务通道的控制字相应位来选择。

　　IDN 的结构：IDN 分为标准的 IDN 和特殊产品的 IDN 两类，每一类又分为 8 个参数集，每一个集包含 4095 个 IDN，每一个 IDN 可含有 256 个结构实例和 256 个结构元素，在报文中 IDN 以 32bit 二进制数进行传递，如表 9-13 所示。

表 9-12　IDN 数据块

元素号	描述	要求
1	IDN 号	必须
2	名称	可选
3	属性	必须
4	单位	可选
5	最小输入允许值	可选
6	最大输入允许值	可选
7	操作数	必须

设置循环时间参数时（S-0-1001、S-0-1002），元素 5 和 6 必须给出

表 9-13　IDN 结构

数据位	值	含义
24～31	0～255	结构实例 SI（Structure Instance）
16～23	0～127	标准结构元素 SE（Structure Element）
	128～255	特殊结构元素 SE（Structure Element）
15	0	标准类 S
	1	特殊类 P（可有用户定义）
12～14	0～7	参数集
0～11	0～4095	如果 SI=SE=0，则表示数据块号；否则代表功能组号

　　数据块名称区最多 64 个字节，头 2 个字节表示当前字符长度，3～4 两个字节表示从站如更改名称最大的允许长度。数据块的属性用来进行数据表示，使它更容易理解。最小输入值应是从站能够产生的操作数据最小的数值，在写入要求时，如果操作数据的值小于这个最小输入值，则操作数据不变化。同样最大输入值应是从站能够产生的操作数据最大的数值，在写入要求时，如果操作数据的值大于这个最大输入值，则操作数据不变化。操作数据长度有以下几种：2B、4B、8B 和可变长度到 65532B，可变长度的头 2 个字节表示当前数据长度，3～4B 表示从站最大数据长度。文件和数据表应通过可变长度操作数从控制器到从站或相反进行传递。

　　SERCOS 定义了功能完善的 IDN，提供了 500 多个描述驱动器和控制器之间交互的 IDN，按功能可将 IDN 分为以下 11 组。

　　（1）加减速控制

　　有回参考点加速度、正负加速度的极限值、紧急停止加速度、加减速极限使能等。

　　（2）可配置的 I/O

　　参考点开关状态、输入状态、输入方式、输出方式等。

（3）电流和扭矩控制

初级操作模式、扭矩反馈值、放大器峰值电流、放大器额定电流、附加扭矩命令、动态刹车模式、动态刹车电流、峰值电流时电流环的比例系数等。

（4）错误和安全检测

正负向位置极限、双向速度极限、双向扭矩极限、诊断消息、硬极限使能等。

（5）反馈设备

电动机编码器类型、外部反馈分辨率、电动机反馈分辨率、霍尔传感器状态、反馈状态等。

（6）通用特征

制造商版本、直流母线电压、远程使能开关、模拟量输入值等。

（7）监测及诊断

接口状态、跟随误差、位置窗口、记录采样时间、驱动使能状态等。

（8）电动机相容性

电动机峰值电流、电动机最大速度、电动机级数、电动机类型等。

（9）位置控制

位置环比例系数、位置命令、正负向位置极限、到位状态、位置反馈值等。

（10）系统通信

循环通信时间，实时状态、报文类型、从站管理等。

（11）速度控制

速度命令、速度反馈、速度环比例系数、速度极限等。

SERCOS 通过这些丰富的 IDN 实现对伺服运动的控制，具体 IDN 的详细解释请参考相关文档。

9.4.6　SERCOS 安全网络

SERCOSⅢ采用了 CIP 安全标准，它在原来 SERCOS 安全机制的基础上增加了安全应用层，如图 9-16 所示。

因为快速可靠的通信才能将安全信号可靠地传递，所以通信本身的安全性是实现安全网络的前提。SERCOS 系统的快速和可靠性满足实现安全网络的条件，并被德国 TüV 认证满足 IEC61508 规范的安全完整性等级 SIL3（Safety Integrity Level3）。

图 9-16　SERCOS 安全网络

SERCOSⅢ采用消息协议 SMP 进行安全信息的传递，通过对实时通道的配置，可以在一个 SERCOS 帧中传递 2～250B 的安全信息，并且安全信息还可以通过 CC 通道直接传递，不需经过主站，进一步提高安全信号的实时响应。

9.5　SERCOS 在数控系统中的应用

9.5.1　工作原理

SERCOS 接口在控制器和驱动器间传送光数据，有效地排除了噪声干扰。每一光缆环可以连接的驱动器数量取决于周期时间、数据量、传输速率。每一控制器连接的驱动器数量可以用多个光缆来扩展。SERCOS 接口规范标准化了控制器和驱动器间交换操作数据段格式和比例因子。在初始化阶段，根据控制器和驱动器的工作特征，配置对接口的操作。无论驱动器还是控制器都能执行速度和位置控制，由于数据格式的灵活性，可用于多种控制结构和操作模式。通过命令值和反馈值的周期数据交换、精确等长的时序、测量值和命令值的同步，控制器能够与所有被连接的驱动器同步。

9.5.2　SERCOS 接口拓扑结构

SERCOS 接口采用环形拓扑结构，一个控制单元可以带一个或多个 SERCOS 环路。每个环路由一个主站和多个从站组成，主站负责将控制单元连接到环路上，从站负责将伺服装置连接到环路上。每个从站又可以连接一个或多个伺服装置。从理论上说，一个主站最多可以控制 254 个伺服装置，但在实际应用中，每个主站控制的伺服装置总数受诸多因数的影响，如 SERCOS 通信周期时间、运行模式以及数据传输率等。除了采用更快的协议芯片获得更高的数据传输率，使每个环路可以连接更多的伺服装置以外，还可以通过增加环路数量，来增加每个控制单元所控制的伺服装置总数。

环路上一个主站与多个从站结构如图 9-17 所示。

9.5.3　数据传输模式

SERCOS 接口实现了周期数据传送中的同步，即控制器的操作周期与接口通信周期和驱动器的操作周期同步，从而避免了各周期间的差拍，把控制环的延迟降到最小。这也暗示了所有驱动器同时启动新的命令，同时进行测量，把测量值作为反馈值发送到控制器，它要求传送周期严格等长。

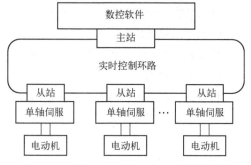

图 9-17　环路上一个主站与多个从站结构

具体同步机制如下：SERCOS 通信周期以主站发送 MST 同步报文为基准，由于 MST 同步报文非常短，在忽略光纤环路的时间延迟下，MST 同步报文将同时到达各伺服从站，各伺服从站同时读取到同步信息，以此基准，设定接口芯片内部硬件定时器，并开始计数，与存储在主从站内部的各时间参数做比较，如果相等则触发相应的事件，使每个伺服从站保证它的发送时间槽和反馈采集捕捉点同步，有效地保证了指令数据的同时到达及反馈数据的同时采集。

控制器与驱动器间的所有数据交换都是通过报文来进行的。

SERCOS 接口协议定义了三种报文。

1）主站同步报文（MST）：主站以广播形式周期性向各从站发送 MST，主要用于同步主站和各个从站的通信周期。

2）主站数据报文（MDT）：主站周期性以广播形式向各从站发送 MDT，各从站从 MDT 报文中提取属于自己的数据。MDT 主要包括位置指令值、速度指令值、系统参数或过程命令等数据。

主站数据报文的报文结构如图 9-18 所示。

3）伺服报文（AT）：各从站周期性发送 AT 报文到主站，反馈从站实际位置值、实际速度值、状态数据或过程命令应答等数据。

伺服从站的报文结构如图 9-19 所示。

地址域为各伺服从站的编号地址。AT 的数据域由状态字和用户数据域组成。状态字用于反馈伺服从站的运行状态。用户数据域用于传输非周期数据和周期指令数据。SERCOS 数据均采用"数据槽"的形式进行管理，数据中既包含了有效数据，还包含了数据传输控制信息，确保数据串行传输。此外，在所传输的数据中亦包含应用层控制信息，如在非周期数据传输阶段的握手位信息。通信过程中上述 SERCOS 三种报文基本结构不变，但每个通信阶段的内容是随着通信时序的变化而变化的。

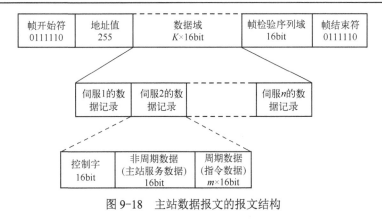

图 9-18　主站数据报文的报文结构

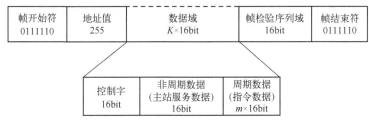

图 9-19　伺服从站的报文结构

9.5.4　数据传送内容

所有由 SERCOS 接口处理的数据都赋予一个 ID 号（IDN），此类数据称为操作数据，它包括参数、系统过程命令、命令值和反馈值。

参数：它用于调整驱动器和控制器，以保证系统的无错操作。

系统过程命令：它用于激活驱动器内的函数过程或者控制器和驱动器间的函数。

命令值和反馈值：通常作为周期交换数据包含在报文中。

按照不同通信阶段数据传输内容的不同，传输数据可分为周期模式交换的数据和非周期模式交换的数据。

（1）周期模式交换的数据

在一个通信周期内，从控制器向每个驱动器发送一个控制字，从每个驱动器向控制器发送回一个状态字。可以把控制字和状态字的信息分为两类。

1）与数据传送相关的信息：控制非周期传送（控制/确认），为周期传送提供两个实时控制/状态位。

2）与驱动器相关的信息：在控制字内要求的操作模式，发送"驱动器启动"和"驱动器使能"命令。

（2）非周期传输模式交换的数据

传输的数据包括参数和过程命令，数据交换的速度比周期传输模式慢得多。

9.5.5　SERCOS 接口初始化

SERCOS 接口的运行过程分为如下五个通信阶段 CP0～CP4。

1）CP0 阶段用于检查环路是否闭合。

2）CP1 阶段用于识别所有连接在环路上的伺服装置。

3）CP2 阶段的主要任务是通过非周期数据传输设置周期通信所需要的配置参数。

4）CP3 阶段通过非周期数据传输设置各伺服装置的运行参数。

5）CP4 正常运行阶段。

具体过程如下。

（1）CP0 阶段

控制系统接通电源后，主站和各从站直接进入 CP0 阶段。此时，所有从站都工作在中继器模式下，只有主站发送主站同步报文 MST，检查环路是否闭合。如果主站能够连续 10 次以上收到自己所发的 MST，表示环路闭合，系统正常工作，可进入 CP1 阶段。

（2）CP1 阶段

在 CP1 阶段，主站向每个伺服装置发送 MDT 报文，此时 MDT 的地址域包含待识别的伺服装置的地址。如果被识别的伺服装置工作正常，它应在下一个通信周期发送一个 AT 报文作为应答。如果所有伺服装置都正确做出应答，则可进入 CP2 阶段。

（3）CP2 阶段

CP2 阶段为周期性数据传输做准备，其数据交换采用非周期数据传输方式完成。主站通过伺服地址分别访问各个伺服装置，进行非周期数据传输，与伺服装置交换配置参数。在进入 CP3 之前，主站通过发送"CP3 切换检查"过程命令，以检查支持周期性通信的参数是否已经设置正确。当所有伺服装置都对该过程命令做出正确应答时，才允许主站发出 CP3 切换命令。

（4）CP3 阶段

主站与伺服装置以广播形式进行通信，MDT 的地址域中包含广播地址 255。CP3 阶段的工作时序由 CP2 阶段设置的参数决定，CP3 阶段的主要任务是通过非周期数据传输设置伺服正常允许时所需的参数。当所有伺服装置都对该过程命令做出正应答，即"过程命令已正确执行"以后，才允许主站从 CP3 切换到 CP4。

（5）CP4 阶段

如果成功切换至 CP4 阶段，则初始化过程结束，系统进入正常运行阶段。

9.6　SERCOS 接口控制器 SERCON816

9.6.1　SERCON816 概述

SERCOS 接口控制器 SERCON816 是用于 SERCOS 接口通信系统的集成电路。SERCOS 接口是一个用于系统之间通信的数字接口，这些系统必须以固定的短间隔（62.5μs～65ms）周期性地交换信息。它适用于分布式控制或测试设备的同步操作（如驱动器和数控之间的连接）。

SERCOS 接口控制器包含 SERCOS 接口的所有硬件相关功能，大大降低了硬件成本和微处理器的计算时间要求。它是光纤接收器和发射器与执行控制算法的微处理器之间的直接连接。SERCON816 可用于 SERCOS 接口主站和从站。SERCON816 结构如图 9-20 所示。

SERCON816 包含以下功能。

1）SERCON816 能够与具有 8 位或 16 位数据总线宽度的微处理器接口，以及兼容 Intel 或 Motorola 标准总线接口。

2）一个串行接口，用于与光纤环的光学接收器和发射器或与电环或总线的驱动器直接连接。集成了数据和时钟再生、环形拓扑中继器以及串行发送器和接收器。监测信号并生成测试信号。串行接口的运行速度高达 16 Mbaud，无需外部电路。

3）用于控制和通信数据的双端口 RAM（2048×16bit）。内存的组织是灵活的。

4）用于自动传输和监控同步和数据报文的报文处理。仅处理用于特定接口用户的传输数据。传输的数据要么存储在内部 RAM（单缓冲区或双缓冲区）中，要么通过直接内存访问 （DMA）传输。在多个通信周期内传输服务通道信息自动执行。

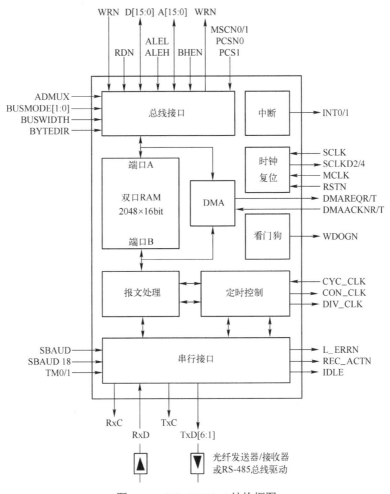

图 9-20 SERCON816 结构框图

除 SERCOS 接口外，SERCON816 还可用于其他实时通信任务。作为光纤环的替代方案，还支持带有 RS-485 信号的总线拓扑。

9.6.2 SERCON816 的特性

SERCON816 具有如下特性。

1）SERCOS 接口的单片控制器。

2）工业控制系统的实时通信。

3）8/16 位总线接口，Intel 和 Motorola 控制信号。

4）带 2048×16 位的双端口 RAM。

5）通过光纤环、RS485 环和 RS 485 总线进行数据通信。

6）带内部时钟恢复，最大传输速率为 16Mbaud。

7）用于环形连接的内部中继器。

8）全双工操作。

9）光发射二极管的功率调制。

10）在通信周期中自动传输同步和数据报文。

11）灵活的 RAM 配置，通信数据存储在 RAM 中（单缓冲区或双缓冲区）或通过 DMA 传输。

12）外部信号同步。

13）定时控制信号。

14）自动服务通道传输。

15）监视软件和外部同步信号的看门狗。

16）SERCON410B SERCOS 接口控制器的兼容模式。

17）100 引脚 QFP 封装。

9.6.3　SERCON816 引脚描述

SERCON816 引脚图如图 9-21 所示。

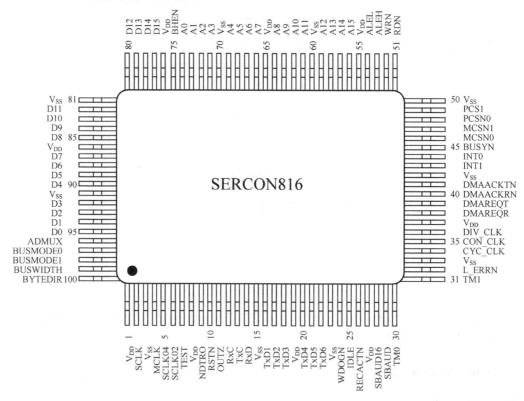

图 9-21　SERCON816 引脚图

SERCON816 引脚说明如下。

D15～0（数据总线）：采用 8 位总线宽度时，数据通过 D7～0 读写；采用 16 位总线宽度时，数据通过 D15～0 读写。当 ADMUX 为 1（地址/数据总线复用）且 ALEL 和 ALEH 有效时，存储在地址锁存器中的地址通过 D15～0 输入。

A15～0（地址总线）：当 ADMUX=0 时，用于地址输入；当 ADMUX=1 时，用于地址输出。如果 ALEL 有效，则使用 A[7:0]；如果 ALEH 有效，则使用 A[15:8]。8 位总线模式时，A[0]用于识别哪一个字节通过 D[7:0]传输；16 位总线模式时，只有当 A[0]=0 时，数据才通过 D[7:0]传输，A[10:1]用于选择双端口 RAM 中的单元；A[6:1]用于选择控制寄存器。

ALEL，ALEH：低 8 位和高 8 位地址锁存器使能控制，高电平有效，只有当 ADMUX 为 1 时才使用。当 ALEL/ALEH 为 1 时，信号从数据总线传输到地址总线；当 ALEL/ALEH=0 时，地址锁存器用于存储地址。当 ADMUX 为 0 时，ALEL/ALEH 必须连接到 VDD。

RDN（读控制）：如果采用 Intel 总线模式，当 RDN 为 0 时读取数据。对于 Motorola 总线接口，当 RDN 为 0（BUSMODE1=0）时，数据被读取；当 RDN 为 1（BUSMODE1=1）时，数据被写入。

WRN（写控制）：如果采用 Intel 总线模式，当 WRN 为 0 时，数据被写入。如果采用 Motorola 总线模式，WRN 用于选择对数据总线的操作类型，当 WRN=1 时读，当 WRN=0 时写。

BHEN：高位字节使能控制，低电平有效。在 16 位总线模式下，当 BHEN 为 0 时，数据通过 D15～8 传输。

MCSN0，MCSN1：双端口 RAM 片选控制，低电平有效。要访问双端口 RAM，MCSN0 和 MCSN1 必须为 0。

PCSN0，PCS1：外围芯片片选控制，PCSN0 为低电平有效，PCS1 为高电平有效，若要访问控制寄存器，PCSN0 必须等于 0，且 PCS1 必须等于 1。

BUSYN：双端口 RAM 忙标志，低电平有效。如果微处理器对双端口 RAM 的某个内存单元的访问与内部报文处理模块的访问发生冲突，则该引脚的输出变为有效（低电平）。

DMAREQR：DMA 接收请求标志，高电平有效。当允许从接收 FIFO 中读取数据时，该引脚的输出变为有效（高电平）。当开始读接收 FIFO 中的最后一个数据字时，DMAREQR 变为无效（低电平）。

DMAACKRN：DMA 接收应答控制，低电平有效。当 DMAACKRN=0 时，无论 A[15:1]是什么状态，片选控制是否有效，接收 FIFO 中的数据都将被读取。

DMAREQT：DMA 发送请求标志，高电平有效。当允许向发送 FIFO 中写入数据时，该引脚的输出变为有效（高电平）。当开始向发送 FIFO 写入最后一个数据字时，DMAREQT 变为无效（低电平）。

DMAACKTN：DMA 确认发送，低电平有效。当 DMAACKTN 为 0，存在独立于 A6～1 上的电平和片选信号的总线写访问时，发送 FIFO 被写入。

DMA 发送应答控制，低电平有效；无论 A[15:1]当前是什么状态，片选控制是否有效，只要 DMAACKTN=0 且正好有一个总线写入操作，数据都会被写入发送 FIFO。

ADMUX：地址/数据总线复用控制。当 ADMUX=0 时，A[15:0]用作地址输入；当 ADMUX=1 时，A[15:0]用作地址锁存器的输出。

BUSMODE0，BUSMODE1：总线模式选择控制。当 BUSMODE0=0 时，采用 Intel 总线模式（RDN=读，WRN=写）；当 BUSMODE0=1 时，采用 Motorola 总线模式（RDN=数据选通，WRN=读/写）。BUSMODE1 用于决定数据选通是低电平有效（BUSMODE1=0），还是高电平有效（BUSMODE1=1）。

BUSWIDTH：总线宽度选择控制。若 BUSWIDTH=0，则采用 8 位宽度数据总线；若 BUSWIDTH=1，则采用 16 位宽度数据总线。

BYTEDIR：字节的地址次序。当 BYTEDIR=0 时，A[0]=0 寻址某一个字的低 8 位（低字节在先）；当 BYTEDIR=1 时，A[0]=0 寻址某一个字的高 8 位（高字节在先）。

INT0，INT1：中断信号。中断源和信号极性可编程（低电平有效或高电平有效）。

SBAUD16：波特率和 SERCON410B 兼容模式，SBAUD 和 SBAUD16 选择串行接口的波特率。如果 SBAUD16 为"1"，则选择 SERCON410B 兼容模式。

SBAUD：波特率可以被微处理器重写。

RxD：接收串行接口的数据。

RxC：接收串行接口的时钟。内部生成的接收时钟的输出。

RECACTN：接收有效，低电平有效。表示串行接收器正在接收报文。

TxD1：发送数据。引脚可以切换到高阻抗状态。

TxD6～2：发送数据或输出端口。引脚可以输出串行数据，也可以用作并行输出端口。当它们输出发送数据时，每个引脚都可以单独切换到高阻抗状态。

TxC：为串行接口发送时钟。内部生成的发送时钟的输出。

IDLE：发送器空闲标志，低电平有效。发送自身数据时，IDLE 为 0。

TM0，TM1：检测信号生成器启/停控制。TM0=0 时，TxD1～6 输出连续的高电平信号；TM1=

0 时，TxD1～6 输出零位流（Zero Bit Stream）。微处理器可以重写 TM1～0 的功能。

WDOGN：看门狗输出（低电平有效）。

L_ERRN：线路错误，低电平有效。信号失真过高或接收信号丢失时变为低电平。操作模式由处理器编程设定。

CYC_CLK：SERCOS 接口周期时钟，CYC_CLK 同步通信周期，极性是可编程的。

CON_CLK：控制时钟。在通信周期内有效。时间、极性和宽度是可编程的。

DIV_CLK：分频控制时钟。在一个通信周期内多次有效，或在几个通信周期内有效一次。脉冲数、启动时间、重复频率和极性是可编程的，脉冲宽度为 1μs。

SCLK：用于时钟再生的串行时钟，最大频率为 64MHz。

SCLKO2：时钟输出。输出 SCLK 时钟 2 分频后的时钟信号。

SCLKO4：时钟输出。输出 SCLK 时钟 4 分频后的时钟信号。

MCLK：用于报文处理和定时控制的主时钟，频率为 12～64MHz 可调。

RSTN：复位，低电平有效。通电后至少保持低电平 50ns。

TEST：测试，高电平有效。正常工作时必须接地。

OUTZ：将输出置于高阻抗状态，高电平有效。OUTZ 为 1 将所有引脚置于高阻抗状态。时钟关闭，电路复位。用于内部电路检测，或启动低能耗模式。

NDTRO：NAND 输出。用于半导体制造商的测试和电路板生产后的连接测试。NDTRO 不会被置为高阻抗状态。

Vss：接地引脚。

VDD：电源+5V，误差±5%。

9.6.4 控制寄存器和 RAM 数据结构

1. 控制寄存器地址

SERCON816 控制寄存器说明如表 9-14 所示。地址是 A6～1 输入的字地址。要计算字节地址，必须将该值乘以 2。所有控制寄存器都可以写入和读取（R/W），除了启动动作的控制位（W）。

状态寄存器只能读取（R）。当包含未使用或只能读取的位的控制寄存器被写入时，这些位可以设置为 0 或 1；它们不会在内部进行评估。如果用未使用的位读取控制寄存器，这些位被设置为 0。

表 9-14 SERCON816 的控制寄存器说明

A6～1	位	名称	R/W	值	功能
00H	0～15	版本	R	0010H	循环码（0010H）
01H～2AH	0～15	有关控制寄存器的详细说明，请参阅 SERCON816 参考指南

2. RAM 数据结构

在这个 RAM 中，前 11 位有固定的含义。SERCON816 RAM 数据前 11 位说明如表 9-15 所示。

表 9-15 SERCON816 RAM 数据前 11 位说明

A10～1	内　容
0～1	COMPT0～1：发送块 0～1 的开始
2～9	SCPT0～7：地址服务容器 0～7
10	NMSTERR：错误计数器 MST

RAM 的其余部分可以根据需要划分为数据结构。

（1）报头

接收报文的报头包含五个控制字，如表 9-16 所示。

表 9-16　SERCON816 接收报文的报头说明

序　号	位	名　称	功　能
0	0~7	ADR	报文地址
	8	DMA	内部 RAM 中的数据存储（DMA=0）或 DMA 传输（DMA=1）
	9	DBUF	RAM 中的数据：单缓冲区（DBUF=0）或双缓冲区（DBUF=1）
	10	VAL	对于单缓冲（DMA=0，DBUF=0）或 DMA 传输（DMA=1）：报文数据无效（VAL=0）或有效（VAL=1）。对于双缓冲（DMA=0，DBUF=1）：缓冲区 0（VAL=0）或缓冲区 1（VAL=1）中的数据有效。在接收报文的开始和结束时由控制器修改
	11	ACHK	如果地址有效（ACHK=1）或独立于收到的地址（ACHK=0），则会收到报文。收到的地址存储在 ADR 中
	12	TCHK	接收时间已检查（TCHK=1）或未检查（TCHK=0）
	13	RERR	最后一封报文没有错误（RERR=0）或错误未收到（RERR=1）
	14	0	接收报文的报头标记位
	15	0	报头的标记位
1	0~15	TRT	MST 结束后报文开始的时间
2	0~15	TLEN	以数据字表示的报文长度（不包括地址）
3	0~10	PT	下一个报头或结束标记 RAM 中的字地址
	11~15	—	（未使用）
4	0~15	NERR	错误计数器

（2）数据容器

数据容器包括一个或两个 16 位控制字以及数量可变的数据字。如果数据存储在内部 RAM（DMA=0）中，并使用单个缓冲区（DBUF=0），则数据容器有一个缓冲区。使用 RAM 存储和双缓冲（DBUF=1），需要两个数据缓冲区。在 DMA 传输（DMA=1）的情况下，数据容器仅包含控制字，如图 9-22 所示。

两个控制字的结构取决于报文是发送还是接收，如表 9-17 所示。

表 9-17　两个控制字的结构说明

序　号	位	名　称	功　能
0	0~9	LEN	数据块的 16 位数据字数
	10	SVFL	标志，数据块是否使用服务容器（SVFL=1）
	11~13	NSV	使用的服务容器的数量（0~7）
0	14	SCMASTER	在从站模式（SCMASTER=0）或主站模式（SCMASTER=1）下处理服务容器
	15	LASTDC	报文的最后一个数据容器（1）或后面的其他数据容器（0）
1	0~15	POS	数据块在报文中的位置（字数）。报文的第一条数据记录 POS=0（仅在接收报文的情况下）

（3）结束标记

结束标记由两个 16 位字组成，如表 9-18 所示。

表 9-18　结束标记说明

序号	位	名称	功能
0	0~13	—	（未使用）
	14	1	结束标记的标记位
	15	1	结束标记的标记位
1	0~15	TEND	MST 结束后最后一次报文结束的时间（μs 内）

（4）服务容器

服务容器包含 5 个控制字和一个缓冲区（BUFLEN 字，最大长度 255），如图 9-23 所示。

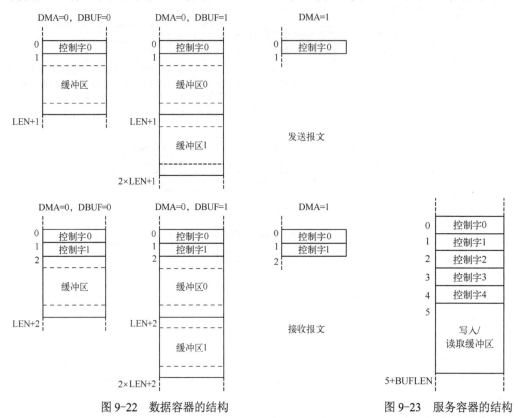

图 9-22　数据容器的结构　　　　　　图 9-23　服务容器的结构

9.7　SERCON816 总线的接口

9.7.1　SERCON816 与微处理器的连接

SERCOS 接口芯片是实现运动控制单元与伺服装置之间数字通信的接口，主要实现 SERCOS 物理层和数据链路层协议报文的处理。SERCOS 接口控制器与微处理器通过总线形式连接，通过中断响应事件来触发控制器的工作，如图 9-24 所示，由图 9-24 可知，SERCON816 是一种可以虚拟为微处理器外围存储器的外围设备。

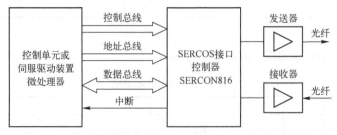

图 9-24　SERCON816 与微处理器的连接图

SERCON816 既可用于 SERCOS 通信主站，也可用于从站，通过内部控制寄存器进行设置可选择工作于主站或者从站状态，接口芯片集成字控制寄存器、2k 字的双口 RAM、2 个外部中断源、34

个内部中断源、外部串行通信接口、报文处理模块等。通过设定片内寄存器和读写结构化的双口 RAM
便可实现总线的通信，各模块名称和功能如下。

1）连接微处理器的总线接口模块：与微处理器总线的连接接口，包括总线宽度选择、控制寄存
器/双口 RAM 地址选通、读写控制以及双口 RAM 工作状态指示。

2）内部集成双端口 RAM：容量为 2k 字长度的双口 RAM，存储通信缓冲数据，可以方便地进行
地址配置，通过地址偏移或指针访问数据记录部分。

3）连接外部设备的串行接口：一进一出结构，连接光纤环路及光纤收发器。

4）报文处理模块：根据协议规定的报文结构，将指令数据封装成数据包发送到光纤环路上，并
监视处理反馈报文。

5）定时控制模块：为数据报文处理与接收提供定时基准，根据设定的时间槽，与 SERCON816
定时精度 1μs 的特性，控制数据报文发送与接收的同步性，从而实现 SERCOS 同步机制。

6）中断模块：根据时间槽特性，定时产生中断，触发响应的中断服务程序，进行数据报文的周
期实时处理。

SERCOS 接口是实现控制单元与伺服装置之间数字通信的接口。这些设备通常要求在固定的时间
间隔（从 62.5μs 到 65ms）内周期性地交换数据。SERCOS 接口控制芯片 SERCON816 是实现 SERCOS
接口物理层和数据链路层协议的集成电路芯片，控制单元或伺服装置的微处理器通过控制总线、地址
总线和数据总线对其进行操作，并响应来自 SERCON816 的中断信号。

SERCON816 既可用于 SERCOS 主站，也可用于 SERCOS 从站。

9.7.2 SERCON816 接口电路关键设计

1. 片选控制

SERCON816 双端口 RAM 容量为 2048×16bit，当采用 16 位宽度的数据总线时，通过 A[11:1]寻
址。控制寄存器共 40 个，每个寄存器宽度均为 16 位，通过 A[6:1]寻址。微处理器读写双端口 RAM
时，要求双端口 RAM 片选控制 MCSN0 和 MCSN1 都等于 0。读写控制寄存器时，要求外围芯片片选
控制 PCSN0＝0 且 PCS1＝1。

分离式和组合式两种片选方法如图 9-25
所示。

用于区分对双端口 RAM 或控制寄存器的
访问。采用分离式，当外部控制信号 CSN1
为低电平时，微处理器读写双端口 RAM；当
外部控制信号 CSN2 为低电平时，微处理器
读写控制寄存器。采用组合式，当外部控制
信号 CSN 为低电平时，选中 SERCON816，
地址线 A11 用于区分双端口 RAM 和控制寄

图 9-25 片选控制

存器：当 A12＝0 时，微处理器读写双端口 RAM；反之，读写控制寄存器。

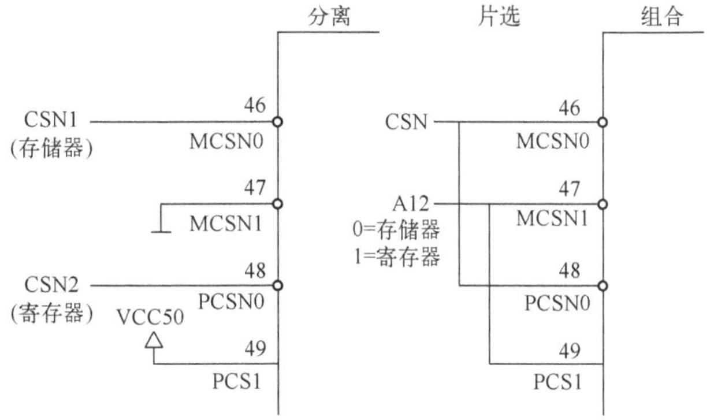

2. 时钟电路设计

SERCON816 工作时钟源由外部晶振提供，连接到 SCLK 引脚，报文处理时钟信号由 SCLK 输入的时
钟信号通过内部锁相环电路的作用，4 倍频后作为内部再生时钟，被分频器 2 分频后，由 SCLKO2 引脚输
出，内部再生时钟被 4 分频后，由 SCLKO4 引脚输出。报文处理时钟 MCLK 可以直接连接到 SCLKO2 或
者 SCLKO4 引脚。当数据传输波特率以最大 16Mbit/s 传输时，报文处理时钟最大可达 32Mbit/s。

3. 复位设计

SERCON816 兼容软硬件两种复位方式。软件方式是读取复位标志位，如果在硬件方式没有使用或者在受干扰的情况下，对相应的控制寄存器进行写操作来实现，直到复位标志位有效。硬件复位方式是在外部加入低通滤波电路，防止信号的干扰，并在上电时产生一个时间宽度大于 50ns 的下降沿低电平有效信号，如果芯片工作在非兼容模式或者掉电复位时，低电平的宽度应当不大于 10ms。

9.8 系统软件设计与实现

9.8.1 SERCOS 通信主站软件设计

运动控制器通过串口通信接收主控制器 ARM 翻译 G 代码，存储在 FPGA（A3P400）的 UART 接收 FIFO 中。DSP 读取 FIFO 的数据，运行粗插补和细插补程序，得到每个插补周期中的位置指令，放入数据缓冲区，等待发送。

SERCOS 接口周期信号触发 DSP 中断，主站运动控制器将插补计算后的位置指令通过 SERCOS 接口光纤环路发送到从站伺服驱动器执行。同时从站伺服驱动器将当前位置反馈指令发往主站进行判断，实时显示当前坐标位置。

主站在完成 DSP 微控制器 TMS320C6713、运动控制器、SERCOS 接口通信的初始化后，进入插补预处理、通信处理与 I/O 处理主循环模块。主站 SERCOS 接口主要完成应用层协议，驱动程序按照服务通道传输机制，并结合硬件控制和配置要求编写。

主站接口软件分为两个通信任务：通信初始化和周期通信。通信初始化处于通信阶段 CP0～CP3，主要设置通信参数和伺服从站相关运行参数，周期通信 CP4 阶段执行实时控制任务，发送指令数据和读取反馈数据。

1. 主站通信初始化

主站通信初始化任务包括 SERCON816 的控制寄存器和双端口 RAM 的初始化，完成参数加载初始化后，主站进入通信初始化。软件初始化流程如图 9-26 所示。

SERCOS 系统通信可分为五个阶段，由传输相位 CP0 到传输相位 CP4，其中，CP0 到 CP3 是初始化过程的过渡相位，用来设定主、从站周期通信所需要的参数和伺服参数，当这 4 个相位成功执行并设定完参数后，才能进入周期通信 CP4。整个初始化设定即以非周期性传输来建立系统的周期性传输。

（1）通信阶段 0（CP0）

主站发送主站 MST 同步报文，从站只作为"转发器"工作，本阶段主要检查光纤通信环路是否闭合。周期通信时间可在控制寄存器 0x0f 里设置，通常取 1ms 或其整数倍。CP0 采用中断 FIBBR，若其断路，则中断信号有效，当连接上时，先清中断，再读取该中断，并计数，若 10 次都一样，则光纤通路断开，需检查回路情况。软件流程如图 9-27 所示。

（2）通信阶段 1（CP1）

CP1 的主要任务是识别连接在光纤回路上的所有伺服从站。主站在此阶段对各个伺服从站发送对应地址的 MDT 报文，伺服从站在收到匹配地址的指令报文后，在下一个周期发送本地址伺服报文 AT，供主站进行判定，若各个伺服从站正常工作，则进入通信阶段 CP2。软件流程如图 9-28 所示。

（3）通信阶段 2（CP2）

本阶段主要进行各伺服从站的参数设置，包括通信的时间周期，各伺服从站数据接收和发送的时间槽等。参数以非周期数据传输的方式进行设置。

CP2 设定的参数：设定电流、电压回路比例控制器的增益、所匹配的电动机极对数等，可根据驱动器的不同而进行设置，弹性较大。

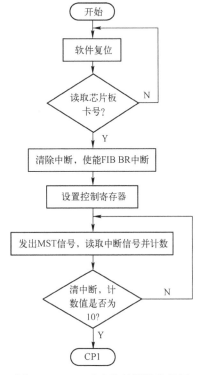

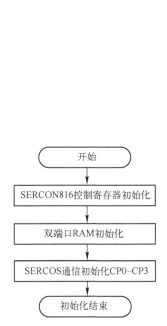

图 9-26　主站通信初始化流程图　　　　图 9-27　CP0 阶段软件设计流程图

当主站完成对各伺服装置参数的设定后，主站发送过程命令 IDN127，IDN127 为 CP2 向 CP3 的切换检查，当伺服接收到此命令时会检查时间槽是否设定完成，即能否支持周期性的通信，并将检查结果回应给主站做相应的处理。

（4）通信阶段 3（CP3）

主站的 MDT 报文以广播的形式运行，不再与每个伺服单独进行通信，而是按照正常的周期性通信阶段的工作时序运行，此时部分可配置的数据虽然在 CP2 阶段完成设置，但此内容仍无效，系统不做检查，数据记录的固定部分（控制字和非周期数据）用于非周期性数据传输。主站与所有驱动器同时进行数据交换，提高了数据传输的效率。

CP3 主要设定的参数：完成周期性通信系统所需的其余参数，包括各控制器的数值，驱动器的参数极限，错误诊断等信息。最后主站发送过程命令切换请求，从站检查参数有效性后向主站做出回答。

（5）通信阶段 4（CP4）

SERCOS 通信初始化过程完成，系统可以开始做正常的操作，通过读取 AT、MDT 的实时数据，主从站进行相应的处理。总体软件流程如图 9-29 所示。

2．周期通信

通信初始化后，进入周期通信阶段，主站内部定时器计数，产生周期中断，在周期服务程序中主站读取各伺服从站的 AT 报文，并把指令数据存放于 RAM 数据缓冲区中以 MDT 报文发往光纤回路，各伺服从站读取和执行。

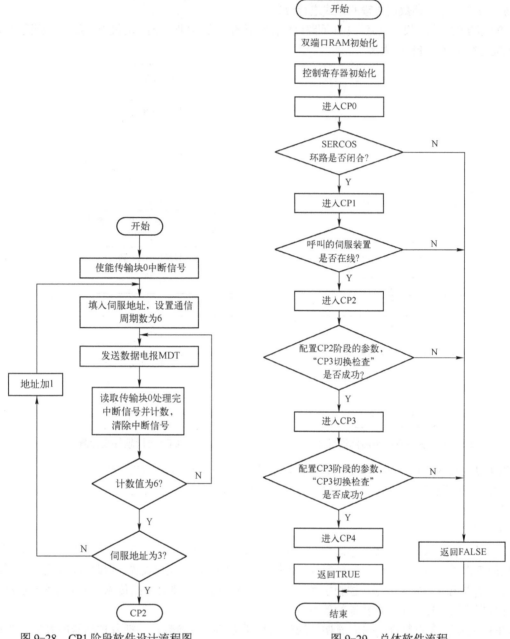

图 9-28　CP1 阶段软件设计流程图　　　　　　　图 9-29　总体软件流程

9.8.2　SERCOS 通信从站软件设计

在 SERCOS 主从站通信系统中，主站发送命令数据，从站读取主站指令数据，响应主站的要求，完成相应的处理。伺服从站通信任务包括 SERCOS 接口初始化和周期通信。

1．从站通信初始化

与主站通信初始化任务大致相同，不同之处在于从站在每个通信周期不断扫描主站发送的 MST 报文，经过报文处理后显示 MST 阶段信息，执行相应过程。

程序流程如图 9-30 所示，分为以下几个阶段。

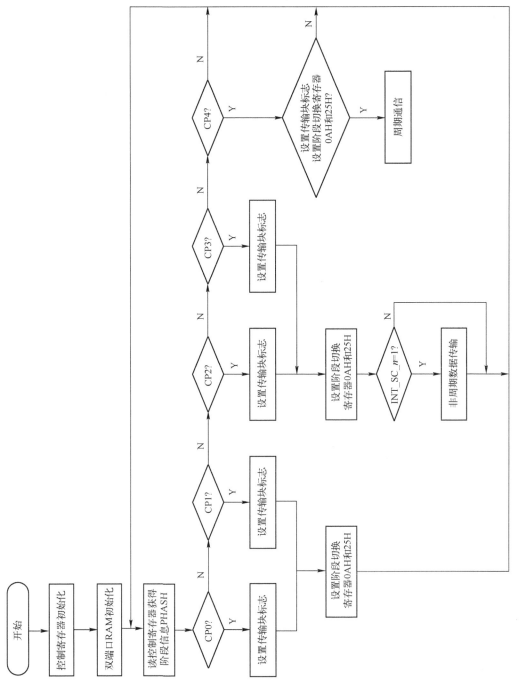

图 9-30　从站软件设计流程图

1）检查所接收到的 MST 中包含的阶段信息 PHASREC（Reg.0x0b-bit7～0），进入相应的处理分支。

2）在处理分支中，对某些控制寄存器进行必要的设置。

3）检查服务通道中断标志 INT_SC_n（Reg.0x05-bit7～0），n 为服务通道号，取 0～7 的整数。如果某中断标志 INT_SC_n 被置"1"，表示主站通过服务通道 n 请求非周期性数据传输，从站调用非周期性数据传输处理函数完成相关处理。

2. 周期通信

周期通信阶段，伺服从站读取 MDT 数据报文和反馈伺服 AT 报文。在指令值有效时刻 $t0$，从站伺服驱动器读取 MDT 控制指令，从而控制电动机运动位置和转速，在反馈值采样时刻 $t1$，采集伺服反馈数据装入 AT 报文中。$t0$ 和 $t1$ 具体值在控制寄存器 0x1A 和 0x1B 中预先设定，在 CP2 阶段设置。响应时刻如图 9-31 所示。

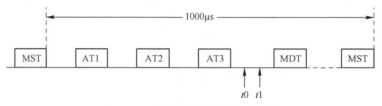

图 9-31　从站周期中断响应时间点

9.9　基于 SERCOS 接口的开放式数控体系模块结构

基于 PC 和 SERCOS 接口的开放式数控体系模块结构如图 9-32 所示。

9.9.1　SERCOS 接口

一个 SERCOS 接口通信系统由一个主动轴和若干个从动轴组成。这些单元由一个光纤环连接。光纤环开始并结束于主轴。从动轴可以更新、复制它所收到的数据，同时也能发送自己的信号给主动轴。采用这种方式，由主轴发出的信号被所有的从动轴接收到，同时主轴也能接收来自从动轴的数据。光纤可以确保一个可靠的低噪声、高速率的数据传输。

接口控制器是 SERCOS 通信系统中的集成芯片，它包含 SERCOS 接口所有与硬件相关的功能函数，这样就有效降低了硬件成本和减少微处理器的计算时间。

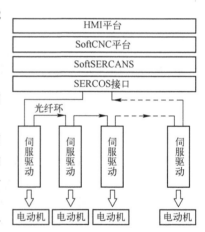

图 9-32　基于 SERCOS 接口的
开放式数控体系模块结构

SERCOS 的先进性体现在如下几点。

1）采用光电信号数字同步通信技术，使数控系统具有高的实时响应能力，精密同步功能及高可靠性。

2）强大的通信能力。SERCOS 接口采用环行拓扑结构，每一个环最多可连接 40 个驱动器及输入/输出设备，控制器与所连设备间通过每一运动周期发送一串双向通信报文来进行彼此间的同步通信。报文长度可大于 80B。这是现场总线无法匹敌的。为了提高数控系统控制轴数量以及系统集成和控制模式的灵括性和可靠性，通信数据量日益提高，除了控制命令外，还必须包括系统和环上设备参数的自动初始化、控制模式和参数的实时修改以及控制信息、状态信息、诊断信息和其他服务信息。

3）全面描述了世界各厂商生产的数字伺服驱动器技术参数，使 SERCOS 接口具有更高的开放性。为使 SERCOS 接口成为各制造商共同协定的国际标准，SERCOS 接口定义了 400 多个参数，并为厂商提供了自定义参数的机制。因此技术参数的全面描述代表了 SERCO5 接口的实力。从信息技术的观点来看，所有重要的驱动数据以多制造商的形式实现标准化，它奠定了此接口在软件层上进行抽象的基础，从而将一个复杂的自动化技术与信息技术集成起来。从用户的观点来看，他们不再受某个供应商的限制，可以从不同的供应商中选购不同的驱动器和控制器，开放地设计和优化他们的产品解决方案，同时对供应商来讲，可使驱动器和控制器彼此独立地发展。

4）使分布式控制变得既经济又可靠。现今制造业大量使用柔性化数控生产线，但是在传统的数控生产线上安装有大量的电器柜和密密麻麻的连线，需采取各种复杂的防干扰措施，故障率和成本都很高。SERCOS 接口的采用，从根本上改变了这种状况。首先，在一般情况下，用一个控制器便可方便地控制生产线上的所有轴的运动；其次，用一对长达 800m 的光缆便可把所有的驱动器连接起来，而且可以把驱动器直接安放在电动机附近，整个系统的装配既简洁又省时；轴数越多，系统的经济性越高。

SERCOS 采用光缆环的形式连接数字控制器、驱动器、执行机构和输入/输出部件，并在彼此之间进行实时通信。控制器与驱动器之间的数据交换通过光缆环来完成，避免外部干扰。在单个环上连接控制单元的被称为主控器，控制环上的所有通信。环上数据的交换主要发生在控制单元和驱动器之间。直接的数据交换只发生在控制单元和驱动器之间，而非驱动器与驱动器之间。

通过 SERCOS 接口进行交换的数据类型分为实时数据和非实时数据两种类型。实时数据包括命令值、反馈值、控制字、驱动状态和实时位。非实时数据包括初始化配置、参数设置、诊断数和数据块元素访问等。

9.9.2　SERCANS

SERCOS 接口的内部机理决定了在运行系统时首先必须进行复杂的初始化操作。初始化时必须访问环上各站点的许多数据，然后进行时间片计算。为了使运动控制开发者更好地接受 SERCOS 接口，1996 年诞生了 SERCANS 概念，其目的是将复杂的初始化过程封装起来。SERCANS 是一个主动式的 SERCOS 主站卡。在 SERCANS 卡上有一个微处理器，由装入的软件执行 SERCOS 环的初始化和管理。在 SERCANS 卡上有一个双口随机存储器，它是 SERCOS 接口环和 CNC 控制器间的接口。编写运动控制程序时要把双口 RAM（DPR）的地址赋予运动控制函数。由此可见，SERCANS 把运动控制工作降低到了根据中断信号执行读写操作。

SERCANS 已经通过大量应用证实了它具有高度可靠性，可以大大降低实施 SERCOS 接口工程的难度。

SERCANS 的优点是：它对于操作系统是匿名的，因此 SERCANS 可以在满足总线协议的任何硬件和操作系统环境中使用。但是开发者仍然必须处理时序问题，要求掌握很多硬件知识。开发者必须承担包括控制器的基本功能和人机接口在内的运动控制器的全部建设任务。只有少量供应商能够支付得起与此相关的开发成本。这个事实造成了推广 SERCOS 接口的潜在障碍。

9.9.3　SoftSERCANS

SoftSERCANS 是 SERCANS 的一个软件化变革：把 SERCANS 主控功能移植到了软件抽象层。它继承了成熟的、可靠的、先进的 SERCOS 概念。基于 Windows 操作系统的实时扩展将成为运动控制器实时平台的未来事实标准，选择了 VenturCom 公司开发的 Windows NT 实时扩展 RTX 作为一个初始的软件平台。但是这种实时平台仍然有较大的延迟（一般为 30μs）。为此，SoftSERCANS 采取措施解决了实时 Windows 平台的局限性和运动控制器高实时性要求之间的矛盾，使 SERCOS 接口具有几个微秒的内部实时能力，从而实现了它与 PC 型运动控制器的完美结合。

SoftSERCANS 只需要使用一张被动式 SERCOS 主站卡。此卡很简单，卡上没有微处理器，它比主动式 SERCOS 接口卡的成本低很多。SoftSERCANS 向运动控制器提供的通信接口是一个动态链接库（DLL）。对于运动控制器开发者来说不需要知道控制硬件，不需要处理时序问题，只需要掌握 DLL 函数及相关参数的使用方法，就可以设计数控应用软件，从而将耗费在 SERCOS 接口实施上的精力和开销降到最低水平。

PC 机的 CPU 不仅用于运动控制和人机界面，而且有能力处理 SERCOS 接口的控制功能。基于 SoftSERCANS 的运动控制器不再需要专用的硬件和专用的处理器。每台控制器可插 4 个 SERCOS 主站卡，构成 4 个光缆环。对于每个光缆环，SoftSERCANS 可支持高达 40 个轴，支持的最小 SERCOS 循环周期为 500μs。

SoftSERCANS 实质上是一个 SERCOS 接口的软件驱动器。它在全面实施 SERCOS 协议的基础上增加了与应用软件通信的 DLL 接口。

1. SoftSERCANS 的性能与特点

SoftSERCANS 的性能与特点如下。

1）每台 PC 机上可插 4 个被动式 SERCANS 卡，每个卡可支持 40 个轴，最小运动控制周期为 0.5ms。

2）不需要 CNC 控制卡和 PLC 控制卡，被动式 SERCANS 卡上不再有微处理器。结构比主动卡简单，经济成本低。

3）性能不再受 CNC、PLC 等专用卡上的低速微处理器的限制，只受 PC 机主板 CPU 及被动卡上专有芯片 ASIC 的速率影响。

4）应用软件可采用 C、C++、PASCAL 编写。由于 SoftSERCANS 提供了一个动态连接库（DLL）接口，为编程者减少了开发软件的复杂性，编程者不再需要处理硬件地址，只需要掌握系统参数的定义。因此，在此平台上的各种特定的应用软件变得更加容易。

5）用 SoftSERCANS 写的运动控制软件与硬件无关，使系统有更高的开放性和软件可重用性。

6）它是企业的信息技术和工厂自动化完全融合的最好平台。

2. SoftSERCANS 工作原理

（1）工作时序

SoftSERCANS 的作用是在数控系统和伺服传动系统之间传递信息，所有信息都必须以报文的形式在 CNC 和伺服驱动器之间进行交换。它有三种不同的报文形式。

1）主站同步报文（MST）作为同步用，由 CNC 在传输周期的开始发出。

2）主站数据报文（MDT）作为指令值，由 CNC 向伺服驱动器发送。

3）伺服传动报文（AT）作为反馈实际值，由伺服驱动器向 CNC 发送。

SoftSERCANS 的工作时序如图 9-33 所示。

具体工作过程为：

1）由 CNC 发出 MST。

2）各伺服驱动器通过 AT 向光纤环上发送实际值。

3）在 S-0-0006 时刻，SoftSERCANS 复制所有的 AT 数据。

4）CNC 与内部报文缓冲区（一块共享内存区）交换数据（读 AT，写 DT）。

5）SoftSERCANS 插卡与内部报文缓冲区交换数据（读 MDT，写 AT）。

6）SoftSERCANS 向各伺服驱动器发出 MDT。

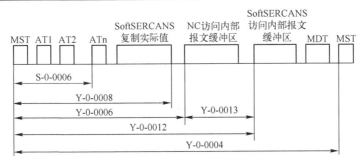

图 9-33　SoftSERCANS 的工作时序

（2）通信阶段

系统只有在完成 SoftSERCANS 初始化过程后，才能传输实时数据，整个过程分为五个阶段。

1）通信阶段 0：SoftSERCANS 检查光纤环是否闭合。如果光纤环是闭合的，SoftSERCANS 进入通信阶段 1。

2）通信阶段 1：检查光纤环上的所有伺服驱动器，并将其地址保存在系统参数中。

3）通信阶段 2：自通信阶段 2 起，CNC 能读写所有的伺服驱动器参数。在本阶段，SoftSERCANS 完成以下工作。

① 通过 CNC 或用户接口给定操作模式（位置控制、速度控制、扭矩控制等）。

② 从伺服驱动器中读出计算时间片所需的所有数据。

③ 检查命令值配置表和实际值配置表。

④ 计算 AT 和 MDT 的报文发送时间。

⑤ 将计算后的通信参数发送到伺服驱动器。

⑥ 将报文结构参数发送到伺服驱动器。

⑦ 过渡检查命令 S-0-0127 在所有伺服驱动器中被执行。如果检查通过，则进入通信阶段 3。

4）通信阶段 3：SoftSERCANS 通过服务通道或用户接口传递参数，参数传递完毕后，过渡检查命令 S-0-0128 在所有伺服驱动器中被执行。如果检查通过，则进入通信阶段 4。

5）通信阶段 4：这是正常的工作状态，实时数据（周期性数据）交换只能在这个阶段进行。

9.9.4　SoftCNC 平台

这是自由度最大的一个模块，也是体系的开放性所在。SoftSERCANS 作为 CNC 与底层运动执行部件的接口，SERCOS 接口的国际标准化已经完全实现向底层运动执行部件的开放性，而 SoftCNC 作为 SoftSERCANS 与用户界面及网络通信等模块之间的接口，为用户开发出适合用户专用的数控软件提供了一个最简洁的平台。

不同类型设备的数控系统具有相同的共性和不同的个性，SoftCNC 的框架结构以它们的共性为基础，同时具有满足不同个性需求的能力，如图 9-34 所示。

在这个基础 SoftCNC 平台上，用户可以根据自己的行业需求自组开发软件模块，如处理数据模块、显示模块和用户界面模块等，运动数据经由共享内存送往 SoftSERCANS，最终由 SERCOS 接口送往执行机构。反馈回用于显示的信息和监控信息也经由共享区送往数据显示线程。所以 SoftCNC 的设计实际上就变成了共享内存区具体数据结构的设计以及各个专业模块的设计。

另外，还有 HMI（Human Machine Interface，人机接口界面）模块。

由上述模块结构可以看出，这种模块结构的数控体系，其开放性体现在以下几个方面。

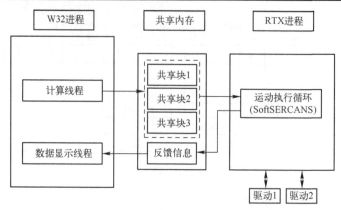

图 9-34　SoftCNC 软件体系结构图

1）基于 PC。由于 PC 机发展迅速，技术成熟，软件资源丰富，因此充分利用 PC 机资源，并将其功能集成到 CNC 中去，在 PC 机硬件平台和操作系统的基础上，构造出数控系统功能。由于 PC 总线是一种开放性的总线，所以这种系统的硬件体系结构就具有了开放式、模块化、可嵌入的特点，为机床厂和用户通过软件开发给数控系统追加功能和实现功能的个性化提供了保证。

2）采用 SERCOS 标准接口。为使 SERCOS 接口成为各制造商共同协定的国际标准，SERCOS 接口定义了 400 多个参数，并为厂商提供了自定义参数的机制，它全面描述了世界各厂商生产的数字驱动器技术参数，使 SERCOS 接口具有更高的开放性。

3）开放的 SoftCNC 平台。SoftCNC 作为 SoftSERCANS 与用户界面及网络通信等模块之间的接口，为用户开发出适合用户专用的数控软件提供了一个最简洁的平台，在这个基础 SoftCNC 平台上，用户可以根据自己的行业需求自主开发软件模块。

4）灵活的界面设计。可以根据用户实际需要进行界面设计。

9.10　习题

1．SERCOS 有哪些特性？

2．SERCOS 工业应用有哪些？

3．简述 SERCOS 接口的运行过程。

4．SERCOS 通信是如何建立的？

5．SERCON816 包含哪些功能？

6．SERCON816 的特性是什么？

7．画出 SERCON816 与微处理器的连接图。

8．SoftSERCANS 的性能与特点是什么？

第 10 章　时间敏感网络

10.1　TSN 概述

TSN 网络（Time Sensitive Network），中文通常称为时效性网络或者时间敏感网络，其指的是在 IEEE 802.1 标准框架下，基于特定应用需求制定的一组"子标准"，旨在为以太网协议建立"通用"的时间敏感机制，以确保网络数据传输的时间确定性。TSN 是新一代确定性网络技术，其主要面向工业物联网、工业自动化、车载网络以及航空航天电子系统网络等安全关键领域。该技术以标准以太网为基础，扩展了时间同步、时间感知流量调度和流无缝冗余传输的能力，支持实时数据和非实时数据共网传输，可实现信息网络与控制网络的融合。

TSN 是二层技术。IEEE 802.1Q 标准在 OSI 模型的第 2 层工作。TSN 是以太网标准，而不是 IP 标准。TSN 网桥做出的转发决定基于以太网报头内容，而不是 IP 地址。以太网帧的有效载荷可以是任何内容，不限于 IP。它实际上是基于 IEEE 802.1 框架制定的一套满足特殊需求的"子标准"，与其说 TSN 是一项新技术，不如说它是对现有网络技术以太网的改进，TSN 在以太网的基础上加入时钟同步、流量调度和网络配置等关键技术，为时间敏感型数据提供低时延、低时延抖动和低丢包率特性的传输服务。

以太网是目前应用最为广泛的网络技术，其结构简单、带宽大、可扩展性强，能够满足大部分应用的通信需求。但以太网设计之初未考虑实时性的问题，而实时通信是许多行业设备网络系统的基本要求。在诸如工业自动化、车载网络和航空航天等安全关键型应用场景中，对组网通信的实时性有很高的要求，为此针对这些特定的应用领域开发了许多专有的协议。例如，用于工业自动化的 EtherCAT、PROFINet 和 Sercos III；用于车载网络的控制器局域网（Controller Area Network，CAN）总线和 FlexRay；用于航空电子设备的航空电子全双工交换式以太网（Avionics Full-Duplex Switched Ethernet，AFDX）和时间触发以太网（Time-Trig-gered Ethernet，TTEthernet）。但它们都是行业专有技术，受此限制很难实现将一种技术扩展到其他行业，导致彼此之间互不兼容，无法在同一网络中实现互操作。为了提高效率并降低成本，需要一个统一的网络架构，时间敏感网络（Time Sensitive Network，TSN）应运而生，旨在使以太网的实时传输能力标准化。TSN 技术标准中制定了许多机制，用于确保或改善以太网流量的实时传输。

当前的 OT（Operation Technology，运营技术）技术为什么不能实现同 IT（Information Technology，信息技术）网络的互联互通？这要从 OT 网络的发展开始。OT 网络的发展目前已经经历了 2 代。第 1 代是现场总线，第 2 代是工业以太网。

这里就有个疑问了，在 1 代向 2 代演进的过程中为什么不直接选择当前 IT 网络所采用的传统以太网技术。这主要是因为：以太网采用载波侦听多路访问/冲突检测（CSMA/CD）的机制，两个工作站发生冲突时，必须延迟一定时间后重发报文。发生堵塞时，有的报文可能长时间发不出去，造成通信时间的不确定性。所以传统以太网一般不能用于工业自动化控制，但是可用于实时性要求不高的场所。商用以太网一般用于办公室环境，不能用于恶劣的工业现场环境。

而如今随着工厂业务的需要，工业以太网又存在着各种各样的瓶颈：在工业控制自动化领域，目前存在着多种实时工业以太网，比如 EtherCAT、PROFINet、POWERLINK、CC-Link 等，这些协议都是在标准以太网的基础上修改或增加了一些特定的协议以保证实时性和确定性。但是由于这些都是非标准以太网，虽然在满足机器运动控制等方面已经绰绰有余，但在易用性、互操作性、带宽和设备成本上都存在一些不足，特别是当前大数据和云计算等进入工业控制领域、要求 IT 和 OT 融合的背景下，不仅要保证大数据传输，而且要保证传输的实时性和确定性，这时这些现有的实时以太网协议就显得更力不从心。

正是由于工业以太网存在的这些瓶颈，才催生了 TSN 网络的产生。

TSN 技术的前身是音频视频桥接（Audio Video Bridging，AVB）技术。以太网设计之初是为了提供尽最大努力转发的传输服务，未考虑实时性的问题。为了满足音频视频流实时传输的问题，IEEE 802.1 工作组于 2006 年成立任务小组，并提出多种机制如带宽预留，基于信用的整形等。虽然这些机制显著提高了 IEEE 802.1 网络的实时性能，但在工业自动化以及车载网络等安全关键性领域中，AVB 定义的这些机制不足以满足时间敏感的关键流量的传输需求。2012 年 AVB 任务组正式更名为 TSN 任务组，提出了一系列的标准协议，在 AVB 协议的基础上为 IEEE 802.1 网络定义了新的功能特性，以满足时间敏感应用的传输需求。图 10-1 展示了自 2012 年以来 TSN 的标准化历程，部分标准还在修订并不断更新，如图中协议名称中带有"P"的标准仍在研发当中。此外，工业自动化是 TSN 的主要应用领域，工业协议 OPC-UA 也在积极展开与 TSN 标准集成的标准化工作。

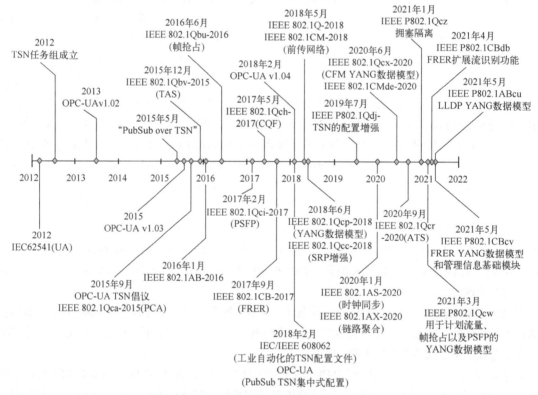

图 10-1　TSN 的标准化历程（附带 OPC-UA）

在工业互联网的框架下，将工业网络中不同部门、不同类型的网络应用融合一体，实现工厂网络互联互通，以达到统一调配、使用和管理是未来工业网络发展的趋势。目前，将工业网络类型按照职能可划分为两个大类，即用于工厂内部信息管理的信息技术（Information Technology，IT）网络和用于现场设备控制的工业运营技术（Operational Technology，OT）网络。

目前，大多数工厂的 IT 网络应用对数据传输的实时性要求较低，此类网络的数据链路层使用传统 CSMA/CD 机制的以太网技术。虽然传统的 CSMA/CD 以太网技术具有成本低廉、可靠性高等优势，但由于本身 CSMA/CD 机制的原因，一旦将其应用于网络通信数据量大、实时性要求高的场合之下时，则会显现出应用范围较窄、处理能力有限、无法满足实际工作需要等力不从心的状态。

因此，时间敏感网络的出现，能够解决传统以太网实时性不足的缺点。时间敏感网络是由 IEEE 802.1 工作组负责制定和修改的一套标准，该标准定义了以太网传输的时间敏感机制。TSN 核心机制包括 IEEE 802.1AS 精确时钟同步、IEEE 802.1Qcc 流预留、IEEE 802.1Qbv 门控调度和 IEEE 802.1Qbu 帧抢占等。2017 年，IEEE 802.1 工作组制定了 IEEE 802.1CM 草案，该草案用于说明时间敏感网络在局域网中的部署问题，并论证了 IEEE 802.1Qbv 门控调度和 IEEE 802.1Qbu 帧抢占对网络性能的改善。IEEE 802.1CM 草案表明，在多种业务类型的流量汇聚和转发的情况下，采用 TSN 能够有效减低网络的传输延迟，提高网络的 QoS 质量。

以太网控制自动化技术（Ethernet Control Automation Technology，EtherCAT）是当前工业现场中广泛使用的运营技术之一。EtherCAT 协议由德国倍福公司于 2003 年发布，并于 2007 年年成为 IEC 61784-2 国际通用实时以太网总线标准。EtherCAT 协议采用全双工的传输模式，能够达到 90% 的带宽利用率，并支持线形、环形、树形等拓扑结构。EtherCAT 包含的分布时钟机制，能够实现纳秒级别的时钟同步精度，并在 100 个伺服电机构成的控制总线中，通信抖动能够维持在 100μs 左右。因此，EtherCAT 凭借着卓越的性能，已经广泛应用于运动控制、实时音频/视频传输等领域，并在工控领域占据了巨大的市场份额。

TSN 为工业互联网中设备通信接入和流量转发流程等方面提供了通用的标准，该项技术能够让工业网络通信不再局限于单个部门或是单个车间，而是扩展到所有部门。因此，将 TSN 功能引入 EtherCAT 为代表的 OT 网络之中，不仅能提高 IT 网段的性能，而且能够促进 OT 网络和 IT 网络的融合，具有一定的前瞻性。然而，目前现有 EtherCAT 设备无法支持 TSN 中 IEEE 802.1AS 精确时钟同步、IEEE 802.1Qcc 流预留等功能，同时两者数据需要转换才能相互识别。

TSN 时间敏感网络关键特性如下。

（1）时间同步

TSN 的流量调度是基于时隙的，因此时钟同步是 TSN 的基础。TSN 使用的是精确时间协议，是保证所有网络设备的时钟一致，而不需要与自然界的时钟保持同步。IEEE 802.1AS-2011 规定了 TSN 整个网络的时钟同步机制，提出了广义精确时间协议（general Precision Time Protocol，gPTP）。gPTP 是在 IEEE1588-2008 的精确时间协议（Precision Time Protocol，PTP）的基础上进行扩展，两者工作模式相同。

全局时间同步是大多数 TSN 标准的基础，用于保证数据帧在各个设备中传输时隙的正确匹配，满足通信流的端到端确定性时延和无排队传输要求。TSN 利用 IEEE 802.1AS 在各个时间感知系统之间传递同步消息，对以太网的同步协议更加完善，增加了分布式网络的同步，并且采用双向信息通道，提高了传输信号的精确度。

（2）流量控制

TSN 流控过程主要包括流分类、流整形、流调度和流抢占。

1）流分类的主要功能是通过识别流的属性信息或统计信息，以确定它们对应的流量类型和优先级信息，评价指标主要为分类准确度。

2）流整形主要功能是限制收发流的最大速率并对超过该速率的流进行缓存，然后控制流以较均匀的速率发送，达到稳定传送突发流量的目的。

3）流调度主要功能是通过一定规则（调度算法或机制）将排队和整形后的流调度至输出端口，以确定流在交换机内对应的转发顺序，从而保证各种流传送时的 QoS 需求并在一定程度上降低网络拥塞。

4）流抢占改变了低优先级流的调度顺序，保证了高优先级流的及时转发，是流调度的一种特殊形式和 TSN 关键技术之一。流抢占主要功能是通过帧间切片打断低优先级帧传输的方式避免流优先级反转现象，以保证高优先级帧实时性或超低时延性能需求。

（3）网络配置

1）面向时间敏感网络应用，TSN 需要对发送端、接收端和网络中的交换机进行配置，以便为时间敏感型数据提供预留带宽等服务。IEEE 802.1Qcc 中定义的时间敏感网络的配置模型分为全集中式配置模型、混合式配置模型以及全分布式配置模型三种。

2）全集中式用户配置（Centralized User Configuration，CUC）负责发送端和接收端的配置；集中式网络配置（Centralized Network Configuration，CNC）负责 TSN 交换机的配置，完全集中的模型支持集中用户配置（CUC）实体来发现终端和用户需求，并在终端中配置 TSN 特性。

10.2 TSN 核心技术与应用研究

10.2.1 TSN 核心技术研究

TSN 是以标准以太网为基础，在数据链路层提供确定性数据传输服务的标准化网络技术。为实现第二层的确定性传输，满足部分流量对传输实时性的要求，补充和增强了时钟同步、流量整形、网络管理配置以及流可靠性传输的机制，TSN 技术体系架构如图 10-2 所示。

TSN 使用 IEEE 802.1Q 中规定的带 VLAN 标签的以太网帧，以流为对象，提供相应的服务质量（Quality of Service，QoS）。TSN 中定义了三种类型的流，周期性的强实时流——计划流（Scheduled Traffic，ST），非周期具有一定实时性要求的流——音频/视频流（Audio/Video

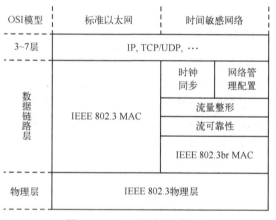

图 10-2 TSN 技术体系架构

Bridge，AVB）以及非周期无实时性要求的流——尽力转发流（Best Effort，BE）。其思想是：将不同传输需求的流划分成不同的优先级，在全局时钟同步的基础上，以时分复用的方法，将最高优先级的周期性实时流（ST）与较低优先级的非周期流（AVB 与 BE）隔离，为 ST 提供确定的传输时隙，保证其传输确定性。为较低优先级的非周期流（AVB 与 BE）提供异步的整形方法，保证 AVB 一定的实时性传输质量，同时保障最低优先级的 BE 流也有传输机会，实现不同需求的流的共网传输，并提供了网络管理配置和流可靠性技术以提高系统的灵活性和可靠性。

1. 时钟同步技术

时钟同步是 TSN 的基础，其主要功能是通过对本地时钟的操作，实现网络中统一的时间基准，这样可以控制不同设备同步执行操作。这是 TSN 中低时延流控技术得以实现的先决条件，时钟同步的实现方式在 IEEE 802.1AS 协议中规定，它定义了一套时钟同步协议，以实现网络中的设备，包括终端和交换机彼此之间进行本地时钟同步，该协议通常称为广义精确时钟同步协议（Generic Precision Time Protocol，gPTP）。

目前该协议已更新到 2020 版本，IEEE AS-2020 使用同步生成树确定网络工作中的同步层次结构、将时钟信息从层次结构中的一个或多个根节点（即主时钟节点）分配到网络的其余部分，并完成设备之间的链路延时的测量。AS-2020 相较 AS-2011 增加了冗余功能，冗余是通过配置多个 gPTP 域的功能来实现的，从概念上讲，每个 gPTP 域都是 gPTP 的单独实例化，即每个 gPTP 域中都有一个主时钟节点，网络中的设备执行多个 gPTP 实例同时维护多个主时钟，由于该方法增加了额外的功耗，标准还给出了利用协同工作实现低功耗维护多个 gPTP 域的指导办法。

2. 流量整形技术

流量整形技术旨在为这些不同类型的流量提供不同的质量服务，涉及协议有 IEEE 802.1Qav、IEEE 802.1Qbv、IEEE 802.1Qch、IEEE 802.1Qbu、IEEE 802.1Qcr。IEEE 802.1Qav 定义了一种基于信用的整形器（Credit-Based Shaper，CBS）可实现毫秒级的延时上限保证。IEEE 802.1Qbv 中定义了基于队列的时间感知整形器（Time-Aware Shaper，TAS）实现类似时间触发的通信，可保证延时上限和抖动达微秒级甚至亚微秒级。IEEE 802.1Qch 是一种包括 IEEE 802.1Qbv 在内的协议组合，定义了一种循环队列转发（Cyclic Queuing and Forwarding，CQF）的整形机制，旨在构建具有固定延时上限和抖动的传输环境。IEEE 802.1Qbu 协议定义了帧抢占（Frame Preemption，FP）功能，可以进一步减少关键流量的延时，配合 IEEE 802.1Qbv，IEEE 802.1Qch 的使用可以提高网络带宽利用率。IEEE 802.1Qcr 定义了 TSN 交换机和端系统的异步流量整形机制（Asynchronous Traffic Shaper，ATS）。

（1）时间感知整形器（TAS）

IEEE 802.1Qbv 流量调度增强标准，可预先规划 ST 流发送时间，生成门控制列表（Gate Control List，GCL），控制交换机出端口中的队列，实现类似时间触发的发送方式，目的是为关键业务流（即 ST 流）提供低延时、低抖动的确定性传输。目前的研究工作主要是分析 TAS 的性能（与其他整形机制比较）或设计门控调度综合算法以增强 TAS 性能。TAS 要求时钟同步，生成和配置 GCL，实现复杂且开销大，仅适用于周期性业务流。对非周期业务流，TSN 还提供了其他流量整形机制。

TAS 提供了类似时间触发的传输机制，以实现确定性传输，其核心问题是时间关键性流的离线调度规划问题（NP 问题），在对 TTEthernet 或更早的研究中使用 SMT 或 ILP 来解决该问题。

早期的 TAS 调度综合方法未考虑结合路由路径，即使用固定路径（最短路径路由）。而这种路由方法会使得关键路径上流量拥堵，可能导致 ST 流无法调度，随着网络负载增加该问题将愈加明显。同时，这种固定路由路径的调度方法限制了解空间，可能排除了潜在的更优解。因此，考虑联合路由的调度，虽然该方法可扩展解空间优化调度结果，但由于在原本就复杂的调度约束条件外，还需考虑路由约束，这使得该问题求解的时间复杂度大大增加，难以在有限时间内求出最优解。为解决该问题，一些研究提出了使用启发式或元启发式算法来求可行解，如贪婪随机自适应搜索、遗传算法和禁忌搜索算法。

在 TSN 中为了保证 ST 流能按计划好的时间准时传输，避免低优先流（如 BE 流）对其造成干扰，提供了保护带（Guard Band，GB）机制。但由于保护带时间内不允许传输数据，会造成带宽浪费。

（2）基于信用的整形器（CBS）

IEEE 802.1Qav 时间敏感流的转发和排队标准指定了两类业务流：AVB-A 类（要求 7 跳延时小于 2ms）和 AVB-B 类（要求 7 跳小于 50ms），并定义了与 TAS 相比实现相对简单的 CBS，适用于延时要求相对宽松的业务流。CBS 通过调节"信用"为 A、B 类业务流预留带宽，以限制突发并防止低优先级业务流被"堵死"。许多关于 IEEE 802.1Qav 和 CBS 的研究都是在 AVB 未更名为 TSN 时，此后 TSN 定义了实时性要求更高的 ST 流，会给 AVB 流的传输带来一定影响。因此，一些文献研究如何增强 CBS 功能，以及分析 AVB 流在 TSN 中的最坏情况延时。

（3）异步流量整形器（ATS）

IEEE 802.1Qcr 标准定义了 ATS，提供低延迟传输服务，且无须全局时钟同步，因此 ATS 在处理混合业务流（包括非周期业务流）方面具有较好的灵活性。

异步流量整形（Asynchronous Traffic Shaper, ATS）源于基于紧急程度的调度器（Urgency-based scheduler, UBS），是一种基于速率控制的流交错调节器，不需要时钟同步的支持，也可为指定流提供确定的延时上限，且实现复杂度低。为克服传统异步调度器无法提供确定性延时的缺点，一些研究分析了 UBS 的关键参数，在此基础上提出了一种基于拓扑秩解算器的启发式 UBS 参数综合方法，并证明了流交错调节器（ATS 的核心）不会增加最坏情况延时。一些研究使用数值分析或仿真的方法对 ATS 的性能进行了分析。

（4）帧抢占（FP）

IEEE 802.1Qbu 帧抢占的基本概念是快速帧（高优先级）可以中断可抢占低速帧（低优先级）的传输。具体地，当有快速流的帧要在交换机某出口上传输时，即使当前有低速帧正在传输，快速帧可将其打断，进行传输。待快速帧传输完成时，低速帧继续之前被中断的传输。此外，这一功能还需 IEEE 802.3br 穿插快速流量标准的支持，该标准提供了可抢占的 MAC 和快速 MAC 服务接口，并在出端口添加 MAC 合并子层。

帧抢占可在没有时钟同步的环境下，减少高优先级流量的传输延时。在对实时性要求不十分苛刻的环境中，可单独使用，以保证高优先级流量在最坏情况下的端到端延时上限。此外，帧抢占可与 TAS 一起使用以减少保护带的大小。

3. 网络管理配置技术

网络管理配置的主要功能包括：获取网络拓扑和节点信息、为 AVB 流预留带宽、为 ST 流计算调度所需的门控列表（Gate Control List, GCL），以及管理和配置各个节点等。涉及协议有 IEEE 802.1Qat、IEEE 802.1Qcc、IEEE 802.1Qcp，这些协议定义了 TSN 网络的资源管理协议和配置策略。

IEEE 802.1Qat 定义了 TSN 的资源预留协议，主要应用在分布式网络中可以静态或动态进行，主要配合 IEEE 802.1Qav 使用。IEEE 802.1Qcc 对 IEEE 802.1Qat 进行了改进和升级，协议中描述了三种网络模型，除分布式模型外，增加了混合式集中模型和全集中式模型，增加了集中网络配置（Centralized Network Configuration, CNC）和（Centralized User Configuration, CUC）实体，CNC 和 CUC 用于集中管理和配置各个交换节点和端节点。IEEE 802.1Qcp 定义了一个标准化模型（YANG 模型, Yet Another Next Generation, 数据建模语言），该模型用于描述 TSN 网络中设备的能力与配置信息，以便于网络中交换节点与 CNC 的交互。

由于 GCL 的调度综合需要收集整个网络和流的信息，故 AVB 中分布式的网络配置管理方法不适用于 TSN。因此，IEEE 802.1Qcc 定义了支持 NETCONF 或 RESTCONF 协议的集中式网络配置（CNC）和集中式用户配置（CUC）实体。IEEE 802.1Qcp YANG 数据模型旨在实现更灵活的网络配置。由于 TSN 采用集中式控制，因此有研究基于 SDN 的 TSN 集中式配置方法，提出了几种使用 SDN 实现 802.1Qcc 完全集中式模型的解决方案。

IEC62541 OPC-UA 是 IT-OT 融合的工业协议和建模标准。OPC-UA 有望通过在 OSI5-7 层提供可靠的网络互操作性与 TSN 集成，其标准化工作目前仍在进行。OPC-UA Pub/Sub 将现有的服务器/客户端结构扩展为灵活的多对多连接结构，使其更好地适配工业网络。

4. 流可靠性技术

流可靠性主要功能是通过冗余的方法解决关键数据传输的可靠性问题。为此，TSN 发布了独立标准 IEEE 802.1CB 帧的复制和消除可靠性（Frame Replication and Elimination for Reliability, FRER）标准，其中定义的 FRER 机制通过备份数据并发送至不同链路的方法实现空间冗余，对物理链路故障以及帧丢失都具有鲁棒性，即使某些位置发生故障，其他路径仍可正常工作，从而提高数据传输的可靠性。IEEE 802.1CB 标准定义了 FRER 机制，FRER 通过帧的复制和消除实现空间冗余传输，但这种不加区分的帧复制方法对网络资源有很大的消耗。

10.2.2 TSN 应用研究

1．面向专用领域的应用设计

TSN 技术有许多不同的目标使用场景，如车载网，航空电子网络，工业自动化网络等，为特定的应用场景设计专用的网络配置是重要的研究方向之一。一些研究分析了如何有效地配置 TSN 组件，以及 TSN 技术用于替代或集成专有领域中传统网络技术的可行性。

车载网络是 TSN 应用的关键场景之一。在工业领域中已对 TSN 进行了大量的研究，这些研究工作促使 IT-OT 的集成更加便利。

2．TSN 与无线技术的集成

无线网络设备方便移动，可灵活部署，是工业自动化生成的基本要素。因此，将目前最有代表性的无线通信技术（如 5G 和 Wi-Fi）扩展到 TSN 中，构建有线/无线集成的实时工业网络将是未来的发展趋势。然而，目前 TSN 技术主要是基于有线的以太网系统。为此，如何将 TSN 扩展到无线成为一个研究热点。

3．关键软硬件设计方法

TSN 技术的应用离不开软硬件的设计实现，因此许多研究者对可提升 TSN 性能的软硬件设计方法展开研究。针对软件级的时间戳难以满足 TSN 的精度要求的问题，有研究者提出一种基于 FPGA 多核平台设计的包含 PTP 硬件辅助单元的架构，提高了时间戳的精度。

10.3 国内外研究现状

近年来，国内许多高校、企业和研究机构，在 TSN 方面进行了相关研究。国防科学技术大学研发了支持 TSN 关键技术验证的开源项目 OpenTSN，发布了开源代码，并基于该代码开发了 OpenTSN 硬件验证系统，同时还发布了 TSN 交换芯片，目前已有多家单位参与到该项目当中，如中船 716 所、沈阳自动化所等。华为在 2018 年和 2019 年汉诺威展上展示了 OPC-UA TSN 测试床，并在其中提供了 TSN 交换机。西安微电子技术研究所于 2018 年开始 TSN 技术的研究工作，主要涉及包含同步、调度、冗余和网络管理的 TSN 核心技术研究以及与无线技术融合的研究等，并且在同步与调度的研究方面已输出相关论文成果。

10.3.1 时间敏感网络研究现状

TSN 技术的前身是以太网音视频桥接技术（Ethernet Audio Video Bridging，AVB），由 IEEE 802 工作组下属 AVB 项目工作组负责标准的制定和修改。AVB 是建立在标准以太网基础之上，并新增加了包括网络时钟同步、流预留、流量调度和音/视频传输等协议的实时以太网技术。AVB 通过在初始阶段配置各类消息的带宽大小，能够保障如音频流、视频流等占用网络资源较大的应用在局域网中传输的实现性，因此 AVB 常被作为车载通信网络，负责诸如汽车辅助驾驶、影音娱乐等应用数据的实时传输。2012 年，AVB 项目工作组更名为时间敏感网络工作组，同年 11 月，时间敏感网络工作组推出了 IEEE 802.1 时间敏感网络标准，这便是 TSN 的起源。

TSN 在 AVB 的基础上添加了诸多改善业务实时性的协议，例如用于增强流量传输实时性的 IEEE 802.1Qbv 门控调度协议和 IEEE 802.1Qbu 帧抢占协议；用于时钟同步的 IEEE 802.1AS 通用精准时钟同步协议；用于改进带宽预留配置的 IEEE 802.1Qcc 流预留协议。这些新协议的推出，使得 TSN 能够应用于业务种类繁杂、业务数据流量巨大和实时性要求严苛的工业网络通信。目前，TSN 中部分标准处于修订阶段，各科研机构也正对 TSN 的各项机制进行理论研究和模拟实验。

在 TSN 应用方面，包括思科、NXP、MOXA 和华为等通信设备制造商均推出了支持 TSN 功能的设备。2016 年，思科公司率先推出了集成了部分 TSN 功能的 IE-4000 系列交换机。次年，NXP 公司则推出了面向工业物联网的 TSN 开发平台 LS102 系列 SoC。2019 年 6 月，MOXA 公司推出了集成 TSN 功能的 TSN-G5006 交换机。国内方面，2018 年华为公司的 AR550 系列交换机完成了 TSN 接口兼容性的测试，并首次引入了 TSN SDN 网络配置模式。

10.3.2　实时以太网接入时间敏感网络研究现状

在现场工厂自动化网络中，大多数设备均采用现场总线的形式进行通信，例如在运动控制领域流行的 EtherCAT、PROFInet IRT 和 SERCOS Ⅲ 等通信协议，市场早已证明并大规模使用。2018 年，IEC 和 IEEE 联合发布了 IEC/IEEE 60802 工业自动化 TSN 配置规范文件，该文件是 IEC SC65C/MT9 和 IEEE 802 的一个联合工作项目，用于定义 IEC61784-2 行规设备接入 TSN 的适配标准。IEC/IEEE 60802 中说明了满足 IEC61784-2 行规标准的工业自动化应用接入时间敏感网络需要遵循的准则，该准则涵盖网络配置、协议、桥接和端设备配置等多个方面。当前，IEC/IEEE 60802 标准正处于修订中。虽然 IEC/IEEE 60802 提出了实时以太网接入 TSN 需要遵循的规范，但并不涉及技术细节。IEC/IEEE 60802 规定接入 TSN 网络的工业自动化设备需要采用 IEEE 802.1Q VLAN 帧格式收发报文，并能够解析和识别 gPTP 主时钟发送的时钟同步报文。目前，市场上的工业自动化应用接入时间敏感网络解决方案中较为典型的有德国 PI 公司推出的 PROFInet IRT over TSN 架构和 EtherCAT 工作组制定的 EtherCAT over TSN 方案。这些解决方案均对原有实时以太网协议的数据链路层进行了 TSN 标准化处理，通过外接适配器来实现 IEC/IEEE 60802 中定义的数据链路层要求，而应用层按照原有协议内容保持不变，例如设备的诊断、初始化和配置等服务均按原样工作。由于 TSN 协议实现的复杂性，现有的解决方案中，仅实现了诸如 IEEE 802.1Qbv 等部分 TSN 功能，而 IEEE 802.1AS、IEEE 802.1Qcc、IEEE 802.1Qbu 等功能并未实现。

通常情况下，分布时钟同步模式采用 EtherCAT 网段内首个从站的时钟为主时钟，其他设备作为从时钟与之同步。EtherCAT 通信建立后，主站会周期性地发送同步报文，在第一个从站设备接收到报文后，会将本地时间封装到该报文中，并发送给其他从站，其他从站读取此报文中的时间信息。由于从站之间的链路在信息的传输过程中，会产生传播延迟。因此，主站会通过广播的方式发送读操作至从站对应的地址中，读取每个从站的时间。主站利用读入的从站时间信息计算延迟补偿。

10.4　工程应用面临的挑战

10.4.1　流量等级的自适应分配

TSN 通过流量优先级、流量整形、流量监管和冗余实现低时延和容错。TSN 中的流量根据已知的需求和配置进行等级划分，并在交换机上为不同等级或不同的流分配合适的流整形器以保证其传输延时要求。这些方法需要预先规划并严格按照规划执行调度，若网络运行时因意外导致配置变化，则将严重影响网络的运行。不解决这一问题，TSN 将无法保证在实际工程应用时的可靠性。

因此，TSN 需要一种机制来实时地识别网络状态的变化，并支持在线无缝修改流量的等级配置。

例如，当网络时钟同步失效或网络拓扑发生意外变化，则预先计算好的调度表将失效，或需重新计算新的调度表，而这需要很长的时间。现假设网络中有 4 个等级流量，从高到低依次为 ST 类、AVB-A 类、AVB-B 类和 BE 类。若将 AVB-A 类预留给 ST 流以供其调度表失效时使用，则在发生意外时 ST 流量类可自适应地切换成 AVB-A 类，并使用 ATS 或 CBS 对其进行调度，而不用生成和部署新的调度计划，这样仍可一定程度上保证 ST 流的 QoS，以实现过渡。因此，如何在网络发生故障时为关键流量在线修改其流量等级，以应对不断变化的任务需求和网络状态是工程应用中需要克服的一项重要挑战。

10.4.2　TAS 调度和可靠性路由的结合

路由是网络系统中不可缺少的重要过程，TSN 也不例外。为最小化关键流的端到端延时，通常采用最直观的最短路径路由，或考虑均衡负载的等效多路径路由。而这样可能导致多个关键流选择同一路径，可能延时增加甚至使得关键流无法调度。因此，在调度综合算法中联合考虑 ST 流的门控调度和路由问题，可以扩展解空间以获得更优的调度结果。另外，也有结合可靠性的路由方法研究，例如用于冗余多路径的路由，可容忍链路或设备故障。

目前，大多数研究考虑结合路由、TAS 调度，以及可靠性三者中的两者，如联合路由调度问题、可靠性冗余路由问题和侧重时间冗余的可靠性调度问题。在工程应用中，往往需要同时考虑 TAS 调度、关键流的路由和可靠性的问题，这个问题由于需要考虑的约束条件非常复杂，目前对于同时考虑路由、调度和可靠性的研究还较少，但也是未来必须克服的重要挑战之一。

10.4.3　仿真模型和硬件设计的完善

目前使用最多的两个 TSN 仿真模型是 NeSTiNg 和 CoRE4INET，其中 NeSTiNg 支持 IEEE 802.1Qbv、IEEE 802.1Qbu、IEEE 802.1Qav 和 VLAN 标签，而 CoRE4INET 支持 IEEE 802.1Qbv、IEEE 802.1Qav 和 IEEE 802.1Qci。这两种仿真模型对目前的协议支持不全面，均不支持 IEEE 802.1CB，IEEE 802.1Qcr 等，无法对 TSN 功能进行全面的验证。同时，它们对协议的实现也不尽相同，比如优先级和流量类的映射关系，以及 GCL 的配置文件格式等。因此，需要支持功能更全面，更贴合真实环境模型和数据的 TSN 仿真模型来更准确地评估和验证 TSN 功能，以帮助工程实现。

TSN 中同样也缺乏全功能的商用 TSN 设备，如交换机、控制器、测试仪以及 TSN 开发/评估套件等。与仿真模型的问题类似，TSN 硬件设备也需要支持更多的 TSN 功能，而在实际设计时的一些特定条件限制了这些功能的实现。好的设备和开发环境对于 TSN 技术的研究和验证至关重要，将直接影响 TSN 技术落地的进程，因此研制全功能的 TSN 仿真器以及硬件设备也是未来的一项挑战。

10.5　时间敏感网络协议

时间敏感网络是由 IEEE 802.1 TSN 工作组在车载 AVB 网络技术基础上，开发的一套适用于工业互联网、云计算、边缘计算等领域的实时以太网桥接标准，该标准为以太网建立了新的通用时间敏感机制，能够解决流量的实时数据调度和预留等问题。时间敏感网络主要标准如表 10-1 所示。

表 10-1　时间敏感网络主要标准

标准名称	国内描述
IEEE 802.1ASRev	时间同步
IEEE 802.1Qcc	流预留
IEEE 802.1Qbv	门控制调度

（续）

标准名称	国内描述
IEEE 802.1CB	无缝冗余
IEEE 802.1Qbu	帧抢占
IEEE 802.1Qci	帧过滤
IEEE 802.1Qca	路径控制与保留
IEEE 802.1Qch	循环队列转发

其中，IEEE 802.1ASev 提供的通用精确时间同步协议（gPTP）为以太网提供了更高的实时性保障。gPTP 能够让网络中所有设备实时同步，是时间敏感网络能够正确运行的基础；IEEE 802.1Qbv 中的门控调度表确定了各种消息转发的时间，为网络的实时性提供了保障。

10.5.1　TSN 在 ISO/OSI 模型中的位置

TSN 在 IEEE 802.1Q 仅指 ISO/OSI 参考模型的第 2 层数据链路层的标准。TSN 在 ISO/OSI 参考模型中的位置如图 10-3 所示。

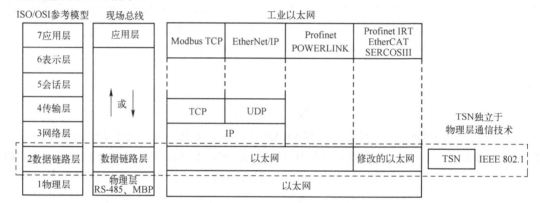

图 10-3　TSN 在 ISO/OSI 参考模型中的位置

10.5.2　IEEE 802.1Q VLAN 帧格式

IEEE 802.1Q 是建立在 IEEE 802.3 以太网基础上，在普通以太网帧格式上添加了 4B 的 IEEE 802.1Q VLAN 标签。其帧格式如图 10-4 所示。

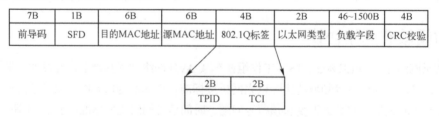

图 10-4　IEEE 802.1Q VLAN 帧格式

如图 10-4 所示，IEEE 802.1Q VLAN 标签包含 2B 标签协议标识（Tag Protocol Identifier，TPID）和 2B 标签控制信息（Tag Control Information，TCI）。其中 TPID 字段为 0x8100 时，表示以太网支持 IEEE 802.1Q 虚拟局域网标签。

TCI 字段包括三部分：3bit 优先级标签（Priority Code Point，PCP），表示数据优先级，取值范围为 0～7；1bit 可丢弃标识（Drop Eligible Indicator，DEI），表示网络发生拥塞时是否丢弃数据帧；12bit 虚拟局域网标识（VLAN Identifier，VID），表示数据帧对应的 VLAN 标识。

TSN 标准定义了一套 PCP 流量分类及优先级映射规则，如表 10-2 所示。

表 10-2　PCP 域优先级映射

PCP 值	优先级（从低到高）	流量类型
0	0	尽力而为流 BE
1	1	背景流 BK
2	2	服务保障流 EE
3	3	关键应用流 CA
4	4	视频流 VI
5	5	音频流 VO
6	6	网络互联控制流 IC
7	7	网络控制流 NC

表 10-2 中，TSN 中的流量按照 PCP 值划分为 8 个类型，其优先级程度反映该流量类型的时间敏感程度。优先级程度越高的流量，在 TSN 交换机中会被优先调度。

10.5.3　IEEE 802.1AS 时钟同步

TSN 标准规定时间敏感网络中所有设备均同步在一个最佳主时钟下，该项技术通过 IEEE 802.1AS 定义的通用精确时钟同步协议 gPTP 实现，其授时精度能够达到亚微秒级别。下面介绍 gPTP 协议的同步过程。

gPTP 规定一个 TSN 网络中所有互联的终端设备和桥接设备共同构成一个 gPTP 域，网络中的节点均能识别并处理 gPTP 时钟同步报文。gPTP 采用最佳主时钟算法 BMCA（Best Master Clock Algorithm）选择网段内最佳主时钟。主时钟一旦确定，则被认定为域内唯一时钟参考源，而其他设备的时钟则认定为待校准的从时钟，主时钟设备和从时钟设备之间通过交互 gPTP 时钟同步报文，从而校准从时钟。

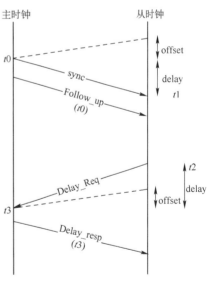

图 10-5　gPTP 时钟同步过程

gPTP 时钟同步报文可按类型划分为事件报文和通用报文，其中事件报文带有参与时钟同步节点双方之间的精确时间戳信息，从时钟根据时间戳信息来计算与主时钟时间上的偏差，从而纠正本地时钟。gPTP 时钟同步过程如图 10-5 所示。

如图 10-5 所示，同步开始时，由主时钟节点周期性地发送时钟同步报文给从时钟节点，并记录发送的时间戳 $t0$，主时钟同时将带有时间戳 $t0$ 信息的 Follow_up 事件报文发送给从时钟。从时钟节点记录接收到时钟同步报文 sync 的时间点 $t1$，同时解析 Follow_Up 报文中包含的时间戳信息，从而获取报文发送的时间戳 $t0$。

10.5.4　IEEE 802.1Qcc 流预留

IEEE 802.1Qat 定义了流预留协议（Stream Reservation Protocol，SRP），旨在解决网络中各种流量之间的资源竞争问题。IEEE 802.1Qat 中规定，实时网络流量所经过的桥接设备和终端设备都要为其预留出部分带宽资源，以提供端到端传输的时延保障。TSN 工作组在 IEEE 802.1Qat 的基础上加以改进，制定 IEEE 802.1Qcc 标准。IEEE 802.1Qcc 保留了 IEEE 802.1Qat 中的流预留协议内容，并更加详细地划分了预留流量的类别。

SRP 由多流注册协议（Multiple Registration Protocol，MRP）和多流预留协议（Multiple Stream Reservation Protocol，MSRP）共同组成。MRP 的主要功能是用于流量预留的申请、注册和撤销，而 MSRP 提供流量预留相关的属性参数的配置和管理。IEEE 802.1Qcc 标准规定，将 TSN 网段内的流预留发起方设备统称为 Talker，接收方设备统称为 Listener，Talker 和 Listener 之间通过交互携带 MSRP 信息的 MRP 报文完成流预留通信。IEEE 802.1Qcc 规定桥接设备可以最多预留总带宽的 75%给 Talker 和 Listener 之间的实时流量。

1. MSRP 属性类型

对于终端设备，MSRP 属性类型主要分为 Talker 类和 Listener 类。Talker 属性类型分为 Talker Advertise Vector 类和 Talker Failed Vector 类，分别代表 Talker 流预留发起和发起失败；而 Listener 属性类型被称为 Listener Vector。其各类报文类型如下所示。

（1）Talker Advertise Vector 类型

Talker Advertise Vector 类型消息由 8B 的 StreamID 字段、8B 的数据帧字段、4B 的 Tspec、1B 的优先级和等级字段和 4B 的累计延迟计算字段构成，该 Vector 信息报文结构如图 10-6 所示。

6B	2B	6B	2B	2B	2B		1B		4B
源MAC地址	唯一标识	目的MAC地址	VLAN ID	最大帧长度	最大帧间隔	数据帧优先级	等级	保留位	Talker到Listener整条路径上的时延
Stream ID		数据帧		Tspec		优先级和等级			累计延迟

图 10-6　Talker Advertise Vector 类型报文格式

其中，StreamID 的最后两个字节为唯一标识值，用于标识流预留的 Talker 和 Listener；TSpec 前 2 字节为最大帧长度字段，后 2 字节为最大帧帧间隔，用于标识 Talker 在测量间隔内可以传输的最大帧数；优先级和等级字段中，数据帧优先级字段表示 Talker 预留流的数据帧的优先级，等级字段标识数据流的紧急程度，大小为 1bit，取值为 0 和 1，其中 0 代表紧急。

（2）Talker Failed Vector 类型

Talker Failed Vector 报文在 Talker Advertise Vector 报文格式后多增加了 9B 的失败信息字段，其报文格式如图 10-7 所示。Bridge ID 字段表示带宽预留出错的桥接节点位置，预留失败信息为表示带宽预留失败原因。

6B	2B	6B	2B	2B	2B		1B		4B	2B	7B
源MAC地址	唯一标识	目的MAC地址	VLAN ID	最大帧长度	最大帧间隔	数据帧优先级	等级	保留位	Talker到Listener整条路径上的时延	Bridge ID	预留失败信息
Stream ID		数据帧		Tspec		优先级			累计延迟	失败信息	

图 10-7　Talker Failed Vector 类型报文格式

（3）Listener Vector 类型

Listener Vector 类型报文仅包含对应 8B StreamID，如图 10-8 所示。

6B	2B
Talker方MAC地址	唯一标识

图 10-8　Listener Vector 类型报文格式

2. MRP 报文

MRP 报文的以太网类型字段为 0x22ea，其报文结构如

图 10-9 所示。

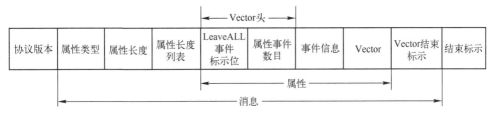

图 10-9　MRP 报文结构

在图 10-9 中，属性长度列表字段取值为属性类型和结束标志长度之和。LeaveALL 事件标志值为
0 和 1，取值为 1 时代表 LeaveALL 事件发生。属性事件数目表示 Vector 中属性事件的个数。属性信
息字段分为三包事件和四包事件。同时，MRP 规定 Listener 方报文中属性信息字段不仅包含 Talker
方的三包事件，还包含四包事件，即 Listener 类型消息所包含的四种子类型。Vector 结束标志和 MRP
报文结束标志均为 0x0000。

10.6　精确时钟同步与延时计算

对于通信、工业控制等领域而言，所有的任务都是基于时间基准的。因此，精确时钟同步是基础的标
准。TSN 首先要解决网络中的时钟同步与延时计算问题，以确保整个网络的任务调度具有高度一致性。

10.6.1　时钟同步机制

TSN 标准由 IEEE 802.1AS 和为工业所开发的升级版 IEEE 802.1AS-rev 构成。

IEEE 802.1AS 是基于 IEEE 1588 V2 精确时钟同步协议发展的，称为 gPTP 广义时钟同步协议。
gPTP 是一个分布式主从结构，它对所有 gPTP 网络中的时钟与主时钟进行同步。首先由最佳主时钟算
法（Best Clock Master Algrothms，BCMA）建立主次关系，分别称为主时钟（Clock Master，CM）和
从时钟（Clock Slave，CS）。每个 gPTP 节点会运行一个 gPTP Engine。IEEE 1588 所采用的 PTP 是由
网络的 L3 层和 L4 层的 IP 网络传输，通过 IPv4 或 IPv6 的多播或单播进行分发时钟信息。而 gPTP 则
是嵌入在 MAC 层硬件中，只在 L2 层工作，直接对数据帧插入时间信息，并随着数据帧传输到网络每
个节点。

gPTP 应用快速生成树协议（Papid Spanning Tree Protocol，RSTP）。这是一种网络中的节点路径规
划，网络配置后生成一个最优路径。其由 TSN 桥接节点计算并以表格形式分发给每个终端节点存储。
当一个 TSN 节点要发送数据时，它会先检查这个表格，计算最短路径，整个网络以最短路径传送至需
要接收的节点。

IEEE 802.1AS 的时钟结构如图 10-10 所示。

在图 10-10 中，最左下方的 IEEE 802.1AS 端点从上游 CM 接收时间信息。该时间信息包括从 GM
到上游 CM 的累计时间。对于全双工以太网 LAN，计算本地 CS 和直接 CM 对等体之间的路径延时测
量并用于校正接收时间。在调整（校正）接收时间后，本地时钟应与 gPTP 域的 GM 时钟同步。SN 网
络也支持交叉通信，每个节点都会有 RSTP 所给出的路径表。

IEEE 802.1AS 的核心在于时间戳机制（Time Stamping）。PTP 消息在进出具备 IEEE 802.1AS 功能的
端口时，会根据协议触发对本地实时时钟（Real Time Clock，RTC）采样，并将自己的 RTC 值与来自该
端口相对应的 CM 信息进行比较；利用路径延时测量和补偿技术，将 RTC 时钟值匹配到 PTP 域的时间。
当 PTP 同步机制覆盖整个 AVB 局域网时，各网络节点设备间就可以通过周期性 PTP 消息的交换，精确

地实现时钟调整和频率匹配算法。最终，所有的PTP节点都将同步到相同的"挂钟"（Wall Clock）时间，即主节点时间。在最大7跳的网络环境中，理论上PTP能够保证时钟同步误差在1μs以内。

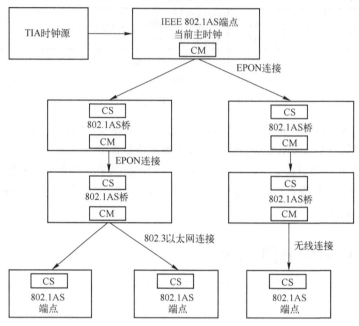

图 10-10　IEEE 802.1AS 的时钟结构

IEEE 802.1AS-rev 则是一种多主时钟体系，主要优势是支持新的连接类型（如 WiFi）、改善冗余路径的支持能力、增强时间感知网络的主时钟切换时间等性能。当有一个大的主机（GrandMaster）宕机时，其可确保快速切换到一个新的主时钟，以便实现高可用性系统。对于车载系统而言，采用 IEEE 802.1AS 即可；而对于工业领域则考虑高可用性，采用 AS-Rev 版本。

10.6.2　TSN 网络中的延时测量方法

对于网络时钟而言，其时钟同步精度主要取决于驻留时间（Residence Time）和链路延时（Link Latency）。

在 gPTP 中，时间同步的过程与 IEEE Std 1588-2008 采用相同的方式：主时钟发送同步时间信息给所有直接与其连接的时间感知系统。这些时间感知系统在收到这个同步时间信息后必须通过加上信息从主时钟传播到本节点的传输时间来修正同步时间信息。如果这个时间感知系统是一个时间感知网桥，则它必须向与它连接的其他时间感知系统转发修正后的同步时间信息（包含额外的转发过程的延时）。

数据传输过程中的延时如图 10-11 所示。这些延时可以被精确计算。

为了保证上述过程正常工作，整个过程中有两个时间间隔必须精确已知：转发延时（驻留时间）、同步时间信息在两个时间感知系统之间的传输路径的延时。

驻留时间是在时间感知网桥内部测量的，比较简单；而传输路径上的延时则取决于诸多因素，包括介质相关属性和路径长度等。

对于每一类型的局域网或传输路径，有不同的方法来测量传播时间。但这些方法都基于同一原理：测量从一个设备发送某个消息的时间以及另一个设备接收到此消息的时间，然后以相反方向发送另一个消息，并执行相同的测量。

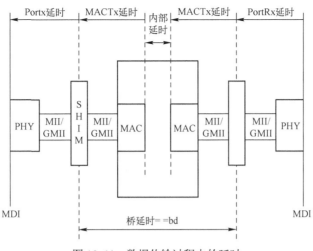

图 10-11　数据传输过程中的延时

10.7　TSN 设备时间同步

从 IEEE 1588 标准定义的时间同步模型到应用场景中设备间时间同步架构的实现，时间同步机制的设计实际上可以看作约束条件下面向多目标优化的多维空间搜索问题，如图 10-12 所示，针对 PTP（Precise Time Protocol，精确时间协议）模型实现的解空间是多样性的，需要根据具体的应用场景制定相应设计目标，进而筛选出多组可行解空间。然而在方案具体实现过程中存在着一些限制因素，这就要求对多组可行解空间进行过滤选出最优解。

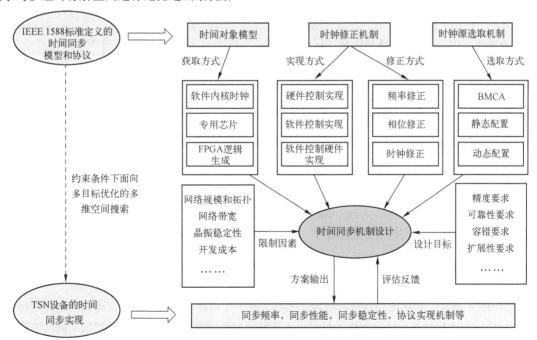

图 10-12　时间同步模型到实现架构的映射

PTP 的具体实现有纯软件实现、纯硬件实现、软硬件协同实现三种方式。软件实现下的 PTP 时间同步机制以其较小的计算资源需求、不需要额外硬件支持的优势，在嵌入式计算平台等领域有着较好的应用，这些领域并不需要达到纳秒级别的同步性能，但却受到成本、计算资源的限制。然而，软件实现下的PTP通常是在网络层以上进行时间戳的标记，这就使得报文在经过网络协议栈处理与操作系统调用时会带来较大的抖动，进而使得时间戳信息与实际报文发送、接收时间产生较大的误差，最终可能导致同步精度达到数百微秒，这在一些时间敏感信息系统同步精度要求微秒甚至亚微秒级别的组网场景中是不能接受的。

10.8　网络传输过程

对于 TSN 而言，其数据调度机制是关键。TSN 中数据的传输过程如图 10-13 所示。网络数据通过接收端口，进行帧滤波、流量计量、帧排队。在传输选择部分，TSN 的调度机制将发挥作用。IEEE 802.1Q 工作组定义了不同的整形器（Shaper）机制来实现这些调度。它是一种传输选择算法（Transmission Selection Algorithm，TSA）。每种算法对应一种调度机制，适用于不同的应用场景。

TSN 网络中数据的传输过程如图 10-13 所示。

从图 10-13 可以看到，网络存在滤波数据库、传输端口状态监测、队列管理。这些都用于解决网络资源分配与调度问题。而 IEEE 802.1Qat 所采用的流预留协议（Stream Reservation Protocol，SRP）机制是一个对 TSN 进行配置的标准。其在 2010 年 SRP 标准化成为 IEEE 802.1Qat，并入 IEEE 802.1Q-2011 标准中。SRP 定义了 OSI 模型第 2 层的流概念。

SRP 的工作在于建立 AVB 域、注册流路径、制定 AVB 转发规则、计算延时最差情况、为 AVB 流分配带宽。SRP 在于让网络中的发言者（Talker）用合适的网络资源将数据发送给听者（Listener），并在网络中传播这些信息。而在终端节点之间的网桥则维护一个发言者对一个或多个听者注册的相同数据流的路径带宽等资源的需求记录。SRP 是在原有 IEEE 802.1Qak-MRP 多注册协议之上的一个实现。SRP 标准则提供了一个新的多协议注册

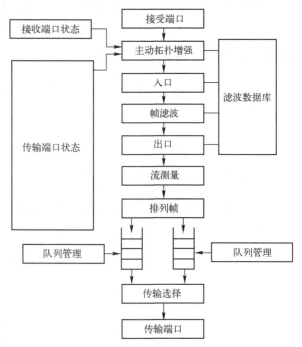

图 10-13　TSN 网络中数据的传输过程

协议（Multiple Multicast Registration Protocol，MMRP）来管理相关流带宽服务的属性，MSRP、MVRP、MMRP 提供了整个 SRP 的网络信号处理过程。关于 SRP 机制，可以参考 AVnu 的 SRP 文档。

10.9　流控制相关标准

对于 TSN 而言，数据流的管理标准由一系列主要方式构成。通用网络通常遵循严格优先级的方式，而 TSN 则为这种缺乏传输确定性的机制引入了新的网络调度、整形方法，并根据不同的应用场景需求提出了多种不同的整形器（Shaper）。这也是整个 TSN 的核心调度机制。

10.9.1　基于信用的整形器机制

IEEE 802.1Qav 定义了时间敏感流转发与排队（Forwarding and Queuing for Time Sensitive Streams，

FQTSS）的数据敏感性转发机制，并成为 IEEE 802.1Q 的标准。作为一个主要对于传统以太网排队转发机制的增强标准，最初它的开发主要用于限制 A/V 信息缓冲。增强的突发多媒体数据流会导致较大的缓冲拥堵，并产生丢包。丢包会产生重新发包，使得服务体验下降。它采用了基于信用的整形器（Credit Based Shaper，CBS），以应对数据突发和聚集，可限制爆发的信息。

CBS 的工作队列时序如图 10-14 所示。

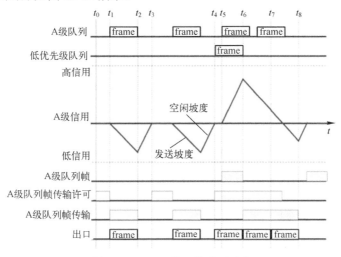

图 10-14　CBS 的工作队列时序

CBS 将队列分为 ClassA（Tight Delay Bound）和 Class B（Loose Delay Bound）。如果没有数据传输，队列的信用设置为 0，A 队列的信用非负时可以传输。如果有数据传输，其信用将按照 SendSlope 下降，而另一个队列则按照 IdelSlope 速度上升，IdleSlope 是实际带宽（bit/s），而 SendSlope 是端口传输率，由 MAC 服务支持。CBS 控制每个队列最大数据流不超过配置的带宽限制（75%最大带宽）。CBS 和 SRP 融合，可以提供 250ms/桥的延时。整体来说，IEEE 802.1Qav 以太网保证在 7 个跳转（hop）最差 2 ms Class A 和 50 ms ClassB 延时。

当然，这个延时对于工业应用来说是不能接受的。为了获取更好的 QoS，IEEE 802.1TSN TG 又进一步开发了 Qbv 时间感知整形器、Qbu 抢占式 MAC 等机制。

10.9.2　时间感知整形器机制

时间感知整形器（Time Awareness Shaper，TAS）是为了更低的时间粒度、更为严苛的工业控制类应用而设计的调度机制，目前被工业自动化领域的企业所采用。TAS 由 IEEE 802.1Qbv 定义，是基于预先设定的周期性门控制列表，动态地为出口队列提供开/关控制的机制。Qbv 定义了一个时间窗口，是一个时间触发型网络（Time-Trigged）。这个窗口在这个机制中是被预先确定的。这个门控制列表被周期性地扫描，并按预先定义的次序为不同的队列开放传输端口。

出口硬件有 8 个软件队列，每个都有唯一的传输选择算法。传输由门控制列表（Gate Control List，GCL）控制。它是多个门控制实体确定软件的队列开放。

TAS 的工作原理如图 10-15 所示。

在 TAS 机制中，为了确保数据传输前网络是空闲的，在整个启动传输前需要设置一个保护带宽（Guardbound）。Guardband 占用最大的以太网帧传输长度，以确保最差情况——即使前面有一个标准以太网帧正在传输，也不会让 GCL 在重启下一个周期前被占用网络。

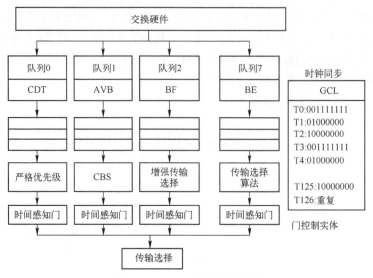

图 10-15 TAS 的工作原理图

10.9.3 抢占式 MAC 机制

在 TAS 机制中，会存在两个问题：①保护带宽消耗了一定的采样时间；②低优先级反转的风险。

因此，TSN 的 802.1Qbu 和 IEEE 802.3 工作组共同开发了 IEEE 802.3br，即可抢占式 MAC 机制。基于抢占式 MAC 的传输机制如图 10-16 所示。其采用了 IEEE 802.3TG 中的帧抢占机制，将给定的出口分为 2 个 MAC 服务接口，分别称为可被抢占 MAC（pMAC-Preemptable MAC）和快速 MAC（eMAC-express MAC）。pMAC 可以被 eMAC 抢占，进入数据堆栈后等待 eMAC 数据传输完成再传输。

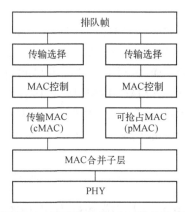

图 10-16 基于抢占式 MAC 的传输机制

通过抢占，保护带宽可以被减少至最短低优先级帧片段。然而，在最差情况下，低优先级的片段可以在下一个高优先级前完成。当然，抢占这个传输过程仅在连接层接口，即对于抢占式 MAC，交换机需要专用的硬件层 MAC 芯片支持。

10.9.4 周期性排队与转发机制

由于 CBS 机制仅可实现软实时级，路径拓扑会导致持续的延时增加。而最差延时情况与拓扑、跳数、交换机的缓冲需求相关。因此，TSN 工作组推进了周期性排队与转发（Cyclic Quening Forwarding，CQF）机制（又称蠕动整形器）。作为一个同步入队和出队的方法，CQF 使得运行允许 LAN 桥与帧传输在一个周期内实现同步，以获得零堵塞丢包以及有边界的延时，并能够独立于网络拓扑结构面存在。IEEE 802.1Qch 标准定义了 CQF 要与 IEEE 802.1Qci 标准相互配合使用。IEEE 802.1Qci 表明，它会根据达到时间、速度、带宽，对桥节点输入的每个队列进行滤波和监管，用于保护过大的带宽使用、突发的传输尺寸以及错误或恶意端点。IEEE 802.1Qch 所采用的 CQF 机制遵循了一个"每周期走一步"的策略，为数据传输赋予了确定性。

CQF 可以与帧抢占 IEEE 802.1Qbu 合并使用，以降低完整尺寸帧到最小帧片段的传输周期时间。为使 CQF 正常工作，必须将所有帧保持在其分配的周期内。因此，需要考虑周期时间，使得中间网桥的周期与第一次和最后一次传输的时间都对齐，以确保达到所需的等待时间边界。为此，CQF 结合 Qci 入口策略和 IEEE 802.1Qbv 整形器，可确保所有帧保持在确定的延时范围，并保证在其分配时间内发送。

10.9.5　异步流整形机制

CQF 和 TAS 提供了用于超低延时的数据，依赖网络高度时间协同，以及在强制的周期中增强的包传输。但其对带宽的使用效率并不高。因此，TSN 工作组提出 IEEE 802.1Qcr 异步流整形（Asynchronous Traffic Shaper，ATS）机制。ATS 基于紧急度的调度器设计，其通过重新对每个跳转的 TSN 流整形，以获得流模式的平滑，实现每个流排队，并使得优先级紧急的数据流可以优先传输。ATS 以异步形式运行，桥和终端节点无须同步时间。ATS 可以更高效地使用带宽，可运行在高速连接应用的混合负载时间，如周期和非周期数据流。

10.10　TSN 网络配置标准 IEEE 802.1Qcc

对于 TSN 而言，在时钟同步、调度策略之后，就必须考虑网络配置的问题。在 AVB 中，SRP 是一种分布式网络配置机制。而在更为严格的工业应用中，需要更为高效、易用的配置方式。IEEE 802.1Qcc 是目前普遍接受的配置标准。TSN 网络配置的集中式模式原理如图 10-17 所示。

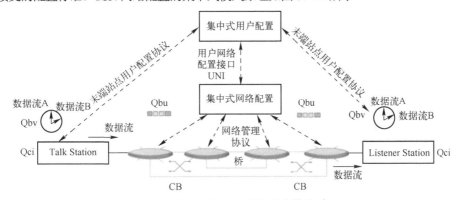

图 10-17　TSN 网络配置的集中式模式原理

对于 IEEE 802.1Qat 所提供的 SRP 机制而言，这是一种分布式的网络需求与资源分配机制。新的注册或退出注册、任何变化与请求都将导致网络延时和超负荷，降低网络的传输效率。因此，TSN 工作组又提供了 IEEE 802.1Qcc 支持集中式的注册与流预留服务，称为 SRP 增强模式。在这种模式下，系统通过降低预留消息的大小与频率（放宽计时器），以便在链路状态和预留变更时触发更新。

此外，IEEE 802.1Qcc 提供了一套工具，用于全局管理和控制网络，通过 UNI 来增强 SRP，并由一个集中式网络配置（Centralized Network Configuration，CNC）节点作为补充。UNI 提供了一个通用 L2 层服务方法。CNC 与 UNI 交互以提供运行资源的预留、调度以及其他类型的远程管理协议，如 NETCONF 或 RESTCONF；同时，IEEE 802.1Qce 与 IETF YANG/NETCONF 数据建模语言兼容。

对于完全集中式网络，可选的 CUC 节点通过标准 API 与 CNC 通信，用于发现终端节点、检索终端节点功能和用户需求，以及配置优化的 TSN 终端节点的功能。其与更高级的流预留协议（如 RSVP）的交互是无缝的，类似于 AVB 利用现有的 SRP 机制。

IEEE 802.1Qcc 仍然支持原有的 SRP 的全分布式配置模式，允许集中式管理的系统与分布式系统共存。此外，IEEE 802.1Qcc 支持一种混合配置模式，从而为旧式设备提供迁移服务。这个配置管理机制与 IEEE 802.1Qca 路径控制与预留，以及 TSN 整形器相结合，可以实现端到端传输的零堵塞损失。

对于整个网络而言，必须有高效、易用的网络配置，以获得终端节点、桥节点的资源、每个节点的带宽、数据负载、目标地址、时钟等信息，并汇集到中央节点进行统一调度，以获得最优的传输效率。

10.11　TSN 时间同步系统运行流程

IEEE 802.1AS 是 TSN 协议簇中的关于时间同步的重要协议。该协议完全基于数据链路层，且不受限于特定的网络技术，可以使用不同的调度机制来传输时间敏感业务。理论上，在最大不超过 7 跳的网络环境中，IEEE 802.1AS 能够确保时间同步误差控制在 1μs 以内，达到了 ns 级别。基于 IEEE 802.1AS 的 TSN 时间同步系统运行流程如图 10-18 所示。

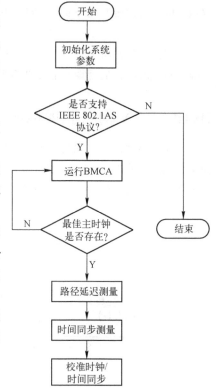

TSN 时间同步系统的整体运行流程包括以下主要部分。

1）初始化系统参数。系统在运行前首先进行参数初始化工作，为下步时间同步过程做好准备。

2）确认系统是否支持 IEEE 802.1AS 协议。利用对等延迟机制，通过报文收发来判断系统中是否存在不支持 IEEE 802.1AS 协议的节点，如果存在则终止程序。

3）最佳主时钟选择。确定网络中各节点均支持 IEEE 802.1AS 协议后，各节点运行最佳主时钟选择算法（Best Master Clock Algorithm，BMCA）直至选择出最佳主时钟，并以最佳主时钟为根构造出时间同步生成树，生成时间同步路径。

4）路径延迟测量。时间同步路径生成后，系统中各节点通过交互带有时间信息的报文，计算节点间的路径延迟，并将测量结果记录下来，供后续时间同步测量使用。

5）时间同步测量。路径延迟测量之后，系统会以主时钟为根，沿着时间同步路径逐级发送带有延迟测量结果的时间同步报文，路径上的各节点接收到时间同步报文后，解析报文提取时间信息，计算自身时钟与主时钟的时间偏差。

图 10-18　基于 IEEE 802.1AS 的
TSN 时间同步系统运行流程

6）校准本地时钟，实现时间同步。各节点根据时间偏差校准本地时钟源的时间，实现与主时钟的时间同步。

10.12　TSN 交换机平台结构设计

IEEE 802.1AS 协议作为 TSN 实现时间同步的标准，定义了最佳主时钟选择、路径延迟测量与时间同步测量的算法以及基本实现机制和要求，这也是本文重点研究的内容。最佳主时钟选择和时间同步树建立算法较为复杂，对实现速度和定时精度要求不高，因此在 TSN 交换机中采用软件实现。路径延迟测量与时间同步测量要求实时准确地记录报文进出端口的时间，且时间戳的标记位置直接影响同步精度，因此，本文设计的方案将路径延迟测量与时间同步测量在硬件中实现。

本方案采用 Xilinx Zynq7000 FPGA 作为 TSN 交换机实现的硬件平台，它包括 PS 和 PL 两个部分。PS 部分包括集成在 Zynq-7000 芯片中的双核 ARMCortex-A9 处理器，PL 部分为可编程逻辑部分。PS 与 PL 之间存在多种接口，可以实现 PS 和 PL 侧电路的通信。TSN 交换机硬件平台及交换机内部电路结构如图 10-19 所示。

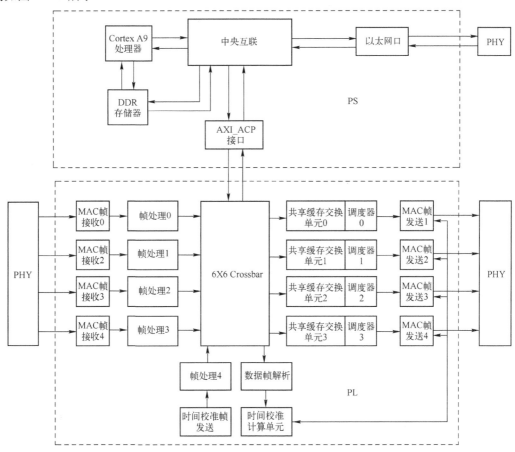

图 10-19 TSN 交换机硬件平台及交换机内部电路结构

本方案中，系统 PS 侧的处理器负责系统软件和协议的运行，通过一路千兆以太网口与外部通信，进行协议数据的交互，完成最佳主时钟选择和时间同步树的建立。系统 PL 侧实现 TSN 交换机的数据转发功能，它由以太网 MAC 帧接收、帧处理、时间校准帧发送、交换单元（Crossbar）、队列管理器、时间校准计电路以及 MAC 帧发送等电路组成。除了完成 TSN 交换机所需的业务转发与调度功能，还需要实现路径延迟测量及时间同步测量等功能。

10.13 TSN 应用前景

TSN 的应用前景非常广阔，目前来说聚焦于以下几个方面。

10.13.1 汽车领域

在汽车工业领域，随着高级辅助驾驶系统（Advanced Driver Assistance System，ADAS）的发展，迫切需要更高带宽和响应能力的网络来代替传统的 CAN 总线。IEEE 802.1AVB 就是汽车行业发起并正在执行的标准组。目前，奥迪、奔驰、大众等已经开始进行基于 TSN 的以太网应用测试与验证工作。2019 年，由三星所发起的汽车产业发展联盟向 TTTech 投资 9000 万美元，共同开发基于以太网的车载电子系统。

10.13.2 工业物联网

工业物联网将意味着更为广泛的数据连接需求，通过机器学习、数字孪生技术来更好地发挥数据作用，为整体的产线优化提供支撑。而这些数据（包括机器视觉、AR/VR 数据）将需要更高的带宽。因此，来自于 ICT 领域的 CISCO、华为等厂商都将目标聚焦于通过 OPC-UA over TSN 的网络架构来实现这一互联需求。OPC-UA 扮演了数据规范与标准的角色，而 TSN 则赋予它实时性传输能力。这样的架构可以实现从传感器到云端的高效连接，在很多场景可以直接省略掉传统工业架构中的控制器层，形成一个新的分布式计算架构。

10.13.3　工业控制

目前，在工业领域，包括三菱、西门子、贝加莱、施耐德、罗克韦尔等主流厂商已经推出其基于 TSN 的产品。贝加莱推出新的 TSN 交换机、PLC，而三菱则推出了 TSN 技术的伺服驱动器。未来，TSN 将成为工业控制现场的主流总线。

TSN 的意义对于工业而言并非是实时性，而在于通过 TSN 实现了从控制到整个工厂的连接。TSN 是 IEEE 的标准，更具有"中立性"，因而得到了广泛的支持。未来，TSN 将会成为工业通信的共同选择。

10.14　TSN 技术发展趋势

TSN 技术是目前车载网络和工业领域正在积极推动的一项先进通信技术，可提供具有实时性、确定性、可靠性和安全性的数据传输服务，因此也受到其他行业的广泛关注，如航空航天、智能驾驶和远程医疗等安全关键型领域。下面从 TSN 技术自身优化以及 TSN 与其他技术融合两个方面讨论 TSN 的未来发展趋势。

10.14.1　TSN 技术完善

1. TSN 自动化配置

为满足 ST 流的实时性传输需求，TSN 提供了 IEEE 802.1Qbv 协议，基于 TAS 数据调度机制通过手动离线配置 GCL 的方法实现 ST 流的实时传输。这种手动离线配置 GCL 的方法对于小规模网络通信系统是可行的，但当网络规模增加到工业级并且有大量数据流量时，这种方法显然行不通。因此，一种可按任务需求、网络资源和响应时间自动生成网络调度表并完成配置的 TSN 自动化配置机制，将是未来 TSN 配置技术的一个发展趋势。

2. TSN 安全性增强

TSN 是诸如智能驾驶、航天、工业控制和工业自动化等实时关键系统首选的先进通信技术。在实时关键系统中设备产生的数据越来越多，设备间的互操作也逐渐变多，网络接口向公共环境公开。这些因素增加了网络系统受到外部恶意攻击的机会，从而导致系统面临未知的风险。虽然，TSN 提供了 IEEE 802.1Qci 协议来过滤突发帧（如流量过载、DOS 攻击等），对网络安全仍缺少保护机制（即数据的保密和完整性方面）。如今，区块链技术提供了一种加密和解密策略来支持数据的保密性，包括对称加密和不对称加密。这两种策略适用于不同的需求，同时也可以联合使用形成一种混合的加密策略。区块链不仅为数据提供保密性，同时还通过 Hash 算法保证了数据的完整性。因此，在 TSN 上使用区块链技术将是保障数据保密性和完整性的一个发展趋势。

10.14.2　与其他技术的集成

1. TSN 与 OPC-UA 集成

未来工业自动化和控制系统将基于标准化技术和可扩展性的结构，并致力于融合信息技术网络和控制技术网络，以满足不断升级的高可用性和实时性的工业网络通信需求。TSN 与 OPC-UA 的集成提供了一个实时、高确定性并真正独立于设备厂商的通信技术，前者基于以太网提供了一套数据链路层的协议标准，解决的是网络通信汇总数据传输及获取的可靠性和确定性的问题；后者则提供了一套通用的数据解析机制，解决工业互联网中水平集成与垂直信息集成两个维度"语义互操作"的复杂问题。TSN 与 OPC-UA 的集成实现了 IT 信息技术网络与 OT 操作技术网络的透明交互，并且配置效率更高，程序与应用模块化更强，为工业物联网与工业 4.0 奠定了基础。因此，TSN 技术与 OPC-UA 技术的集成是未来一个必然的发展方向。

2. TSN 与边缘计算集成

为实现工业智能化，目前工业互联网中使用边缘计算技术，以实现边缘智能服务，从而满足工业数字化在敏捷交换、实时业务、数据优化、智能应用、安全与隐私保护等方面的需求。而边缘计算所处的网络位置决定了其所连接物理对象和应用场景都具有多样性的特点，这就要求边缘计算节点需具备丰富的异构接入和灵活连接的能力。因此，需要借助 TSN 技术来解决实时性数据传输和多业务共网传输的问题。TSN 技术可为工业设备、传感器到边缘计算节点、云端的连接构建确定性、大带宽的标准化网络，为实现源协同、数据协同、智能协同、应用管理协同提供网络支撑，大大提升边缘计算业务性能并增加边缘计算架构部署的灵活性。

同时，TSN 的智能运维也需要边缘计算的助力，工业在大规模部署 TSN 后，往往还需要网络控制器具备实时的网络资源数据收集、计算、分析以及调度策略生成的能力，以保证网络优化，故障恢复的实时性。这又促使在 TSN 中部署边缘计算以满足智能化网络运维管理的需求，通过在 TSN 设备中集成边缘计算技术可以提升 TSN 中 CNC 设备的能力。可见，在以智能化为目标的工业互联网时代，网络和计算作为基础资源，边缘计算和 TSN 在本质上相互依赖，因此二者的结合将是未来发展的必然趋势。

3. TSN 与 5G 集成

5G 技术是工业互联网的关键技术，其中高可靠、低延时的通信是 5G 最为关键的需求之一，而 TSN 的技术机制包含时钟同步、流量整形、可靠性和网络管理配置，可以提供高可靠、确定的有界低延时传输服务，一方面可以利用 5G 将工业设备以无线的方式接入有线网络，这样可以为 TSN 网络提供不受电缆限制的、可靠的设备接入能力。另一个方面，可将 TSN 的核心机制深度集成到 5G 技术当中，如 TSN 中灵活的流量调度机制和高精度的时钟同步机制等，以保证数据在 5G 网络的端到端确定性传输。通过对 TSN 技术的集成，可进一步增强 5G 的可靠性和确定性。

TSN 与 5G 技术的集成是目前产业界与学术界的研究热点，它将为未来构建灵活、高效、柔性、可靠性及安全性的工业互联网奠定基础。

TSN 技术除了具有低延时、低抖动以及高可靠性的优势外，还继承了标准以太网技术部署成本低、兼容性强的优势。凭借这些优势，TSN 有望成为未来承载工业 4.0、智能工厂、智能交通系统和 5G 等先进技术的骨干网技术。

10.15　CC-Link 现场网络

在 1996 年 11 月，以三菱电机为主导的多家公司以"多厂家设备环境、高性能、省配线"理念开发、公布和开放了现场总线 CC-Link，第一次正式向市场推出了 CC-Link 这一全新的多厂商、高性能、省配线的现场网络。并于 1997 年获得日本电机工业会（JEMA）颁发的杰出技术成就奖。

CC-Link 是 Control & Communication Link（控制与通信链路系统）的简称，是指在工控系统中，可以将控制和信息数据同时以 10Mbit/s 高速传输的现场网络。CC-Link 具有性能卓越、应用广泛、使用简单、节省成本等突出优点。作为开放式现场总线，CC-Link 是唯一起源于亚洲地区的总线系统，CC-Link 的技术特点尤其适合亚洲人的思维习惯。

1998 年，汽车行业的马自达、五十铃、雅马哈、通用、铃木等也成为了 CC-Link 的用户，而且 CC-Link 迅速进入中国市场。

为了使用户能更方便地选择和配置自己的 CC-Link 系统，2000 年 11 月，CC-Link 协会（CC-Link Partner Association，CLPA）在日本成立。主要负责 CC-Link 在全球的普及和推进工作。为了全球化的推广能够统一进行，CLPA（CC-Link 协会）在全球设立了众多的驻点，分布在美国、欧洲、中国、新加坡、韩国等国家和地区，负责在不同地区在各个方面推广和支持 CC-Link 用户和成员的工作。

CLPA 由"Woodhead""Contec""Digital""NEC""松下电工"和"三菱电机"等 6 个常务理事会员发起。到 2002 年 3 月底，CLPA 在全球拥有 252 家会员公司，其中包括浙江中控技术规范有限公司等中国大陆地区的会员公司。

CC-Link 作为一种开放式现场总线，其通信速率多级可选择、数据容量大，而且能够适应于较高的管理层网络到较低的传感器层网络的不同范围，是一个复合的、开放的、适应性强的网络系统，CC-Link 的底层通信协议按照 RS-485 串行通信协议的模型，大多数情况下，CC-Link 主要采用广播方式进行通信，CC-Link 也支持主站与本地站、智能设备站之间的通信。

CC-Link 的通信方式主要有循环通信和瞬时传送两种。

循环通信意味着不停地进行数据交换。各种类型的数据交换包括远程输入 RX，远程输出 RY 和远程寄存器 RWr、RWw。一个从站可传递的数据容量依赖于所占据的虚拟站数。

瞬时传送需要由专用指令 FROM/TO 来完成，瞬时传送占用循环通信的周期。

10.15.1　CC-Link 现场网络的组成与特点

CC-Link 现场总线由 CC-Link、CC-Link/LT、CC-Link Safety、CC-Link IE Control、CC-Link IE Field、SLMP 组成。

CC-Link 协议已经获得许多国际和国家标准认可，如：

- 国际化标准组织 ISO15745（应用集成框架）。
- IEC 国际组织 61784/61158（工业现场总线协议的规定）。
- SEMIE54.12。
- 中国国家标准 GB/T 19780。
- 韩国工业标准 KSB ISO 15745-5。

CC-Link 网络层次结构如图 10-20 所示。

1）CC-Link 是基于 RS485 的现场网络。CC-Link 提供高速、稳定的输入/输出响应，并具有优越的灵活扩展潜能。

① 丰富的兼容产品，超过 1500 多个品种。

② 轻松、低成本开发网络兼容产品。

③ CC-Link Ver.2 提供高容量的循环通信。

2）CC-Link/LT 是基于 RS485 高性能、高可靠性、省配线的开放式网络。它解决了安装现场复杂的电缆配线或不正确的电缆连接。继承了 CC-Link 诸如开放性、高速和抗噪声等优异特点，通过简单设置和方便的安装步骤来降低工时，适用于小型 I/O 应用场合的低成本型网络。

图 10-20　CC-Link 网络层次结构

① 能轻松、低成本地开发主站和从站。

② 适合于节省控制柜和现场设备内的配线。

③ 使用专用接口，能通过简单的操作连接或断开通信电缆。

3）CC-Link Safety 专门基于满足严苛的安全网络要求打造而成。

4）CC-Link IE Control 是基于以太网的千兆控制层网络，采用双工传输路径，稳定可靠。其核心网络打破了各个现场网络或运动控制网络的界限，通过千兆大容量数据传输，实现控制层网络的分布式控制。凭借新增的安全通信功能，可以在各个控制器之间实现安全数据共享。作为工厂内使用的主干网，实现在大规模分布式控制器系统和独立的现场网络之间协调管理。

① 采用千兆以太网技术，实现超高速、大容量的网络型共享内存通信。

② 冗余传输路径（双回路通信），实现高度可靠的通信。

③ 强大的网络诊断功能。

5）CC-Link IE Field 是基于以太网的千兆现场层网络。针对智能制造系统设计，它能够在连有多个网络的情况下，以千兆传输速度实现对 I/O 的"实时控制+分布式控制"。为简化系统配置，增加了安全通信功能和运动通信功能。在一个开放的、无缝的网络环境，它集高速 I/O 控制、分布式控制系统于一个网络中，可以随着设备的布局灵活铺设电缆。

① 千兆传输能力和实时性，使控制数据和信息数据之间的沟通畅通无阻。

② 网络拓扑的选择范围广泛。

③ 强大的网络诊断功能。

6）SLMP 可使用标准帧格式跨网络进行无缝通信，使用 SLMP 实现轻松连接，若与 CSP+ 相结合，可以延伸至生产管理和预测维护领域。

CC-Link 是高速的现场网络，它能够同时处理控制和信息数据。在高达 10Mbit/s 的通信速度时，CC-Link 可以达到 100m 的传输距离并能连接 64 个逻辑站。CC-Link 的特点如下。

① 高速和高确定性的输入/输出响应。

除了能以 10Mbit/s 的速率高速通信外，CC-Link 还具有高确定性和实时性等通信优势，能够使系统设计者方便地构建稳定的控制系统。

② CC-Link 对众多厂商产品提供兼容性。

CLPA 提供"存储器映射规则"，为每一类型产品定义数据。该定义包括控制信号和数据分布。众多厂商按照这个规则开发 CC-Link 兼容产品。用户不需要改变链接或控制程序，很容易将该处产品从一种品牌换成另一种品牌。

③ 传输距离容易扩展。

通信速率为10Mbit/s时，最大传输距离为100m。通信速率为156kbit/s时，传输距离可以达到1.2km。使用电缆中继器和光中继器可扩展传输距离。CC-Link 支持大规模的应用并减少了配线和设备安装所需的时间。

④ 省配线。

CC-Link 显著地减少了复杂生产线上所需的控制线缆和电源线缆的数量。它减少了配线和安装的费用，使完成配线所需的工作量减少并极大改善了维护工作。

⑤ 依靠 RAS 功能实现高可能性。

RAS 的可靠性、可使用性、可维护性功能是 CC-Link 另外一个特点，该功能包括备用主站、从站脱离、自动恢复、测试和监控，它提供了高可靠性的网络系统并使网络瘫痪的时间最小化。

⑥ CC-Link V2.0 提供更多功能和更优异的性能。

通过 2 倍、4 倍、8 倍等扩展循环设置，最大可以达到 RX、RY 各 8192 点和 RWw、RWr 各 2048 字。每台最多可链接点数（占用 4 个逻辑站时）从 128 位，32 字扩展到 896 位，256 字。CC-Link V2.0 与 CC-Link Ver.1.10 相比，通信容量最大增加到 8 倍。

CC-Link 向包括汽车制造、半导体制造、传送系统和食品生产等各种自动化领域提供简单安装和省配线的优秀产品，除了这些传统的优点外，CC-Link Ver.2.0 在如半导体制造过程中的"In-Situ"监视和"APC（先进的过程控制）"、仪表和控制中的"多路模拟-数字数据通信"等需要大容量和稳定的数据通信领域满足其要求，这增加了开放的 CC-Link 网络在全球的吸引力。新版本 Ver.2.0 的主站可以兼容新版本 Ver.2.0 从站和 Ver.1.10 的从站。

CC-Link 工业网络结构如图 10-21 所示。

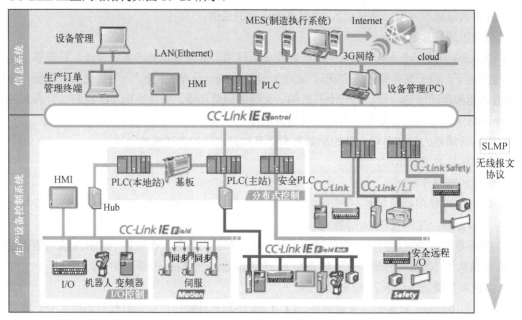

图 10-21　CC-Link 工业网络结构

10.15.2　CC-Link IE TSN

1. CC-Link IE TSN 技术

在工业现场环境中，以下几个重要问题一直困扰着 IT 与 OT 的融合，无法有效地打通各业务系统的"数据孤岛"，甚至严重制约了整个产业的数字化、智能化转型。

（1）总线的复杂性

总线的复杂性不仅给 OT 端带来了障碍，且给 IT 信息采集与指令下行带来了障碍，因为每种总线有着不同的物理接口、传输机制、对象字典，而即使是采用了标准以太网总线，但是，仍然会在互操作层出现问题，这使得对于 IT 应用，如大数据分析、订单排产、能源优化等应用遇到了障碍，无法实现基本的应用数据标准，这需要每个厂商根据底层设备不同写各种接口、应用层配置工具，带来了极大的复杂性，而这种复杂性使得耗费巨大的人力资源，这对于依靠规模效应来运营的 IT 而言就缺乏经济性。

（2）周期性与非周期性数据的传输

IT 与 OT 数据的不同导致网络需求存在差异，这需要采用不同的机制。对于 OT 而言，其控制任务是周期性的,因此采用的是周期性网络,多数采用轮询机制,由主站对从站分配时间片的模式,而IT 网络则是广泛使用的标准 IEEE 802.3 网络,采用 CSMA/CD,即冲突监测,防止碰撞的机制,而且标准以太网的数据帧是为了大容量数据传输如 Word 文件、JPEG 图片、视频/音频等数据。

(3)实时性的差异

由于实时性的需求不同,也使得 IT 与 OT 网络有差异,对于微秒级的运动控制任务而言,要求网络必须要具有非常低的延时与抖动,而对于 IT 网络则往往对实时性没有特别的要求,但对数据负载有要求。

由于 IT 与 OT 网络的需求差异性,以及总线复杂性,过去 IT 与 OT 的融合一直处于困境。

这是 TSN 网络因何在制造业得以应用的原因,因为 TSN 解决了以下问题。

1)单一网络来解决复杂性问题,与 OPC UA 融合来实现整体的 IT 与 OT 融合。

2)周期性数据与非周期性数据在同一网络中得到传输。

3)平衡实时性与数据容量大负载传输需求。

2018 年 11 月 27 日,在德国纽伦堡电气自动化系统及元器件展(SPS IPC DIVES 2018)上,CC-Link协会正式发布开放式工业网络协议"CC-Link IE TSN",宣布工业通信迎来新的变革时代。

CC-Link IE TSN 正是融入了 TSN 技术,提高了整体的开放性,同时采用了高效的网络协议,进一步强化了 CC-Link IE 家族拥有的操作性能和使用功能。它还支持更多样的开发方法,能轻松开发各种兼容产品。同时,通过兼容产品的丰富,加快构建使用工业物联网的智能工厂。

TSN 是 IEEE 以太网相关标准的补充,适用于各种开放式工业网络。CC-Link IE TSN 使用时间分割方式,使以往传统的以太网通信无法实现的控制信息通信(确保实时性)和管理信息通信(非实时通信)的共存成为可能。

CC-Link IE TSN 在确保控制数据通信的实时性的同时,实现在同一个网络中与其他开放式网络,以及与 IT 系统的数据通信,从而实现"多网互通"。

当前,制造业正朝着自动化、降低综合成本和提高品质的方向发展,传感技术和高速网络技术、云/边缘计算、人工智能等以 IT 为手段、以数据为基础推动的信息驱动型社会正在持续发展。

而在工业物联网的主流趋势下,德国"工业 4.0"、美国"工业互联网"、中国"智能制造"及日本"互联产业",目标也是直指设备相互连接、数据得到最充分利用的"智能工厂"。

创建智能工厂,需要从生产过程中收集实时数据,通过边缘计算对其进行初步处理,然后将其无缝传输到 IT 系统。但不同的工业网络使用各自不同的规范,造成了 IT 系统网络和工业网络之间无法共享同一网络及设备等。

CC-Link IE TSN 能满足所对应的需求。CC-Link IE TSN 延续了 CC-Link IE 的优点,通过融合了用时间分割方式实现实时性的 TSN 技术,让多种不同网络的共存成为可能,使以太网设备应用变得简单。高效的网络协议,实现了高速、高精度的同步控制,能更广泛地应用在半导体、电池制造等制造业的各种应用环境。

2. CC-Link IE TSN 的特点

CC-Link IE TSN 满足实时性、互操作性、优先控制、时间同步、安全等需求,具备以下四个特点。

(1)控制信息通信与管理信息通信的融合

CC-Link IE TSN 通过赋予设备控制循环通信高优先度,相对管理信息通信优先分配带宽,实现使用实时循环通信控制设备,同时还能简单构建与 IT 系统通信的网络环境。另外,利用与管理数据通信的共存,可以将使用 UDP 或 TCP 通信的设备连接到同一网络中,比如保存来自视觉传感器、监控摄像头等设备的高精度数据,运用于监控、分析、诊断等。

CC-Link IE TSN 技术与协议层如图 10-22 所示。

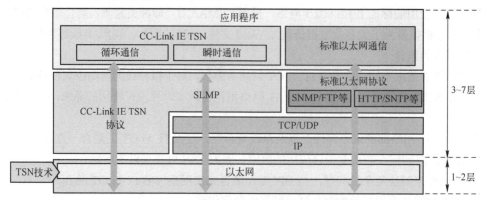

图 10-22　CC-Link IE TSN 技术与协议层

（2）运动控制性能的最大化，实现高速度、高精度的控制，减少节拍时间

CC-Link IE TSN 更新了循环通信的方式。传统的 CC-Link IE 使用令牌传送方法，在通过令牌写入自己的数据之后，本站将数据写入的权限转移到下一个站点。

相比之下，CC-Link IE TSN 使用的是时间分割方式，在网络中利用时间的同步，在规定的时间内同时向两个方向传送输入和输出的数据帧，由此缩短了网络整体的循环数据更新的时间。该方式与 TSN 技术相结合，保证了在同一网络中控制信息和管理信息的共存。

CC-Link IE TSN 使用时间分割方式实现周期 31.25μs 或更少的高速通信性能。在 CC-Link IE TSN 网络系统中，增加传感器或因生产线的扩展增加控制所需的伺服放大器轴数不仅不对总体节拍时间产生影响，而且与使用传统网络的系统相比，甚至大幅度缩短了节拍时间。

CC-Link IE TSN 将使用各自不同通信周期的不同性能的设备连接在一起使用。迄今为止，连接到同一主站的设备必须在整个网络中使用相同的循环通信周期（链接扫描时间），而 CC-Link IE TSN 在同一个网络中可以使用多种通信周期。

这使得如伺服放大器之类需要高性能通信周期的设备能保持其性能的同时也能和不需要高速通信周期（如远程 I/O 设备）连接，此时根据每个产品的特性实施最优化的通信周期。这还可以最大化发挥网络上从站产品的使用潜能，提高整个系统的生产性。

（3）快速的系统设置和先进的预测维护

CC-Link IE TSN 也与 SNMP 兼容，使网络设备诊断更加容易。迄今为止，不同设备收集状态信息时需要使用不同的工具，现在通过使用通用 SNMP 监视工具不仅能从 CC-Link IE TSN 兼容产品，而且还能从交换机、路由器等 IP 通信设备收集和分析数据。由此，减少了系统启动时间、系统管理和维护时确认设备运行状态所花费的时间和精力。

采用 TSN 规范的时间同步协议，对兼容 CC-Link IE TSN 的设备之间的时间差进行校准，使其保持高精度同步。主站和从站中存储的时间信息以微秒为单位保持同步，如果网络出现异常，运行日志解析时，可以按照时间顺序精确跟踪到异常发生时间为止。这可以帮助识别异常原因并更快使网络恢复正常。

另外，它还可以向 IT 系统提供生产现场状况和准确的时间相结合的信息，并通过人工智能数据分析应用，能进一步提高预测维护的准确度。

（4）为设备供应商提供更多选择

以往的 CC-Link IE 为了有效发挥其 1Gbit/s 带宽，设备开发厂商需要使用专用的 ASIC 或 FPGA

的硬件方式开发主站或从站产品。CC-Link IE TSN 对应产品则可以通过硬件或软件平台开发。在延续以往通过使用专用的 ASIC 或 FPGA 的硬件方式实现高速控制外，也可以在通用以太网芯片上使用软件协议栈方式开发主站或从站产品。通信速度不仅对应 1Gbit/s，同时也对应 100Mbit/s。设备开发厂商可以选择适合自身的开发方式实现 CC-Link IE TSN 兼容设备的开发，同时兼容产品的品种和数量的充实也给用户带来便利。

CC-Link IE TSN 不仅能实现 IT 与 OT 的更好融合，更是通过 TSN 技术加强与其他开放式工业网络的互操作性，在物联网和智能制造中，实现数据最有效的运用。

3. CC-Link IE TSN 应用场景

采用 TSN 技术的 CC-Link IE TSN 在充分利用标准以太网设备的同时，通过重新定义协议实现了高速的控制通信，满足在各个行业中的应用。比如在汽车行业中，普通和安全通信可在同一条网线上进行混合通信；在半导体行业，大容量的菜单数据及追溯数据也可高速通信，同时与 HSMS（High Speed Message Services）混合通信也不会对控制信息的定时性造成影响；在锂电行业中，通过组合通信周期的高速控制（伺服等）和低速控制（变频器、调温器等），可确保装置性能并根据用途选定理想设备。

10.16　习题

1．什么是时间敏感网络 TSN？
2．TSN 网络是如何产生的？
3．TSN 时间敏感网络关键特性有哪些？
4．画出 TSN 技术体系架构图。
5．网络管理配置的主要功能有哪些？
6．画出 IEEE 802.1Q VLAN 报文格式。
7．TSN 时间同步系统的整体运行流程包括哪些主要部分？

参 考 文 献

[1] 李正军. 现场总线与工业以太网及其应用技术[M]. 北京：机械工业出版社，2011.

[2] 李正军，李潇然. 现场总线及其应用技术[M]. 3 版. 北京：机械工业出版社，2022.

[3] 李正军，李潇然. 现场总线与工业以太网应用教程[M]. 北京：机械工业出版社，2021.

[4] 李正军. EtherCAT 工业以太网应用技术[M]. 北京：机械工业出版社，2020.

[5] 李正军，李潇然. 现场总线与工业以太网[M]. 北京：中国电力出版社，2018.

[6] 李正军，李潇然. 现场总线与工业以太网[M]. 武汉：华中科技大学出版社，2021.

[7] 李正军. 计算机控制系统[M]. 4 版. 北京：机械工业出版社，2022.

[8] 李正军. 计算机测控系统设计与应用[M]. 北京：机械工业出版社，2004.

[9] 李正军. 计算机控制技术[M]. 北京：机械工业出版社，2022.

[10] 李正军. 现场总线与工业以太网及其应用系统设计[M]. 北京：人民邮电出版社，2006.

[11] 李正军，李潇然. 工业以太与网现场总线[M]. 北京：机械工业出版社，2022.

[12] 梁庚. 工业测控系统实时以太网现场总线技术：EPA 原理及应用[M]. 北京：中国电力出版社，2013.

[13] MANFRED P. PROFINET 工业通信[M]. 刘丹，谢素芬，史宝库，等译. 北京：中国质检出版社，2019.

[14] 赵欣. 西门子工业网络交换机应用指南[M]. 北京：机械工业出版社，2008.

[15] 陈曦. 大话 PROFINET 智能连接工业 4.0[M]. 北京：化学工业出版社，2017.

[16] 樊留群. 实时以太网及运动控制总线技术[M]. 上海：同济大学出版社，2009.

[17] Siemens. ROFIBUS Technical Description[Z]. 1997.

[18] Philips Semiconductor Corporation. SJA1000 Stand-alone CAN contoller Data Shee[Z]. 2000.

[19] Philips Semiconductor Corporation. PCA82C250 CAN controller interface Data Sheet[Z]. 1997.

[20] Philips Semiconductor Corporation. TJA 1050 high speed CAN transceiver Data Sheett[Z]. 2000.

[21] MODICON. Modbus Protocol Reference Guide[Z]. 1996.

[22] Siemens AG. SPC3 Siemens PROFIBUS Controller User Description[Z]. 2000.

[23] Siemens AG. ASPC2/HARDWARE User Description[Z]. 1997.

[24] DeviceNet Specification Release 2.0.ODVA[Z]. 2003.

[25] 肖维荣，王谨秋，宋华振. 开源实时以太网 POWERLINK 详解[M]. 北京：机械工业出版社，2015.